Denkmalschutz-Kompendium

Denkmalschutz-Kompendium

Moritz Wild

Denkmalschutz-Kompendium

Handreichung für die behördliche Praxis

Moritz Wild
Münster, Deutschland

ISBN 978-3-658-42827-3   ISBN 978-3-658-42828-0   (eBook)
https://doi.org/10.1007/978-3-658-42828-0

Die Deutsche Nationalbibliothek verzeichnet diese Publikation in der DeutschenNationalbibliografie;
detaillierte bibliografische Daten sind im Internet über http://dnb.d-nb.de abrufbar.

Umschlagbild: Haus Rüschhaus mit historischer Gartenanlage bei Münster, in Trägerschaft der Annette von
Droste zu Hülshoff-Stiftung als Trägerin, im Eigentum der NRW-Stiftung, Foto: Moritz Wild

Planung/Lektorat: Frieder Kumm
Springer Vieweg ist ein Imprint der eingetragenen Gesellschaft Springer Fachmedien Wiesbaden GmbH und ist
ein Teil von Springer Nature.
Die Anschrift der Gesellschaft ist: Abraham-Lincoln-Str. 46, 65189 Wiesbaden, Germany

Das Papier dieses Produkts ist recyclebar.

Mit diesem Buch habe ich zusammengetragen, was ich als Anfänger in der Denkmalschutzbehörde hätte besser wissen können. Es soll den Sachbearbeitern der Denkmalschutzbehörden bei der Einarbeitung helfen, indem es anwendungsorientiert methodische Herangehensweisen für die alltäglichen Aufgaben der Behörde vorschlägt, denkmalpflegerische Grundlagen erklärt und die Zusammenhänge erläutert, welche Beteiligten warum und auf welche Weise in Denkmalschutz und Denkmalpflege mitwirken.

Die Denkmalschutzbehörden sind entscheidend für einen erfolgreichen Denkmalschutz, da sie darüber entscheiden, was am Denkmal geändert werden darf, und da in manchen Bundesländern auch die Unterschutzstellung erkannter Denkmäler in ihrer Zuständigkeit liegt. Bürgerfreundliche Denkmalschutzbehörden besitzen die Kompetenz, Änderungsvorhaben von Denkmaleigentümern einzuschätzen, die Eigentümer denkmalfachlich zu beraten und qualifizierte Entscheidungen nach dem Denkmalschutzgesetz zu treffen. Sie können die Routinefälle weitgehend selbständig bearbeiten und benötigen nur in komplexeren Fällen eine intensive Unterstützung der Spezialisten aus dem Denkmalpflegefachamt. Sie entwickeln dabei ein Gespür dafür, welche weiteren Objekte (in den Denkmalschutzgesetzen „Sachen") potenziell Denkmalqualität besitzen. Dadurch kann die Denkmalschutzbehörde zeitnah auf Anfragen von Denkmaleigentümern, Planern und anderen Behörden reagieren und schnelle Verfahrensabläufe ermöglichen. Bürgerfreundlichkeit ergibt sich aus der kompetenten Beratung der einzelnen Denkmaleigentümer zur Erhaltung der Kulturgüter für das Gemeinwohl.

Ursache für das Buchprojekt war mein Eindruck, dass die an Idealbeispielen orientierten Lehrbücher meine Arbeitsrealität in der Denkmalschutzbehörde zu wenig widerspiegelten. Als ich im Herbst 2021 begann, dieses Buch zu schreiben, schöpfte ich aus den Erfahrungen, die ich im Architekturbüro, im Volontariat beim LVR-Amt für Denkmalpflege im Rheinland, als Wissenschaftler und in drei unteren Denkmalschutzbehörden in Nordrhein-Westfalen gesammelt hatte. Meinem regional engen, institutionell weiten Erfahrungshorizont ist seit Sommer 2022 auch die Perspektive aus dem westfälischen Denkmalpflegefachamt hinzu gewachsen. Da mein Schwerpunkt auf den oberirdischen Denkmälern liegt, womit auch die Unteren Denkmalschutzbehörden meistens zu tun haben werden, mag die Bodendenkmalpflege weniger berücksichtigt worden sein als sie es verdient hätte.

Da ich all meine Behördenerfahrung in Nordrhein-Westfalen gesammelt habe, beziehe ich mich in vielen Erläuterungen auf Sachverhalte und Gerichtsurteile aus diesem Bundesland. Diese Beispiele können Ihrerseits aufgegriffen werden, um die spezifischen Rechtsvorschriften Ihres jeweiligen Bundeslandes und die Gepflogenheiten Ihrer Verwaltung zu erschließen.

Die fotografierten und erläuterten Beispiele sind nicht als Musterlösungen zu verstehen. Musterlösungen ergeben für sich wiederholende Siedlungshäuser Sinn. Aber die meisten Denkmäler unterscheiden sich so sehr, dass etwa Barrierefreiheit an dem einen Haus nicht mit der gleichen Rampe hergestellt werden kann wie an einem anderen.

Aus Gründen der Lesbarkeit nutzte ich im Text das generische Maskulinum.

Münster   Moritz Wild
im April 2023

Danksagung

Ich bedanke mich bei allen, die mich bei der Erarbeitung des Buches mit Anregungen unterstützt haben, insbesondere bei Katharina Knapik und Christian Raabe, die sich die Zeit genommen haben, das Manuskript kritisch durchzugehen.

Zu Gliederung und Benutzung

Die Inhalte sind nach fachlichen und rechtlichen Oberthemen geordnet, die inhaltlich aufeinander aufbauen und gleichzeitig wie eine Betriebsanleitung als Nachschlagewerk für akute Aufgaben dienen sollen. Hierzu werden unter den Oberthemen wichtige Begriffe in alphabetischer Reihenfolge anwendungsbezogen erklärt. Diese grundlegende Anleitung kann dann, anlässlich des anstehenden Bauvorhabens, im Abgleich mit dem neuesten Wissensstand und der jüngeren Rechtsprechung (zum Denkmalschutzrecht des jeweiligen Bundeslandes), und schließlich je nach persönlicher Arbeitsweise und den örtlichen Möglichkeiten, auf Denkmäler angewendet werden.

Die Einführung betrachtet grundsätzliche Definitionen, gesetzliche Hintergründe und die Bedeutung von Denkmälern und Denkmalschutz für die Gesellschaft. Unter Denkmalpflege wird die methodische Herangehensweise erläutert und mit eingestreuten Beispielen auch von Maßnahmen an Nicht-Denkmälern abgegrenzt. Die Spezialgebiete stellen kurz besondere Arbeitsbereiche wie Archäologie und Gartendenkmalpflege vor, die als Abteilungen einiger Denkmalpflegefachämter vorkommen oder von freiberuflichen Büros bearbeitet werden. Die Sachbearbeiter der Unteren Denkmalschutzbehörden (in Nordrhein-Westfalen: Denkmalbehörden) können dagegen als Denkmalpflege-Generalisten (mit Schwerpunkt in der praktischen Baudenkmalpflege) angesehen werden, die von allen Spezialgebieten grundlegende Ahnung haben, um einzuschätzen, in welchen Zusammenhängen welche Spezialisten hinzugezogen werden sollten.

Der Themenkomplex Denkmalschutz erläutert denkmalrechtliche Verfahren wie Unterschutzstellung, Genehmigungsverfahren, steuerliche Bescheinigungen und Ordnungsverfügungen. Dabei werden methodische Anleitungen mitgeliefert, worauf Sachbearbeiter achten sollten und wie sie bei der Sachverhaltsermittlung vorgehen können. Denkmalschutz hängt von den geltenden Gesetzen, Verordnungen und der Rechtsprechung ab. Geht es im Komplex Denkmalpflege darum, was denkmalfachlich richtig wäre, geht es im Komplex Denkmalschutz darum, was rechtlich als zulässig und zumutbar gilt.

Die Sonderthemen geben grundlegende Hinweise zu besonderen technischen Fragestellungen wie der Fachwerksanierung, der Beteiligung in Planungsverfahren, und zu mitunter widerstreitenden öffentlichen Interessen und Regelungen wie Klimaschutz, Brandschutz, Barrierefreiheit und deren Verhältnis zum Denkmalschutz, um beispielsweise Ansätze zu vermitteln, wie erneuerbare Energien so ins Denkmal oder ins historische Quartier integriert werden, dass für beide Ziele etwas getan werden kann. Die Aufforderung zum „sowohl als auch" statt eines „entweder oder" kehrt an mehreren Stellen wieder. Schließlich erläutern die Hilfsmittel, welche Werkzeuge und Informationsquellen die Denkmalschutzbehörde für ihre Arbeit heranziehen kann und welchen Nutzen sie versprechen. Die Hinweise auf Hilfsmittel und Literatur sind, wie die methodischen Anleitungen, als beispielhafte Anregungen zu verstehen, nicht als ausschließende oder abschließende Auswahl. Denn welche Hilfsmittel zur Verfügung stehen, hängt nicht selten von örtlichen Faktoren ab und die Auswahl verändert sich mit technischen Entwicklungen.

Die Endnoten/Anmerkungen enthalten neben Quellenangaben auch weiterführende Informationen. Das Buch zitiert – aus der Perspektive eines Anwenders, nicht eines Juristen – umfangreich aus der Rechtsprechung, die auf openjur.de allgemein zugänglich gemacht worden ist. Andere Quellen sind gesondert angegeben. Kursivschrift setzt wörtliche Zitate von dem übrigen Text ab.

Inhaltsverzeichnis

Abkürzungsverzeichnis

Abs.	Absatz
Art.	Artikel
BauGB	Baugesetzbuch
BauNVO	Baunutzungsverordnung
BauO	Bauordnung, Landesbauordnung
BayVGH	Bayerischer Verwaltungsgerichtshof
Bd.	Band
Bez.-Reg.	Bezirksregierung
BVerwG	Bundesverwaltungsgericht
DenkmalVO	Denkmalverordnung
DNK	Deutsches Nationalkomitee für Denkmalschutz
DSchG	Denkmalschutzgesetz
EnEV	Energieeinsparverordnung
et al.	et alia / und andere
GEG	GebäudeEnergieGesetz (seit 01.11.2020)
GG	Grundgesetz
Hrsg./hrsg.	Herausgeber/herausgegeben
IFG	Informationsfreiheitsgesetz (NRW)
LAfD	Landesamt für Denkmalpflege (außerhalb von NRW)
LVR	Landschaftsverband Rheinland
LWL	Landschaftsverband Westfalen-Lippe
NRW	Nordrhein-Westfalen
NW	Nordrhein-Westfalen
ODB	Obere Denkmal(schutz)behörde
OVG	Oberverwaltungsgericht
UDB	Untere Denkmal(schutz)behörde
Urt. v.	Urteil(e) vom
usw.	und so weiter
uvm.	und viele(s) mehr
u. a.	und andere / unter anderem

u. U.	unter Umständen
v.	vom/von
v. a.	vor allem
VdL	Vereinigung der Denkmalfachämter in den Ländern (… der Landesdenkmalpfleger)
VG	Verwaltungsgericht
VGH	Verwaltungsgerichtshof
vgl.	vergleiche
VwVfG	Verwaltungsverfahrensgesetz
z. B.	zum Beispiel
z. T.	zum Teil

Zusammenfassung

Diese Einführung vermittelt einen Überblick über die grundlegenden Begriffe, Aufgaben, Geschichte, Gesetze, Gegenstände und Akteure von Denkmalschutz und Denkmalpflege. Die später folgenden Kapitel vertiefen bestimmte Aspekte für den Arbeitsalltag in der Denkmalschutzbehörde.

1.1 Aufgaben von Denkmalschutz und Denkmalpflege

Denkmäler sind wie ein gebautes kulturelles Gedächtnis, das die Erinnerung an die Vergangenheit wachhält. Die Erhaltung der Denkmäler liegt im öffentlichen Interesse, ist gesellschaftlicher Auftrag, der in den Denkmalschutzgesetzen der Bundesländer und in einigen Landesverfassungen[1] formuliert ist, um auch kommenden Generationen das Erleben und die Erforschung der Denkmäler zu ermöglichen. Die Erhaltung und Vermittlung von Denkmälern trägt zum Bildungsauftrag des Staates bei. Denkmalpflege gilt als wesentlicher Aspekt von Baukultur[2].

Indem historische Baukultur überliefert und gepflegt wird, gibt sie Auskunft über frühere Kulturepochen, dient als Vergleichsbeispiel in Kultur- und Baukultur-Diskussionen der Gegenwart, um an Gelungenes anzuknüpfen und gemachte Fehler nicht achtlos zu wiederholen, sondern eine zeitgemäße und zukünftige Baukultur zu entwickeln.

Denkmalpflege bewirkt als willkommenes Nebenprodukt die Pflege des unverkennbaren Stadtbildes (siehe Abb. 1.1). Durch ihren Anteil an der Weiterentwicklung der Städte und Landschaften mit den Zeugnissen ihrer Geschichte erzielt sie einen Mehrwert für die Gesellschaft. Dadurch fördert sie nicht nur Geschichtsbewusstsein, sondern auch eine ressourcenschonende Reparaturgesellschaft, die den langlebigen Baubestand mit natürlichen Materialien sorgsam und umweltfreundlich instand hält.

© Der/die Autor(en), exklusiv lizenziert an Springer Fachmedien Wiesbaden GmbH, ein Teil von Springer Nature 2023

M. Wild, *Denkmalschutz-Kompendium,* https://doi.org/10.1007/978-3-658-42828-0_1

1

Abb. 1.1 Im historischen
Ortskern von Ladenburg gibt
es viele historische Gebäude,
die es zu erhalten und so an
neue Nutzungserfordernisse
anzupassen gilt, dass sie
weiterhin die historische
Stadtentwicklung und
Architektur anschaulich
machen

Die zentrale Frage für Denkmalpfleger lautet: Was sagt das Denkmal über Geschichte aus und wie bewahre ich diesen Zeugniswert? **Zentrale Aufgabe der Unteren Denkmalschutzbehörde** ist: durch Beratung und Prävention Gefahren vom Denkmal abzuwehren, um dessen Zeugniswert über geschichtliche Entwicklungen zu bewahren.

Denkmalschutz und Denkmalpflege sind zusammen der Oberbegriff für alle Tätigkeiten zur Erhaltung von Denkmälern.[3] **Denkmalpflege** meint die praktische Anwendung denkmalpflegerischer Methoden: den fürsorglichen Umgang mit dem Denkmal zu dessen Erhaltung und Instandsetzung, aus der Theorie, der Denkmalkunde und Wissenschaft, in der Planung, in der Beratung, im Handwerk und in der Denkmalvermittlung. **Denkmalschutz** meint das rechtlich-administrative, das hoheitliche Verwaltungshandeln wie Unterschutzstellung, Genehmigungsverfahren zur baulichen Veränderung eines Denkmals oder seiner Umgebung, und Ordnungsverfügungen, also den Vollzug der Gesetze und Verwaltungsvorschriften. Denkmalpflege kann folglich von jedermann ausgeübt werden, Denkmalschutz nur von der öffentlichen Verwaltung. Verwaltungsentscheidungen im Denkmalschutz sind **gerichtlich überprüfbar,** sodass Betroffene die Entscheidungen der Behörden gerichtlich anfechten können.

Obwohl die Förderung mit ihren Bewilligungsverfahren administrative Züge zeigt, zählt die finanzielle Unterstützung von Maßnahmen, die das Denkmal bewahren, zur Denkmalpflege und wird auch von privaten Förderern betrieben. Denkmalschutzgesetze regeln insbesondere die hoheitlichen Schutzaufgaben. Für den Gesetzesvollzug sind die Denkmal(schutz)behörden zuständig, neben denen es die beratenden und forschenden Denkmal(pflege)fachämter gibt.

Und doch macht die Denkmalschutzbehörde beides, weil Denkmalschutz nicht ohne Denkmalpflege geht, und weil die Suche nach denkmalgerechten Lösungen und die Beratung, wie eine Genehmigung für eine denkmalgerechte Veränderung des Denkmals erzielt werden kann, immer dazu gehören. Da beides ineinander greift, werden die Begriffe oft synonym verwendet oder von *„zwei Seiten einer Medaille"* gesprochen.[4]

Zur Denkmalpflege gehört auch die **Archäologie**, die sich inhaltlich im Aufgabengebiet der **Bodendenkmalpflege** und des **Bodendenkmalschutzes** wiederfindet, das ebenfalls von den Denkmalschutzbehörden und den Denkmalpflegefachämtern bearbeitet wird.

Denkmalkunde umfasst alle wissenschaftlichen Tätigkeiten der Erforschung und Inventarisation mitsamt historischer Bauforschung, um Denkmäler zu untersuchen und zu bewerten.[5] Denkmalkunde spiegelt sich in den Denkmalschutzgesetzen mit den Aufträgen zur wissenschaftlichen Untersuchung und Erforschung der Denkmäler sowie deren Veröffentlichung und wissenschaftlichen Behandlung der Fragen von Methodik und Praxis der Denkmalpflege wider. Zwar sind Hochschulen nicht ausdrücklich angesprochen, aber ihre Funktion als wissenschaftliche Einrichtungen beinhaltet naturgemäß, durch die einschlägigen und thematisch benachbarten Institute, Lehrstühle, Lehrgebiete und Lehraufträge Denkmäler, historische Konstruktionen und Materialien wissenschaftlich zu erforschen und denkmalpflegerische Kenntnisse zu vermitteln. Während die Hochschulen in der Forschung frei agieren, erfolgt die Forschung der Denkmalfachämter aus dem Auftrag des Denkmalschutzgesetzes, um zu Erkenntnis, Schutz, Pflege und Vermittlung der Denkmäler beizutragen. Die Denkmalfachämter betreiben keine Liebhaberei, sondern zielbewusste wissenschaftliche Forschung als eine Grundlage für das Verwaltungshandeln.

UNESCO-Welterbe nach dem „Übereinkommen zum Schutz des Kultur- und Naturerbes der Welt" (Welterbekonvention)[6] von 1972 bietet zwar methodisch manche Anreize zur Bewertung und Vermittlung von Denkmälern (z.B. Welterbe-Managementpläne). Da Welterbe aber in den seltensten Fällen zu den Aufgaben von Denkmalschutzbehörden zählt, weil es Welterbestätten nur in wenigen Städten und Landkreisen gibt, wird das Thema in dieser Einführung nicht näher behandelt. Die Chancen des Welterbes liegen insbesondere in der Bewusstseinsbildung und der Aufmerksamkeit, die gleichzeitig mit der Aufmerksamkeitsindustrie und erhöhtem Verschleiß durch Besucherströme auch Risiken mit sich bringen.

1.2   Geschichte der Denkmalpflege

So wie es Welt-, Landes- und Ortsgeschichte gibt, gibt es auch eine Geschichte der Denkmalpflege, die wie Bauen und Kunst die Gesellschaft widerspiegelt, von der sie praktiziert wird. Im Arbeitsalltag der Denkmalschutzbehörde, beim Gesetzesvollzug, spielt deren Geschichte selten eine Rolle, schwingt aber gedanklich im Hintergrund mit. Da es ausführliche Literatur[7] zur Geschichte der Denkmalpflege gibt, wird sie hier nur knapp zusammengefasst.

Die Geschichte der Denkmalpflege erweist sich als für die heutige Berufspraxis relevant. Sie nachzuschlagen hilft nachzuvollziehen, wie und wieso Denkmalpflege zu ihren heutigen Positionen gelangt ist. Leitbilder der Denkmalpflege haben sich mit der Zeit verändert und können sich auch in Zukunft verändern. Anhand der Geschichte des Berufsfeldes lassen sich Hintergründe und Kontroversen verstehen, wieso Denkmäler historisch in einen bestimmten Zustand versetzt worden sind. Denn viele ältere Denkmäler in Deutschland haben nach der jeweiligen zeitgenössischen Auffassung der Denkmalpfleger Veränderungen erfahren und geben damit über diese Zeiten Auskunft oder konfrontieren den heutigen Sachbearbeiter mit historisch gemachten Zuständen und Problemen. Beispielsweise könnten in den 1950er Jahren Malereien des 19. Jahrhunderts aus einer mittelalterlichen Kirche entfernt oder übertüncht worden sein, oder unausgegorene Sanierungsmethoden zu Bauschäden geführt haben.

In Lehrbüchern wird die Geschichte der Denkmalpflege zum Teil bis in die Antike zurückverfolgt. Konkrete Auswirkungen für die Theorie und Methodik der Gegenwart werden aber erst mit dem späten 18. und mehr noch mit dem 19. Jahrhundert in Verbindung gebracht, als das Bildungsbürgertum in Aufklärung, Romantik und nach der Reichsgründung ein gesteigertes Interesse am Mittelalter entwickelte. Zu jener Zeit bildete sich Kunstgeschichte als wissenschaftliches Fach heraus. Das aufkeimende Nationalgefühl weckte den Gedanken, Belege für nationale Errungenschaften zu bewahren. Im mittleren und späten 19. Jahrhundert wurden staatliche Konservatoren ernannt und um 1900 erließen mehrere Länder erste moderne Denkmalschutzgesetze.

Ab der Mitte des 19. Jahrhunderts war im Sinne von Eugène Emmanuel Viollet-Le-Duc der Ansatz verbreitet gewesen, nach der Annahme, wie die frühere Architektur beschaffen gewesen sein müsste, das historische Bauwerk in einen fiktiven Idealzustand zu „restaurieren", sodass einige in historisierender Weise optimierte Bauwerke aus dem bis dahin erhaltenen Bestand geschaffen wurden.[8] Oft bedeutete das, ein Gebäude in den ältesten ersichtlichen oder vermuteten Originalzustand (Idealzustand) zu versetzen.

Zu den bekanntesten Kritikern dieses Ansatzes gehörte der Brite John Ruskin, der das Denkmal als historische Überlieferung ansah. Auch im deutschsprachigen Raum meldeten sich um 1900 Protagonisten wie Alois Riegl und Georg Dehio zu Wort, als beispielsweise eine mögliche Rekonstruktion des Heidelberger Schlosses diskutiert wurde (Abb. 1.2a). Es verbreitete sich der Leitgedanke, nicht zu restaurieren, sondern zu konservieren. Statt der gestaltenden Herangehensweise der Architekten trat die forschende Herangehensweise der Kunsthistoriker in den Vordergrund.

Der Historismus hatte historische Bauten idealisierend überformt. Im 20. Jahrhundert sollten „Entschandelungen" bzw. Purifizierungen den mittlerweile gescholtenen Historismus wieder tilgen und hinterließen einige kahle Stellen, weil weder die historische noch die historistische Gestaltung übrigblieben. Ein Ansatz dabei war, das Denkmal auf die ältesten ermittelten Befunde[9] zurückzuführen, die allein für authentisch gehalten wurden, und dafür die jüngeren Zeitschichten zu opfern. Als alternativen Ansatz entdeckten Denkmalpfleger den Künstler in sich und betätigten sich in der „schöpferischen Denkmalpflege". Sie wollten das Denkmal nach zeitgenössischen Vorstellungen zum

Abb. 1.2 a Das Heidelberger Schloss am Berghang über den Dächern der Stadt **b** Die post-moderne Heinrich-Hübsch-Schule aus den 1980er Jahren gehört zu den derzeit jüngsten Bau-denkmälern. Schulen spiegeln mit ihrer Architektur einschließlich Grundrissen und Innenraum-gestaltung die zeitgenössische Auffassung von Bildungsbauten wider

Gesamtkunstwerk entwickeln oder ihm wenigstens zu einem ästhetisch befriedigenden Gesamteindruck verhelfen.[10] Mittlerweile sind auch die Purifizierung und die schöpfe-rische Denkmalpflege Geschichte – Zeitzeugnisse ihrer Epoche, die noch weit über den Zweiten Weltkrieg hinausreichte, weil die Kriegsschäden viele Gelegenheiten eröffneten, beim Wiederaufbau ästhetische Korrekturen vorzunehmen. Heute gilt auch nicht mehr nur die älteste (oder eine idealisierte) Zeitschicht als authentisch. Die Abfolge aussage-kräftiger Zeitschichten kann heute Denkmalwert haben.

Nachdem sowohl Krieg als auch Wiederaufbau und Modernisierung der Städte viel historische Bausubstanz gekostet hatten, waren es wieder bürgerschaftliche Initiativen, die sich für Denkmalerhaltung und schonendere Stadtsanierung einsetzten. Seit dieser Zeit häuften sich auch die einschlägigen Denkschriften und Manifeste.[11] Entscheidenden

Einfluss bis heute besitzt die 1964 verfasste Charta von Venedig über die Konservierung und Restaurierung von Denkmälern und Ensembles. In den 1970er Jahren schenkte die Öffentlichkeit der Denkmalpflege großes öffentliches Interesse. Der Europarat erklärte das Jahr 1975 zum Europäischen Denkmalschutzjahr und die meisten modernen Denkmalschutzgesetze entstanden in diesem Jahrzehnt.[12]

Seit den 2010er Jahren versucht die Denkmalforschung, bauliche Anlagen der Postmoderne und des späten 20. Jahrhunderts zu begreifen und die erhaltenswerten Beispiele zu ermitteln (Abb. 1.2b). In Deutschland betrifft das schwerpunktmäßig die 1970er und 1980er Jahre, unter Einbeziehung der 1960er und 1990er Jahre, wobei die deutsche Wiedervereinigung 1990 als historische Zäsur wahrgenommen und ihr Einfluss auf die Baugeschichte zu klären sein wird.[13]

Im Arbeitsalltag der Unteren Denkmalschutzbehörde treten Fragen zur Geschichte der Denkmalpflege mit lokalem oder konkretem Objektbezug auf, während das Wissen um die allgemeine Entwicklungsgeschichte von Denkmalschutz und Denkmalpflege die Bewertung des Einzelfalls stützt: Galt ein Objekt schon vor der formalen Eintragung in die Denkmalliste bzw. vor dem Denkmalschutzgesetz des Landes als Denkmal? Wie ging man privat und öffentlich vor dem Denkmalschutzgesetz mit dem Denkmal um und war es Gegenstand historisierender oder purifizierender Veränderungen im 19. oder 20. Jahrhundert? Solche Zusammenhänge können erklären, warum ein Denkmal in besserem Zustand dasteht als andere historische Gebäude, oder warum hier Sonderbehandlungen stattgefunden haben, die anderen Gebäuden nicht widerfahren sind. Gibt es aus dem gleichen Grund ältere Unterlagen von vor der gesetzmäßigen Unterschutzstellung oder sogar Publikationen darüber? Die würden helfen, den heutigen Zustand mit früheren Zuständen zu vergleichen. Es könnten auch die historischen Entstehungsbedingungen des Denkmals schon aufgearbeitet worden sein. Warum ist das eine Objekt unter Schutz gestellt worden, das andere (vielleicht gleich gut oder besser erhaltene) Vergleichsobjekt aber nicht? Ein Grund dafür könnte sein, dass die Denkmalinventarisation das eine Objekt nicht bemerkt hat (weil es lange verborgen war). Politische Einmischung kann eine weitere Erklärung sein.

Eine andere zentrale Frage, die heute viele Probleme erklären muss: Warum sind die Unterschutzstellungstexte aus den ersten Jahren nach Erlass der Denkmalschutzgesetze so knapp, stichwortartig und oft nur auf das Äußere bezogen? Es mussten viele Denkmäler in kurzer Zeit in die Denkmallisten aufgenommen werden und die Eintragungen (auch: Denkmalausweisungen) wurden als Kurzüberblick für Denkmalpfleger geschrieben. Denkmalpfleger gingen anscheinend davon aus, dass andere Denkmalpfleger das auch richtig zu deuten wüssten (Eigentümer, Juristen usw. standen da nicht im Fokus). Damals war die gesetzmäßige Beweisführung des Denkmalwerts als Entscheidungsgrundlage der praktischen Denkmalpflege noch nicht erprobt und die einhergehende juristische Tragweite der Eintragungen und die formalen Anforderungen daran für die Nicht-Juristen, die die Texte geschrieben haben, wohl kaum vorstellbar.[14] Das ergab eine schlechte Ausgangslage dafür, dass Unterschutzstellungstexte eigentlich entlang der gesetzlichen Denkmalwertkriterien geschrieben und ältere Texte heute entsprechend überarbeitet werden müss(t)en. Siehe hierzu auch die Kapitel zur Denkmalliste und Unterschutzstellung.

1.3   Denkmalwerte nach Alois Riegl und Georg Dehio

Am Anfang des 20. Jahrhunderts beeinflussten Kunsthistoriker wie Alois Riegl (1858-1905), Georg Dehio (1850-1932) und Cornelius Gurlitt (1850-1938) erheblich die Neudefinition von Denkmalpflege und der Qualitäten, die Denkmäler auszeichneten.[15] Riegl kannte zwar auch das Kunstdenkmal als kunsthistorische Quelle, bezweifelte aber eine zeitlos-objektive Bewertung der Denkmaleigenschaft und legte den Fokus auf das subjektive, emotionale, sinnliche, faszinierende Erlebnis von der Vergänglichkeit menschlicher (und natürlicher) Schöpfung – die Wahrnehmung, die Empfindung und die Stimmungswirkung, die ein Denkmal mit seinen Altersspuren beim Betrachter individuell auslösen würde. Den rationalen, nüchternen und pragmatischen Ansatz verfolgte Dehio, der das Denkmal als objektiv bewertbare, sachliche Erfahrung und materielle Quelle wissenschaftlicher Erkenntnis verstanden sehen wollte. Den menschlichen Faktor blendete aber auch Dehio nicht aus, als er die Fürsorge für Denkmäler quasi zur patriotischen Aufgabe erklärte. Riegl stellte dem die Vorstellung eines über das einzelne Heimatland hinausgehenden Menschheitsgefühls gegenüber.

Alois Riegl definierte Erinnerungswerte als wesentliche Eigenschaften von Denkmälern. Sie würden nicht am ursprünglichen Zustand des Denkmals haften, sondern an der Zeit, die seit seiner Entstehung vergangen ist. Er unterschied zwischen dem Alterswert und dem historischen Wert.

Den Alterswert[16] verstand er als gefühlsmäßigen Wert, da Denkmäler Stimmungen weckten und Identität stifteten und damit das Bedürfnis der Menschen nach Vergangenheit bedienten. Denkmäler bezeugten Vergangenheit und machten sie erlebbar. Patina und Spuren des Verfalls würden demnach das Erlebnis und den emotionalen Eindruck steigern. Das ideale Denkmal nach Alterswert wäre eine Ruine (Abb. 1.3), bei deren Anblick und Erlebnis der Betrachter sich noch vorstellen kann, welches Werk hier einst gestanden hat und verfallen ist. Ein kontrollierter unausweichlicher Verfall, nur der Schutz vor plötzlicher Zerstörung etwa durch Naturkatastrophen, war Riegls Ansatz.

Den historischen Wert verstand Riegl als das wissenschaftliche Gegenstück zum gefühlsmäßigen Alterswert und daher wäre der historische Wert nicht allen Menschen zugänglich, sondern von der Bildung des Betrachters abhängig. Bei dieser für Dehio entscheidenden Eigenschaft hat das Denkmal die Funktion des historischen Dokuments für die Vergangenheit, das sich durch wissenschaftliche Methoden objektiv und nachvollziehbar erforschen und in einen historischen Kontext einordnen ließe. Je besser das Denkmal erhalten wäre, desto größer sei sein Informationsgehalt. Dazu muss das Denkmal konserviert – sein Verfall verlangsamt oder aufgehalten und das Denkmal möglichst unverfälscht erhalten – werden.

Abb. 1.3 Marktplatz Weinheim, mit historischen Gebäuden und Kriegerdenkmal. Im Hintergrund die Ruine der Burg Windeck. Was als denkmalwert eingestuft wurde, hat sich im kulturellen Kontext entwickelt; ebenso die Frage, ob Burgruinen restauriert (im 19. Jh. meinte man: historisch aussehend aufbauen) oder konserviert und dem gebremsten Verfall übergeben werden sollte

Demgegenüber sah Riegl auch Gegenwartswerte des Denkmals, nämlich zum einen den Gebrauchswert in seiner Nützlichkeit und in der sinnlichen Befriedigung, zum anderen den Kunstwert[17] der ästhetischen Qualitäten zur geistigen Befriedigung. Riegl sah eine zeitliche Abfolge des Kunstwerts in der Gegenwart, des historischen Zeugniswerts und schließlich des Alterswerts, in der das Denkmal allgemeiner begreiflich würde.

Eindringlich aber warnten Riegl und Dehio vor dem wechselnden Zeitgeschmack und künstlerischen oder rekonstruierenden Ambitionen am Denkmal, denn modische Vorlieben sollten nicht darüber entscheiden, welche Qualität einem Denkmal innewohnen würde und was vom Denkmal übrigbliebe. Dehio prägte den Leitgedanken, die Denkmalpflege solle nicht nach dem Verständnis des 19. Jahrhunderts „restaurieren" (vor allem keinen vermuteten Idealzustand eines bevorzugten Stils herstellen), sondern konservieren. Auch Cornelius Gurlitt sprach sich dafür aus, die historische materielle Quelle mit ihren Altersspuren und historischen Veränderungen authentisch zu erhalten.

Geschmack birgt heute eine große Gefahr für das Denkmal, denn nur, weil jemandem etwas gefällt oder nicht gefällt, trifft so eine Meinung keine belastbare Aussage über die Qualität eines Denkmals. Dementsprechend bestätigte die Rechtsprechung, dass es bei der Beurteilung von Denkmälern und bei Veränderungen an Denkmälern auf das Urteil eines sachkundigen Betrachters ankommt. Und der hat sich ein Geschmacksurteil zu verkneifen und rein objektiv nach fachlichen Standards zu bewerten.

Schon Riegl wies auf einen Zielkonflikt hin: Um ein Denkmal nutzen zu können, muss es instandgehalten oder instandgesetzt werden. Dabei wird es aber quasi verjüngt, die Patina geht verloren und der Gefühle weckende Alterswert wird (vorübergehend) geschwächt.

1.4   Das Denkmal ist Medium und Quelle

Denkmäler bestehen aus ihrer Substanz und ihrem Erscheinungsbild[18] einschließlich dessen Wechselwirkung mit der Umgebung, wodurch sie von der Vergangenheit erzählen. Nach der 1964 verfassten Charta von Venedig[19] vermitteln Denkmäler, die *„untrennbar mit der Geschichte verbunden"* sind und mit der Umgebung, zu der sie gehören, als *„lebendige Zeugnisse jahrhundertealter Traditionen der Völker [...] in der Gegenwart eine geistige Botschaft der Vergangenheit"*, denn das Denkmal legt *„von einer ihm eigentümlichen Kultur, einer bezeichnenden Entwicklung oder einem historischen Ereignis Zeugnis"* ab. Der Denkmalbegriff bezieht sich nach der Charta *„nicht nur auf große künstlerische Schöpfungen, sondern auch auf bescheidene Werke, die im Lauf der Zeit eine kulturelle Bedeutung bekommen haben."*

Denkmäler machen Geschichte anschaulich (Abb. 1.4a). Das momentane Staunen über einen beeindruckenden Neubau kann schnell verfliegen. Erst durch den Rückblick in die Geschichte mit zeitlichem Abstand kann die Geschichtlichkeit des Denkmals verstanden werden – für welche kulturelle Entwicklung oder für welchen Wendepunkt in der Erd-, Welt- oder Ortsgeschichte es steht, oder welche Auswirkungen auf die jüngere Geschichte es hatte und noch hat.[20]

Denkmäler können in den Betrachtern Stimmungen wecken, sie regelrecht beeindrucken, indem Sie einen Ort einzigartig machen, ihm eine unverwechselbare Atmosphäre verleihen, durch das erkennbare Alter eine emotionale Verbindung mit diesem Ort und seiner Geschichte erleichtern oder an Schreckensorten Unbehagen hervorrufen, die Einreihung des Einzelnen in eine Traditionskette erlauben, Sehnsüchte wecken, den Menschen Vergänglichkeit vor Augen führen, an Aufstieg und Fall von Kulturen und an die eigene Sterblichkeit erinnern. Solche subjektiven Gefühle treten bei jedem individuell verschieden auf. Aber manche Bauwerke sind auch bewusst entworfen worden, um zu gedenken, zu beeindrucken, einzuschüchtern, zu entspannen, zu verwurzeln, zu täuschen.

Kulturdenkmäler spiegeln die historische Gesellschaft und Kultur wider, in der sie entstanden sind. Die Fassade, die Dächer, die Grundrisse, die Ausstattung, die Konstruktion, die Bearbeitungsspuren historischer Werkzeuge, archäologische Spuren im Boden und die Wechselwirkung des Denkmals mit seinem städtebaulichen oder landschaftlichen Umfeld zeigen uns, wie unsere Vorfahren einst gelebt haben, welche gesellschaftliche Stellung die Erbauer hatten, wie sie in welcher Epoche gestalteten und welche Technologien ihnen dafür zur Verfügung standen. Durch ihren Standort sowie durch ihre an Stilmerkmalen und an ihrer Bautechnik erkennbare Entstehungszeit weisen sie auf die historische Landes-, Dorf- und Stadtentwicklung hin (Abb. 1.4b).

Solche Eigenschaften zeichnen sowohl die Burg aus, die auf einem Bergsporn über das Tal wacht und weithin die einstige Macht ihres Besitzers ausstrahlt, als auch das unscheinbare Haus eines Tagelöhners im Dorf, oder den Volksgarten mit Wegeführung

Abb. 1.4 **a** Förderturm der Zeche Fürst Leopold in Dorsten-Hervest als Sinnbild der Transformation der Kulturlandschaft zur Industrielandschaft im frühen 20. Jahrhundert **b** Der „Siebenteufelsturm" zeigt an, dass Haltern am See schon um 1500 eine befestigte Stadt war und welches Ausmaß sie hatte. Zugegeben: Das ist etwa tausend Jahre jünger als die dortigen Bodendenkmäler aus römischer Zeit **c** Dieses Kriegerdenkmal in Weinheim ist ein gewolltes Denkmal, das an den Ersten Weltkrieg erinnern, Betrachter beeindrucken und der Propaganda dienen sollte. Gewordenes Denkmal nach Denkmalschutzgesetz ist es, weil es Zeugniswert über Geschichte, nämlich den zuvor genannten Zweck und die eingesetzten Gestaltungsmittel im Nationalsozialismus, besitzt. Als ein sogenanntes „unbequemes Denkmal" veranlasst es auch kontroverse Diskussionen um die Auseinandersetzung mit Geschichte und Geschichtszeugnissen

entlang von Teichen und Pflanzen als historisches Naherholungsgebiet in der Stadt. Archäologische Denkmäler können sogar weiter in eine Zeit zurückweisen, als Menschen gerade in einer bestimmten Ecke der Welt lernten, Werkzeuge herzustellen oder Ackerbau zu betreiben. Noch weiter zurück und über den Menschen hinaus reichen erdgeschichtliche Denkmäler wie Knochen von ausgestorbenen Tieren oder Gesteinsschichten aus Zeiten, in denen heutiges Festland noch Ozean war.[21] Solche Merkmale können objektiv durch Erforschung festgestellt und wissenschaftlich eingeordnet werden.

Von Menschen gemachte Denkmäler sind vergleichbar mit historischen Schriftstücken, aber geschrieben von Baumeistern und Handwerkern mit Holz, Stein, Metall und anderen Materialien im Auftrag von verschiedensten Bauherren wie Bauern, Kaufleuten, Königen, Priestern und vielen mehr. Als wenn wir von dem Text ein Stück abreißen würden, ginge auch beim Denkmal durch Abriss der historischen Stücke ein Teil der Aussagekraft verloren, oder würde durch Fälschung an gleicher Stelle verändert, und das ganze Denkmal könnte unverständlich werden.

Das Denkmal ist damit Medium und Quelle – in seiner Substanz und in seinem Erscheinungsbild Träger der historischen Information – zum einen für die wissenschaftliche Erforschung der Geschichte der Erde und der Menschheit, der gesellschaftlichen und der technischen Entwicklung. Zum anderen sind Denkmäler Medien zur Vermittlung des Wissens über Geschichte durch die Anschaulichkeit und Erlebbarkeit der tatsächlich noch vorhandenen, authentisch erhaltenen geschichtlichen Sache.[22] *„Die Denkmalwerte liegen somit in der historischen Zeugnishaftigkeit der überlieferten Substanz auf der einen Seite und in der schlüssigen ästhetischen Nachvollziehbarkeit der Erscheinung auf der anderen Seite".*[23] Die Erhaltung der Denkmäler liegt daher im öffentlichen Interesse. Ein Foto oder anderes Abbild zu betrachten bietet nicht den gleichen räumlichen Eindruck, nicht das gleiche Erlebnis und nicht den gleichen Informationsgehalt wie das Original. Als solches macht ein Denkmal auch seinen Entstehungsort einzigartig und sein Verlust wäre dauerhaft. Die historischen Entstehungszusammenhänge können heute nicht wiederholt werden, weil die Rahmenbedingungen sich verändert haben.

Denkmalkundige unterscheiden auch noch zwischen dem gewollten und dem gewordenen Denkmal (Abb. 1.4c).[24] Das gewollte Denkmal stellt ein absichtlich erschaffenes Monument dar, das gezielt an ein Ereignis oder eine Persönlichkeit erinnern soll. Da kommen typischerweise Statuen, Reiterstandbilder, Kriegerehrenmale, Mahnmale oder Gedenksteine in den Sinn. Diese gewollten Denkmäler erfüllen nicht automatisch die Denkmalkriterien des Denkmalschutzgesetzes. Ein gewolltes Denkmal kann aber zum Denkmal nach Denkmalschutzgesetz werden, wenn es durch seine Aussagekraft über Geschichte die im Gesetz definierten Denkmalkriterien erfüllt. Dann ist es ein Denkmal geworden.

Das Oberverwaltungsbericht Nordrhein-Westfalen in Münster erwartet gesetzmäßig von Denkmälern, dass sie für geschichtliche Umstände und Entwicklungen Zeugnis ablegen: *„Sie halten das Wissen um die historische Dimension des Menschen und der Gesellschaft lebendig und bilden einen unersetzlichen Bestandteil der städtischen und ländlichen Umwelt des Menschen. Der Denkmalschutz als öffentliche Aufgabe ist nicht auf* *das Ziel beschränkt, über die Vergangenheit lediglich zu informieren, sondern will darüber hinaus körperliche Zeugnisse aus vergangener Zeit als ‚sichtbare Identitätszeichen‘ historischer Umstände für künftige Generationen bewahren und die Zerstörung historischer Substanz verhindern".*[25]

1.5 Gesetzliche Grundlagen

Denkmalschutz fällt unter die Kulturhoheit der Bundesländer[26], weshalb die wesentlichen Rechtsvorschriften für Denkmäler im Denkmalschutzgesetz des jeweiligen Bundeslandes stehen. Folglich gibt es kein Bundesdenkmalschutzgesetz für Deutschland, das die Landesdenkmalschutzgesetze überstimmen würde. Gemeinsamer Grundgedanke ist, Denkmäler zu schützen, zu pflegen, auf erhaltende Weise zu nutzen, Gefahren abzuwehren, wissenschaftlich zu erforschen, die Denkmäler der Öffentlichkeit zu vermitteln oder zugänglich zu machen und sie dadurch kommenden Generationen zu überliefern. Denkmäler können mit Kennzeichen (sogenannten „Denkmalplaketten") versehen werden, wie Abb. 1.5 zeigt.

Die Verfassungen mehrerer Bundesländer weisen Denkmalschutz als Staatsziel aus.[27] Artikel 18 Abs. 2 der Landesverfassung Nordrhein-Westfalen beispielsweise gibt der öffentlichen Hand folgende Verfassungsnorm als Staatsziel vor, woran sich das öffentliche Handeln zu orientieren hat: *„Die Denkmäler der Kunst, der Geschichte und der Kultur, die Landschaft und Naturdenkmale stehen unter dem Schutz des Landes, der Gemeinden und Gemeindeverbände."* Hieraus hat der Gesetzgeber das Denkmalschutzgesetz Nordrhein-Westfalen (DSchG NRW) abgeleitet, das Vorschriften und Anforderungen zur Umsetzung des Staatsziels formuliert.[28] Ergänzt wird das Gesetz von Vorschriften wie der Denkmalverordnung und durch eine ministerielle Bescheinigungsrichtlinie für steuerliche Zwecke.

In §1 des Denkmalschutzgesetzes Nordrhein-Westfalen (DSchG NRW, 2022) lautet der Auftrag, *„Denkmäler zu schützen und zu pflegen, wissenschaftlich zu erforschen und das Wissen über Denkmäler zu verbreiten. Dabei ist auf eine sinnvolle Nutzung hinzuwirken."* Nach §8 sollen Baudenkmäler oder Teile davon außerdem *„der Öffentlichkeit*

Abb. 1.5 Denkmal-Plakette bzw. Symbol für geschützte Kulturgüter, in den meisten Bundesländern gebräuchlich

zugänglich gemacht werden, soweit dies möglich und zumutbar ist.“ Nach dem Rücksichtnahmegebot von §3 sind die Belange des Denkmalschutzes und der Denkmalpflege bei öffentlichen Planungen angemessen zu berücksichtigen. Ähnliche Vorgaben gibt es auch in anderen Denkmalschutzgesetzen.

Weitere Paragraphen der Denkmalschutzgesetze benennen die Kriterien für die Denkmaleigenschaft, welche rechtlichen Arten von Denkmälern es gibt, wie Unterschutzstellungen funktionieren, Zuständigkeiten von Behörden, inwiefern Denkmäler und ihre Umgebung verändert werden dürfen, welche Sanktionen der Denkmalschutz bei Zuwiderhandlung einsetzen kann.

Artikel 14 des Grundgesetzes der Bundesrepublik Deutschland gewährleistet Eigentum und Erbrecht, verpflichtet aber auch die Eigentümer, ihre Denkmäler (ihr Eigentum) im Sinne des Gemeinwohls zu gebrauchen. Was das bedeutet, regeln die Gebote zur Erhaltung und sinnvollen Nutzung der Denkmäler.

Baurecht und andere Rechtsvorschriften müssen grundsätzlich eingehalten werden, aber im Einzelfall ermöglichen sie Abweichungen und Ausnahmen, die gegen die Belange des Denkmalschutzes abzuwägen sind. Andere öffentliche Belange haben keinen pauschalen Vorrang vor dem Denkmalschutz. Wie oben schon angesprochen, werden idealerweise „sowohl als auch“ – sowohl Denkmalschutz als auch andere Anforderungen – unter einen Hut gebracht. Der Denkmalschutz hängt von der denkmalwerten Bausubstanz ab, die erhalten werden soll, wogegen andere Rechtsvorschriften Anforderungen formulieren, die meist auf verschiedene Weisen erfüllt werden können.

Das Baugesetzbuch (BauGB) und die Landesbauordnung setzen das Denkmalschutzgesetz des Bundeslandes nicht außer Kraft. Das Baugesetzbuch geht an mehreren Stellen auf Denkmalschutz, Baukultur, Orts- und Landschaftsbild ein, ohne jedoch genaue Vorschriften zum Denkmalschutz zu machen, da Denkmalschutz im Wesentlichen durch das Landesrecht geregelt wird. Dennoch beinhaltet das BauGB damit eigenständige Regelungen zum städtebaulichen Denkmalschutz, von denen eine Schutzwirkung mit bodenrechtlichem Bezug zusätzlich zum Schutz nach Landesrecht ausgeht.[29] Die Bauordnung des Bundeslandes dient der öffentlichen Sicherheit durch die Abwehr von Gefahren, die von baulichen Anlagen ausgehen können. Anforderungen an die Standsicherheit oder den Schutz gegen schädliche Einflüsse kommen auch dem Erhaltungsgebot im Denkmalschutz entgegen. Andere Vorschriften, etwa zum Brandschutz, können nach großen Eingriffen in die historische Bausubstanz rufen, weil der Brandschutz dem Schutz von Leib und Leben dient. Manche Landesbauordnungen enthalten ausdrückliche Ausnahme- und Abweichungsregelungen für Denkmäler. Auch spezialisierte Gesetze wie das GebäudeEnergieGesetz enthalten ebenfalls ausdrückliche Ausnahmen für Denkmäler (§105), die im Arbeitsalltag häufig bemüht werden müssen. Dagegen entfaltet das Kulturgutschutzgesetz, das u. a. den Schutz nationalen Kulturgutes[30] gegen Abwanderung regelt, nur in Ausnahmefällen Relevanz.

Pauschal davon auszugehen, dass andere Rechtsvorschriften ignoriert werden könnten, weil die bauliche Anlage unter Denkmalschutz steht, führt in die Irre. Abweichungen setzen zur Rechtfertigung voraus, dass die Einhaltung der anderen Vorschriften die

Substanz oder das Erscheinungsbild des Denkmals beeinträchtigen würde. Aber auch dann können die Anforderungen anderer Vorschriften ein größeres Gewicht haben als der Denkmalschutz. Sind Abweichungen aus Gründen des Denkmalschutzes erforderlich, müsste trotzdem versucht werden, Kompensationen zugunsten der anderen Vorschriften zu erreichen. Die Aufgabe lautet, alle geltenden Anforderungen möglichst zu erfüllen. Abweichungen gibt es in begründeten Einzelfällen. Wie die Aufgabe erfüllt werden kann, entscheidet sich immer im Einzelfall anhand der konkreten Bausubstanz, der Schutzgründe und der weiteren rechtlichen Anforderungen an die bauliche Anlage. Gibt es z.B. für den Brandschutz mehrere Lösungswege, um das Schutzziel zu erreichen, ist die Lösung anzustreben, die das Denkmal am wenigsten beeinträchtigt.

Die Gemeindevertretungen bzw. Stadträte haben die Möglichkeit, örtliche Gesetze zu beschließen. Das sind insbesondere Satzungen wie Bebauungspläne und Erhaltungssatzungen nach Baugesetzbuch, Gestaltungssatzungen nach Landesbauordnung, und Denkmalbereichssatzungen nach dem jeweiligen Denkmalschutzgesetz.[31] Je nach Landesdenkmalschutzgesetz heißen Denkmalbereiche auch Denkmalschutzgebiete, Denkmalzonen oder Gesamtanlagen und meinen Mehrheiten baulicher Anlagen, die mitunter Stadtgrundrisse oder Silhouetten einschließen können.[32] Bei deren städtebaulicher Ausrichtung muss das Innere von Gebäuden im Denkmalbereich nicht zwingend erhaltenswert sein. Innerhalb des Denkmalbereichs können zusätzlich Denkmäler vorhanden sein. Auch wenn eigentlich nur die Denkmalbereichssatzung unter den genannten Satzungen Regelungen zum Denkmalschutz für den Geltungsbereich trifft, können die anderen Satzungen nach Bauordnung oder Baugesetzbuch vergleichbare Auswirkungen erzielen.

Gesetze, Verordnungen und sonstige Regelungen werden durch politischen Willen und ministerielle Erlasse fortgeschrieben. Daher muss die Denkmalschutzbehörde, wie jede andere Verwaltung, die für sie relevanten Rechtsvorschriften kennen und sowohl auf Änderungen der Rechtsvorschriften als auch auf die Rechtsprechung dazu achten, weil die präzisiert, wie die Vorschriften auszulegen und anzuwenden sind. Dabei helfen die Gesetzeskommentare, die in unregelmäßigen Abständen aktualisiert und neu aufgelegt werden.

1.6   Beteiligte: Wer macht Denkmalpflege?

An Denkmalpflege beteiligen sich viele Akteure. In der ersten Reihe stehen die privaten und öffentlichen Eigentümer[33], die mit der Hilfe von Denkmalschutzbehörden, Handwerkern, Architekten, Bauingenieuren und allerlei Spezialisten wie Brandschützern, Energieberatern, Holzschutzgutachtern, Restauratoren, oder in Eigenleistung ihre Denkmäler pflegen, reparieren oder umbauen. Manche Vereine kümmern sich auch gezielt als Paten ehrenamtlich um die Pflege und Vermittlung bestimmter Denkmäler (Abb. 1.6).

Das Interesse an der Erhaltung des Denkmals liegt bei jedem Denkmaleigentümer, Planer und Handwerksbetrieb anders. Im Einzelfall sind Eigentümer nur eingeschränkt

Abb. 1.6 Nicht nur
Denkmalschutzbehörden,
auch andere Akteure richten
sich an die Öffentlichkeit und
bestimmte Personenkreise

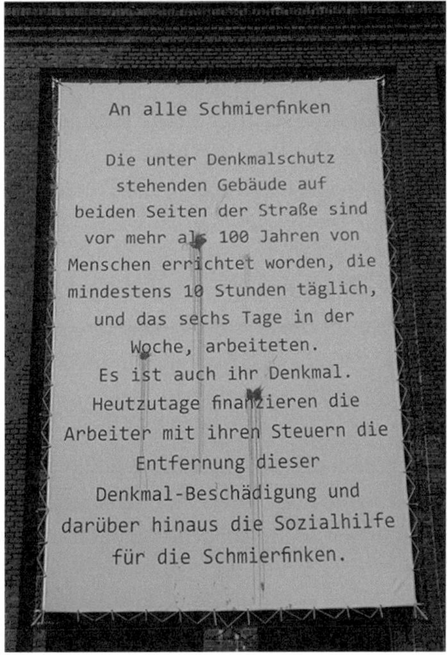

in der Lage, sich um ihr Denkmal – oder um ihr Eigentum allgemein – zu kümmern und benötigen Beratung, wie das Nötigste zu bewältigen ist.

Wenn andererseits ein Betrieb für gewöhnlich an Neubauten arbeitet oder Bauteile im Bestand durch neue ersetzt, stellt dieser Betrieb routiniert pauschal fest, dass der historische Bestand kaputt sei, nicht repariert werden könne und am besten erneuert werden sollte. Es kann die Denkmalschutzbehörde einige Mühe kosten, die Betriebe zu finden, die tatsächlich noch reparieren und restaurieren.

Um sicherzustellen, dass die geplanten Maßnahmen denkmalgerecht sind, und um Gefahren für die Denkmäler abzuwehren, sowie darauf hinzuwirken, dass Denkmäler in der Stadtplanung angemessen berücksichtigt werden, gibt es die Denkmalschutzbehörden und Denkmalpflegefachämter. Begegnet der entwerfende Architekt dem amtlichen Architekten, begegnen sich nicht selten Künstler und Konservator, Erneuerer und Bewahrer, und beide müssen im Interesse der Denkmalerhaltung zusammenarbeiten. Ob ein Sachbearbeiter in der Denkmalschutzbehörde als Verhinderer, Schutzengel oder Geburtshelfer einer architektonischen Idee wahrgenommen wird, hängt sowohl vom Sachbearbeiter selbst als auch von den persönlichen, wirtschaftlichen und politischen Motiven der Mitspieler und Betrachter ab.

Überörtlich werden denkmalpflegerische Themen auch bei Verbänden wie dem Deutschen Städtetag oder in der Arbeitsgemeinschaft Historischer Stadt- und Ortskerne NRW diskutiert. Auf Bundesebene haben sich die Fachämter in der Vereinigung der Denkmalfachämter in den Ländern (vormals Vereinigung der Landesdenkmalpfleger) zusammengeschlossen und stehen im Austausch mit dem Deutschen Nationalkomitee für Denkmalschutz. Internationale Akteure sind beispielsweise die UNESCO oder Europa Nostra.

Erforscht werden Denkmäler entweder von freiberuflichen Archäologen, Bauforschern, Historikern, Restauratoren, oder von den Ämtern, von Hochschulen und anderen wissenschaftlichen und beratenden Einrichtungen. Zu den Forschern gehören mitunter die Eigentümer, oft aber auch lokale und regionale Vereine oder Stiftungen. Im weiteren Kreis beschäftigen sich direkt oder mittelbar Archive, Museen und Fachverbände mit der Erforschung und Vermittlung von Denkmälern.

Die Fachämter und die Denkmalschutzbehörden betreiben Denkmalvermittlung über die Öffentlichkeitsarbeit und Publikationen als Teil ihres gesetzlichen Auftrags. Öffentliche Einrichtungen wie die Schlösser- und Gartenverwaltungen haben die Aufgabe, die eigenen Sehenswürdigkeiten zu unterhalten, zu vermarkten und zugänglich zu machen. Kulturtouristische Angebote wie die Route Industriekultur, die Straße der Romanik und andere Themen- oder Wanderwege von Regional- und Tourismusverbänden greifen Denkmäler als Sehenswürdigkeiten auf und verankern sie so im öffentlichen Bewusstsein.[34]

Unterstützt werden Vereine und Eigentümer bei der Erhaltung oder Vermittlung von Denkmälern in Einzelfällen aus besonderen Fördertöpfen der öffentlichen Verwaltung, von öffentlichen Förderbanken oder von Stiftungen. Für ehrenamtliches Engagement und besondere denkmalpflegerische Fachleistungen werden Preise verliehen.

Was am Ende aus einem Denkmal wird, liegt selten an einem Akteur allein, sondern am Zusammenwirken, den gemeinsamen und widerstrebenden Interessen der Beteiligten und wie viel Zeit und Mittel sie in ein Projekt investieren können.

1.7 Denkmäler als Standortfaktor

Denkmäler wirken sich in mehreren engmaschig verwobenen Standortfaktoren aus: Kultur, Lebensqualität, Tourismus, Wirtschaft und Ökologie. Dadurch wirken Denkmäler als Faktoren für Investoren, öffentliche Planungen, für das Stadtmarketing und die Kommunalpolitik.

Denkmalpfleger erachten Denkmäler als kulturhistorische Ressourcen, die die Lebensqualität steigern und den Bewohnern Identifikationsangebote machen, indem sie den Bewohnern und Betrachtern die Ortsgeschichte erlebbar vor Augen führen und ihnen ermöglichen, sich in eine seit langem fortlaufende Geschichte einzuordnen, sich an den Ort zu binden, dadurch vielleicht Vertrautheit, Halt und Heimatgefühl zu finden.[35] Neben dieser emotionalen Seite wirken Denkmäler auf der rationalen Seite als Bauten der Bildung, die jedermann durch bloße Anwesenheit Denkanstöße liefern können, wie sich der Ort, die Straße, die Stadt oder Region entwickelt haben und wie die Menschen hier früher gelebt haben.

Denkmäler können als kulturelle Infrastruktur, intakte Dorf- und Stadtkerne oder Ensembles als Erlebnisräume verstanden werden, die durch ihre historisch gewachsene Qualität das Lebensumfeld aufwerten. Mit dem Landschaftspark Duisburg-Nord hat die Stadt rund um die historischen Hochöfen, die für ihre Geschichte so wertvoll sind, eine schwierige Attraktion erfolgreich weiterentwickelt. Jüngst hat sich Frankfurt am Main eine neue Altstadt-Kulisse gebaut und man wird sehen, ob sie langfristig so anziehend wirken wird wie eine echte Altstadt[36]. Kulturpolitik und Kulturmanagement müssen sich nicht auf Events beschränken, sondern können die durch ihren Denkmalwert nachweislich erhaltenswerten baulichen Eigenarten und Alleinstellungsmerkmale ihrer Gemeinde langfristig unterstützen. Selbst wenn einzelne Denkmäler als Wahrzeichen der Gemeinde hervorragen, ist eine Breitenwirkung anzustreben. Da Bekanntheit oft mehr durch die Vermarktung als durch Qualität entsteht, dürfen die weniger bekannten Kleinodien nicht auf der Strecke bleiben.

Diese historische Qualität und Beständigkeit kann sich auch positiv auf Tourismus und Wirtschaft auswirken, denn gerade an die Aufenthaltsqualität der Plätze historischer europäischen Städte reichen jüngere Entwürfe selten heran. Historische Ortskerne, Kulturlandschaften und andere als Sehenswürdigkeiten vermarktete Denkmäler sind beliebte Wohnorte und Reiseziele für Kulturtouristen, die vor Ort in Hotels, Gastronomie und Geschäften Geld ausgeben (Abb. 1.7). Oft zieren Denkmäler die Titelseiten von Broschüren oder prägen das Image einer Stadt. Dann achtet auch die Politik darauf, dass die Goldesel gut aussehen. Wehe dem unscheinbar aussehenden Denkmal, das abgelegen im Vorort und für dessen Geschichte steht, aber von den Besucherströmen, die an den bekannten Sehenswürdigkeiten vorbeiziehen, kaum wahrgenommen wird. Große Besuchermassen gefährden im Gegenzug die authentische Erhaltung durch erhöhten Verschleiß und womöglich touristisch erwünschte Baumaßnahmen zur besseren Besucherführung, für den Brandschutz, oder um Gast-, Veranstaltungs- und Ausstellungsräume herzustellen. Wenn Tourismus die Denkmäler ruiniert, macht er sich die Attraktionen kaputt. Also sollten sich auch Touristiker früh mit der Denkmalpflege abstimmen, wie denkmalgerechter Tourismus funktionieren kann.

Abb. 1.7 Die Altstadt von Saarburg ist ein beliebtes Touristenziel. Andernorts locken ebenfalls Altstädte, Dorfkerne, Burgen und Industrieanlagen Touristen, Radfahrer und Wanderer an

Auch alleinstehende Denkmäler können gut zu vermarktende Standorte sein, weil das historische Flair, die von ihnen ausgedrückte Kontinuität und die durch Seltenheit gewonnene Exklusivität attraktive Firmenstandorte verkörpern, die besondere Repräsentationsansprüche befriedigen, die kein Neubau gleichwertig bieten kann. Inwiefern Investoren oder Firmeneigner darauf Wert legen, lässt sich schwer verallgemeinern und hängt stark vom individuellen Interesse und der Vermarktungsstrategie ab. Besondere Affinität zu historischen Gebäuden zeigen manche Rechtsanwälte, Steuerberater, Ärzte und sogar Tech- und Medienfirmen, die einen gediegenen Eindruck vermitteln, ein bestimmtes Publikum ansprechen oder ihre Selbstdarstellung mit dem außergewöhnlichen historischen Ambiente verknüpfen möchten. Wenn die Bauherren das Denkmal intensiv restaurieren oder Teile rekonstruieren wollen, um eine möglichst historische Wirkung herzustellen, muss die Denkmalschutzbehörde den Enthusiasmus auch schon mal bremsen, damit keine Altertümlichkeit herbeigefälscht wird.

Neben dem Kulturtourismus und der Standortqualität gilt Denkmalpflege als Wirtschaftsfaktor vor allem für mittelständische Unternehmen wie Handwerksbetriebe und Planungsbüros in der Gemeinde und der Region. Das Denkmalprojekt schafft Arbeitsplätze, denn es benötigt fachlich qualifizierte Unternehmen, die durch ihre Arbeit am Denkmal Geld verdienen, das sie für Arbeitsmaterial ausgeben, als Steuern abführen oder anderweitig investieren. Denkmalförderung durch steuerliche Vergünstigungen und (je nach Bundesland, Gemeinde oder politischer Stimmung) direkte Zuschüsse für Erhaltungsmaßnahmen an Denkmälern erzeugt Wirtschaftsförderung durch Investitionsanreiz.

Bei alledem wirkt die Seltenheit von Denkmälern wie ein zweischneidiges Schwert. Je mehr Denkmäler es in einer Gemeinde oder Region gibt, desto mehr wirtschaftliches und kulturelles Gewicht kann man von ihnen erwarten. In Gemeinden mit wenigen Denkmälern ist Denkmalpflege ein verschwindend kleiner Faktor. Da der Anteil der Denkmäler am Baubestand mit nur wenigen Prozent des Baubestands angegeben wird[37], kann man wiederum kaum erwarten, dass Denkmäler einen annähernd so hohen wirtschaftlichen Faktor darstellen würden wie andere Zweige der Baubranche oder andere Wirtschaftszweige überhaupt. Diese reklamieren für sich, Innovationen zu bringen, zahlen vielleicht auch mehr Gewerbesteuer, und selbst in Tourismus, Gastronomie und Beherbergungswesen konkurrieren Denkmalerhaltung und Standortqualität mit den persönlichen Entwicklungswünschen einzelner Unternehmen.

Handwerks- und Gartenbaubetriebe, Architektur-, Ingenieur- und Stadtplanungsbüros bringen selbst bei einem örtlich relativ großen Denkmalbestand selten ein gesteigertes Interesse an Denkmalpflege auf, da Neubauten und Bauteilerneuerungen mit Standardprodukten einfacher kalkuliert und routinierter abgewickelt werden können, als historische Bauteile im Einzelfall zu restaurieren. Restauratorisch und in vorindustriellen Techniken versierte oder gar spezialisierte Betriebe und Büros stellen die Ausnahme dieser Regel dar. Nicht-Denkmäler sind eben viel zahlreicher und machen einen größeren Teil der Aufträge aus. Wegen ihrer Seltenheit können Denkmäler kein so großes Investitionshindernis sein, wie es von manchen Investoren, Lobbyisten und anderen Produktvermarktern beklagt wird, die für ihre Ware den Absatz maximieren wollen.

Reparatur- und Pflegemaßnahmen im Baubestand sind, unabhängig von der aktuellen Baukonjunktur oder Großinvestitionen bei Neubauten, immer wieder erforderlich und verschaffen dadurch dem regionalen Baugewerbe kontinuierlich Aufträge, die Arbeitskräfte erfordern, umweltfreundlich wenig Material verbrauchen und wenig Bauabfall verursachen. Historische und heute an älteren Denkmälern für Reparaturen eingesetzte Baustoffe bestehen oft aus nachhaltigen Naturprodukten, die regional erzeugt und dadurch auf kurzen Wegen geliefert werden könnten und die durch ihre Reparaturfähigkeit bei kontinuierlicher Pflege eine lange Lebensdauer und dadurch eine gute Ökobilanz besitzen. Da solche Ökoprodukte erst seit jüngerer Zeit jenseits der Denkmalpflege wieder stärker nachgefragt werden, kann man damit rechnen, dass die Herstellervielfalt noch zunimmt und die Lieferwege kürzer werden.

Denkmalpflege und Altbauinstandsetzung allgemein bewirken eine Rohstoffe schonende Baukultur und dadurch ökologische Nachhaltigkeit im Bauwesen. Baustoffeinsparung, Schadstofffreiheit und Umweltschutz werden aber aktuell vom Klimaschutz überschattet, der durch den Fokus auf Wärmedämmung und erneuerbare Energien Umbaumaßnahmen fordert und dadurch mehr Investitionen aktivieren kann. Umgekehrt lassen die paar Denkmäler auch beim Klimaschutz durch Denkmalsanierung nicht den entscheidenden Sprung erwarten, selbst wenn eine Gemeinde noch eine intakte Altstadt mit vielen Denkmälern besitzt. Kann das Stadtmarketing die Altstadt touristisch gut verwerten, konkurriert es mit dem maximierten Klimaschutz.

Wenn daraus der Ansatz abgeleitet würde, gezielt diejenigen Klimaschutzmaßnahmen zu ergreifen, die Substanz und Erscheinungsbild der Denkmäler nicht beeinträchtigen, sondern durch Denkmalerhaltung auch die kulturelle und touristische Verwertbarkeit bewahren würden, wäre allen eingangs genannten Belangen gedient. Werden Denkmäler zum Politikum, müssen die Sachbearbeiter der Denkmalschutzbehörde erahnen, auf welche Argumente die Kommunalpolitik und die Verwaltungsspitze hören. Umweltschutz und Wirtschaftsförderung können offenkundig auch durch Denkmalschutz befördert werden.

Um die historischen Standorte zu bewahren, muss die kommunale Planung geeignete Verkehrsanbindungen sicherstellen und konkurrierende Geschäftsstandorte vor den Toren der Stadt begrenzen, damit das Leben nicht aus der Altstadt abwandert. Sich mit den regionalen und überregionalen Touristikern und Arbeitsgemeinschaften für die Erhaltung und Nutzung historischer Denkmäler und Ortskerne zu vernetzen, hilft sowohl bei der Vermarktung als auch dabei, Erfahrungen in der zeitgemäßen Weiterentwicklung der Gemeinden auszutauschen., So können Gemeinden bei Neuerungen die historischen Alleinstellungsmerkmale – die Denkmäler und ihre Ausstrahlung als Anker der Stadtentwicklung – beibehalten.[38]

1.8 Aus- und Weiterbildung

Optimal und damit bürgerfreundlich aufgestellte Denkmalschutzbehörden vereinen sowohl denkmalfachliche Kenntnisse für die denkmalspezifischen Aufgaben als auch Verwaltungskenntnisse für die Verwaltungsvorgänge, um alle Verfahren denkmalfachlich, denkmalrechtlich und verwaltungsrechtlich korrekt und zeitnah zu bearbeiten. Für die Ausstattung der Denkmalschutzbehörden tragen die Verwaltungsspitze in der jeweiligen Gemeinde (oder Landkreis) und der Rat bzw. der Ausschuss, der über Haushalt und Personal beschließt, die Verantwortung.

Technische Sachbearbeiter der Denkmalschutzbehörden werden in diesem Buch als Generalisten aufgefasst, die einen Überblick über die gängigen Qualitäten, Probleme und Lösungen an Denkmälern und über die Rechtsvorschriften besitzen, dadurch die Kenntnisse der anderen Beteiligten ergänzen, und die wissen (oder ahnen), welche Spezialisten für den gerade zu bearbeitenden Fall hinzugezogen werden müssen. Aus dem Blickwinkel der Kommunalverwaltung mit ihren vielen Fachgebieten werden Denkmalpfleger als Spezialisten für ihre besondere Nische wahrgenommen.

Fachleute in Denkmalpflegefachämtern, in Denkmalschutzbehörden, Architekturbüros oder Büros für Bauforschung haben meistens Architektur, Kunstgeschichte, Restaurierungswissenschaften oder verwandte Fächer studiert, Gartendenkmalpfleger oft Landschaftsarchitektur. Viele Bodendenkmalpfleger sind Archäologen. Bauingenieure gibt es auch in Denkmalschutzbehörden, arbeiten aber eher in Büros für Statik und Tragwerksplanung, für Bauphysik oder für mit Spezialisierung auf bestimmte Baustoffe.

Die typischen Studiengänge produzieren nicht automatisch kenntnisreiche Denkmalpfleger, zumal so ein Studium auch absolviert werden kann, ohne jemals mit dem Thema Denkmalpflege in Berührung zu kommen.[39] Verwaltungsfachleute, die sich denkmalfachliche Qualifikationen angeeignet haben, gibt es auch. Die berufliche Erfahrung und die Bereitschaft, sich in historische Bautechniken einzuarbeiten, macht viel aus. Der Vorteil beim Start in der Denkmalschutzbehörde mit einschlägigem Ausbildungs- oder Studienhintergrund liegt darin, dass der Hintergrund, wenn auch aus verschiedenen Perspektiven und Herangehensweisen, ein Grundverständnis für technische und/oder historische Zusammenhänge und für methodische Herangehensweisen vermittelt hat, das bei der fachlichen Auseinandersetzung mit Denkmälern hilft.

Zu Fachkenntnissen und beruflicher Qualifikation in der Denkmalpflege führen, neben Studiengängen, Berufsausbildungen (Handwerk, Bauzeichner...) und Fortbildungen. Das Lernen in der Praxis passiert in großem Maße durch die Erfahrung mit den selbst bearbeiteten und verwalteten Denkmälern. Als Eigentümer / Bauherr ein Denkmal in Eigenleistung zu sanieren liefert einen wertvollen Erfahrungsschatz. Der Praxisbezug zu Baustoffen und Verarbeitungsmethoden hilft bei der Beurteilung von Baumaßnahmen und Handwerkerangeboten. Daneben gibt es durch Vereine, Veranstaltungen und Medien allerlei Gelegenheiten, denkmalpflegerische, ortsgeschichtliche oder baukulturelle Themen kennen zu lernen.

Erste berufliche Weichen können schon durch Schulpraktika gestellt werden. Weitere Gelegenheiten bieten ein Freiwilliges Jahr in der Denkmalpflege und Jugendbauhütten, In Ausbildung und Studium können Schwerpunkte gesetzt werden. Es gibt auch auf Denkmalpflege ausgerichtete Praktika, Möglichkeiten zur Mitarbeit als Werkstudent oder als studentische Hilfskraft in Behörden, Büros, an der Hochschule oder in Fachämtern während des Studiums. Unabhängig vom beruflichen Hintergrund können in Freilicht-museen historische Gebäude besichtigt und an Führungen teilgenommen werden.

Inwiefern historische Handwerkstechniken in der Handwerker-Lehre vermittelt oder ob an historischen Bauteilen gearbeitet wird, hängt vom ausbildenden Betrieb und dessen Arbeitsschwerpunkten ab. Als Zusatzqualifikation für Handwerker sind die Fortbildungen zum Restaurator im Handwerk interessant, die vertiefte Kenntnisse zur Instandsetzung und Verarbeitung historischer Materialien und zu denkmalpflegerischen Anliegen vermitteln. Dazu gibt es mehrere Fortbildungsstätten im Bundesgebiet, die Fortbildungen für bestimmte Gewerke wie Maler, Metallbauer oder Zimmerleute anbieten. In Nordrhein-Westfalen veranstaltet z.B. die Akademie des Handwerks Schloss Raesfeld Lehrgänge für historische Handwerkstechniken (Abb. 1.8). In Wunsiedel gibt es das Kompetenzzentrum für das Steinmetz- und Steinbildhauerhandwerk, in der Propstei Johannesberg bei Fulda restauratorische Vertiefungskurse für Handwerker. Ein weiterer Weg führt über eine an die Berufsausbildung anschließende Fachschulausbildung zum Bautechniker mit Schwerpunkten im Bauen im Bestand und in der Altbausanierung.[40]

Wer Grundkenntnisse in Stilkunde erwerben möchte, ohne auch die wissenschaftlichen Analysemethoden im universitären Kunstgeschichte-Studium zu lernen, findet bei einer kleinen Zahl von Fortbildungseinrichtungen nicht-akademische Fernlehrgänge.

Von Vorteil sein kann ein wissenschaftliches Volontariat[41] in einem Denkmalpflegefachamt oder ein Masterabschluss in einem der Denkmalpflege-Studiengänge. Im Volontariat nach dem Studium die Fachgebiete und Arbeitsweise des Denkmalpflegefachamts kennen zu lernen, vertieft die denkmalfachlichen Kenntnisse und hilft bei der späteren Zusammenarbeit zwischen Denkmalschutzbehörde und Fachamt. Referendare für den bautechnischen oder den juristischen Verwaltungsdienst können, je nach Ausbildungsplan, in der Denkmalpflege hospitieren.

Die Denkmalpflege-Aufbaustudiengänge schlossen früher an den Diplom- oder Magisterstudiengang an, folgen heute als Master auf den Bachelorstudiengang oder

Abb. 1.8 Schloss Raesfeld wird unter anderem als Weiterbildungsstätte für Handwerker bzw. für Restauratoren im Handwerk genutzt

auf einen anderen Master und lassen sich unter Umständen auch berufsbegleitend absolvieren. Darauf sind manche Studienmodelle abgestimmt. Wer sich in Richtung Bauforschung spezialisieren möchte, wählt die Masterstudiengänge für Denkmalpflege oder für Historische Bauforschung. Der letztgenannte ist zwar kein Denkmalpflege-Studiengang im Wortsinn, steht solchen aber methodisch und inhaltlich nah. Andere Studiengänge befassen sich allgemeiner mit kulturellem Erbe oder setzen Schwerpunkte in der Vermarktung des Kulturerbes, was im Arbeitsalltag einer Denkmalschutzbehörde seltener verlangt wird als etwa das Bauen im Bestand. Architekturstudierende und andere, die eine Mitgliedschaft in einer Berufskammer anstreben, sollten sich bei der Wahl des Studiengangs erkundigen, ob dieser insoweit anerkannt ist, dass er zur Mitgliedschaft in den gewünschten Berufsverbänden wie den Architektenkammern qualifiziert.

Die Lehre einschließlich der Entwürfe, Seminare oder Übungen an der Hochschule bereiten mit der Vermittlung methodischer Grundlagen nur rudimentär auf den Berufsalltag im Architekturbüro oder in der Denkmalschutzbehörde vor; schon gar nicht auf Verwaltungs- und Ordnungsverfahren oder steuerliche Bescheinigungen. Ganz wesentlich für alle Einsteiger in der Denkmalschutzbehörde sind die praktische Ausübung von Denkmalschutz und Denkmalpflege und das Erlangen von Routine, denn gerade in den ersten Jahren steigt die Lernkurve steil. Fachfremde müssen einschlägig fortgebildet werden, um die fachspezifischen Kenntnisse zu erwerben. Idealerweise verstehen Denkmalschutz-Sachbearbeiter, Verwaltungssachbearbeiter und Sachbearbeiter anderer Behörden, wovon die jeweils anderen sprechen, und ergänzen einander mit den jeweiligen Stärken und Kenntnissen.

In den einzelnen Aufgabenbereichen sollten die Mitarbeiter kontinuierlich fortgebildet werden. Fortbildungen und einschlägige Tagungen vermitteln denkmalpflegerische Anliegen, Methoden, Sanierungstechniken und Sonderthemen[42] wie städtebauliche Denkmalpflege oder Gartendenkmalpflege: Das ist besonders berufsbegleitend sinnvoll, wenn die Inhalte nicht Theorie bleiben, sondern zeitnah angewendet und damit verinnerlicht werden können. In diesem Zusammenhang nützen beispielsweise Fortbildungen für Kenntnisse über Bauwerke und Bautechniken, die im Zuständigkeitsbereich häufig anzutreffen sind. Außerdem können Sachbearbeiter bei Fortbildungen und Tagungen auch vom Austausch zwischen den Teilnehmern profitieren. Umgekehrt können amtliche Denkmalpfleger durch mehr praktisch und baurechtlich orientierte Fortbildungen sich den Nachbardisziplinen und den Inhalten der Freiberufler und Gewerbetreibenden annähern, mit denen die Denkmalschutzbehörde täglich zu tun hat. Darüber hinaus helfen Fortbildungen oder Coachings für die Denkmalvermittlung und zwischenmenschliche Auseinandersetzungen.

Akademische Fortbildungen bieten beispielsweise die Fachämter mit Vortragsreihen und Tagungen, in Fulda die Propstei Johannesberg unter Beteiligung der Architektenkammer Hessen und des Hessischen Landesamtes für Denkmalpflege, das Deutsche Nationalkomitee für Denkmalschutz (DNK), die Bauhaus Weiterbildungsakademie in Weimar und andere öffentliche und private Anbieter wie die Architektenkammern und Stiftungen.

Eine Karriere in der amtlichen Denkmalpflege oder im Denkmalschutz setzt keine Promotion voraus, die in wissenschaftlichen Teilgebieten der Denkmalpflege, an der Hochschule oder bei der Bewerbung auf eine Führungsposition immer noch von Vorteil sein kann. In der Unteren Denkmalschutzbehörde geht Praktizieren über Promovieren.

Anmerkungen

1. Z. B. in Art. 18 der Landesverfassung NRW. – Vgl. Schulte 2019, S. 38.
2. Schulte 2019, insb. S. 52–53, 60–61, insb. S. 143. – Spannowsky/Uechtritz 2009, S. 35: Baukultur umfasse *„die Herstellung von gebauter Umwelt und den Umgang damit [...] alles Gebaute, einschließlich Straßen und Verkehrsbauten."*
3. Martin/Krautzberger 2006, S. 1. Auf S. 6 nennt Felix Hammer die Denkmalpflege *„die nicht hoheitliche Fürsorge des Staates für Kulturdenkmale".* – Raabe 2015, S. 1, 33: Aus der Sicht des freiberuflichen Architekten begreift Christian Raabe die praktische Denkmalpflege als *„eine eigene Fachdisziplin im Rahmen des Baugeschehens [...] nicht anders als etwa die Elektroplanung oder die Tragwerksplanung."* – VdL 2016, S. 14. – Wirth 2003, S. 3-5. – Wirth 2016, S. 20–24.
4. Davydov et al. 2018, S. 43: Zum Zwecke des DSchutzes sind auch Eingriffe in die Rechte der Eigentümer möglich. – vgl. Martin/Krautzberger 2006, S. 87.
5. Zur Denkmalkunde insb.: Hubel 2006, S. 138–141. – Weiter gefasste Definitionen schließen naturwissenschaftliche Analysen von Material und Verfallsprozessen ein, um in der weiterzuentwickelnden Methodik im Umgang mit Denkmälern geeignete Sanierungs- und Restaurierungsmethoden anzuwenden und zu vermitteln.
6. Z. B. abgedruckt in DNK 2007, S. 70–75. – Davydov et al. 2018, S. 24: BRD 1976 beigetreten, 1977 dort bekanntgemacht und in Kraft getreten.
7. Davydov et al. 2018, S. 19–21: Schwerpunkt auf der Rechtsgeschichte. – Hubel 2006, S. 13–137: Auf S. 42 unterscheidet er drei Phasen im 19. Jh.: Angleichung an klassizistische Ästhetik / Anerkennung und systematische Erforschung der Denkmäler / nach 1871 historisierende Optimierung. – Huse 2006: Kommentierte Sammlung historischer Schriften – Lukas-Krohm 2014. – Raabe 2015, S. 3–12. – Schmidt 2008, S. 16- 76 – Martin/Krautzberger 2006, S.5-24: Geschichte von Denkmalpflege, Denkmalrecht und Kulturgüterschutz. – Spital-Frenking 2000, S. 12–24 – Strobl et al. 2019, S. 73–75. – Thomas 1998, S. 12–20. – VdL 2019, S. 261–265: Lexikonartikel „Denkmalschutzgesetz".
8. Krause 2011, S. 283.
9. Befunde sind im Wesentlichen Untersuchungsergebnisse: Funde, Indizien, Beweismittel, die einen (hier denkmalpflegerischen) Aussagewert haben. Sie liefern alleine oder zusammen mit anderen Quellen und Informationen für die wissenschaftliche Forschung (z. B. Baugeschichte) oder für die technische Bearbeitung (z. B. Behebung von Schäden und Schadensursachen) wichtige Erkenntnisse.

10. Hubel 2006, S. 109–110.
11. Viele davon gesammelt in: DNK 2007.
12. Hubel 2006, S. 133. – Dagegen Ollenik/Heimeshoff 2005, S. 27: Denkmalschutzgesetze in der DDR seit 1952. – Ebenso VdL 2019, S. 264: Denkmalschutzverordnung.
13. Die Zeitschrift „Die Denkmalpflege" widmete ihre Ausgabe 2016 Heft 2 der Postmoderne.
14. Ein Eindruck von der damaligen Sichtweise findet sich in Gebeßler 1980, S. 38.
15. Hubel 2006, S. 72–89 – Huse 2006, S. 124–149: Auszüge der historischen Texte, und Einordnung – Schmidt 2008, S. 35–48 – Spital-Frenking 2000, S. 18–19.
16. Krause 2011, S. 13.
17. Krause 2011, S. 213.
18. OVG NRW, Urt. v. 08.03.2012 - 10 A 2037/11: *„Das denkmalrechtliche Erscheinungsbild ist […] als der von außen sichtbare Teil eines Denkmals zu verstehen, an dem jedenfalls der sachkundige Betrachter den Denkmalwert, der dem Denkmal innewohnt, abzulesen vermag."* Der bloße ungestörte Anblick des Denkmals ist nicht geschützt. Hinsichtlich der Wechselwirkung mit der Umgebung muss die *„Beziehung des Denkmals zu seiner Umgebung außerdem für den Denkmalwert von Bedeutung sein".*
19. Die Charta von Venedig wird hier stets aus der deutschen Übersetzung in DNK 2007, S. 43–45 zitiert.
20. Martin/Krautzberger 2006, S. 88: Es gibt keinen *„einheitlichen und verbindlichen Denkmalbegriff".*
21. Je nach Denkmalschutzgesetz können nur von Menschen geschaffene Zeugnisse Denkmäler sein.
22. Davydov et al. 2018, S. 79: Hier wird angenommen, der Begriff „Sache" statt „Gegenstand" soll Denkmäler auf körperliche Gegenstände einschränken.
23. Bundesdenkmalamt Österreich 2015, S. 7.
24. Z.B. in Krause 2011, S. 84. – Wirth 2003, S. 3. – Ein sprachlicher Ansatz zur Unterscheidungen ist, gewollte Denkmäler und gewordene Denkmale zu sagen. Allerdings heißen die gewordenen Denkmale in mehreren DSchGesetzen Denkmäler. – Wenn etwa ein Anrufer sich bei der Denkmalschutzbehörde wegen einer Statue als Denkmal erkundigt, kann das Verwirrung stiften, weil erst mal geklärt werden muss, ob die überhaupt ein Denkmal nach Denkmalschutzgesetz und in die Denkmalliste eingetragen ist.
25. OVG NRW, Beschluss v. 27.04.2012 - 10 A 597/11. – Hierzu auch: Schulte 2019, S. 50: *„Kulturgüter spiegeln die menschliche Wahrnehmung, Deutung und Gestaltung der Lebenswirklichkeit wider und können zur Identitätsbildung des Menschen beitragen."*
26. Stellhorn 2016, S. 9: *„Aus rein städtebaulichen Erwägungen dürften die Länder wegen der bundesrechtlichen Kompetenz im Bodenrecht […] keine Normen erlassen. Die Kulturhoheit der Länder für das Denkmalrecht setzt also stets eine Geschichtlichkeit der Bedeutungskategorie voraus."* – Kiesow 1982, S. 57–77.

27. VdL 2016, S. 12. – Schulte 2019, S. 38.

28. Davydov et al. 2018, S. 42. – Krause 2011, S. 92–105: Denkmalrecht. – Martin / Krautzberger 2006, S. 3: *„Fragen nach der Verfassungsmäßigkeit der Denkmalschutzgesetze generell und die Behauptung, der Denkmalschutz wirke enteignend, sind durch die Rechtsprechung längst entkräftet."*

29. Siehe auch Kapitel über Bauleitplanung und Städtebaurecht.

30. Schulte 2019, S. 50: *„Kulturgüter sind die konkret fassbaren/körperlichen Gegenstände und Ergebnisse, in denen das Schaffen menschlichen Geistes konkrete Gestalt angenommen hat."*

31. VdL 2019, S. 249–250, 288–290, 322–323.

32. In Bayern gibt es beispielsweise Ensembles, die als Mehrheit baulicher Anlagen zu den Baudenkmälern zählen.

33. Das Land Brandenburg hat einen Ratgeber für serviceorientierte Amtssprache in der Denkmalverwaltung herausgegeben: https://mik.brandenburg.de/sixcms/media. php/9/Amtssprache_Denkmalschutz_MWFK.pdf (zuletzt besucht am 28.01.2023).

34. Ein Leitfaden für Kulturtourismus findet sich z. B. auf www.touristiker-nrw.de (zuletzt aufgerufen am 15.01.2022).

35. Martin/Krautzberger 2006, S. 28–33, auf S. 25: *„Identifikation stiftentenden Umfeldes, einer individuellen Lebensumwelt und der Geborgenheit in einer erkennbaren regionaltypischen Kultur in einer immer globaler agierenden Zeit"*. – Stellhorn 2016, S. 4–5. – VdL 2016, S. 12, 20. – Ollenik/Heimeshoff 2005, S. 179–188, 193–196 mit vertieftem Beispiel Hattingen.

36. Bundeszentrale für politische Bildung: Die Erfindung der Altstadt. Städtebauliche Sanierung, geschichtspolitische Verwendung und touristische Inwertsetzung historischer Stadtviertel, https://www.bpb.de/themen/stadt-land/stadt-und-gesellschaft/216897/erfindung-der-altstadt/, zuletzt besucht am 02.04.2023: *„[...] Tatsache, dass das historische Erbe, anders als in den 1960er Jahren, mittlerweile bei allen politischen Fraktionen als großer Wert gilt."*

37. Ollenik/Heimeshoff 2005, S. 196-197: In Deutschland ca. *„500.000 denkmalgeschützte Gebäude und ca. 2,5 Mio. Gebäude unter Ensembleschutz"*. – Kölnische Rundschau v. 03.03.2022, Zeitungsartikel „Wenn am Denkmal gedoktert wird": 1,5 Prozent Denkmalsubstanz laut Patrizia Brozio, Sprecherin des Verbands der Restauratoren, insb. wegen Kriegszerstörung. – Ebenso: Skuldeny 2022, S. 237. – Raabe 2015, S. 1: Schätzt den denkmalgeschützten Baubestand in Deutschland auf 5–7 %. – Schulte 2019, S. 22: Ca. 3 % des Gebäudebestands in Deutschland seien ausgewiesene Baudenkmale. Rund weitere 10 % des Gebäudebestands lägen in historischen Stadt- und Ortslagen.

38. Siehe z. B. DNK 2008.

39. Hubel 2001. – Bodi 2022: Über u. a. Ausbildung und Nachwuchssorgen. – Raabe 2022: Enthält eine Übersicht über das Studiengang-Angebot in Richtung Denkmalpflege, Altbausanierung und Kulturerbe.

40. Die Bundesagentur für Arbeit kennt auch den Ausbildungsberuf Denkmaltechnischer Assistent.

41. Es gibt auch Volontariate bei einschlägigen Stiftungen, Staatlichen Schlösserver-
    waltungen, Museen usw., die nicht auf die Tätigkeiten in Denkmalfachämtern und
    Denkmalschutzbehörden ausgerichtet sind, aber verwandte Aufgaben beinhalten
    können. Volontariate im Journalismus oder in Richtung Museumspädagogik sind
    nicht gemeint, können aber in der passenden Mischung mit Denkmalpflege-Aus-
    bildungswegen in der Öffentlichkeitsarbeit von Vorteil sein. Bei Referendariaten in
    Bauwesen oder Stadtplanung (oder Jura) kann u. U. in Denkmalschutzbehörden und
    -ämtern hospitiert werden. – Siehe 2022.
42. Für Energieberater, die üblicherweise Freiberufler sind, gibt es auch die Spezialisie-
    rung Energieberater für Baudenkmale.

Denkmalpflege

2

Zusammenfassung

Grundsätze der Denkmalpflege behandeln den Gegenstand, das Warum und das Wie der denkmalpflegerischen Methoden. Diese Methoden und ihre Schnittmengen mit und ihre Unterschiede zu anderen Methoden und Begriffen der Altbausanierung und dem Bauen im Bestand werden allgemein und anhand eingestreuter Beispiele erläutert. Von Baubeteiligten werden die Begriffe oft nicht unterschieden oder sogar synonym benutzt.

2.1 Grundsätze der Denkmalpflege

In der jüngeren Geschichte der Denkmalpflege sind mehrere internationale Grundsatzpapiere zum Begriff der Denkmäler und wie mit ihnen umzugehen sei, verfasst worden. Für kontinentaleuropäische Denkmalpfleger hat die Charta von Venedig von 1964 zentrale Bedeutung. Aus ihr werden Gebote und Verbote der Denkmalpflege abgeleitet. Interkontinental auch breite Beachtung findet die 1979 in Australien in der Erstfassung beschlossene und später überarbeitete Charta von Burra, die den Fokus stärker auf die kulturelle Bedeutung der Denkmäler richtet.[1] Die 1981 verfasste Charta von Florenz präzisiert die Werte von und den Umgang mit historischen Gärten. Die Charta von Washington aus dem Jahr 1987 beispielsweise formuliert Grundsätze, Ziele und Methoden zur Denkmalpflege in historischen Städten. Für die Bodendenkmalpflege stellte die Charta für den Schutz und die Pflege des archäologischen Erbes im Jahre 1989 in Lausanne inhaltliche und methodische Forderungen auf.

Diese Grundsatzpapiere formulieren Leitgedanken, die sich auf das denkmalpflegerische Handeln auswirken, aber keine denkmalrechtliche Verbindlichkeit nach Landesrecht besitzen. Aus Architektensicht entwickelte beispielsweise Oskar Spi-

M. Wild, *Denkmalschutz-Kompendium,* https://doi.org/10.1007/978-3-658-42828-0_2

tal-Frenking, anknüpfend an die oben genannten Grundsatzpapiere, „Zehn Regeln" als Denkansätze für die Entscheidungsfindung in der praktischen Baudenkmalpflege.[2] Daraus lassen sich zentrale Forderungen oder Tugenden und Ideale ableiten, denen Denkmalpfleger möglichst nahezukommen versuchen. Die denkmalpflegerischen Ideale müssen sich im Arbeitsalltag in die rechtlichen Rahmenbedingungen einfügen.

Authentizität ist ein Kernbegriff der Denkmalpflege und untrennbar mit der zu bewahrenden Denkmaleigenschaft verbunden: *„Die Authentizität eines Denkmals ist Voraussetzung für seine aktuelle und künftige Deutungsmöglichkeit [...] Nur wenn das Denkmal in seiner historischen Substanz erhalten bleibt, kann es als Quelle historischer Umstände heute und in Zukunft immer wieder neu befragt und interpretiert werden. Die historisch überlieferte Substanz ist unersetzlich".*[3] Authentizität meint die Glaubwürdigkeit und Echtheit des Denkmals. Diese Echtheit hängt an der möglichst unverfälscht überlieferten Bausubstanz, die über den einzigartigen historischen Entstehungszusammenhang des Denkmals an seinem geschichtlich begründeten Standort Auskunft gibt. Denkmäler zeigen die Handschrift ihrer Erbauer und bestehen aus einem geistigen und materiellen Schöpfungsprozess, welcher der Kultur, den Auftraggebern und den Bauleuten seiner Entstehungszeit entsprang. Auch die historischen Umbaumaßnahmen am Denkmal können Zeugniswert besitzen, weil auch sie historische Entwicklungen aufzeigen können, durch die das Denkmal in seiner Baugeschichte als Geschichtsdokument fortgeschrieben worden ist. Ein heutiger Nachbau unter ganz anderen Voraussetzungen kann das nicht wiederholen und trägt keinen Aussagewert für die Geschichte, weil er nicht aus der Geschichte stammt. Die Authentizität bildet somit den entscheidende Maßstab, an dem die Denkmalgerechtigkeit einer Maßnahme gemessen werden kann.[4]
Die Charta von Venedig formuliert diesen Auftrag: *„Ziel der Konservierung und Restaurierung von Denkmälern ist ebenso die Erhaltung des Kunstwerks wie die Bewahrung des geschichtlichen Zeugnisses."* Die Menschheit habe die Verpflichtung, den nachfolgenden Generationen *„die Denkmäler im ganzen Reichtum ihrer Authentizität weiterzugeben"*, damit auch kommende Generationen mit neuen Fragen die materiellen Überlieferungen der Geschichte erforschen können.[5] Authentisch erhaltene Denkmäler wirken als historische Korrektive der ideologisch motivierten Neuerfindung der Geschichte und dem Versuch entgegen, in der Gegenwart die Vergangenheit zu kontrollieren. Mit dem Verlust der authentischen Denkmalsubstanz als Träger der historischen Aussage ginge auch das Denkmal verloren.[6]

Erhaltung von Kontext und angemessener Umgebung: Artikel 6 der Charta von Venedig fordert die Bewahrung eines dem Denkmal entsprechenden Rahmens, die Erhaltung seiner überlieferten Umgebung sowie ein Verbot aller Baumaßnahmen, die die Wechselwirkung des Denkmals mit seiner Umgebung beeinträchtigen würden (Umgebungsschutz). Denkmäler können wesentlicher Bestandteil einer historischen städtebaulichen Situation sein, aus der sie nicht schadlos entfernt werden können, oder deren Veränderung die Wirkung des Denkmals herabsetzen könnte. Denkmäler sind an ihren

Standort gebunden, der aus ihrem Entstehungszusammenhang resultiert, über den das Denkmal Auskunft gibt. Verlust von Standort oder Kontext kann die Denkmaleigenschaft aufheben.

Erhaltung durch Nutzung und Unterhalt: Denkmäler können durch eine geeignete Nutzung erhalten werden, wenn die Eigentümer und Nutzer darauf achten, dass das Denkmal nicht verfällt. Geeignete Nutzungen dienen der Erhaltung des Denkmals und erfordern nur kleine Veränderungen oder Anbauten, um das Denkmal ohne wesentliche Verluste historischer Substanz wirtschaftlich zu nutzen (Abb. 2.1a). Laut Charta von Venedig wird die Erhaltung durch eine der Gesellschaft dienliche Funktion begünstigt, aber der Gebrauch soll die Struktur und die Gestalt der Denkmäler nicht verändern. Bei Wohngebäuden liegt die Nutzung nahe, allerdings werden sie immer wieder auf einen zeitgemäßen Stand modernisiert werden müssen. Besondere Herausforderungen stellen bauliche Anlagen, deren historische Nutzung überflüssig geworden ist, weshalb in jüngerer Zeit Sonderbauten wie Industriegebäude und Kirchen aufgegeben oder anders genutzt werden. Kleindenkmäler wie z. B. Wegekreuze haben keinen direkten wirtschaftlichen Nutzen, fungieren aber als gesellschaftlich anerkannte Werbeanlagen, die den Betrachter an die Ideologie der Erbauer erinnern.

Pietät meint Respekt vor den Schöpfungen Anderer, Bescheidenheit bei den eigenen Taten und besondere Achtsamkeit bei der Bearbeitung von Denkmälern, die durch absichtliche oder unvorsichtige Zerstörung unwiederbringlich verloren gehen würden. Nach Artikel 11 der Charta von Venedig müssen die (denkmalwerten) Beiträge aller Epochen zu einem Denkmal respektiert werden, wogegen Stileinheit – eben anders als im 19. Jahrhundert – kein Restaurierungsziel (mehr) ist. Denkmalpfleger dürfen sich bei der Bearbeitung von Denkmälern keine ideologischen, religiösen oder geschmacklichen Urteile erlauben, sondern müssen losgelöst von ihren persönlichen Vorlieben oder Abneigungen das Denkmal

▶ **Abb. 2.1 a** Das Palais Hirsch in Schwetzingen hat an der rechten Seite einen als neu erkennbaren und untergeordneten Aufzugsturm angebaut bekommen. Der Baukörper, die Fassadengliederungen, das Traufgesims und charakteristische Details blieben erhalten. Ein Anbau sollte nicht mehr als zwingend nötig in die historische Substanz eingreifen. Wenn Grundriss und historische Ausstattung eines Denkmals erhalten sind, sollen Standort und Anschluss von Anbauten darauf Rücksicht nehmen, um im Innern keine wichtigen Merkmale zu zerstören **b** An diesem Haus der Jahrhundertwende in Mannheim arbeiteten die Erbauer mit unterschiedlichen Architekturoberflächen wie glattem hellem Putz oben und unterschiedlich glatt oder grob behauenen Werksteinen, um Sockel und Fenstergewände voneinander abzuheben. Durch die hellen Fugen kommen die keilförmigen Steine über den Kellerfenstern als ausdrucksstarke Details zur Geltung. Die Zierformen der Fenstergitter fügen weiteren Schmuck hinzu **c** Neue Tür in altem Durchgang in Osnabrück. Die klare Unterscheidung kommt z.B. dann vor, wenn bewusst das Ersatzteil kenntlich gemacht werden soll, weil beispielsweise das historische Original nicht oder nicht genau genug bekannt ist und nicht rekonstruiert oder in vereinfachten Formen interpretiert werden kann, oder wenn eine Rekonstruktion als Täuschung aufgefasst wird. Es gibt auch den Ansatz, Ersatzteile in Material und Gestaltung an historische Zustände anzunähern, ohne historische Echtheit vorzutäuschen

Abb. 2.1   (Fortsetzung)

als erhaltenswert annehmen. Wenn die „Standards der Baudenkmalpflege" des österreichischen Bundesdenkmalsamts von der *„Bewahrung und Erschließung der historischen und ästhetischen Werte eines Denkmals"* sprechen und das Denkmal als *„Dokument und Monument in einem"* bezeichnen, dem die Ausstrahlung des Besonderen innewohnt, die ästhetisch erlebbar sei, ist nicht das persönliche Schönheitsempfinden gemeint, sondern die schlüssige *„Nachvollziehbarkeit der Erscheinung"*, durch welche die historische *„Zeugnishaftigkeit der überlieferten Substanz"* zum Betrachter spricht.[7]

Beschränkung auf das Notwendige: *„Eingriffe in den Denkmalbestand bedeuten immer dessen Veränderung. Sie sind deshalb unter Wahrung der Authentizität des Denkmals, insbesondere der Geschichtlichkeit und des Alterswertes, auf das Notwendigste zu beschränken".*[8] Das Denkmal soll keine vermeidbaren Substanzverluste erleiden, die Patina des Denkmals nicht unnötig geopfert und die Denkmaleigenschaft nicht durch die Veränderung gemindert werden.[9] Sowohl bei Umbau oder Nutzungsänderung als auch bei Reparatur gilt die Maßgabe, nur so viel einzugreifen wie nötig, aber so wenig wie möglich. Der Ansatz, nur das wirklich Kaputte oder Mangelhafte zu beheben, statt großflächig zu erneuern, kann auch den Eigentümer finanziell entlasten und dient durch die Vermeidung von Bauschutt nebenbei auch dem Umweltschutz.

Achtung: Das Denkmalrecht trifft eine wesentlich andere Regelung als das Denkmalpflege-Ideal. Der Genehmigungsvorbehalt für Veränderungen ist häufig so formuliert, dass die Genehmigung zu erteilen ist, wenn Belange des Denkmalschutzes nicht entgegenstehen oder wenn ein überwiegendes öffentliches Interesse die Maßnahme verlangt. Solange der Zeugniswert des Denkmals nicht erheblich beeinträchtigt wird, oder wenn ein größeres öffentliches Interesse erfordern würde, dass seine Ziele genau an diesem Denkmal verwirklicht werden müssten, darf mehr verändert werden als das Notwendigste.

Reparieren geht vor Erneuern. Um die Substanz historischer, den Denkmalwert tragender Bestandteile des Denkmals zu schonen, sind sie auf ihre Erhaltungs- und Reparaturfähigkeit zu überprüfen, um sie nicht leichtfertig zu opfern, weil mit dem Verlust von Originalsubstanz auch die Authentizität und die Denkmaleigenschaft schwinden.[10] Damit die Reparatur langfristig zur Erhaltung des Denkmals beiträgt, soll sie möglichst material- und werkgerecht sowie alterungsfähig erfolgen, damit die Reparatur selbst lange hält und mit dem Gebäude altern kann, statt als Fremdkörper aufzufallen. Durch rechtzeitige Reparaturen können Bauschutt und erhöhte Kosten vermieden werden, wenn aufwendigere Maßnahmen gar nicht erst erforderlich werden.

Materialgerechtigkeit und Werkgerechtigkeit: *„Unabweisbar notwendiger Substanzersatz soll den Kriterien der Materialgleichheit, Werkgerechtigkeit und dem Erhalt des Erscheinungsbildes folgen".*[11] Materialgleichheit oder Materialgerechtigkeit meint, das gleiche Material zu verwenden, das von dem historischen Vorbild vorgegeben wird. Oder aber das neue Material muss – aus anderen konservatorischen Gründen oder aus Gewährleistungsgründen – sowohl am historischen Befund orientiert als auch an neue Anforderungen angepasst werden. Die Instandsetzung soll werkgerecht exakt nach Befund (Untersuchungsergebnis) oder in Anlehnung an die historische Konstruktions- oder Verarbeitungstechnik hergestellt werden (Abb. 2.1b). Die Techniken entsprechen – aufgrund der landschaftstypischen Baustoffe und Konstruktionen oder den Vorlieben des historischen Baumeisters – somit dem zu erhaltenden Bauwerk oder dem Kunstwerk aus einer bestimmten Epoche. Selbst wenn das Originalbauteil verloren geht, sollen so die dem Denkmal und seiner Entstehungszeit entsprechende Materialien und Techniken tradiert und das Erscheinungsbild gewahrt bleiben.

Abweichende bzw. moderne Materialien können im Einzelfall gerechtfertigt sein, wenn sie im Dienst des Denkmals stehen. Das heißt, ihr Einsatz hat für den Denkmalwert keine erheblich nachteiligen Auswirkungen, aber die Materialien gewährleisten durch erhebliche Vorteile gegenüber den zeitgenössischen Techniken die Erhaltung des Denkmals zuverlässiger – und bei ihrer Ausführung wird auf das Erscheinungsbild des Denkmals angemessen Rücksicht genommen.[12]

Reversibilität: Veränderungen am Denkmal sollen schadlos wieder rückgängig gemacht werden können oder wiederholbar sein. Fehlentscheidungen bei einer Instandsetzung sollen möglichst keine dauerhaften Probleme verursachen, damit in Zukunft bewährte oder bessere Lösungen für das Problem angewandt werden können. Wichtige Befunde unter unschädlichen Verschleißschichten sollen gesichert, Hinzufügungen und Einbauten bei erneuter Nutzungsänderung wieder ohne Substanzverluste entfernt werden können, damit die eigentliche historische Bausubstanz und das Erscheinungsbild des Denkmals nicht oder allenfalls vorübergehend beeinträchtigt werden. Auch wenn in der Restaurierung wieder entfernbare Retuschen ausgeführt werden oder bei statischen Sicherungen möglichst nur temporäre Abstützungen hinzugefügt werden, ist eine vollständige Reversibilität schwierig zu erreichen.[13]

Unterscheidbarkeit: Zeitschichten und Veränderungen, Alt und Neu, sollen unterscheidbar sein, um das Denkmal nicht zu verfälschen (Abb. 2.1c und 2.2a). Zum einen soll der pietätvolle Denkmalpfleger alle bedeutenden historischen Zeitschichten anerkennen und nicht für persönlich bevorzugte Zeitschichten opfern. Zum anderen sollen neue Zeit-

▶ **Abb. 2.2 a** Die grobe Form der stützenden Betonstrebepfeiler mit punktuellen Anschlüssen an die Wand wurde an den historischen Pfeilern orientiert. Die der Sicherung/Konservierung dienenden neuen Teile sind aber im Material vom historischen Bestand eindeutig unterscheidbar **b** Exponierte Wappen, Farbschichten, Ornamente und andere Oberflächen verwittern durch Regen, Sonneneinstrahlung und Schadstoffe in der Umwelt. Konservierung sucht Wege, den Bestand durch Festigung oder Abdeckung des Materials oder durch Entfernung schädlichen Bewuchses zu sichern **c** Dilemma: In Dülmen schützt ein Schutzdach die Madonnenstatue vor der Witterung, fällt an der Kirche aber als Fremdkörper auf. Solche Lösungen kommen in Frage, wenn die Witterung die Substanz konkret gefährdet **d** Solche Maueranker werden, wie hier in Tecklenburg, zur Sicherung von Mauern eingesetzt, die durch eigene statische Mängel, durch anstehendes Erdreich oder andere Lasten weggedrückt zu werden drohen

Abb. 2.2   (Fortsetzung)

Abb. 2.2 (Fortsetzung)

Abb. 2.2 (Fortsetzung)

Abb. 2.2 (Fortsetzung)

schichten, Hinzufügungen, Anbauten, aber auch Restaurierungen als solche erkennbar sein und die Mittel der Gegenwart nutzen. Sie sollen mindestens beim näheren Hinsehen vom historischen Bestand unterscheidbar sein, sich aber ins Gesamtbild harmonisch und rücksichtsvoll einfügen, damit die neuen Elemente – gemäß Artikel 5 der Charta von Venedig – den Wert des Denkmals als Kunst- und Geschichtsdokument nicht verfälschen. Das Denkmal wird dann in seiner Verständlichkeit, Wirkung und Erlebbarkeit nicht (erheblich) beeinträchtigt.

Wissenschaftliche Voruntersuchungen: *„Veränderungen des Bestandes muss eine Bestandsanalyse vorausgehen, die die wesentlichen materiellen Denkmalbestandteile in ihrem Zustand erfasst und nach ihrem Beitrag zur Denkmalbedeutung bewertet und dokumentiert"*, fordert die Vereinigung der Denkmalfachämter in den Ländern.[14] Die gründliche Bestandsaufnahme und gegebenenfalls weitere interdisziplinäre Untersuchungen, von der konstruktiven und historischen Bauforschung inklusive Quellen- und Literaturrecherche über Farbbefunde bis zu naturwissenschaftlichen Untersuchungen, sollen eine fundierte Arbeitsgrundlage schaffen. Die ermöglicht eine verlässliche Planung und Kostenschätzung und beugt bösen Überraschung im Bauverlauf vor, mit denen in der Altbausanierung immer zu rechnen ist. Da die frühen Unterschutzstellungen oft mit einer knappen Beschreibung des Denkmals erfolgten, muss die Denkmalschutzbehörde für Genehmigungsverfahren kurzfristig den Denkmalumfang und die Bestandteile ermitteln, selbst wenn es nur um einzelne Bauteile gehen sollte, um die Auswirkungen der geplanten Maßnahme auf das Denkmal einzuschätzen und nötigenfalls korrigieren zu können. Schon die Voruntersuchungen und gegebenenfalls Freilegungen sollen historische Substanz schonen und von dem zu erwartenden Erkenntnisgewinn abhängig gemacht werden. In der Vergangenheit können dem Denkmal historisch aussehende Bauteile (z. B. Gauben mit Profilgesimsen oder Datierungsinschriften mit falscher Jahreszahl) hinzugefügt worden sein, weil nach damaliger Auffassung von Denkmalpflege das Ziel gewesen sein kann, neue Teile harmonisch einzufügen (siehe: Geschichte der Denkmalpflege; vergleiche: Unterscheidbarkeit der Zeitschichten; Dokumentation). Die Denkmalschutzbehörde darf sozusagen keinem Befund trauen, den sie nicht dokumentiert hat.
Die Voruntersuchung mit Bestandsaufnahme muss dem Denkmal, dem Anlass und seiner akuten Fragestellung angemessen sein. Bei der Voruntersuchung versucht die Denkmalschutzbehörde auch einzuschätzen, welche weitergehenden Voruntersuchungen oder baubegleitenden Untersuchungen durch Spezialisten erforderlich sind. Ist das Mauerwerk mit schädlichen Salzen belastet und löst sich der Putz von den Wänden, oder weisen die Deckenbalken von Schädlingsbefall auf, müssen das Schadensausmaß und die Ursachen aufgeklärt und mit geeigneten Mitteln behoben werden, weil der Schaden sich sonst wiederholt. Wird eine Zimmertür in einer in jüngerer Zeit ausgebauten Scheune erneuert, erübrigen sich normalerweise tiefere Untersuchungen, weil die Tür aus der Umbauphase keinen Zeugniswert über die historische Nutzung der Scheune trägt. Das mag bei einer historischen Nutzungsänderung anders aussehen, wenn die Scheune wegen veränderter Wirtschaftsverhältnisse infolge der Industrialisierung umgebaut wurde. Verfaulte Türen

weisen auf Feuchteprobleme hin, die aufgeklärt werden müssen. Die Voruntersuchung zählt zur Sachverhaltsermittlung nach dem Untersuchungsgrundsatz des im jeweiligen Bundesland geltenden Verwaltungsverfahrensgesetzes[15], um die Grundlagen zu erarbeiten, auf denen die Entscheidungen der Denkmalschutzbehörde fußen.

Dokumentation: *„Da das Denkmal selbst Zeugnis der Geschichte und wichtigste Quelle wissenschaftlicher Forschungen ist, muss jede Veränderung dokumentiert werden, um seine Quelleneigenschaft und Möglichkeit künftiger Erkenntnis dauerhaft zu erhalten".*[16] Das fordert die Vereinigung der Denkmalfachämter in dem Wissen, dass die Fachämter sich nur mit wenigen Denkmälern intensiv beschäftigen können, während die Unteren Denkmalschutzbehörden dafür nur insofern Zeit haben, wie ohnehin laufende Vorgänge mit Plänen, Fotos und Handwerkerangeboten in der Akte abgelegt werden müssen. Gefordert wird die Dokumentation vom Verursacher des Änderungsvorhabens. Art und Umfang der Dokumentation muss dem Denkmal und den relevanten Informationen entsprechen, die überliefert werden sollen. Es können detaillierte Bestandsaufnahmen mit verformungsgerechten Aufmaßen, Schadenskartierungen, Raumbücher mit Farbbefunden oder konstruktiven Details angemessen sein. Bei kleineren Maßnahmen können Fotos des Vorzustands und von danach schon ausreichen. Dass Bauherren, Planungsbüros und Handwerker selten Fachkenntnis über denkmalpflegerische Methoden und Anforderungen besitzen[17], beschreibt einen weiteren Faktor in der denkmalpflegerischen Praxis. Die Denkmalschutzbehörde wird im Einzelfall abwägen müssen, welche Dokumentation dem Zweck angemessen und realisierbar ist. Grundsätzlich sollen Eingriffe ins Denkmal für die Nachwelt nachvollziehbar sein. Je größer die Veränderungen, desto wichtiger ist es, den Vor- und Nachzustand sowie Muster oder Proben der festgestellten historischen Mörtel, Putze oder sonstiger Materialien zu dokumentieren. Ein Abbruch macht die Dokumentation unumgänglich. Die Dokumentation ergibt keinen gleichwertigen Ersatz für die historische Substanz, aber bei Substanzverlusten die Notlösung, um den Vorzustand nachvollziehbar und für die Forschung noch verwertbar zu machen.

Vermittlung und Publikation: Da Denkmalschutz im öffentlichen Interesse liegt und Wissen über Denkmäler zugänglich gemacht werden soll, muss die Öffentlichkeit über Denkmäler informiert werden. Die Kanäle dafür hängen vom Anlass und von der Zielgruppe ab. Andere Fachleute und Laienpublikum können über Fachzeitschriften, Zeitung, Tagungen, Fernsehen, Internet usw. bewusst angesprochen werden.

Verhältnismäßigkeit: Zusätzlich zu den denkmalpflegerischen Tugenden kommt das rechtliche Gebot der Verhältnismäßigkeit. Entscheidungen und Auflagen der Denkmalschutzbehörde müssen die gesetzmäßige Erhaltung des Denkmals fördern, dafür geeignet, erforderlich und angemessen sein. Geeignete Auflagen in Genehmigungen erwirken realisierbare Maßnahmen. Erforderlich bedeutet, das Ziel der Denkmalerhaltung ist nicht mit einfacheren Mitteln zu erreichen. Angemessene Entscheidungen und Auflagen erwirken Maßnahmen, die zumutbar bzw. nicht dauerhaft unrentabel sind.

Um einzuschätzen, was mindestens erforderlich ist, um das Denkmal zu erhalten und instand zu setzen, auch um Änderungsvorhaben zu beurteilen, muss die Denkmalschutzbehörde wissen, in welcher Substanz und in welcher Wechselwirkung mit der Umgebung der Zeugniswert steckt.

2.2 Konservierung

Konservierungsmaßnahmen[18] dienen vorbeugend und korrigierend der Erhaltung und Sicherung der denkmalwerten Substanz (Abb. 2.2a bis 2.2d). Ziel der Konservierung *„ist es, dem Zerfall der Denkmalsubstanz entgegen zu wirken, ohne sie dabei wesentlich zu verändern. Das schließt die Bewahrung jüngerer Zeitschichten ein, die für die geschichtliche Entwicklung eines Denkmals prägend sind"*.[19] Konservierung zählt zu den Kernaufgaben von Denkmalschutz und Denkmalpflege, worauf auch die Erhaltungsgebote und die Genehmigungsvorbehalte der Denkmalschutzgesetze abzielen.

Es geht darum, durch angemessene Voruntersuchungen und die Auswahl geeigneter (möglichst reversibler) Methoden die materielle Substanz – selbst, wenn sie nur als Fragment erhalten ist – zu sichern, um Zerfallsprozesse aufzuhalten: unter anderem Festigung von Malschichten oder des Trägermaterials, Steinkonservierung, Abstützung, Verankerung, Kontrolle und Regulierung des Raumklimas, Schädlingsbekämpfung, Ruinen sichern (nicht wiederaufrichten), Schutz gegen Witterung, Beseitigung von Schadensursachen wie schädlichem Bewuchs und anderer Gefahren – oder bei Bodendenkmälern beispielsweise: eine Ausgrabung wieder mit Erdreich abdecken. Selbst die Reinigung zählt zur Konservierung, wenn Verschmutzungen oder jüngere Schichten Zerfallsprozesse verursachen oder beschleunigen, weil sie etwa chemische Reaktionen auslösen, Wasser einschließen, Bewuchs oder Schädlingsbefall begünstigen. In einem organisatorischen Sinne findet Konservierung bei Baumaßnahmen statt, wenn durch aufgewirbelten Staub und Dreck, durch den Baustellenverkehr außen und innen, oder durch anderen Risiken, empfindliche Ausstattung wie Orgeln, Parkettböden oder Wandgestaltungen geschädigt werden könnte, sodass die Ausstattung mit geeigneten Maßnahmen zu schützen ist.

Zur alltäglichen Konservierung gehört daher die Beratung zur Auswahl geeigneter Methoden und Materialien oder Nutzungsmöglichkeiten, um Schäden und andere Gefahren von Denkmälern abzuwenden. Über die Konservierung hinausgehende Maßnahmen, etwa zur gestalterischen Wiederherstellung, oder um eine sinnvolle Nutzung eines Gebäudes zu ermöglichen, folgen den Grundsätzen der Material- und Werkgerechtigkeit. Das wird auch bei der Instandsetzung erläutert. Maßnahmen können aber auch neuere Materialien umfassen, wenn sie bessere Ergebnisse beim Substanzerhalt erwarten lassen. Kann denkmalwerte Bausubstanz nicht vor Ort erhalten werden, können Kopie oder Translozierung angemessene Notlösungen sein.

2.3   Instandhaltung und Instandsetzung

Instandhaltung und Instandsetzung gehören zu den grundlegenden Aufgaben des Eigentümers nach dem gesetzlichen Erhaltungsgebot.[20] Instandhaltung bedeutet Bauunterhaltung, Pflege und Wartung des Objekts. Die durch Abnutzung, Alterung und Witterung auftretenden Mängel werden beseitigt, um teuren Schäden vorzubeugen. Dazu zählt der Austausch von kleineren Verschleißteilen, richtig zu lüften, Regenrinnen zu reinigen, Bewuchs rechtzeitig zu stutzen, Pflanzen zu pflegen oder Schädlinge zu erkennen. Die Maßnahmen dienen dem bestimmungsmäßigen Gebrauch, der Nutzbarkeit des Objekts und sie verhindern dessen Verwahrlosung. Aufgetretene Schäden müssen behoben werden: die Instandsetzung bzw. Reparatur ist notwendig geworden, um den Gebrauchswert des Objekts wiederherzustellen. Darüberhinausgehende Maßnahmen, auch die Erneuerung von Bauteilen durch Ersatzteile mit anderem Aussehen, stellen Änderungen dar, die bei fließendem Übergang unter die Begriffe Sanierung, Modernisierung, Renovierung oder auch unter Konservierung fallen. Instandhaltung und Instandsetzung sowie Sanierung, Modernisierung und Renovierung gehören nicht zu den speziell denkmalpflegerischen Methoden. Sie nehmen auf die Denkmaleigenschaft, die charakteristische Gestaltung, Materialität und Verarbeitung nicht selbstverständlich Rücksicht. Inwiefern solche Maßnahmen denkmalgerecht sind, muss die Einzelfallprüfung erkennen. Sie können aber der Erhaltung und sinnvollen Nutzung des Denkmals dienen, wenn sie denkmalgerecht abgestimmt und ausgeführt werden. Darauf hinzuwirken gehört zu den wesentlichen Aufgaben der Denkmalschutzbehörde.

Historische Bauteile und Ausstattung, seien es Deckenbalken, Fenster, Wandmalerei, Steinmetzzeichen oder Fußleisten, verkörpern ganz wesentliche Bestandteile des Denkmals, weil sie offenkundige Merkmale der historischen Gestaltung und Herstellungstechnik sind. Werden sie abgerissen, verliert das Denkmal an historischer Aussagekraft.

Ein Denkmal kann nicht gleichwertig ersetzt werden, nur eine ähnlich aussehende Imitation entstehen. Neue Ziegel etwa werden heute anders hergestellt, sagen uns nur etwas darüber, wie sie heute hergestellt werden. Oft kann an historischen Deckenbalken (durch Dendrochronologie) festgestellt werden, in welchem Jahr der Baum gefällt worden ist, um das in Urkunden erwähnte Baujahr des Hauses zu beweisen. Der neue Balken als Ersatzteil wäre aber aus den 2020er Jahren. Historische Originalteile müssen, soweit wie möglich, erhalten bleiben. Gehen sie verloren, geht auch dem Handwerk ein Beispiel handwerklichen Könnens verloren. Anders ausgedrückt: Besser „vintage" als „retro" und besser echt als gefälscht.

Bei Denkmälern gilt daher, dass Reparaturen möglichst materialgerecht und werkgerecht ausgeführt werden sollen. Das heißt, sie sollen in den der Architektur bzw. dem Kunstwerk entsprechenden historischen Techniken ausgeführt, daran angepasst und auf den Bestand abgestimmt werden (Abb. 2.3a). Das können so einfache Dinge sein wie die Erneuerung schadhafter Dachziegel, aber auch der Austausch schadhafter Fachwerkhölzer in der passenden Holzart und mit traditionellen Holzverbindungen, oder die Ausbesserung des Fugenmörtels mit Mörteln, die optisch (Farbe und Körnung) und technisch (Festigkeit, Dehnungsverhalten, Wasserdurchlässigkeit) dem vorhandenen Fugenmörtel und den Eigenschaften der Steine gleichen oder nahekommen. Für die Instandhaltung und Pflege von Gartendenkmälern formulieren Parkpflegewerke Zeitpläne und Vorgaben für wiederkehrende Maßnahmen, die zur Erhaltung des Zustands oder der denkmalgerechten Erneuerung von Bauteilen und Pflanzen beitragen. Im Einzelfall können Abweichungen davon gerechtfertigt sein, wenn nur dadurch die Substanzerhaltung gewährleistet werden kann. Das Konstruktionsprinzip soll beibehalten bleiben.

Typische Fälle des Alltags fordern die Bemusterung von Ersatzziegeln für schadhafte Mauerstellen, die den historischen Ziegeln ähnlichsehen und mit passendem Mörtel

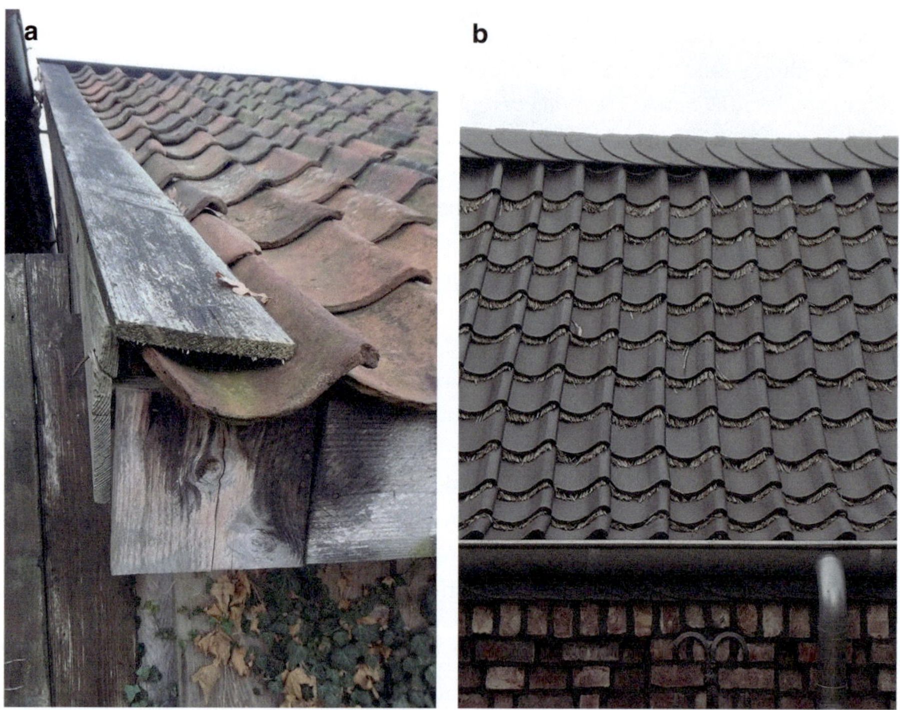

Abb. 2.3 **a** Windbrett (Windbord, Ecksattel) zur Abdichtung am Ortgang neben Hohlziegeln waren historisch und regional verbreitet, ehe Ortgangziegel den Markt eroberten **b** Der Eigentümer dieses Wirtschaftsgebäudes hat nicht bloß das Dach beliebig erneuern lassen, sondern traditionelle Techniken und Materialien eingesetzt. Die abdichtenden „Strohdoggen" ragen noch unverwittert aus den Zwischenräumen der Hohlziegel heraus. Der First wurde mit Schiefer (statt Firstziegeln) gedeckt

verfugt sind, angenäherte Putzkörnung oder Oberflächenbearbeitungen von Beton oder Naturstein, die Auswahl von Ersatzteilen aus dem gleichen Gestein. Theoretisch wäre auch eine Instandsetzung mit völlig fremd aussehenden Steinen und Fugenmörteln möglich, jedoch nicht denkmalgerecht. Die Instandsetzung mit passenden Materialien geht in die Restaurierung über, weil der für die Reparatur bemusterte Stein und Mörtel die Gestaltung der Wand wieder vervollständigt. Die Steinmetze von Dombauhütten fertigen auf Befunde gestützte Kopien als Ersatzteile für die verwitterten Steine. Die kleinere Lösung sind sogenannte Vierungen, die als passgenaue Ersatzteile nur den geschädigten Bereich des Steins ausbessern.

Ein intaktes Dach gewährleistet maßgeblich den Bauwerkserhalt, weil es Regenwasser von der Konstruktion fernhält. Die Dacheindeckung wird von der Witterung verschlissen[21]. Wenn nur einzelne Ziegel schadhaft sind, müssen eigentlich nur diese erneuert werden, um die Funktionsfähigkeit der Dachhaut wiederherzustellen. Da bei schwer zugänglichen Dächern aber nur alle paar Jahrzehnte Gerüste gestellt werden, möchte der Bauherr dann gleich die ganze Deckung erneuert und das Dach gedämmt sehen. Muss die Dacheindeckung erneuert werden, soll das im passenden Material, Farbe, Typ und Format geschehen (Abb. 2.3b). Das gilt auch für Schieferdächer, die in einer bestimmten Deckungsart gedeckt werden und deren Schiefer durch Witterung charakteristische Farben annehmen kann, die in einer Region typisch, in der anderen fremd wirken.

Ein weiteres stellvertretendes Beispiel für die Instandsetzung von exponierten Verschleißteilen: Regenrinnen finden als heute selbstverständliche und untergeordnete Bauteile in Eintragungstexten fast nie Erwähnung, können aber als Teil der Traufe als Abschluss der Fassade ein wichtiges Gestaltungselement sein, welches das Erscheinungsbild des Denkmals so stark mitprägen kann, dass eine Veränderung das Erscheinungsbild beeinträchtigt. Neben Material und Farbe schließt das vor allem Form und Lage ein. An historischen Gebäuden, so sie denn historisch Dachrinnen besaßen, sind meistens vorgehängte Rinnen, auf Gründerzeithäusern oft (Kasten)Rinnen hinter dem Hauptgesims oder auf der Dachschräge aufliegende Rinnen anzutreffen. Die erstgenannte setzt selbst einen Akzent an der Traufe oder schließt den Dachrand einfach gerade ab, während die beiden letztgenannten in der Straßenansicht unscheinbar hinter der gestaltprägenden, oft mit einem ausladenden Gesims durchgestalteten Traufe versteckt sind. Allenfalls Schadensfälle und andere Gefährdungen können eine Änderung des Prinzips begründen. Auch Regenfallrohre können gestalterisch unscheinbar oder zur Gliederung der Fassaden eingesetzt sein.

Um historische Bauteile zu reparieren und zu ertüchtigen, werden Handwerksbetriebe benötigt, die dazu den Willen und die Fertigkeiten mitbringen. Betriebe, die nur routinemäßig neue Bauteile aus der seriellen Produktion einbauen, diagnostizieren schnell, das alte Bauteil sei kaputt und müsse erneuert werden. Erschwerend tritt das Thema der Lebensdauer von Materialien und Bauteilen hinzu. Mit dem absehbaren Erreichen oder der bereits abgelaufenen Lebensdauer wird ebenfalls häufig von Handwerkern und Bauherren für die Erneuerung statt für die Erhaltung plädiert. Das führt nicht nur zum Verlust der historisch wertvollen Bauteile, sondern auch zu Bauschutt, der entsorgt werden muss. Über hundert Jahre alte Fenster, die gepflegt wurden und sachgerecht instandgesetzt werden, haben gute Chancen, nochmal hundert Jahre zu halten.

2.4 Sanierung, Modernisierung und Renovierung

Die drei Begriffe werden oft synonym verwendet, aber unterschiedlich verstanden. Sie bedeuten verschiedene Vorgehensweisen, die sich auch untereinander und mit den eigentlichen denkmalpflegerischen Methoden überschneiden können. Den denkmalpflegerischen Methoden widersprechen Sanierung, Modernisierung und Renovierung aber oft, weil sie meistens auf Erneuerung und Veränderung abzielen und die Gefahr bergen, dass historische Bausubstanz achtlos weggeworfen oder das Erscheinungsbild des Denkmals verunstaltet wird. Gleichzeitig können sie für die zeitgemäße, sinnvolle Nutzung erforderlich sein und damit durch Veränderung zur Erhaltung des Denkmals beitragen (Abb. 2.4a und 2.4b). Viele Modernisierungen sind vom Nutzer erwünscht, aber für die Erhaltung des Denkmals oder eine zeitgemäße Nutzung nicht erforderlich. Mit

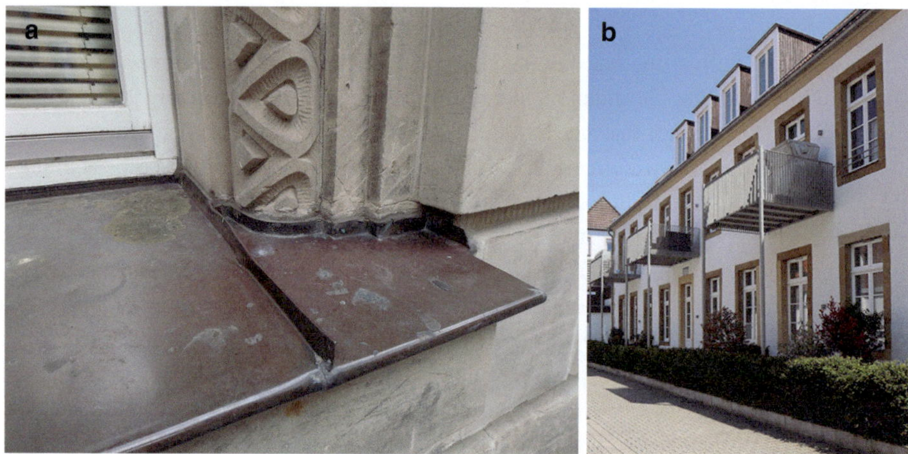

Abb. 2.4 a Über nachträgliche Bleche kann man vortrefflich streiten: Keine oder doch welche? Kupfer oder Zink? Gebördelt oder gekantet? Wie haltbar sind die Fugen? Sollten die seitlichen Kanten in den Putz oder hier Werkstein einschneiden (und Substanz kosten), damit Regenwasser nicht hinter das Blech läuft? Beeinträchtigen Bleche das Erscheinungsbild oder sind sie, je nach Verwitterungsgrad und Anfälligkeit der historischen Bauteile, zu deren Konservierung sinnvoll? Übrigens passen Fenster mit Alu-Regenschiene nicht zu Gebäuden, die früher erbaut worden sind als im fortgeschrittenen 20. Jahrhundert **b** Dieses ehemalige Schulhaus erhielt an der Rückseite Altane und über manchen Fensterachsen neue Gauben für den nachträglichen Ausbau des Dachgeschosses. Für Balkontüren müssen Fensteröffnungen durch Abbruch der Brüstungen verlängert werden. Die Kubatur, Fassaden, Dachflächen und die Straßenansicht (nicht im Bild) blieben weitgehend erhalten

jeder Anfrage wird die Denkmalschutzbehörde neu interpretieren müssen, was der Antragsteller eigentlich mit den verwendeten Begriffen meint.

Die zeitgemäße Nutzung des Denkmals erfordert Veränderungen, die der Erhaltung des Denkmals dienen sollen. Die Denkmalschutzbehörde muss dabei im Genehmigungsverfahren aufpassen, dass die denkmalwerten Teile (die den Zeugniswert tragen) erhalten bleiben und wie die Veränderungen denkmalgerecht gesteuert werden können, damit keine schädlichen Produkte verwendet werden.

Der Begriff Sanierung[22] meint eigentlich Heilung, wird im heutigen Sprachgebrauch aber viel weitreichender benutzt und ist im städtebaulichen Zusammenhang auch unter Flächen- oder Stadtsanierung und Kahlschlagsanierung bekannt, worunter großflächige Abbrüche und Erneuerungen verstanden werden. Die Wohnverhältnisse in einem Gebäude, in ganzen Straßenzügen oder in Stadtteilen sollen verbessert werden. Hat das Denkmal oder der Altbau Schäden erlitten, hat statische Probleme, ein undichtes Dach oder Schädlinge, kann von der Sanierung im Sinne der Reparatur bzw. Instandsetzung gesprochen werden. Werden neue politische Ziele in Gesetze gegossen oder gesetzliche Maßgaben wie Brandschutz- oder Wärmeschutzanforderungen verschärft, sei das unbeschädigte Denkmal (wie viele Bestandsgebäude) nach dem neuen Bewertungsmaßstab oder rechtlichen Rahmen plötzlich mangelhaft. Es soll dann unter diesen veränderten Gesichtspunkten verbessert oder ertüchtigt werden, um die neuen Anforderungen zu erfüllen. Ein großflächiges Ziel kann die Revitalisierung/Wiederbelebung von Stadtteilen sein. Unter Sanierung wird heute also meistens die Anpassung an neue Vorschriften oder Auffassungen verstanden. Da hiermit regelmäßig große Eingriffe in die Bausubstanz oder sogar Abbruch und Neubau ganzer Quartiere einhergehen, lässt das Schlagwort bei Denkmalpflegern die Alarmsirenen aufheulen.

Sanierung und Modernisierung meinen die gleichen oder ähnlichen Maßnahmen, so wie energetische Sanierung und energetische Modernisierung, Ertüchtigung oder Optimierung die Verbesserung der Energieeffizienz meinen. Besonders Außendämmung, die Fassadendetails verdecken, was den Charakter und die Proportionen eines Gebäudes erheblich verändern würde, wird von der Denkmalpflege regelmäßig als offensichtlich denkmalwidrig abgewehrt. Sehr dünne Dämmschichten und Dämmputze sind in Einzelfällen zum Einsatz gekommen, wenn die Fassadenoberfläche bereits verputzt und ohne Schmuck oder Gliederungselemente ist.

Modernisierung spricht tendenziell die Haustechnik bzw. technische Gebäudeausrüstung wie Leitungen, Rohre, Elektrik oder Heizung an, um mindestens einen zeitgemäßen technischen, funktionalen oder hygienischen Standard zu erreichen. Neben der Erneuerung kaputter Teile können auch neue Bauteile wie Netzwerktechnik, Steuerungstechnik, Solaranlagen und Wärmepumpen oder die erste moderne Heizung überhaupt dazukommen. Andere Maßnahmen zur Modernisierung betreffen z. B. die Sanitärausstattung, Wärmedämmung, Sicherheitsvorkehrungen oder Schallschutz. Mit der Modernisierung geht eine Erhöhung des Gebrauchswerts einher.[23]

Bei einer Renovierung[24] werden Bauteile oder Schichten erneuert oder neue Schichten hinzugefügt, was erforderlich sein kann, um die Substanz und Wirkung des Denkmals zu bewahren. Es können neue Böden verlegt, Farbschichten oder Putze auf die Fassade oder inklusive Tapete auf innere Bauteile aufgetragen werden. Dafür müssen womöglich ältere Farbschichten entfernt werden, um einen tragfähigen Untergrund herzustellen. Dadurch können denkmalwerte Bauteile verloren gehen oder, ähnlich einer Restaurierung oder einer Rekonstruktion, gestalterische Gesamtbilder oder Farbfassungen wiedergewonnen werden. Verluste wären zu beklagen, wenn denkmalwerte Bauteile oder Anstriche weggeworfen und durch neue ersetzt würden. Solche Verluste sollen verhindert werden, solange die fraglichen historischen Elemente nicht zu sehr beschädigt sind. Müssen Bauteile oder Farbschichten schadensbedingt ersetzt werden, stellt sich die Frage, ob sie zu einer erhaltenswerten Gestaltung beitragen und ob daher die neuen Bauteile dem Vorbild exakt oder annähernd entsprechen müssten.

Um etwa das Gesamtbild eines Zimmers mit Stuckdecke, Wandvertäfelung, Intarsienboden und Holzrahmentüren intakt zu halten, wäre bei der Erneuerung einer Tür, die nicht zu retten ist, der exakte Nachbau oder eine ähnliche, aber bei näherer Betrachtung als Erneuerung erkennbare Tür angebracht. Enthält ein Treppenhaus nur noch die bauzeitliche Holztreppe, hatte nie Stuckverzierungen und sind alle Türen schon mal erneuert worden, oder zählt das Treppenhaus nicht zu den charakteristischen Merkmalen des Denkmals, weil ausnahmsweise nur seine städtebauliche Eigenart erhaltenswert ist, ist auch die Gestaltung der Innentüren denkmalpflegerisch unwichtig. Trägt das Treppenhaus aber zum Zeugniswert bei und konnte durch Befunduntersuchungen die historische Farbigkeit unter nicht erhaltenswerten jüngeren Farbschichten nachgewiesen werden, bietet die Renovierung in Anlehnung an die Restaurierung oder Rekonstruktion die Chance, befundgestützt die historische Farbigkeit auf die heutigen Oberflächen zu übertragen und die historische Gestaltung wiederzugewinnen, ohne denkmalwerte Farbschichten opfern zu müssen. Auch bei den Fassaden, deren schützende Anstriche alle paar Jahrzehnte aufgefrischt oder erneuert werden, bietet sich die befundgestützte Farbauswahl an. Durch die Renovierung, wie bei jeder Erneuerung, gehen punktuell oder flächig die Patina und ein Teil der Ausstrahlung verloren, weil das Denkmal vorläufig wieder jünger und neuer aussieht, bis es sein „altehrwürdiges" Aussehen wiedererlangt.

Ein besonderer Aspekt ergibt sich aus Schadstoffen in alten Bauteilen, Materialien und Anstrichen. Denkmalpflegerisches Ziel wäre die Erhaltung der historischen Bauteile, aber Gefahren für die Gesundheit können dem entgegenstehen. Es wird dann zu prüfen sein, ob z. B. schadstoffhaltige alte Farbschichten unter jüngeren Anstrichen abgeschirmt werden können, um schädliche Immissionen hinreichend zu unterbinden.

Alle paar Jahrzehnte werden Bäder und Gäste-WCs von der Schüssel bis zu den Fliesen und den versteckten Installationen erneuert. Die wenigsten Denkmäler enthalten noch eine originale Bad-Ausstattung. Bei Gebäuden aus dem 19. oder früheren Jahrhunderten hat es historisch oft noch gar keine Bäder (nach heutigem Verständnis) gegeben, sodass die heutigen Badezimmer auch erst nachträglich abgetrennt und als Bad ausgestattet worden sein können. Die Aborte in den Treppenhäusern von Gründerzeithäusern sind üblicherweise durch jüngere Bäder in den Wohnungen abgelöst worden. Gibt es hier noch erhaltenswerte Ausstattung aus der Erbauungszeit und hat einen wesentlichen Aussagewert, oder kann die jüngere Bad-Ausstattung einfach ersetzt werden, weil sie gar keinen Zeugniswert für historische Lebensverhältnisse besitzt? Wie kann man gegebenenfalls erhaltenswerte Ausstattung ergänzen, um eine zeitgemäße Badnutzung zu ermöglichen? Wenn Leitungen in der Wand erneuert werden müssen, ist auf historische Fliesen, Stuck und andere Gestaltungselemente zu achten, die im Bad oder in einem anderen Raum erhalten bleiben sollen, durch deren Wände der Leitungsstrang läuft. Gleichgültiges Schlitzen oder Wegstemmen historischer Wandgestaltung, wenn der Installateur irgendwie in die Wand eingreift, muss dringend verhütet werden. Je nach Situation können Fliesen vorsichtig abgenommen und nach der Baumaßnahme wieder befestigt werden. Andere Möglichkeiten, Leitungen zu führen, eröffnen z. B. Gipskarton-Koffer.

Möbel in einem Baudenkmal aufzustellen oder sie zu entfernen, setzt normalerweise nicht die Genehmigung der Denkmalschutzbehörde voraus, da es sich nicht um eine Änderung des Baudenkmals handelt. Sind die Möbel aber Bestandteil des Denkmals oder selbst bewegliches Denkmal, dürfen sie nur mit der Genehmigung der Denkmalschutzbehörde restauriert, an einen anderen Ort verbracht oder gar beseitigt werden. Einbaumöbel stellen eine Baumaßnahme und damit eine Veränderung des Denkmals dar, weshalb ausgeschlossen werden muss, dass hierdurch erhaltenswerte Bausubstanz wie Wandvertäfelungen, Böden, Kölner Decken, Kachelöfen usw. beschädigt oder eine erhaltenswerte Raumgestaltung beeinträchtigt werden. Wie bei der Badsanierung kann eine neue Küche auch neue und veränderte Leitungen erfordern, die ebenfalls keine historischen Teile beeinträchtigen sollen. Zwar ist auch die Lehmfüllung einer Holzbalkendecke erhaltenswert, wird aber an einzelnen Stellen das klassische Opfer einer für die zeitgemäße Nutzung notwendigen Baumaßnahme (z. B. Leitungsführung) sein.

Die Lieferengpässe und Preissteigerungen der Materialien könnten eine Chance sein, wieder mehr auf die Reparatur vorhandener Bauteile und die Modernisierung des Baubestands zu setzen als auf deren Entsorgung und Erneuerung. Lieferengpässe sowohl bei künstlichen als auch bei traditionellen Materialien und die für Reparaturen und Restaurierungen nötigen Arbeitsstunden behindern Erneuerung wie auch Wartung und Reparatur. Bei einer unausweichlichen Erneuerung von Fenstern setzen die hohen Holzpreise gegenüber verhältnismäßig günstigen Kunststofffenstern die Eigentümer und Denkmalschutzbehörden noch mehr unter Druck.

2.5 Restaurierung und Freilegung

Restaurierung[25] ist die Wiedervervollständigung eines nachweislich vorhanden gewesenen gestalterischen Zustands, um diesen wieder lesbar zu machen oder ihm seine Wirkung zurückzugeben. Fehlende oder noch vorhandene, aber nicht mehr konservierungsfähige Teile, werden ergänzt, während die erhaltungsfähigen historischen Teile durch Konservierung in ihrer Substanz und Aussagekraft erhalten bleiben. Nach der Charta von Venedig, die sich gegen die weitgehenden Restaurierungen (Idealisierungen) in der Tradition des 19. Jahrhunderts wandte, sollte die Restaurierung Ausnahme-charakter haben und ihr Zweck war es, *„gestützt auf authentische Dokumente"* sowie begleitende wissenschaftliche Untersuchungen, *„die ästhetischen und historischen Werte des Denkmals zu bewahren"*, wobei die Beiträge aller Epochen zu einem Denkmal zu respektieren sind, so wie sich *„das ergänzende Werk von der bestehenden Komposition abheben und den Stempel unserer Zeit tragen"* sollte.[26]

Dagegen unterscheidet die Charta von Burra streng zwischen der Restaurierung einer-seits als *„Rückführung der bestehenden Substanz eines Objektes in einen bekannten, frü-heren Zustand durch das Entfernen von Anlagerungen oder durch erneute Zusammen-fügung bestehender Komponenten ohne die Einführung neuen Materials"* und anderer-seits der Rekonstruktion als *„Rückführung eines Objektes in einen bekannten früheren Zustand [...] durch die Einführung von neuem Material in die Substanz"*.[27]

Nach Auslegung der Vereinigung der Denkmalpflegefachämter in den Ländern be-zeichnet Restaurierung *„die Arbeiten zur Erhaltung oder zur Wiederherstellung der Ge-stalt des Denkmals. Sie umfasst konservierende, regenerierende und ergänzende Maß-nahmen mit dem Ziel, über die ästhetische Wirkung die Wahrnehmung des Denkmals in der Öffentlichkeit zu befördern"*.[28] Durch Restaurierung können auch Verunstaltungen oder ältere fehlerhafte Veränderungen korrigiert werden.

Die Restaurierung fügt im Anschluss an die Konservierung des noch vorhandenen historischen Bestands, an den durch die Befundung angeknüpft wird, in geringem Um-fang neue Teile hinzu, um Schadstellen und Fehlstellen auszubessern, wodurch das ge-störte Kunstwerk oder die gestörte Architektur wieder erlebbarer und verständlicher wird (Abb. 2.5a und 2.5b). Der Nachweis als Arbeitsgrundlage für die Restaurierung wird durch Befunde am Denkmal direkt erbracht und durch Sekundärquellen wie historische Fotos, Zeichnungen, Beschreibungen usw. gestützt.

An einem symmetrischen Giebel sind beispielsweise nach einem Sturmschaden (oder schon seit längerer Zeit) einige Zierprofile, Pilaster und Gesims-Teile ausgebrochen. An den noch vorhandenen Teilen und vollständig erhaltenen Gegenstücken in anderen Teilen des Giebels können die Profile abgegriffen und die Fehlstellen ausgebessert wer-den. Fotos von vorher, Bauantragszeichnungen der Bauzeit (hypothetisch, damals ge-wünschter, vielleicht auch ausgeführter Soll-Zustand) und eine (vielleicht künstlerisch abstrahierte/idealisierte) Zeichnung des Straßenzugs zeigen den unbeschädigten Zustand, der wiederhergestellt werden soll, oder belegen zumindest die Symmetrie, müssen aber am Bestand gegengeprüft werden. Je komplexer der Sachverhalt und umso empfindlicher der zu bearbeitende Gegenstand ist, desto genauer werden die Voruntersuchungen und umso differenzierter die Maßnahmen ausfallen müssen. Spekulative Gestaltung nach Vermutungen ist keine Restaurierung. Ginge die Maßnahme über die Ausbesserung hi-naus und würde einen weitgehend oder komplett fehlenden Ziegelgiebel nach Sekundär-quellen wie den Zeichnungen neu herstellen, handelte es sich um eine Rekonstruktion. Der Übergang von der Restaurierung zur Rekonstruktion verläuft fließend. Mit der Re-konstruktion des Giebels würde die Gesamterscheinung des Hauses restauriert werden.

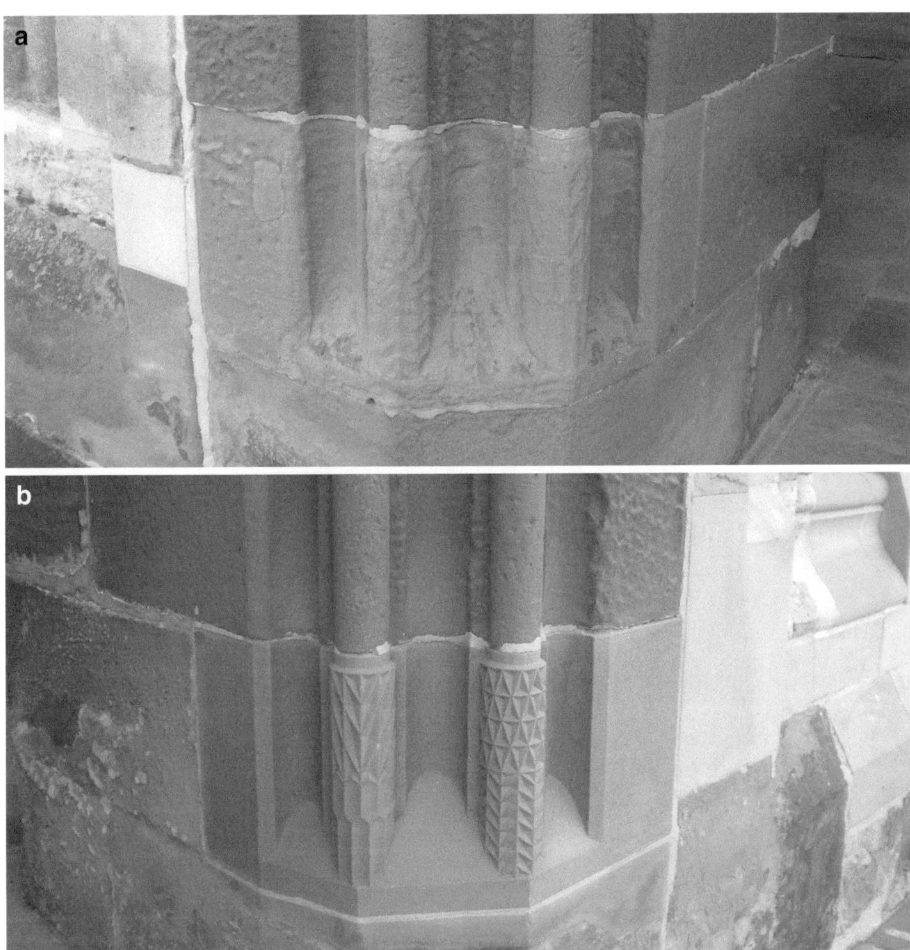

Abb. 2.5 **a** Verwitterte Steine an einem Kirchenportal in Schwäbisch Hall **b** Nach Vorbild / Befund hergestelltes Ersatzteil an der gegenüberliegenden Seite desselben Kirchenportals zur Restaurierung des künstlerischen Erscheinungsbildes (z. B. nach Schaden) **c** An Haus Westhoff in Ascheberg finden sich zahlreiche schützenswerte Details wie profilierte Fenstergewände links, differenzierte Oberflächen des Türgewändes rechts, sichtbares Ziegelmauerwerk mit farbigen Profilfugen. Bei einer Restaurierung würden die Fehlstellen nicht bloß zugespachtelt, sondern die Gestaltung anhand der Befunde wieder vervollständigt **d** Ein Maler und Restaurator im Handwerk hat die Abfolge der Farbschichten auf der Fassade freigelegt, um Hinweise für den Neuanstrich zu gewinnen. Die obersten Schichten waren Silikonharzfarben, die der Bauherr wie Blätter per Hand von der Fassade reißen konnte. Farbtreppen werden in möglichst eng begrenzter Fläche herausgearbeitet

Restaurierung kann gleichzeitig der Konservierung dienen, gleichzeitig Konservierung sein, wenn etwa Schadstellen an Putz, Skulpturen, Wandbildern, Stuckdecken, Wandverkleidungen, Gesimsen oder Fassadenschmuck nach Befund restauriert werden,

Abb. 2.5 (Fortsetzung)

weil dann nicht nur die Gestaltung wieder vervollständigt, sondern auch Zerfallsprozesse an dem noch vorhandenen historischen Bestand aufgehalten oder gebremst werden, die sonst durch fehlende Abstützungen, durch in Fehlstellen eindringende Feuchte oder durch vorhandene Schadstoffe weiterwirken würden (Abb. 2.5c). Ob die zu restaurierenden Teile offensichtlich und nur in groben Zügen wiederhergestellt werden sollen oder durch Retusche oder angepasste Materialien sich aus der Ferne harmonisch einfügen, bei näherer Betrachtung aber als Veränderung erkennbar sein sollen, ist im Einzelfall zu entscheiden.

Anders als die historisierende Optimierung des Denkmals im 19. Jahrhundert (siehe: Geschichte der Denkmalpflege), zielt Denkmalpflege heute nicht mehr darauf, Stileinheit durch die Bereinigung von als störend empfundenen Zeitschichten herzustellen, sondern historische Gestaltungen anschaulicher zu machen, ohne andere erhaltenswerte Zeit-

Abb. 2.5   (Fortsetzung)

schichten zu opfern. Heute kann auch die Zeitschicht des 19. Jahrhunderts an einem älteren Gebäude erhaltenswert sein, wenn ihr ein Zeugniswert beizumessen ist. Um die Baugeschichte eines Denkmals anschaulich zu machen, können auch mehrere Zeitschichten bzw. Befunde über ein Befundfenster erschlossen werden.

Ein anschauliches Beispiel gibt die Farbtreppe, die im Wortsinne die aufeinanderliegenden Farbschichten als Zeitschichten erschließt und mit der treppenartigen Abfolge der freigelegten Schichten anschaulich macht. Man könnte mit den Fingern von der untersten auf die oberste Schicht hochlaufen (Abb. 2.5d).

In aufwendigen Gründerzeithäusern können historische Wandmalereien vorhanden sein. Sind die Farbschichten darüber unschädlich, ist eine Freilegung (zur Konservierung der erhaltenswerten Farbschicht-Befunde) regelmäßig nicht erforderlich. Um aber anzuzeigen, dass die Wandmalerei versteckt vorhanden ist, kann ein Befundfenster an einer unschädlichen Stelle als Hinweisgeber auch an kommende Generationen von Denkmalpflegern und Eigentümern zur Gefahrenabwehr, oder um Aufmerksamkeit für die erhaltenswerte Besonderheit zu erregen, im Einzelfall sinnvoll sein.[29] An der Abtei Brauweiler wurde ein älteres Fenstergewände freigelegt, das unter Putz versteckt war, sodass die ältere Bauphase vor dem Barock ersichtlich ist. Im Boden befindliche Befunde können durch Glasböden sichtbar gemacht werden. Die Freilegungen sollen aber die historische Substanz nicht gefährden. Da Restaurierung, auch wenn sie der Erhaltung dient, den Bestand verändert und Risiken wie die Verfälschung der Befunde aufgrund heutiger Prioritätensetzung birgt, hat die Konservierung immer Vorrang. Auch kann die Restaurierung dort ihre Grenze finden, wo sie über die denkmalpflegerische Erforderlichkeit und die Erhaltungspflicht des (Privat-)Eigentümers, der für die Maßnahme aufkommen müsste, hinausgeht.

Eine exakte Restaurierung von Fehlstellen in historisch überlieferter Technik und Materialität setzt eine Untersuchung und angepasste Anwendung von Materialien voraus, die von den Handwerksbetrieben, die mit standardisierten Produkten arbeiten, nicht immer geleistet wird. Es gibt aber auch Produktreihen, die ausdrücklich für denkmalpflegerische Zwecke hergestellt werden. Mit spezialisierten Handwerkern, Restauratoren im Handwerk oder akademischen Restauratoren lässt sich das material- und werkgerechte Optimum erzielen. Die Restaurierung mit heutigen Produkten ist wissenschaftlich nicht ausschließlich von Nachteil, weil es von den Originalteilen klar zu unterscheiden ist, oder aber, weil historisch mangelhafte Konstruktionen und Materialien mit erprobten modernen Mitteln bewusst ersetzt werden, um zu vermeiden, dass die Schäden sich wiederholen. Die neuen Teile müssen aber, wie auch bei Konservierung und Instandsetzung, technisch (Härte, Elastizität, Dehnungsverhalten, Wasseraufnahme) auf den Bestand abgestimmt werden, um Folgeschäden wie Rissbildungen oder Abplatzungen zu vermeiden. Die Restaurierung geht dann in eine gestalterisch angepasste Reparatur und Konservierung über.

Eine alltägliche Freilegung als Bestandteil der Restaurierung historischer Bauteile oder Raumgestaltungen betrifft beispielsweise historische Zimmertüren, die nachträglich aufgedoppelt wurden. Als in den mittleren Jahrzehnten des 20. Jahrhunderts Kassettentüren nicht mehr dem Zeitgeschmack entsprachen, oder weil Abnutzungserscheinungen sie unästhetisch wirken ließen, wurden glatte Platten auf die Kassettentüren genagelt oder geleimt.[30] Dann passen das glatte Türblatt und die historischen Beschläge und profilierten Türzargen nicht zueinander und an den Stirnseiten der Türblätter sind feine Trennlinien der Fugen zu erkennen, wo die Platte auf einer oder auf beiden Seiten auf der alten Rahmentür aufliegt. Laien könnten die historische Tür kaum noch erkennen und sie achtlos wegwerfen. Zählt die Aufdopplung nicht zu einer Bauphase mit Denkmalwert, bietet sich an, die Aufdopplung rückgängig zu machen und die Kassettentür wieder freizulegen. Wie das im Einzelfall umgesetzt würde, und ob damit ein Schadensrisiko einhergeht, muss der Schreiner oder Restaurator anhand des historischen und technischen Befunds ermitteln, eventuell auch zunächst die Restaurierung an einer Tür erproben, bevor die anderen freigelegt würden.

Nicht so alltäglich kommen die Konservierung und Restaurierung historischer Kunstwerke, komplexer Dekorationen und anderer Ausstattungsstücke bis hin zu Tapeten, Pergamenten, Priestergewändern, Schmuckstücken oder liturgischen Geräten vor. Die sachgerechte Voruntersuchung und entweder die Durchführung oder für die Betreuung der Restaurierung setzen qualifizierte Restauratoren voraus. Komplexe baudenkmalpflegerische Fragestellungen und archäologische Fundstücke veranlassen häufig naturwissenschaftliche Untersuchungen.

2.6 Kopie

Die Kopie[31] bildet die denkmalwerte Substanz originalgetreu nach, ist Duplikat, Neubau bzw. Nachbau, aber selbst kein Denkmal, weil das Imitat selbst nicht den historischen Entstehungszusammenhang und die Materialbearbeitung authentisch überliefert. Die Kopie kann alle Verfallsspuren und Patina des Originals nachahmen, muss aber nicht, kann auch aus einem erkennbar anderen und robusteren Material hergestellt sein. Eine Kopie kommt zielgerichtet zum Einsatz, wenn das Original an seinem historischen Standort wegen unabwendbarer Gefahren nicht erhalten werden kann. Ursachen sind beispielsweise, weil es schutzlos der Witterung ausgesetzt ist, nachdem der historische Kontext durch Verfall, Kriegsschäden oder andere Einwirkungen zerstört oder das Objekt selbst beschädigt worden ist, oder von absehbaren Gefahren wie Vandalismus oder Diebstahl bedroht ist und Folgeschäden am historischen Standort nicht vermieden werden können. Die Kopie wird als Ersatzteil, als Sicherheitskopie am historischen Standort aufgestellt bzw. eingebaut und das Original an einen geschützten Standort wie Innenraum, Depot oder Museum verbracht und idealerweise der Öffentlichkeit zugänglich gemacht. Die Kopie dient der Konservierung des Originals und der gestalterischen Vervollständigung und Anschaulichkeit des Gesamtzusammenhangs am historischen Standort.

Eine alltägliche Kopie, die an vielen exponierten Stellen historischer Gebäude witterungsbedingt nach und nach notwendig wird, ist die Kopie als Ersatzteil. Einen zerstörten Gewändestein mit Diensten als Zierprofilen eines gotischen Kirchenportals durch ein neues Ersatzteil zu ersetzen, das genauso aussieht wie das Vorbild, kopiert das Original und dient der Restaurierung des Portals. Dabei wird üblicherweise der durch Befunde ermittelte intakte Ursprungszustand vor der Verwitterung nachgebildet, auch wenn dadurch die erlebbare Patina des einen Bauteils verloren geht. Fenster offenbaren ein trügerisches Alltagsbeispiel: Fast nur im musealen Kontext werden historische Fenster, die irreparabel beschädigt, aber noch als Vorbild vorhanden sind, exakt nachgebaut. An Gebäuden, die nach heutigen Maßstäben genutzt werden, verlangen Isolierverglasung und Sicherheitsvorkehrungen dickere Profile, sodass die Fenster nur näherungsweise nachempfunden werden. Durch die Erneuerung nach Befund, um die gestalterische Integrität zu bewahren oder wiederherzustellen, geht die Maßnahme über die bloße Reparatur hinaus (siehe auch: Kapitel zu Fenstern unter den Sonderthemen).

2.7 Translozierung

Bei der Translozierung[32] wird das Baudenkmal versetzt, verschoben, in transportierbare Stücke oder in alle seine katalogisierten Einzelteile zerlegt und andernorts – ähnlich der Anastylose – wiederaufgebaut (Abb. 2.6). Diese Methode kommt als Ausnahmefall nur dann zum Einsatz, wenn das Denkmal an seinem Standort nicht erhalten werden könnte bzw. absehbar zerstört würde. Ursachen können konkrete Gefährdungen durch Mensch

Abb. 2.6 Weil eine
erhaltenswerte Gartenmauer
mit Blendarkaden und
Malereien an ihrem alten
Standort nicht erhalten werden
konnte, translozierte man
sie stabil verpackt an einen
anderen Standort in Kempten

oder Umwelt sein, oder weil im Einzelfall überwiegende öffentliche Belange festgestellt
wurden, die an dieser Stelle verwirklicht werden müssen: meistens Rohstoffgewinnung
und Verkehrswege. Ist nur das Denkmal gefährdet, aber nicht der Standort, kann die
Translozierung zusammen mit der Kopie vorkommen, indem das Denkmal weggebracht
und die Kopie an seinem originalen Standort aufgestellt wird. Typische Beispiele sind
verwitternde Kunstwerke, oder Kapellen, Bauernhäuser und Kleindenkmäler, die in Frei-
lichtmuseen gebracht werden.

Translozierung verursacht zwei große Probleme: Erstens wird sehr wahrscheinlich denkmalwerte Substanz dabei verloren gehen und nicht jedes Denkmal eignet sich
für eine Translozierung. Ein Fachwerkbau wird wahrscheinlich große Teile der Ausfachungen verlieren, aber einfacher zu translozieren sein als ein gemauertes Gebäude,
das entweder völlig zerlegt oder in Wandscheiben zersägt werden müsste, um es am
neuen Standort – ähnlich Rekonstruktion oder Anastylose – wieder zu errichten. Fundamente und Böden sind weitere heikle Bauteile. Kann das Denkmal vom Boden gehoben
und auf einem Fahrzeug oder einer Hebebühne transportiert werden, bleiben die alten
Fundamente wahrscheinlich zurück. Außerdem könnte die neue Umgebung das Erscheinungsbild des Denkmals beeinträchtigen. Um die absehbaren Verluste zu minimieren, muss das Denkmal genau dokumentiert und die Translozierung sorgfältig geplant
und durchgeführt werden. Vielleicht kommt eines Tages die Rückführung an den ursprünglichen Standort in Betracht.

Zweitens wird das Denkmal, das nach der Charta von Venedig mit der Umgebung verbunden ist, zu der es gehört, aus seinem Kontext gerissen und dadurch bleibt der historische Entstehungszusammenhang – warum ausgerechnet an diesem Standort zu einer
bestimmten Zeit das Denkmal errichtet wurde – nicht mehr anschaulich erlebbar. Mit der
aufgehobenen Ortsbindung wird das Denkmal wahrscheinlich seine Denkmaleigenschaft
verlieren. Ein Wegestundenstein, der markiert, wo zu seiner Bauzeit die historische
Landstraße verlief und wie weit der Standort von den eingravierten Zielorten entfernt
ist, würde an einem anderen Standort keinen Sinn mehr ergeben.[33] Im Freilichtmuseum
wird das translozierte Objekt zusammen mit anderen Exponaten in einen neuen Kon-

text gesetzt, um beispielhaft historische Lebensumstände und Wirtschaftsverhältnisse zu veranschaulichen. Aus Resten verschiedener Bauernhöfe kann im Museum ein neuer Bauernhof oder ein Dorf als Ausstellung zusammengesetzt werden. Auch Bodendenkmäler, die ausgegraben und zur wissenschaftlichen Erforschung ins Museum oder in ein Depot gebracht werden, bleiben keine Bodendenkmäler mehr.

Da die Translozierung die Ortsveränderung ortsfester Denkmäler meint, sind bewegliche Denkmäler hiermit eigentlich nicht angesprochen. Trotzdem muss die Denkmalschutzbehörde den Standort oder Aufbewahrungsort des beweglichen Denkmals überwachen.

Als Grauzone gedeutet werden können Denkmäler, die kriegsbedingt in Depots in Sicherheit gebracht wurden, deren originaler Standort durch Krieg und Wiederaufbau verändert wurde, und die irgendwann später wieder an dieser oder anderer Stelle aufgestellt worden sind. Wurden sie dabei konzeptioneller Bestandteil einer konkreten Situation, etwa eine Statue oder ein Brunnen als tragender Teil einer neuen Platzgestaltung, und wird diese Situation unter Schutz gestellt, sind die Denkmäler Bestandteil dieses neuen Denkmals geworden. In Aachen wurden nach dem Zweiten Weltkrieg Spolien zerstörter Häuser an anderer Stelle (durch Sammlung und Translozierung) planmäßig zweitverwendet, um den Stadtkern zu gestalten, andernorts sogar historische Gebäude – ähnlich dem Freilichtmuseum – zu sogenannten Traditionsinseln zusammengetragen.[34] Wird das Denkmal aus dem Depot ohne konkreten Ortszusammenhang aufgestellt und kann, ohne Minderung des historischen Aussagewertes, auch wieder woanders hin versetzt werden, weil es nur für sich als Kunstwerk oder als wissenschaftliche Quelle für Stilkunde und Materialverarbeitung Aussagekraft hat, vielleicht noch durch sein Thema einen abstrakten Ortsbezug zu Stadt aufweist, aber in keinem denkmalwerten Zusammenhang mit seiner Umgebung steht, wird es zu den beweglichen Denkmälern zählen.

2.8 Rekonstruktion, Anastylose und Wiederaufbau

Artikel 15 der Charta von Venedig schließt jede Rekonstruktion aus: Nur *„die Anastylose kann in Betracht gezogen werden, das heißt, das Wiederzusammensetzen vorhandener, jedoch aus dem Zusammenhang gelöster Bestandteile. Neue Integrationselemente müssen immer erkennbar sein und sollen sich auf das Minimum beschränken, das zur Erhaltung des Bestandes und zur Wiederherstellung des Formzusammenhanges notwendig ist."*

Die bauliche Rekonstruktion[35] meint die Wiederherstellung an demselben Ort als genaue Wiederholung auf der Grundlage ausreichender Quellen. Sie kann die *„Nachbildung eines ursprünglichen Zustands nach dem Vorbild alter Pläne, Fotos, Gemälde und Spolien"* sein.[36]

Pläne und Gemälde müssen aber nicht unbedingt den tatsächlichen früheren Zustand darstellen. Entwurfspläne zeigen, was geplant war. Bestandspläne zeigen, was zu einem bestimmten Zeitpunkt da war, können aber – je nach Zweck der Bestandsaufnahme – in der Genauigkeit variieren. Gemälde können einen Idealzustand oder auch unfertigen Zustand darstellen, das Motiv mit künstlerischer Freiheit interpretieren oder die Anordnung der Gebäude modifizieren, damit sie besser in die gewählte Bildkomposition passen.

Methodisch ähnelt die Rekonstruktion damit der Restaurierung, jedoch ist die Rekonstruktion ein Neubau eines gänzlich oder teilweise zerstörten Objektes und ergänzt nicht nur die beeinträchtigte Gestalt, sondern macht sie in wesentlichen Teilen oder komplett neu, sodass ein Abbild des verloren gegangenen historischen Gegenstands entsteht (Abb. 2.7a). Anders als bei der Kopie eines vorhandenen Originals fehlt bei der

Rekonstruktion das Original. Die Planvorlagen für den Neubau ergeben sich im Wesentlichen aus Sekundärquellen. Da die Rekonstruktion ein Neubau ist, der wahrscheinlich auch unter erheblichem Einsatz heutiger Bautechnik entsteht und substanziell nicht der Vergangenheit entstammt, noch keine Geschichte und keine Patina besitzt, hat die Rekonstruktion nicht den gleichen Zeugniswert wie das wirklich alte Original.

Anastylose meint die Wiederzusammensetzung des Denkmals oder von Teilen desselben am originalen Bauplatz unter Wiederverwendung originaler Bauteile: Rekonstruktion mit Originalteilen.[37] Das geschieht, um ein Bauwerk wieder anschaulich erlebbar und verständlich zu machen, weil verstreute Trümmerteile ohne Zusammenhang oft nur als Einzelstücke oder virtuell erforscht werden können. Anastylose kann dazu dienen, eine Öffentlichkeit für das Denkmal zu gewinnen, indem an Ausgrabungsstätten einzelne Säulen oder Torbögen wiederaufgerichtet werden, um anhand einzelner Bespiele größere Zusammenhänge und Gestaltungen (auch in Kombination mit Rekonstruktionszeichnungen) aufzeigen zu können.

Im Alltag der Baudenkmalpflege spielt die Anastylose kaum eine Rolle, kann aber eingesetzt werden, wenn im Schadensfall Teile des Denkmals wieder zusammengesetzt werden müssen, wenn die Standsicherheit gefährdet und eine Sanierung etwa der Gründungen erforderlich ist, oder wenn aus bestimmten Anlässen Teile des Denkmals vorübergehend abgebaut und anschließend exakt wiedererrichtet werden müssten, um in einer Baustelle mit dem nötigen Gerät/Baufahrzeug an schwierig erreichbare Schadstellen herankommen zu können. Auch die Restaurierung eines schadhaften Geländers, eines Kunstwerks oder eines Altars in der Restauratorenwerkstatt mit anschließender Remontage am ursprünglichen Standort kann im weiteren Sinne als Anastylose verstanden werden.

In archäologischen Stätten können Rekonstruktionen einzelner Bauwerke, ähnlich wie bei der oben genannten Anastylose, der exemplarischen Veranschaulichung der verlorenen Bauwerke dienen (Abb. 2.7b). Bei einer einfacheren Variante wird nur mit nied-

◄ **Abb. 2.7** **a** Die Frauenkirche in Dresden ist eine bekannte Rekonstruktion anhand von Befunden und Dokumentation des Bestands vor ihrer Zerstörung. Auch Originalteile wurden wiederverwendet. Kritiker bemängelten, dass hierdurch die geschichtlichen Spuren des Krieges getilgt würden **b** Rekonstruktion einer römischen Tempelanlage bei Tawern nahe Trier. Die rekonstruierten Gebäude machen als Touristenziel auf die Fundstätte aufmerksam, veranschaulichen die historische Architektur und Anordnung der Gebäude, können den Grundmauern unter der Grasnarbe Witterungsschutz bieten **c** Auf einen einstigen Schwebegiebel weisen die Konsolen, die Holzstümpfe darüber und das abweichende Mauerwerk unter dem First hin. Wie der Schwebegiebel aber genau ausgesehen hat, müssten historische Pläne oder Fotos aufzeigen, um fundierte Grundlagen für eine Rekonstruktion zu bekommen **d** Das rechte Barockpalais wurde im Zweiten Weltkrieg zerstört und in den 1970er Jahren rekonstruiert, um die Umbauung des Ludwigplatzes in Saarbrücken an der gleichnamigen Barockkirche als städtebauliches Ensemble wiederherzustellen **e** Alte Pinakothek in München. Rechts der vereinfachte „ehrliche" Wiederaufbau, der an die Kriegsschäden erinnern sollte **f** Postmoderner Mittelbau der 1980er Jahre als Lückenschließung am Saarbrücker Schloss

Abb. 2.7 (Fortsetzung)

rigen neuen Mauern oberirdisch auf den erhaltenen historischen Mauern der Grundriss nachgezeichnet. Das geschieht häufig mit neuen Steinen und dient zum einen der Denkmalvermittlung, zum anderen der Konservierung, wenn hierdurch die Mauerkronen gegen Witterung geschützt werden. Auch sind „unechte" Fassadenrekonstruktionen anzutreffen, bei denen nicht nur das Innere des Hauses neu ist, sondern die Fassaden in Anlehnung an das zerstörte Vorbild so verändert wurden, dass sie zu den neuen Geschoss-

Abb. 2.7   (Fortsetzung)

höhen und Wohnwünschen der neuen Bauzeit passten. Es handelt sich also um waschechte Fälschungen, um das Stadtbild zu gestalten.

Die frische Rekonstruktion ist kein Denkmal[38], kann aber im Laufe der Zeit Denkmalwert erlangen, wenn sie eines Tages in der Rückschau als Zeitzeugnis über ihren Entstehungszusammenhang und die kulturellen Rahmenbedingungen angesehen würde.

Manchmal können bauliche Rekonstruktionen oder Teilrekonstruktionen gerechtfertigt sein (Abb. 2.7c). Rekonstruktionen direkt nach Kriegszerstörung wurden und werden kontrovers diskutiert, stehen aber, wie oben angedeutet, heute oft als Zeitzeugnis unter Denkmalschutz. Ähnliche Diskussionen nach Unfällen oder Flutschäden mag es nun häufiger geben, denn die Anwohner und Kulturinteressierte wollen prägende Denkmäler als Bestandteile eines liebgewonnenen Ortsbildes gerne zurückgewinnen. Ein denkmalpflegerisches Argument dafür könnte sein, dass das ganz oder zum Teil zerstörte Denkmal wichtiger Bestandteil eines Ensembles (evtl. Denkmalbereiches) war und mit der Rekonstruktion des zwischenzeitlich fehlenden Teils quasi das Gesamtbild restauriert würde (Abb. 2.7d).

Aber muss es gleich die originalgetreue Nachbildung sein, oder wäre es nicht ehrlicher, auf dem alten Stadtgrundriss neue Architektur zu entwerfen, die wichtige Raumkanten aufnimmt und ortsübliche Materialen aufgreift, aber neu interpretiert? In der Nachkriegszeit waren das verbreitete Diskussionen aus gravierendem Anlass. Münster in Westfalen macht mit der aus der Nachkriegszeit stammenden Bebauung mit historisch inspirierten Fassaden am Prinzipalmarkt von sich reden, an dem aber die kriegszerstörten Häuser nicht originalgetreu rekonstruiert wurden. Köln besitzt sein Martinsviertel als „Altstadt" (mit integrierter Altsubstanz), und hat mit einer gewissen schöpferischen Freiheit seine „Großen Romanischen Kirchen" bis in die 1990er Jahre wiederaufgebaut. In Frankfurt am Main kochte das Thema in den 2000er Jahren wieder hoch und führte zum Neubau einer Altstadt.

Teilrekonstruktionen kommen dann ins Gespräch, wenn nur Teile eines Denkmals oder historischen Gebäudes zerstört wurden, andere Teile, etwa ein Gebäudeflügel oder Außenwände, aber noch stehen. So kann man gelegentlich auf Häuser treffen, die ausgebombt waren, deren Außenwände (teilweise) stehen blieben. Sie erhielten wieder vervollständigte Fassaden mit altem Aussehen unter einem z. B. barock aussehenden Mansarddach und zeigen innen Stahlbetondecken und Stahlstabgeländer mit Terrazzostufen der fünfziger Jahre. Durch die Rekonstruktion des zerstörten Teils, etwa des Flügels eines Schlosses oder Vierkanthofs, oder eines eingestürzten Turms, kann die Gesamtgestalt profitieren, wenn nur so die architektonische und funktionale Konzeption oder Wirkung wiedergewonnen werden können. Naheliegend ist sowas buchstäblich, wenn die Bauteile noch vor Ort liegen und im Sinne der Anastylose wiederaufgerichtet werden können. Ein Puzzlestück oder ganz viele werden aber fehlen und als neue Bausteine ergänzt werden müssen.

Als alltägliche Rekonstruktionsmaßnahme kann der Einbau zeittypischer und materialgerechter Fenster und Türen nach Befund verstanden werden. Vorlagen ergeben sich aus Fotos oder Zeichnungen aus der Zeit, bevor die historischen Fenster verloren gingen und worauf die Gesamtwirkung der Fassade erkennbar ist. Die historischen Farbfassungen werden möglichst durch Farbbefunde ermittelt, sofern noch historische Fenster vorhanden sind und untersucht werden können. Um die Restaurierung der Gesamtwirkung und Gesamtgestaltung geht es dann auch eigentlich bei der Rekonstruktion dieser Bauteile und Farbigkeit, weil Fenster, die nicht zum Baustil passen (und nicht zu einer denkmalwerten Bauphase gehören), das Erscheinungsbild stören. Die Bauteile werden, bis auf seltene (meist museale) Ausnahmen, den historischen Vorbildern nur bestmöglich nachempfunden, aber mit neuer Isolierverglasung, Sicherheitsverriegelung usw. nicht exakt nachgebildet. Die Wiedervervollständigung der Einzelteile kann die Fassade zu mehr machen als nur die Summe ihrer Teile. Da verschmerzt der Denkmalpfleger bisweilen, wenn die Rahmenprofile heute dicker werden müssen als die der historischen Vorbilder. Da die Profile auch oft gar nicht so genau von Fotos abgelesen werden können, sofern sich überhaupt Schreiner oder Metallbauer finden lassen, die nicht nur ihre Standardprofile für erträgliche Preise verkaufen, wird im Einzelfall nur die Grobteilung (z. B. Galgenfenster am Gründerzeithaus) hergestellt und in der passenden Farbe gestrichen. Juristen bewerten das Vorgehen verschieden und die Urteile dazu fallen je nach Bundesland und Denkmalschutzgesetz unterschiedlich aus.

Bei all den beschriebenen Szenarien stellen sich die Fragen: Muss das alles alt aussehen, oder dürfen die Wunden als Reparatur sichtbar bleiben? Und ist diese Rekonstruktion denkmalpflegerisch notwendig, oder dient sie der Stadtbildpflege oder didaktisch der Volksbildung?

Der Wiederaufbau der kriegsbeschädigten Alten Pinakothek[39] in München durch Hans Döllgast nach dem Zweiten Weltkrieg gilt als eine der wegweisenden Leistungen, auf die (deutsche) Denkmalpfleger sich immer wieder beziehen (Abb. 2.7e). Döllgast rekonstruierte allenfalls die Struktur und versuchte sich nicht als „schöpferischer Denkmalpfleger", der dem beschädigten Denkmal seine Architekturauffassung auferlegen und es zum Gesamtkunstwerk weiterbauen wollte. Er baute – auch durch Druck des Landbauamts[40] – den kriegsbeschädigten Bau durch Ergänzungen so wieder auf, dass die Großform äußerlich in der Fernansicht und für den Stadtraum erhalten blieb, aber auch die Kriegswunden ohne Pathos erlebbar blieben. Er griff nur dort ein, wo es notwendig war, stellt die Fassadengliederung mit den Fensterpositionen, -formen, -größen vereinfacht wieder her, ließ aber die Rustikabänder über dem Sockel, die Säulchen zwischen den Fenstern, die Fensterverdachungen und die Zierkonsolen des Hauptgesimses weg. Weder purifizierte Döllgast gleich den ganzen Baukörper, noch tat er so als wäre nichts passiert gewesen. Es war ein ungeschminkter Umgang *„mit Denkmalsubstanz, die rigoros nur noch das belässt, was tatsächlich auch noch existent ist, und die einem Objekt auch die Erfahrung von Leiden und Zerstörungen zugesteht".*[41] Der

Wiederaufbau als Reparatur ähnlich einer Retusche, die mit dem Neuen dem Alten Respekt zollt und beides unterscheidbar macht, ist selbst eine erhaltenswerte Zeitschicht des Denkmals geworden, die einen Ansatz der Nachkriegsdenkmalpflege dokumentiert und ein Leitbild der Denkmalpflege widerspiegelt.

Solange keine gewichtigen denkmalrechtlichen Gründe vorliegen, die an der konkreten Aussage des Denkmals festgemacht werden, geht die Rekonstruktion ganzer Denkmäler über die Erhaltungs- und Instandsetzungspflicht des Eigentümers hinaus.[42] Auch steuerlich bescheinigungsfähig sind Rekonstruktionen – abhängig von gültigen Bescheinigungsrichtlinien und dem Erfordernis für die Erhaltung und Nutzung des Denkmals – regelmäßig nicht.

Diskussionen um Rekonstruktion oder reparierenden Wiederaufbau werden sich im Alltag der Denkmalschutzbehörde im Streitfall am Denkmalrecht entscheiden: Ist das Denkmal so kaputt, dass es seine Denkmaleigenschaft verloren hat? Wenn noch genug Denkmal da ist, weil noch Zeugniswert fortbesteht, wer sollte eine Rekonstruktion bezahlen? Ob die Eigentümer, die ihr Denkmal instand zu setzen haben, soweit ihnen das zumutbar ist, rekonstruieren müssten oder überhaupt sollten, wird sich im Einzelfall entscheiden. Definitiv nicht rekonstruieren muss der Eigentümer Bauwerke oder Gebäudeflügel, die zum Zeitpunkt der Unterschutzstellung gar nicht mehr existierten. Die Gebäudeversicherung mag zwar einen Aufpreis auf die Versicherungsprämie verlangen. Ob sie im Schadensfall aber für einen gleichwertigen Ersatz aufkommen würde, muss an dieser Stelle offenbleiben. Stadtbildpflegerisch mag die Rekonstruktion erwünscht sein.[43] Bei Verlust des Denkmalwerts wird sinngemäß Artikel 4 des Kölschen Grundgesetzes greifen: „Wat fott es, es fott."

Für eine Baulücke in historischer Umgebung wird – meist bei Interessengruppen, Vereinen oder in der Politik – gelegentlich die Diskussion angestoßen, ob hier ein historisches Gebäude, das gar nicht mehr existiert, rekonstruiert werden soll. Die Denkmalschutzbehörde muss dafür nicht den Weg bereiten (bis die Politik per Ratsbeschluss die eigene Verwaltung anweist, das doch zu tun). Denkmalsubstanz gibt es an der Stelle nicht. Die Denkmalschutzbehörde muss sich darum kümmern, dass das Erscheinungsbild der noch vorhandenen Denkmäler oder des Denkmalbereichs nicht beeinträchtigt wird. Das kann sowohl bei der Baulücke als auch bei der Rekonstruktion eines Denkmal-Bestandteils durch Wiederholung des Alten oder durch neue Ideen gelingen.

Eine moderne Interpretation könnte die alte Kubatur aufgreifen oder versuchen, auf eine neue Weise auf das übrig gebliebene Denkmal oder den übrig gebliebenen Kontext einzugehen, statt das Denkmal zu verleugnen oder zu imitieren (Abb. 2.7f). Mit dieser schwierigen Aufgabe geht das Risiko einher, dass die ganze Situation verschandelt wird. Oder ihr wird eine ganz neue positive Qualität verliehen. Die Vorsicht der Denkmalpfleger und diverse Gestaltungssatzungen veranlassen zu der Annahme, dass die Gemeinden eher schlechte Erfahrungen gemacht haben oder die Traumata der Kriegsverluste und zerstörenden Stadtmodernisierungen der 1960er Jahre noch nachwirken.

Rekonstruktion wird denkmalpflegerisch dann infrage kommen, wenn sie eigentlich nur eine Restaurierung wäre und dem Gesamtbild oder der Gesamtstruktur des Denkmals oder des Ensembles dient, die ohne das fehlende Glied nicht mehr funktionieren oder unverständlich bleiben würden. Die Rekonstruktion kann auch angebracht sein, wenn ohnehin Maßnahmen anstehen, die den fraglichen Teil des Denkmals betreffen. Das wird typischerweise nach einem akuten Schadensfall sein, wenn die notwendige Reparatur nach Befund material- und werkgerecht genau auf das Denkmal abgestimmt werden soll. Nach der Charta von Burra ist Rekonstruktion *„nur dort angebracht, wo ein Objekt aufgrund von Beschädigungen oder Veränderungen unvollständig ist, und nur wenn ausreichend Belege existieren, die es erlauben, einen früheren Zustand der Substanz zu reproduzieren. In seltenen Fällen kann Rekonstruktion auch angemessen sein als Bestandteil einer Nutzung oder einer Praktik, die die kulturelle Bedeutung eines Objektes erhält"* und *„Rekonstruktion sollte bei genauerer Inspektion oder durch zusätzliche Maßnahmen der Vermittlung identifizierbar sein"*.[44] Wie alt das neu-alte Teil aussehen soll und inwiefern es mit traditionellen Handwerkstechniken umgesetzt werden kann, muss ebenfalls im Einzelfall entschieden werden. Was und wie alt aussehend auch immer neu gebaut wird: Denkmal muss es erst noch (wieder) werden.

2.9 Zeichnerische Rekonstruktion

Die zeichnerische Rekonstruktion oder Rekonstruktionszeichnung ist eine Schlussfolgerung aus den durch Befunde am zerstörten Objekt, gegebenenfalls durch weitere Quellen, aus der Literatur und aus Vergleichsbeispielen gewonnenen Erkenntnisse. Dabei wird aus den gesammelten Beweisen und Indizien ein Bild erzeugt, wie das verlorene Objekt wahrscheinlich ursprünglich oder zu einer bestimmten Zeit ausgesehen hat. Die Archäologen und Bauforscher können dadurch ihre Ergebnisse schlüssig zum Ausdruck bringen und an Dritte vermitteln, aber auch ihre Hypothesen auf den Prüfstand stellen. Zeichnerische Rekonstruktionen von antiken Stätten und von Burgen, die heute nur noch als Ruinen oder Grundmauern existieren, oder auch ehemalige Zuständen jüngerer Bauwerke, die später umgebaut wurden, sind oft in der Literatur oder auf Info-Tafeln abgebildet (Abb. 2.8).

Neben dem einzelnen Bauwerk oder Bauteil werden auch historische Stadtgrundrisse zeichnerisch rekonstruiert, um die Strukturen zu verstehen, und in der Zeichnung mit dem heutigen Grundriss überlagert, um Kontinuitäten und Unterschiede zu sehen, oder um zu ermitteln, wo gezielte Ausgrabungen Funde versprechen.

Abb. 2.8 Solche Neubauten wie in Kempten können sowohl dem Schutz als auch der Präsentation / Vermittlung von Bodendenkmälern dienen, indem sie die ausgegrabenen Grundmauern sowohl gegen Witterung und Vandalismus schützen als auch zugänglich machen. Außen werden Info-Tafeln mit zeichnerischen Rekonstruktionen, Markierungen der Grundrisse im Gelände und ein Modell als dreidimensionale Rekonstruktion (beides nicht im Bild) der aus den Befunden erkannten Gebäude eingesetzt

Durch Modellbau können Bauwerke und Städte plastisch und räumlich vermittelt werden. Heute werden auch 3D-Modelle am Computer erzeugt.[45] In der Baudenkmalpflege wird die Zeichnung regelmäßig dem Bau vorangehen, wenn anhand der Befunde und Quellen neue Pläne oder Modelle nach den aktuellen Anforderungen zur Visualisierung, Beurteilung und Ausführung der baulichen Rekonstruktion erstellt werden.

2.10 Nutzungsänderung und Weiterbauen am Denkmal

Inwiefern kann man das Denkmal umbauen, etwas anbauen oder etwas daneben bauen, oder auch Baulücken in einem Straßenzug eines Denkmalbereichs schließen? Es stellen sich ähnliche Fragen wie bei den vorgestellten denkmalpflegerischen Methoden und wie bei der Alten Pinakothek nach den Grundsätzen der Denkmalpflege: Kann das neue Teil möglichst schadlos, reversibel und unterscheidbar hinzugefügt werden, ohne die historische Bausubstanz, ihr Erscheinungsbild, Wirkung und Verständlichkeit zu beeinträchtigen?

Die Nutzung alter Gebäude kann schon mehrmals geändert worden sein und die Zeitschichten dieser Nutzungsgeschichte können durch ihre historische Bedeutung erhaltenswert sein. Denkmäler sollen heute sinnvoll (den Denkmalwert bewahrend) genutzt werden, damit die Nutzung und einhergehende Wartung und Instandhaltung die Substanzerhaltung sicherstellen. Die historische Nutzung kann nicht immer fortgeführt werden und wird geändert[46], weil die ganze Anlage oder Teile davon nicht mehr wie zuvor (ren-

Abb. 2.9 **a** Der Getreidespeicher im Würzburger Hafen wurde zum „Kulturspeicher" umgebaut und mit Anbauten erweitert **b** Der Gastronomie-Anbau (links) bei Schloss Homburg in Nümbrecht greift mit den neuen Materialien seiner Zeit die Gebäudeform des erhaltenen historischen Gebäudes (rechts) auf und ist durch den gläsernen Zwischenbau, der unterhalb der historischen Ortgänge anschließt, deutlich abgesetzt **c** Neuer Windfang in historischem Türgewände in Würzburg. Wenn eine denkmalwerte Tür vorhanden wäre, müsste diese möglichst erhalten und der Windfang dementsprechend anders angeordnet werden

tabel) genutzt werden können, was oft bei Industrieanlagen, Scheunen und Kirchen der Fall ist (Abb. 2.9a). Oder einfacher: Im Erdgeschosses des Wohn-Geschäftshauses zieht statt des Kiosks ein Friseur ein, der zusätzliche Installationen einbaut, aber am historischen Bestand kaum etwas ändert.

Änderungen, die das Denkmal zerstören oder erheblich beeinträchtigen würden, können ohne überwiegendes öffentliches Interesse oder abseits der Unzumutbarkeit für den Eigentümer nicht genehmigt werden. Sind weitreichende Eingriffe erforderlich, weil das Denkmal anders nicht zu erhalten ist, müssen die umso dringender frühzeitig mit der Denkmalschutzbehörde technisch auf den Bestand abgestimmt und architektonisch in den Bestand eingefügt werden, um trotz unvermeidlicher Verluste möglichst viel denkmalwerte Substanz und Aussagewert zu bewahren.

Werden Industrieanlagen und Kirchen im Innern ganz neu strukturiert, kann ihre alte Raumwirkung verloren gehen, die die historische Nutzung als Maschinenhalle oder als Kultraum anschaulich machten. Gleiches gilt für die Entfernung historischer Maschinen und liturgischer Ausstattung, wenn diese zum Denkmalwert beitragen. In solchen Fällen können (idealerweise reversible) Haus-in-Haus-Lösungen helfen, die in die Halle oder in den Saal gestellt werden, sofern diese Einbauten ausreichend belichtet werden können, um eine neue Nutzung zu ermöglichen, ohne die historische Substanz zu verändern. Bei Kirchen und anderen Sakralbauten sollte dann wenigstens noch äußerlich das alte corporate design erkennbar bleiben, das auf die Glaubensgemeinschaft verweist, die das Gebäude gebaut oder genutzt hat.

Müssen für die neue Nutzung neue Fenster in die Fassade gebrochen werden, kann das den Charakter des Gebäudes gerade bei landwirtschaftlichen, industriellen und militärischen Gebäuden so sehr überformen, dass die historische Nutzung nicht mehr zu erahnen ist. Der nachträgliche Ausbau des Dachraumes zu Wohnzwecken kann für die Belichtung oder für Rettungswege neue Fenster oder Notausstiege erforderlich machen, die die historisch geschlossene Dachfläche zergliedern.

Verglichen mit dem Abbruch wird auch eine Nutzungsänderung mit größeren Substanzeingriffen zum kleineren Übel, wenn dabei ein wesentlicher Rest denkmalwerter Substanz übrigbleibt. Bleibt so wenig übrig, dass nur noch Teile einer Anlage Denkmalqualität besitzen, liegt eine Änderung der Unterschutzstellung mit einer Verkleinerung des Schutzumfangs nahe. Rechtliche Probleme erwachsen daraus, wenn bauliche Änderungen, die den Denkmalumfang reduzieren, zuvor absehbar waren und dem Eigentümer die steuerliche Bescheinigung für die Nutzungsänderung in Aussicht gestellt wurde, die zur Erhaltung (statt Abbruch) als erforderlich angesehen wurde. Ob eine heutige Nutzungsänderung eine bedeutende Zeitschicht hinzufügt, die erhaltenswert würde, wird erst in der Zukunft beurteilt werden können.

Anbauten (Abb. 2.9b) an oder Neubauten neben Denkmälern können vom Bauherrn gewünscht sein, weil das Denkmal allein nicht rentabel ist, weil er die zusätzliche Nutzfläche braucht, ein ruinöses Gebäude als Teil einer größeren Anlage wieder nutzen will, oder weil er seine Wohnqualität steigern will, ohne dass der Anbau für die Erhaltung des Denkmals erforderlich wäre.

Andererseits kann ein Anbau sogar der Erhaltung der historischen Substanz dienen, indem etwa aus einem Fachwerkhaus Küche und Bad in den Anbau ausgelagert werden, um die Quellen für hohe Raumluftfeuchte aus dem Denkmal heraus zu bekommen, oder um Installationen und Installationsschächte nicht durch denkmalwerte Wände und Decken führen zu müssen.

In all den Fällen stellt sich die Frage, wie der Anbau oder der Neubau harmonisch in den Kontext eingefügt werden kann, sodass er nicht stört und nicht unnötig ins Denkmal eingreift, den Aussagewert des Denkmals nicht mindert und nicht verfälscht, die historischen Spuren am Denkmal erlebbar erhält, sich dem Maßstab des Denkmals anpasst, aber bei alledem als neu erkennbar sein wird. Die Lösung muss individuell für den Einzelfall erarbeitet werden.

Neben den Grundsätzen der Denkmalpflege entwickeln Architekten durch Architekturtheorie und durch persönliche Erfahrung, in Ausnahmefällen zusätzlich mit Denkmalpflegetheorie, ihre Haltung für den Umgang mit Denkmälern und historischer Bausubstanz. Hans Busso von Busse beispielsweise vertrat die Haltung, die Bausubstanz historischer Gebäude wäre die Niederschrift einer Geschichte, die man lesen könne, wenn man gelernt hätte, ihre Sprache zu verstehen. Beim Umgang mit dem Bestand käme es darauf an, sich dem Maßstab und der künstlerischen Gesamthaltung dem überlieferten Bild anzupassen, den Kontext der Geschichte zu suchen, um das historische Objekt mit den Mitteln und der Überzeugung der Gegenwart fortzuschreiben, dem Bestand ein neues Kapitel hinzuzufügen, das als eigenständiger Gedanke ablesbar bliebe.[47]

Sind Hinzufügungen zum Denkmal erforderlich – egal ob Erweiterungsbau, Windfang, Fluchttreppe oder Maßnahme für die Barrierefreiheit (Abb. 2.9c) –, helfen zwei Ansätze im Einklang mit der Charta von Venedig, die Beeinträchtigungen von dessen Zeugniswert zu minimieren: zum einen möglichst wenig in die historische Bausubstanz eingreifen, zum anderen das neue Bauteil in Form, Material und Farbe so dem historischen Bestand anzunähern, dass das Neue das Gesamtbild[48] nicht stört, aber bei näherer Betrachtung unzweifelhaft als neue Zutat erkennbar ist.

Ein Dauerbrenner bleibt trotzdem die Frage: Darf ein neuer Entwurf dem Denkmal eine neue Qualität hinzufügen, oder muss das Neue sich immer unterordnen und einfügen? Denkmalpfleger sollen anspruchsvollen und kreativen Lösungen nicht im Wege stehen. Sie müssen die Kreativität aber in denkmalgerechte Bahnen lenken, wenn der Entwerfer bei der Verwirklichung des Neuen das Denkmal nur als lästiges Beiwerk auffasst oder seine historische Qualität missversteht und der Entwurf die Aussagekraft des Denkmals zu mindern droht. Der Grundsatz, dass sich neue Hinzufügungen vom historischen Altbau abheben, macht nicht jede nicht-historisierende Gestaltung grundsätzlich genehmigungsfähig.[49] Hiermit sei an die Tugenden der Denkmalpflege erinnert, eine dem Denkmal angemessene Umgebung zu bewahren, Respekt vor der Schöpfung der historischen Baumeister zu zeigen, und bei der Unterscheidung von alt und neu dennoch das Neue in das Gesamtbild harmonisch einzufügen.

Anmerkungen

1. Schmidt 2008, S. 77–79, 156–162: Mit deutscher Übersetzung der Charta von Burra.
2. Spital-Frenking 2000, S. 164–165.
3. VdL 2016, S. 20.
4. Hubel 2006, S. 273–276: *„Nur die erhaltene materielle Substanz verbürgt den Denkmalwert; sie ist sowohl Träger der geistigen Schöpfung als auch Basis des Werdens und Daseins des Werks.“* – Krause 2011, S. 31. – Martin/Krautzberger 2006, S. 64–65. – Petzet/Mader 1993, S. 38: *„Summe verschiedener Zustände, die sich wie Jahresringe eines Baumes überlagern“*.
5. Strobl et al. 2019, S. 90: *„Denn es entspricht dem Wesen wissenschaftlicher Forschung, dass auch ein gefestigter Erkenntnisstand jederzeit durch neue methodische oder inhaltliche Forschungsergebnisse infrage gestellt werden kann, sodass es für diesen Fall hinreichender Anschauungsobjekte bedarf“*.

6. Stellhorn 2016, S. 17–19.
7. Bundesdenkmalamt Österreich 2015, S. 7.
8. VdL 2016, S. 38.
9. VdL 2016, S. 38. – Petzet/Mader 1993, S. 42.
10. Petzet/Mader 1993, S. 43.
11. VdL 2016, S. 40. – Siehe auch: Krause 2011, S. 217: Materialechtheit, auch Materialgerechtheit. „Materialgerechtigkeit" lehnt er ab, ist im Sprachgebrauch und in Urteilen der Verwaltungsgerichte aber verbreitet.
12. Davydov et al. 2018, S. 44. – Das OVG NRW urteilte am 02.03.2018 – 10 A 2580/16 nach der alten Fassung des DSchG NW (1980) ohne den Begriff „denkmalgerecht" im Wortlaut des Gesetzes: *„Was denkmalgerecht und was denkmalwidrig ist, muss unter Beachtung des nordrheinwestfälischen Denkmalrechts zunächst mit Blick auf das konkrete Denkmal und den ihm innewohnenden Aussagewert im Einzelfall bestimmt werden und hängt nicht etwa von allgemein formulierten nationalen oder internationalen denkmalrechtlichen Standards ab."* Die pauschale Forderung nach Materialgerechtigkeit würde durch das Gesetz nicht gestützt.
13. Hubel 2006, S. 299. – Petzet/Mader 1993, S. 44–45. – VdL 2016, S. 40.
14. VdL 2016, S. 38–40. – Vgl. Petzet/Mader 1993, S. 10, 39: Voruntersuchung und Dokumentation würden sträflich vernachlässigt.
15. Manche Bundesländer verweisen mit kurzen Landesgesetzen auf das VwVfG des Bundes (z. B. Sachsen), andere haben eigene Gesetze (nach dem Muster des Bundes) erlassen. Untersuchungsgrundsatz in NRW: § 24 VwVfG NRW, in Bayern: Art. 24 BayVwVfG.
16. VdL 2016, S. 44.
17. Weil Denkmäler so selten sind und nur einen Bruchteil des Auftragsvolumens ausmachen (siehe: Beteiligte, Denkmäler als Standortfaktor, Ausbildung).
18. Kemper 2017, S. 75–76, 81–83, 92–93, 105–106: Kurzerläuterungen zu Werkleistungen, Ausschreibungen, qualifizierten Unternehmen. – Krause 2011, S. 205. – Martin/Krautzberger 2006, S. 228. – Petzet/Mader 1993, S. 52–60. – Raabe 2015, S. 33. – VdL 2016, S. 50. – Wirth 2003, S. 5. – Wirth 2016, S.
19. VdL 2016, S. 38.
20. Krause 2011, S. 186, 281–282. – Martin/Krautzberger 2006, S. 206–210. – Petzet/Mader 1993, S. 39–45: *„Im folgenden wird die Instandsetzung von Denkmälern als Oberbegriff verstanden, der Maßnahmen der Konservierung und Sicherung, Restaurierung, Renovierung und ergänzende Maßnahmen umfassen kann, während Instandhaltung als eine begrenzte ständig laufende Maßnahme der Erhaltung, Sanierung als eine durchgreifende, auch"* mit Modernisierung verbundene Maßnahme sein kann. – Raabe 2015, S. 33. – VdL 2016, S. 52.
21. Bei Schieferdächern können die Nägel schneller verwittert sein als der Naturschiefer.
22. Krause 2011, S. 289: Flächen-Sanierung, partielle Sanierung, Objekt-Sanierung.

23. Krause 2011, S. 219. – Stellhorn 2016, S. 16–17, 20–21: Abgrenzung zwischen Baumaßnahme und Umnutzung bzw. Nutzungsänderung ist schwierig.

24. Krause 2011, S. 281. – Petzet/Mader 1993, S. 46–51, 74–80: *„Eine Renovierungsmaßnahme ist also dann zu vertreten, wenn sie selbst konservierend wirkt oder wenn sich Konservierungsmaßnahmen als undurchführbar erweisen".* – Raabe 2015, S. 33. – VdL 2016, S. 52.

25. Krause 2011, S. 283. – Martin/Krautzberger 2006, S. 228–229. – Petzet/Mader 1993, S. 52–53, 61–74: Betonen die Voruntersuchungen und das Gesamtkonzept für eine konservatorische oder restauratorische Maßnahme. – Raabe 2015, S. 33. – Wirth 2003, S. 3. – Wirth 2016, S. 47–48.

26. Welche Beiträge erhaltenswert sind, ist idealerweise im Eintragungstext beschrieben und begründet. Sie können aber nur darin vermerkt sein, wenn sie auch schon bekannt sind und nicht erst im Zuge einer laufenden Maßnahme entdeckt werden.

27. Schmidt 2008, S. 157: Deutsche Übersetzung der Charta von Burra. – In der Fassung von 2013 auf australia.icomos.org: *„Restoration means returning a place to a known earlier state by removing accretions or by reassembling existing elements without the introduction of new material. [...] Reconstruction means returning a place to a known earlier state and is distinguished from restoration by the introduction of new material."* (zuletzt besucht am 26.02.2022).

28. VdL 2016, S. 52.

29. Petzet/Mader 1993, S. 72: Warnen vor der Freilegung als Selbstzweck und weisen auf die Auswirkungen einzelner Fassadenrestaurierungen oder -freilegungen im Ensemble und städtebaulichen Kontext hin, wenn das Einzelstück im Kontext durch Freilegung zum Fremdkörper werden könnte.

30. Andere Gründe für Aufdopplungen können, insbesondere bei Wohnungstüren, Schallschutz, Brandschutz und Einbruchschutz sein. Diese Gründe können gegen die Freilegung sprechen, oder sie fordern Kompensationen.

31. Krause 2011, S. 206. – Martin/Krautzberger 2006, S. 229. –VdL 2016, S. 50. – Wirth 2003, S. 5. – Wirth 2016, S. 38–39.

32. Krause 2011, S. 53–54, 326. – Petzet/Mader 1993, S. 92–93. – Raabe 2015, S. 34. – VdL 2016, S. 52. – Wirth 2003, S. 5. - Wirth 2015, S. 54–55.

33. Den Wegestundenstein ein Stück von der Straße zurückzusetzen, weil Autos ihn rammten, mag aus konservatorischen Gründen vertretbar sein.

34. Hubel 2006, S. 118. – Rabeler 1990, S. 45. – Richarz, Jan: Aachen – Wiederaufbau: Rekonstruktion durch Translozierung (Dissertation digital veröff. 2021: https://publications.rwth-aachen.de/record/811105, zuletzt besucht am 06.11.2022).

35. Hubel 2006, S. 278–290: Rekonstruktion als Gegensatz zur Authentizität an Beispielen (unechter) Rekonstruktionen, um eigentlich nur von Wiederaufbauten zu sprechen. Warnung vor unreflektierter Rekonstruktionsbegeisterung. – Krause 2011, S. 279–280. – VdL 2016, S. 50–52. – Petzet/Mader 1993, S. 86–92. – Schmidt 2008, S. 146–149. – Wirth 2003, S. 5. – Wirth 2016, S. 46. – OVG NRW, Urt. vom 30.07.1993 – 7 A 1038/92 (lag analog vor): Bekannte Entwürfe aus der Ent-

stehungszeit, die einen vielleicht früheren, vielleicht gar nicht ausgeführten Soll-Zustand des Denkmals zeigen, sind nicht maßgeblich, wenn das Denkmal zum Zeitpunkt der Unterschutzstellung in einem anderen Zustand war.

36. Raabe 2015, S. 34.

37. Krause 2011, S. 15. – Raabe 2015, S. 34. – Schmidt 2008, S. 118–119. – Wirth 2016, S. 5–6.

38. OVG NRW, Urt. v. 21.07.1999 – 7 A 3387/98 bzgl. Rekonstruktion bzgl. Schaden und Wiederaufbau: *„Die besondere Bedeutung einer Sache entfällt jedoch jedenfalls dann, wenn sie insgesamt nur noch eine Rekonstruktion des Originals darstellt."*

39. Hubel 2006, S. 122. – Huse 2006, S. 186–187. – Nerdinger 1993, S. 118: Hier wird von der schöpferischen Wiederherstellung der Alten Pinakothek gesprochen.

40. www.architekturmuseum.de (zuletzt besucht am 31.01.2022). – Thomas 1998, S. 14: Ähnlich vertrat zuvor Cornelius Gurlitt die Auffassung, alt und neu deutlich voneinander zu unterscheiden.

41. Spital-Frenking 2000, S. 31–34, wörtliches Zitat von S. 33.

42. OVG NRW, Urt. vom 02.03.2018 – 10 A 2580/16 unter Bezugnahme auf OVG NRW, Beschluss vom 02.10.2002 – 8 A 5546/00.

43. Die neue „Altstadt" Frankfurt und das Humboldt-Forum in Berlin sind als Nachbildungen der Fassaden keine denkmalpflegerischen Rekonstruktionen der verlorenen Gebäude, sondern Maßnahmen des Stadtmarketings.

44. Schmidt 2008, S. 159: Deutsche Übersetzung der Charta von Burra.

45. z. B. Pasch/Kieburg 2019.

46. Stellhorn 2016: Dissertation über die Nutzungsänderung von Baudenkmälern, mit Schwerpunkt auf den rechtlichen Aspekten. Verweis auf Nutzungsänderungen in § 29 und § 172 BauGB, Bauordnungsrecht, (§ 9) DSchG (NRW). Auf S. 39: *„Das Interesse des Eigentümers, die Nutzung seines Denkmals zu ändern, ist […] nicht verfassungsunmittelbar geschützt".* – Schmidt 2008, S. 127–131. – Gelegentlich erscheinen Zeitungsartikel, Aufsätze oder Monographien über die Nutzungsänderung von Industriegebieten, Kirchen und anderen Gebäuden. – Thomas 1998, S. 43–83: Bauaufnahme, Sanierungsuntersuchungen und Bauforschung als Konzeptgrundlage.

47. Spital-Frenking 2000, 36–143: Präsentation und Diskussion verschiedener Architekten, zeitgenössischer Positionen bzw. Haltungen und Projekte, mit H. Busso von Busse auf S. 38–39, Carlo Scarpa und Hans Döllgast mit der Alten Pinakothek auf S. 26–35. – Schmidt 2008, S. 131–135: Bezieht sich ebenfalls auf Döllgast, Scarpa und Karljosef Schattner, kritisiert aber auch Ansätze der 1960er und 70er Jahre, wenn das Denkmal in den Dienst des Neugebauten gestellt wurde. Er empfiehlt, die Formen für die Neubauten aus der Eigenart des Denkmals abzuleiten, meint: angenäherte Formensprache der Baukörper, nicht Stil-Imitation. – Thomas 1998, S. 84–87, 102–110. – Bundesstiftung Baukultur 2021.

48. Siehe hierzu auch die Kapitel zum Umgebungsschutz.

49. Nach z. B. § 9 DSchG NRW sind auch Maßnahmen erlaubnispflichtig, die sich auf das Erscheinungsbild des Denkmals auswirken können.

Spezialgebiete der Denkmalpflege

Zusammenfassung

Sachbearbeiter in Denkmalschutzbehörden können als Generalisten angesehen werden, die von allen denkmalpflegerischen Spezialgebieten mindestens Grundkenntnisse besitzen, um die Spezialisten zweckmäßig einzubinden. Der Überblick über die Spezialgebiete vermittelt einen Eindruck von der Vielfalt der Aufgaben in der wissenschaftlichen Erforschung der Denkmäler, der beteiligten Spezialisten, der Weiterentwicklung denkmalpflegerischer Methoden und der Vermittlung des Denkmalwissens an die Öffentlichkeit. Die Denkmalpflegefachämter erarbeiten und publizieren – auch in Kooperation mit Denkmalschutzbehörden und externen Forschern und Anwendern – wissenschaftliche und methodische Erkenntnisse, die von Denkmalschutzbehörden angewandt werden können. Die Fachbibliotheken der Denkmalpflegefachämter und Hochschulen sammeln einschlägige Fachliteratur.

3.1 Archäologie und Bodendenkmalpflege

Bodendenkmäler bestehen aus historischen Fundstücken oder baulichen Resten einschließlich des Bodens, in dem sie stecken und der als Kontext weitere Befunde enthalten kann. Verfärbungen und chemische Rückstände im Boden weisen beispielsweise auf bestimmte Nutzungen wie Gärten oder Ställe hin. Unnatürlich wirkende Bodenmodellierung könnte auf historischen Tagebau zurückzuführen sein oder auf einen Hohlweg hinweisen.

Den besten Schutz genießen Bodendenkmäler, wenn sie als historische Archive im Boden bleiben und möglichst zerstörungsfrei erforscht werden. Damit verbinden Archäologen und Denkmalpfleger die Erwartung, dass kommende Generationen über fortschrittlichere Untersuchungsmethoden – und mehr Kapazitäten – verfügen, mit denen sich aus der Fundstätte zerstörungsfrei oder zerstörungsärmer Erkenntnisse gewinnen lassen.

Sobald Bodendenkmäler ausgegraben und aus ihrem Zusammenhang gerissen werden, sind sie keine Bodendenkmäler mehr, sondern werden im Museum oder Depot aufbewahrt, um sie zu erforschen und in Ausstellungen und durch Publikationen der Öffentlichkeit zu vermitteln. Manche Bodendenkmäler sind zugleich Baudenkmäler, Bestandteile von Baudenkmälern oder unter jüngeren Bauten, Straßen und Äckern erhalten, wie beispielsweise das Kellerkataster von Paderborn deutlich macht.

Bodendenkmalpflege[1] ist ein so spezialisiertes Arbeitsfeld, dass Bodendenkmalpfleger oder „Stadtarchäologen" in Kommunalverwaltungen (noch) seltener anzutreffen sind als ausgebildete Baudenkmalpfleger. Stadtarchäologen gibt es in größeren Städten oder in Gemeinden mit besonders hoher Dichte an archäologischen Fundstätten und Verdachtsflächen. Als Hauptakteure treten deshalb die Fachämter für Bodendenkmalpflege und im weiteren Sinne die archäologischen Museen auf, die entweder ausgegrabene Bodendenkmäler ausstellen oder Aufgaben in der Bodendenkmalpflege übernehmen.

Innerhalb der Archäologie gibt es zahlreiche Spezialgebiete wie ur- und frühgeschichtliche Archäologie für die Steinzeit, klassische und provinzialrömische Archäologie für römische Hinterlassenschaften, Mittelalterarchäologie und neuzeitliche Archäologie sowie Industriearchäologie. Burgenforschung wird hier als interdisziplinäre Spezialisierung verstanden, die unter anderem Bauforschung und Mittelalterarchäologie, Geschichtswissenschaften und Kulturgeographie einschließt. In der Unterwasserarchäologie tauchen die Forscher nach untergegangenen Booten, Bauten oder Utensilien. Weitere mit der Archäologie verknüpfte Fachgebiete sind z. B. die Anthropologie, Archäobotanik, Geologie, Münzkunde, Paläontologie, Restaurierung und Naturwissenschaften bis hin zur Klimaforschung, weil die Lebensumstände der Menschen und Tiere über Jahrtausende auch wesentlich von den Umweltbedingungen abhängig waren. In der Methodik der Erhebung und der Interpretation der Befunde ähneln sich Archäologie und Bauforschung.

Private Grabungsfirmen können mit Ausgrabungen, wissenschaftlichen Untersuchungen und Konservierungsmaßnahmen beauftragt werden (Abb. 3.1a und 3.1b), die von der praktischen Bodendenkmalpflege bzw. archäologischen Denkmalpflege der Fachämter begleitet werden. Auch bei Ausschreibung und Dokumentation freiberuflicher Leistungen beraten die Fachämter, die auch archäologische Gutachten verfassen und zu Entscheidungen der Denkmalschutzbehörden Stellung nehmen. Damit Bodendenkmäler frühzeitig erkannt und nicht erst zufällig gefunden werden, versucht die Prospektion durch möglichst zerstörungsarme Methoden wie Feldbegehung, Bodenradar, Luftbildprospektion, aber auch durch Sondagen die Bodendenkmäler möglichst genau zu ermitteln, um sie zu schützen, Grabungsschutzgebiete auszuweisen, in öffentlichen Planungen auf deren Erhaltung hinzuwirken oder sie auszugraben. Um Raubgrabungen zu verhindern, werden gefundene Bodendenkmäler nicht immer bekannt gemacht.

Abb. 3.1 **a** Das Mauerstück der Burgruine Haselstein in Nüsttal war überwuchert, mit Schutt und anstehendem Erdreich bedeckt, von Wurzeln und Witterung gelockert. Rechts oben ist ein Mauerbereich zu sehen, der bei einer früheren Maßnahme instandgesetzt wurde **b** Dasselbe Mauerstück wurde freigelegt, um Schadstellen auszubessern und die Mauerkrone so aufzumauern, dass sie Regenwasser ableiten und die Mauer darunter schützen würde. Konservierung war die Hauptaufgabe. Dabei wurden aber auch Befunde durch einen Mittelalterarchäologen erhoben, links ein Durchgang und rechts Gewölbe ans Tageslicht gebracht. Die Ruine ist so besser erlebbar und erregt mehr Aufmerksamkeit

Bei akut bedrohten Bodendenkmälern führen Fachämter auch Notbergungen durch. Hierfür müssen Baustellen – für eine geringe Belastung des verursachenden Bauherrn möglichst kurzzeitig – eingeschränkt oder stillgelegt und beim fortschreitenden Bergbau rechtzeitige Sondagen und Ausgrabungen eingeschoben werden, während der Betrieb an anderer Stelle weiterläuft. Je nach Rechtslage haben die Verursacher einer bodendenkmalpflegerischen Maßnahme die Kosten für die nötige wissenschaftliche Untersuchung, Bergung und Dokumentation zu übernehmen.

Ist eine in den Boden eingreifende Baumaßnahme an einer Stelle abzusehen, an der archäologische Befunde zu erwarten sind, was in Altstädten und unter Kirchenböden (z. B. beim Einbau einer Kirchenheizung) häufig vorkommt, können die Notgrabungen oder die archäologische Begleitung der Baumaßnahme frühzeitig eingeplant werden. Bereits bekannte Bodendenkmäler bedürfen auch der Pflege und Achtsamkeit, selbst wenn sie noch in der Erde Schlummern. Neben Baumaßnahmen kann auch die Landwirtschaft Bodendenkmäler gefährden und beim Pflügen zufällig Funde zu Tage fördern. Gefahren gehen zudem von der Natur, etwa von Bodenerosion oder von Bäumen aus, die mit ihren Wurzeln das Erdreich mit dem Bodendenkmal umgraben und die Substanz und die Befunde beeinträchtigen.

Fundstücke sowohl in der horizontalen Position als auch in der vertikalen Schichtenlage zu verorten, ermöglicht die Datierung relativ zu ihrem Kontext, und umgekehrt die Datierung des Kontextes abhängig von dem Fund. Liegt etwa eine mittelalterliche Keramikscherbe tiefer als ein ausgegrabenes Fundament unbekannten Alters, ist sie wahrscheinlich älter. Liegt sie oben drauf, wird sie wahrscheinlich jünger sein. Das liefert ein Indiz dafür, ob das Fundament im Mittelalter auch schon dagewesen ist.

Ausgrabungen und wieder zugeschüttete Sondagen von Amateuren können die Befunde stören und womöglich unverständlich machen.

Um Bodendenkmäler als archäologische Stätten, oder auch Burgruinen und Reste von Stadtmauern als Mischung aus Bau- und Bodendenkmälern, zugänglich zu machen und zu präsentieren, müssen sie zuerst konserviert werden. Je nach ihrer Beschaffenheit können sie vor Ort belassen werden oder müssen mit sicheren Wegen (und Absperrungen) und Informationstafeln erschlossen werden. Empfindliche Bauteile werden mit Schutzdächern abgedeckt oder sogar ganze Museen darüber gebaut, deren Fundamente so platziert werden müssen, dass die historischen Bauteile unversehrt erhalten bleiben. Eine häufig anzutreffende Lösung für historische Grundmauern ist, das Bodendenkmal wieder zuzuschütten und den Grundriss des einstigen Gebäudes unter der Erde durch eine flache oberirdische Mauer darauf nachzuzeichnen. Im LVR-Archäologischer Park Xanten wurden auch mehrere Gebäude als Neubauten auf den Grundmauern nach den Forschungsergebnissen rekonstruiert, um deren Zustand vor der Zerstörung anschaulich zu machen und so für die im Boden geschützten oder nur als Grundmauern sichtbaren Vergleichsobjekte zu sensibilisieren. Vor der Entscheidung, ein Bodendenkmal zu präsentieren, müssen zuvor die Risiken (Substanzschädigung, Verwitterung, Diebstahlgelegenheit) gegen die Chancen (Vermittlung, Bewahrung durch öffentliches Bewusstsein) abgewogen worden, zumal Bodendenkmäler der Öffentlichkeit bekannt gemacht werden sollen, in deren Interesse die Erhaltung der Bodendenkmäler liegt.

3.2   Bauforschung und Dokumentation

Bauforschung[2] in der Denkmalpflege meint in der Regel historische Bauforschung (Baugeschichtsforschung am Objekt), der Spezialisierungen wie klassische Bauforschung (speziell an antiken Objekten), archäologische Bauforschung oder Hausforschung zugeordnet werden können und die methodisch eng mit den Archäologien verwandt sind. Die allgemeine, technische oder konstruktive Bauforschung steht der Baustofftechnologie nahe und kann in der Denkmalpflege helfen, historische Konstruktionen, Kräfteverläufe und Materialien sowie Schadensursachen zu verstehen.[3] Die bauhistorischen und technischen Kenntnisse unterstützen einander bei der Bauwerksanalyse.

All diese Ansätze können der praktischen Denkmalpflege weiterhelfen. Der Inventarisation hilft Bauforschung mit tiefergehenden Erkenntnissen der Substanz und der Differenzierung von Bauphasen anhand der erkannten Befunde. Bauforschung kann zur Vorbereitung von Baumaßnahmen, baubegleitend oder unabhängig von anderen Vorhaben stattfinden. Je nach Rechtslage muss der Verursacher der Maßnahme bzw. wer eine Genehmigung zur Veränderung eines eingetragenen Denkmals benötigt, für die notwendigen wissenschaftlichen Voruntersuchungen und die Dokumentation der Befunde im Rahmen des Zumutbaren aufkommen.

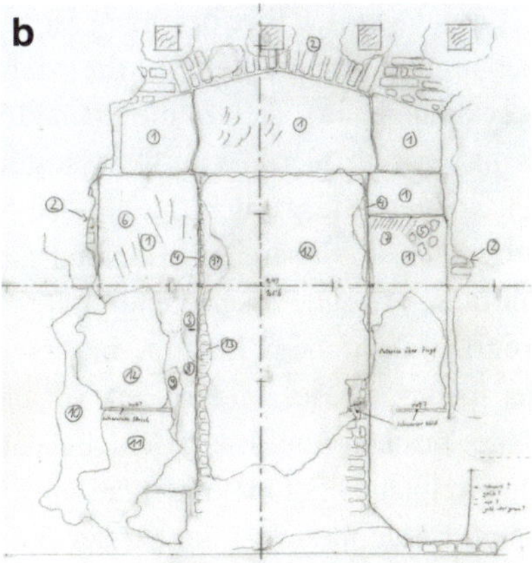

Abb. 3.2 **a** An diesen Häusern treten mit den Resten von Bögen über den jüngeren Fenstern baugeschichtliche Befunde offen zu Tage. Bauforschung versucht, die Umbau- und Nutzungsphasen von baulichen Anlagen zu differenzieren und historischen Entwicklungen zuzuorden, um Informationen über die Baugeschichte des einzelnen Objekts und darüber hinaus über vergleichbare Bauten und über die Ortsgeschichte zu gewinnen **b** Ausschnitt der händischen Bauaufnahme eines zugemauerten Portals auf Burg Trips im Rheinland

Historische Bauforschung geht der Bau- und Nutzungsgeschichte von Denkmälern auf den Grund, indem sie am Denkmal selbst Befunde erhebt (Abb. 3.2a) und sie mit anderen Quellen aus Archiven, Fotos, Karten, Literatur, anderen Denkmälern usw. abgleicht, um die Bauphasen und Zeitschichten des Denkmals zu differenzieren und mit historischen Ereignissen oder Entwicklungen sowie mit politischen, wirtschaftlichen und technischen Entwicklungen in Beziehung zu setzen. Dadurch vertieft die Bauforschung das Wissen über das einzelne Denkmal, über seine spezifischen Entstehungszusammenhänge und seine Aussagekraft als Spiegel der Geschichte.

Bauforschung wird selten von Unteren Denkmalschutzbehörden betrieben. In der freiberuflichen Bauforschung finden spezialisierte Architekten, Kunsthistoriker, Kulturanthropologen und Archäologen, oder einschlägige Lehrgebiete und Forschungsgruppen an Hochschulen eine Nische. Manche Denkmalpflegefachämter unterhalten Fachreferate für Bauforschung, was dem Auftrag entspricht, Denkmäler wissenschaftlich zu erforschen und der Öffentlichkeit bekannt zu machen. Da durch die Bauforschung das Denkmalwissen vertieft wird und dadurch die Bedeutung und die Erhaltungsgründe des Denkmals untermauert werden, profitieren auch andere Spezialgebiete von Bauforschung, was eine enge Zusammenarbeit nahelegt. Restauratorische und naturwissenschaftliche Untersuchungen durch Restaurierungswerkstätten und Labore der Fachämter und Hochschulen können bei der Datierung und Einordnung der vorgefundenen Baustoffe und Bautechniken helfen.

Grundlage der Bauforschung ist regelmäßig eine genaue Bauaufnahme mit Bauaufmaß und Befundkartierung, die viel detaillierter (und vielleicht verformungsgerecht oder steingenau) ist, als die Bauaufmaße, die Architekten normalerweise anfertigen. Es haben sich vier Genauigkeitsstufen etabliert, die auf den Einzelfall angepasst werden können. Sie werden durch neue Methoden der Bauaufnahme ergänzt oder allmählich abgelöst. Neben dem Handaufmaß oder der Photogrammetrie haben sich nach der Jahrtausendwende mehrere digitale Aufmaßtechniken wie Tachymeter mit Zeichenprogramm auf dem Laptop, Laserscanner, Structure from Motion (SfM: 3D-Modell aus mehreren Messbildern aus verschiedenen Richtungen) usw. verbreitet. Baualterspläne machen die Baugeschichte und Zeitschichten im Bestandsplan anschaulich. Materialpläne, Fotodokumentationen oder Raumbücher begleiten die Analyse, die in einem Befundbericht mündet, der die Befunde und Erkenntnisse erläutert und Schlussfolgerungen ableitet, indem die Befunde in den geschichtlichen Kontext eingeordnet und erklärt werden.

Bauforschung gehört zu den Voruntersuchungen im Hinblick auf (komplexere) Änderungen am Denkmal und soll sowohl der Inventarisation und der praktischen Denkmalpflege als Entscheidungshilfe dienen, als auch präzise Planungsgrundlagen liefern. Welchen Umfang die Bauforschung haben soll, oder welche Leistungen erbracht werden müssen, hängt vom konkreten Ziel bzw. der Fragestellung am Objekt ab und inwiefern möglichst substanzschonende Untersuchungen vorgenommen werden können. Im Alltag der praktischen Denkmalpflege und der Genehmigungsverfahren können punktuelle Freilegungen und die Differenzierung von Bauteilen erforderlich sein, um zu klären, ob Eingriffe denkmalwerte Substanz und wichtige Befunde beeinträchtigen oder nicht.

Bauaufnahmen mit verformungsgerechten oder steingenauen Bauaufmaßen (Abb. 3.2b), Bestandsaufnahmen, Befunden und Fotodokumentationen von Bauforschern, auch Schadens- und Sanierungsgutachten sowie Restaurierungsberichte bieten die präzisesten Informationen über historische Bauphasen, den Bestand, den Bauzustand, über erfolgte Maßnahmen und Entscheidungsgrundlagen für anstehende Maßnahmen. Ob und in welchem Umfang oder Genauigkeit Bauaufnahmen erforderlich sind, diktiert auch hier die Notwendigkeit im Einzelfall. Entscheidung und Ergebnisse gehören mit in die Denkmal-Akte.

Bauaufnahmen im Sinne der historischen Bauforschung repräsentieren ein denkmalpflegerisches Ideal, kommen aber im Arbeitsalltag nur bei bestimmten Anlässen und Vorhaben zum Einsatz, weil sie für die konkrete Forschungsfrage ausreichende Bearbeitungszeit, fachliche Spezialisierung und spezielle Ausrüstung erfordern, über die Untere Denkmalschutzbehörden, normale Planungsbüros und Handwerksbetriebe im Regelfall nicht verfügen, sodass Spezialisten hinzugezogen werden müssen. In Ausnahmefällen, wenn ein Baudenkmal abgebrochen wird, ist eine detaillierte Abbruchdokumentation geboten, damit noch wissenschaftlich verwertbare Informationen gesammelt werden, bevor das Original als historische Quelle verloren geht.

Häufiger kommen vorhabenbezogene Bestandsaufnahmen oder Protokolle mit Fotos und Skizzen vor, die abklären, welche Bauteile von einer geplanten Maßnahme betroffen sind und wie damit umgegangen werden soll. Wenn Fenster, die Fassade oder einzelne Räume saniert oder renoviert werden, wird normalerweise nicht das Haus vermessen, sondern die Bauforscher fokussieren sich auf die von der Maßnahme betroffenen Bereiche. Zu den alltäglicheren Untersuchungen gehören Farbbefunde an Wänden, Geländern oder Dekorationen durch (akademische) Restauratoren, um zu versuchen, historische Farbfassungen nachzuweisen, denen der Neuanstrich nachempfunden werden soll.

Zusätzlich zur Befunduntersuchung am Objekt, zur Vorbereitung derselben und zur Nachbereitung für Veröffentlichungen fotografieren amtliche Vermessungsingenieure und Fotografen Denkmäler, um Fotobildpläne zu erzeugen, in die Befunde eingetragen werden können oder um den Bestand für die wissenschaftliche Forschung zu dokumentieren – oder um mit stimmungsvollen Fotos die Aufmerksamkeit der Öffentlichkeit zu erregen.

3.3 Förderung

Es gibt je nach Bundesland mehrere Förderinstrumente, mit denen Denkmalschutzbehörden oder Denkmalfachämter auf die Eigentümer zugehen können. Abhängig von den landesspezifischen Regelungen bestätigen die Denkmalschutzbehörde oder das Fachamt mit der Bescheinigung der Unterschutzstellung, der Genehmigung für Maßnahmen, der Einschätzung der Erforderlichkeit oder Dringlichkeit, und schließlich der Bauabnahme bzw. Bestätigung der denkmalgerechten Ausführung die Grundlage der Förderfähigkeit. Neben Landesmitteln und kommunalen Förderprogrammen gibt es Programme der Kreditanstalt für Wiederaufbau (KfW-Effizienzhaus Denkmal u. a.), Stiftungsgelder und Darlehen von Banken. Der Beauftragte der Bundesregierung für Kultur und Medien (BKM) hat das Förderprogramm für national wertvolle Kulturdenkmäler aufgelegt, das nur einen erlesenen Kreis von Denkmälern unterstützt.

Andere Mittel, die der Gemeinde zur Verfügung stehen, etwa Städtebauförderung wie Fassaden- und Hofprogramme zur Wohnumfeldverbesserung (Abb. 3.3) oder zur Entsiegelung und Begrünung von Flächen werden üblicherweise von den Ämtern für Städtebau, Stadtentwicklung, Bauaufsicht, Grünflächen oder Wirtschaftsförderung verwaltet, deren Personal sich in kleineren Verwaltungen mit der Denkmalschutzbehörde überschneiden kann. Diese Programme sind keine Denkmalförderung, können aber – denkmalgerecht ausgeführt – der Erhaltung der Denkmäler dienlich sein.

Stets ist auf Antragsfristen zu achten, und die Maßnahmen dürfen im Regelfall nicht beginnen, bevor die Förderung bewilligt ist. Denkmalspezifische Fördervorschriften können in den Denkmalschutzgesetzen angesprochen, aber erst durch die Fördermittel gebenden Institutionen für ihr jeweiliges Programm ausformuliert sein.

Abb. 3.3 Altstädte wie die von Warendorf können als Sanierungsgebiet ausgewiesen und Mittel der Städtebauförderung für Fassadensanierungen eingesetzt werden. Spezifische Denkmalfördermittel können z.B. auch die Restaurierung historischer Innenausstattung unterstützen

Als indirekte Förderung sei noch die steuerliche Bescheinigung für erforderliche Maßnahmen am Denkmal erwähnt, die, je nach Bundesland, von der zuständigen Denkmalschutzbehörde oder dem Fachamt bearbeitet wird. Wenn die Fördermittel nicht allein aus dem Gemeindehaushalt kommen, muss auch die Denkmalschutzbehörde die Förderrichtlinien der externen Geldgeber beachten.

Die Stadtpauschale (in NRW Pauschalzuweisungen an Gemeinden und Gemeindeverbände zur Förderung von Denkmalpflegemaßnahmen), bei der die Gemeinde einen bestimmten Betrag im Haushalt für die Denkmalförderung reserviert und die Bezirksregierung auf Antrag den gleichen Betrag zuschießt, wird von Unteren Denkmal(schutz)behörden unterschiedlich hilfreich eingeschätzt. So erachtet beispielsweise die eine Denkmalschutzbehörde die Stadtpauschale als hilfreichen Anreiz, der denkmalpflegerisch besseren Lösung auf die Sprünge zu helfen, ohne jedoch die Eigentümer kräftig entlasten zu können. Die andere Denkmalschutzbehörde hat die Stadtpauschale als Tropfen auf den heißen Stein erlebt, der vor allem zusätzliche Verwaltungsarbeit verursacht, weshalb sie dieses Fördermittel aufgegeben hat.

Landesmittel (in NRW Förderung von denkmalpflegerischen Einzelprojekten) beantragt der Eigentümer in NRW bei der Bezirksregierung, welche Stellungnahmen der Unteren Denkmalschutzbehörde und des zuständigen Denkmalpflegefachamts bei einem der Landschaftsverbände einholt, ob das Förderobjekt unter Schutz steht, ob die geförderten Maßnahmen zur Erhaltung beitragen und wie dringend sie sind. Mit dem Fachamt und dem Ministerium werden dann förderwürdige Anträge und Prioritäten festgelegt, um Maßnahmen zu unterstützen, die im darauffolgenden Jahr beginnen sollen. Für die Bodendenkmäler gibt es noch Mittel, die über die Landschaftsverbände (und das Römisch-Germanische Museum in Köln) als Fachämter an die Denkmalschutzbehörden weitergeleitet werden.

Das Darlehensmodell der nrw.bank und die KfW-Programme stoßen bei Eigentümern und Architekten insofern auf Kritik, dass die Anträge zu umständlich seien und sich gar nicht lohnen würden. Je nach Leitzins äußerten Eigentümer, sie könnten genauso gut einen normalen Bankkredit nehmen. Vergleichsweise häufig betreffen KfW-Anträge die Heizungsanlage und die Dämmung des Daches. Die Darlehen stehen in der Kritik, weil aufgrund der Bonitätsprüfung der Antragsteller Darlehen für die ohnehin zahlungskräftigeren Eigentümer leichter zu erlangen und eher für große Investitionen interessant seien als für die häufigen kleinen Maßnahmen.

3.4 Gartendenkmalpflege

Bekannte Gärten und Parks sind barocke Schlossgärten und jüngere Landschaftsgärten, Volks- und Stadtgärten des späten 19. und frühen 20. Jahrhunderts, Alleen, die riesigen Grüngürtel Kölns entlang der alten Befestigungsanlagen und mit der Gliederung in Kleingärten, Sportanlagen neben Gewässern und äußerer Bewaldung gegen den Bergbau im Umland (Abb. 3.4a).

Dagegen oftmals unbekannt oder unauffällig und erst nach Zerstörung als Verlust wahrgenommen werden die Haus- und Vorgärten der Jahrhundertwende, die Selbstversorgergärten und Hecken in Siedlungen im frühen und mittleren zwanzigsten Jahrhundert, wie auch die Grünanlagen jüngerer Siedlungen oder von öffentlichen Gebäuden wie Schulen, in denen Schüler, je nach Epoche, naturnah erzogen werden sollten.

Zu den Gegenständen der Gartendenkmalpflege können auch gestaltete Außenanlagen und Freiflächen wie Friedhöfe, Schulhöfe, Plätze und Fußgängerzonen gerechnet werden. Für das Erscheinungsbild und den beabsichtigten Erholungswert der Gärten und Außenanlagen kann auch die Kulisse eine Rolle spielen, wenn sie z. B. planmäßig von Gebäuden gerahmt werden, Gebäude hinter Bepflanzung verschwinden oder die Gärten sich mit dem Ausblick in die unbebaute Weite öffnen.

Abb. 3.4 **a** Die Wallanlagen der Hansestadt Bremen zeigen die historischen Stadtgrenzen an und sind gärtnerisch gestaltet worden, nachdem ihre ehemalige Funktion als Stadtbefestigung nicht mehr benötigt wurde **b** Gartendenkmalpfleger müssen sich auch mit Bautechniken auskennen, wie hier bei den ausgewaschenen Fugen und der durch Wurzeln hervorgerufenen Neigung der einen Park einfriedenden Mauer

Ein Grundsatzpapier der Gartendenkmalpflege[4] ist die Charta von Florenz aus dem Jahr 1981, die den Begriff definiert und Leitlinien zum Umgang mit Gartendenkmälern zusammenfasst. Die Besonderheit bei der Gartendenkmalpflege besteht darin, dass sie sowohl mit verarbeiteten Materialien für Treppen, Wege, Mauern, Brücken, Statuen uvm. (Abb. 3.4b) als auch mit lebenden Gestaltungselementen arbeitet.

Letztgenannte zeigen ein natürliches Gedeihen und Vergehen, das durch Ersatzpflanzungen kompensiert werden muss und das auch im Gartenkonzept berücksichtigt sein kann, indem beispielsweise die wechselnden Farben der Pflanzen zur Blütezeit oder im Herbst aufeinander abgestimmt sind. Pflanzbeete können je nach Jahreszeit anders bepflanzt werden. Im Gartendenkmal können auch Naturdenkmäler gemäß § 28 Bundesnaturschutzgesetz (BNatSchG)[5] – etwa ein besonders alter Baum oder ein Uferbereich als Biotop – vorhanden und besonders zu schützen sein.

Bäume von Alleen oder bestimmten Standorten werden regelmäßig beschnitten, um eine bestimmte Größe nicht zu überschreiten, weil das der gestalterischen Intention entspricht, oder weil ungezügeltes Wachstum andere Pflanzen in den Schatten stellt und verkümmern lässt. Dazu gehören auch Baumfällung und Entholzung als Pflegemaßnahme und Gefahrenabwehr, die aber nur zu bestimmten Zeiten stattfinden, wenn die Pflanzen das am besten vertragen und Nistzeiten von Vögeln nicht gestört werden.

Aufgrund des Klimawandels und sich ausbreitender Schädlinge kann es sein, dass die bisherige Pflanzenart bald zugrunde geht und daher eine Ersatzpflanze verwendet werden muss. Allgemein geeignete Pflanzen können in einer Baumschutzsatzung aufgeführt sein. Bei der Auswahl der Pflanzen und Standorte kommt es auch auf die Bedürfnisse der Pflanzen an und an welcher Stelle oder in welcher Umwelt sie genügend Sonne, Wasser und Nährsalze aus dem Boden abbekommen.

Die Pflanzen und Baumaterialien können, wie beim Japanischen Garten in Leverkusen, thematisch ausgewählt sein, oder sie entsprechen der Pflanzenkunde einer Epoche oder einer bestimmten Funktion, wenn etwa ein klösterlicher Nutzgarten die Mönche mit Kräutern und Lebensmitteln versorgte. Gartendenkmalpfleger müssen daher wissen, welche gestalterischen und funktionalen Qualitäten einen Garten oder eine Grünanlage ausmachen und wie sie dieses Gestaltungskonzept trotz der unvermeidlichen Substanzverluste sterbender und passend zu ersetzender Pflanzen bewahren und im Alltag all die Einzelteile des Gartens pflegen können.

Gartendenkmalpfleger haben daher oft Landschaftsarchitektur oder auch Kunstgeschichte studiert – mitunter zuvor eine Lehre als Gartenbauer absolviert – und ziehen Spezialisten wie Botaniker, Maurer, Steinmetze und Restauratoren hinzu, um die Vielzahl der beteiligten Gewerke abzudecken. Neben freiberuflichen Gartenarchitekten als Auftragnehmer gibt es Referenten für Gartendenkmalpflege in Denkmalpflegefachämtern. Vereine wie die Deutsche Gesellschaft für Gartenkunst und Landschaftskultur e. V. (DGGL) oder der Bund Heimat und Umwelt (BHU) und dessen Regionalverbände beschäftigen sich intensiver mit gartendenkmalpflegerischen Fragen, veranstalten – auch zusammen mit den Denkmalpflegefachämtern – Tagungen und veröffentlichen die Ergebnisse.

Um den Überblick zu behalten, welche Merkmale eines komplexen Gartens den Denkmalwert ausmachen, wo welche Pflanzenarten hingehören, wo die Wege verlaufen und welche Erlebnisräume durch die Gartengestaltung erzeugt werden und wann welche Pflegemaßnahmen stattzufinden haben, ist es sinnvoll, ein Parkpflegewerk als Erhaltungs- und Pflegekonzept aufzustellen. Verwildert ein Garten jedoch, kann er sich zu einem anders gearteten Biotop wandeln, wodurch es zu Konflikten zwischen Denkmalschutz und Natur- oder Landschaftsschutz kommen kann, da der Denkmalschutz das Gestaltungskonzept, der Naturschutz aber die Lebensräume der Pflanzen und Tiere bewahren will.

3.5 Inventarisation

Inventarisation[6] ermittelt, ob eine Sache Denkmalwert hat – ob sie die Denkmalkriterien des Denkmalschutzgesetzes erfüllt –, sodass die Erhaltung des festgestellten Denkmals oder Denkmalbereichs im öffentlichen Interesse steht und es in die Denkmalliste eingetragen oder bei Verlust des Denkmalwerts daraus gelöscht werden muss (Abb. 3.5).[7] Die Denkmalliste ist das Inventar.[8] Die Inventarisation wird, abhängig vom Landesrecht, tätig auf Antrag, auf Anregung oder sie erkennt Denkmäler im Zuge eigener wissenschaftlicher Forschung. Siehe hierzu auch die Denkmalschutz-Kapitel zur Unterschutzstellung.

Die Denkmalpflegefachämter haben Abteilungen für die Inventarisation, um den gesetzlichen Auftrag zu erfüllen, Grundlagen für die Auswahl und Unterschutzstellung von Denkmälern zu erarbeiten und Denkmäler zu erforschen. Fachämter beschäftigen auch Spezialisten, die sich um die Inventarisierung von Boden-, Garten- und Industriedenkmälern sowie von Denkmalbereichen und beweglichen Denkmälern kümmern. Nur

Abb. 3.5 Rathaus Bensberg, im Volksmund „Affenfelsen", entworfen vom Architekten und Bildhauer Gottfried Böhm. Inventarisation erforscht Denkmäler und prüft, welche historischen Objekte die Kriterien des Denkmalschutzgesetzes erfüllen

wenige Gemeinden haben eigene Stellen für die Inventarisation geschaffen oder betreiben Inventarisation in größerem Umfang selbst. Gelegentlich werden Projektstellen für Denkmaltopographien geschaffen. Manche Gemeinden kooperieren zur Denkmalerfassung oder zur Aufarbeitung ihrer Baugeschichte mit Hochschulen oder freiberuflichen Archäologen und Bauhistorikern.

Trotzdem gehört die Inventarisation mit zu den Aufgaben der Unteren Denkmalschutzbehörden, mindestens dann, wenn sie für die Führung der Denkmalliste verantwortlich sind (z. B. in Mecklenburg-Vorpommern), und weil sie Gefahren von Denkmälern abzuwehren haben, die frühzeitig erkannt werden müssen. Hierbei hilft die Ortskenntnis der Denkmalschutzbehörden. Das Fachamt tritt bei der Inventarisation in den meisten Bundesländern gesetzmäßig als Protagonist auf, indem es die Denkmalliste führt. Fachamt und Denkmalschutzbehörden unterstützen einander bei der Denkmalermittlung bzw. Sachverhaltsermittlung nach § 24 VwVfG.

3.6   Industrie- und Technikdenkmalpflege

Denkmäler der Industrie und Technik umfassen ein breites Spektrum von landwirtschaftlichen Gebäuden wie Mühlen über Schleifkotten, wassergetriebene Hammerwerke bis hin zu Fabrikbauten, Silos, Hochöfen, Wasserwerken, Gasbehältern, Werkskantinen, Transportmitteln, Tankstellen, Brücken (Abb. 3.6) und allerlei mehr bauliche Anlagen und ihre historische technische Ausstattung, die Aussagewert über historische Produktionsverhältnisse und technischen Fortschritt besitzen.[9] Damit sind also keineswegs nur Industriestandorte des 19. und 20. Jahrhunderts gemeint, sondern eine Vielzahl technischer Anlagen und Werkbauten aus Jahrhunderten. Die Denkmäler können einzelne Bauten, Bauten mit Außenanlagen wie wassergetriebene Mühlen mit Mühlengraben und Reservoir, Gebäudegruppen oder ganze historische Industriegebiete sein.

Abb. 3.6 Die Müngstener Brücke zwischen Remscheid und Solingen dokumentiert historische Ingenieurleistungen, Konstruktionen und Verkehrsentwicklung. Sie kann als Baudenkmal und als technisches Denkmal angesehen werden. Historische Züge können bewegliche technische Denkmäler sein

Im Zusammenhang mit den eigentlichen Denkmälern der Industrie und Technik stehen die zum Werk gehörenden Siedlungen, Verwaltungsbauten, Fabrikantenvillen und Verkehrsnetzwerke, die den Standort über Land-, Luft- oder Wasserweg mit den Rohstofflieferanten und den Verbrauchern verbinden. Manch Architekt und Ingenieur haben ihre Karriere mit Glanzleistungen im Industriebau begründet. Wenn der Zeugniswert solcher Denkmalgattungen beispielsweise in der optimalen Anordnung funktionaler Hallen für bestimmte Produktionsabläufe besteht, die Hallen aber nicht als ästhetisch empfunden werden, werden solche Denkmäler gerne als „nur ein Zweckbau" missachtet.

Technische Denkmäler unterscheiden sich in der historischen Nutzung, Konstruktion, Ausstattung, Schäden und den Potenzialen für Nutzungsänderungen ganz erheblich von den meisten anderen Denkmälern wie Wohnhäusern, Schulen oder Stadtmauern. Freiberufliche Spezialisten sind rar. Denkmalpflegefachämter beschäftigen Spezialisten für die Inventarisation und praktische Denkmalpflege an technischen Denkmälern, um die Denkmalschutzbehörden bei der Erhaltung und Restaurierung der Bauteile und bei der Suche nach geeigneten Nutzungen zu beraten.

Besonders die Konversion alter Industrieanlagen zu modernen Wohn- oder Büronutzungen stellt oftmals die einzige Chance dar, sie zu erhalten, birgt aber gleichzeitig die Gefahr großer Substanzverluste. Die historische Technik im Innern steht in der Regel der neuen Nutzung im Weg. Der Wärmeschutz und die Belichtung entsprechen nicht den heutigen Wohnbedürfnissen und die innere Aufteilung mit riesigen Fabrikfenstern soll zu einer maximalen Nutzfläche mit mehreren Geschossen optimiert werden. Oder die feingliedrigen Dachkonstruktionen sind unberechenbar. Loft-Wohnungen waren in jüngster Zeit im Trend. Wassertürme ermöglichen exklusive Wohnungen, aber wehe dem Wasserbehälter! Die alten Werkstraßen, die die Funktionseinheiten des Werks verbunden haben, will der Investor möglichst dicht mit Neubauten besetzen, weil die gesamte Konversion sonst nicht rentabel würde. Manch andere Hallen werden einfach mit reversiblen Wänden für Ateliers aufgeteilt oder mit Haus-in-Haus Lösungen ergänzt, ohne großartig in die historische Substanz einzugreifen.

In den letzten Jahrzehnten hat es vermehrt Tagungen und Publikationen zur Industriekonversion und generell zu historischen Industriebauten gegeben, weil nach und nach historische Industriestandorte aufgrund von Strukturwandel, Verlagerung von Produktionsstandorten ins Ausland oder wegen geänderten Produktionstechniken aufgegeben wurden und der Änderungsdruck auf die Denkmäler zugenommen hat. Wie möglichst viel historische Substanz und der Industriecharakter bewahrt bleiben können, ist dabei eine wiederkehrende Frage.

3.7 Naturwissenschaft

Denkmalpflege versteht sich als interdisziplinäres Arbeits- und Forschungsfeld, an dem einige Hilfswissenschaften mitwirken. Die Naturwissenschaften und andere Hilfswissenschaften oder gleichrangige Wissenschaften der Baudenkmalpflege sind eng mit Ingenieur- und Werkstoffwissenschaften sowie der technisch-konstruktiven Bauforschung verzahnt. Restauratoren verbinden praktisch-handwerkliche mit kunsthistorischen und naturwissenschaftlichen Methoden. In der Archäologie spielen unter anderem Spezialisten für Archäozoologie und Mikromorphologie eine Rolle. Hierbei und in der Gartendenkmalpflege können Botaniker und Geologen[10] eingebunden sein. Welche Spezialisten gebraucht werden, wird das Fachamt einschätzen müssen, wenn in der Denkmalschutzbehörde bzw. Kommunalverwaltung keine entsprechenden Erfahrungen vorliegen.

Bestimmte wissenschaftliche Methoden dienen der Altersbestimmung von Bauteilen, Fundstücken und Materialien: z. B. die Radiokarbonmethode (C14-Methode) oder die Dendrochronologie (Abb. 3.7a), bei der ein Bohrkern möglichst an der Waldkante (äußerste Holzschicht, auf der die Rinde liegt) aus dem Balken gebohrt und anhand der Abstände der Jahresringe im Abgleich mit einer Referenzkurve das Jahr der Baumfällung ermittelt wird, um einzugrenzen, wann das Gebäude gebaut worden ist.

Durch naturwissenschaftliche Untersuchungen der Zusammensetzung von Baustoffen können deren Herkunft bzw. Abbaugebiet eingegrenzt und ihre bauphysikalischen und bauchemischen Eigenschaften überprüft werden. Das kann relevant sein, um die Festigkeit, das Ausdehnungsverhalten bei Wärme und Feuchte oder die Empfindlichkeit gegen chemische oder mechanische Reinigungs- und Festigungsmethoden zu überprüfen, damit die passenden Techniken auf den historischen Bestand angewendet werden.

Moderne Messverfahren können Klimazonen in Räumen differenzieren und die Auswirkungen von Zugluft bei aufschwingenden Türen auf empfindliche Wandgestaltungen und Ausstattungsstücke erkennen. Wichtige Themen sind die Raumluftfeuchte, Durchfeuchtung, Salzbelastung oder mikrobieller Befall an Bauwerken oder von Erdböden, in denen sich Bodendenkmäler oder Gartendenkmäler befinden und so auch vor Ort gefährdet sein könnten.

Abb. 3.7 a Bohrkernentnahme für die Dendrochronologie. Die naturwissenschaftlich-statistische Auswertung von Jahrringdicken in Bauhölzern ist eine interdisziplinäre Methode der historischen Bauforschung und der Archäologie **b** Das Holzstück ist von Käferlarven zerfressen. Die Schädlinge und Vorschädigungen (z. B. Pilze in feucht gewordenem Holz) müssen erkannt und geeignete Methoden eingesetzt werden, um den Befall zu stoppen, bevor die Stabilität gefährdet würde, und um den wiederholten Wurmfraß zu verhindern

Andere Ansätze versuchen, in Bauteilen Schadstoffe zu ermitteln, die aus der Luft eingelagert wurden und vielleicht die Erosion beschleunigen, oder die in jüngerer Zeit von Menschenhand eingebracht wurden, um etwa Holz gegen Schädlinge[11] zu schützen (Abb. 3.7b), aber nicht nur Käferlarven, sondern auch Menschen vergiften. Bei Holzschädlingen wie Hausschwamm und Nagekäfer oder bei Verdacht auf giftige Holzschutzmittel sollten Holzschutzgutachter hinzugezogen werden.

3.8   Öffentlichkeitsarbeit und Presse

Öffentlichkeitsarbeit in der Denkmalpflege hat die Aufgabe, die wissenschaftlich-fachlichen Inhalte und Anliegen – etwa die Anliegen von Denkmalpflege, den spezifischen Zeugniswert eines Denkmals oder Erhaltungskonzepte – einem interessierten Publikum, das im Regelfall nicht aus Fachleuten besteht, möglichst allgemeinverständlich zu vermitteln. Im übertragenen Sinne nach Denkmalschutzgesetz wird das Denkmalwissen in der Öffentlichkeit verbreitet. Das dient dazu, in der Öffentlichkeit ein Bewusstsein für die Denkmäler und Denkmalpflege zu wecken, zu festigen und die Auseinandersetzung mit den Denkmälern anzuregen.

Dabei helfen auch schulische und außerschulische Bildungsarbeit wie „denkmal aktiv – Kulturerbe macht Schule". Gelegentlich können einzelne Denkmäler oder Quartiere zum Gegenstand von Bauaufnahmen, Entwürfen oder Konservierungsübungen für Architekten, Kunsthistoriker oder Restauratoren an Hochschulen gemacht werden.[12]

Für gutachterliche, vermittelnde und berichtende Aufgaben kann der Gemeinderat bzw. der für Denkmalpflege zuständige Ausschuss je nach Denkmalschutzgesetz ehrenamtliche Beauftragte für die Denkmalpflege bestimmen, deren Tätigkeit die Denkmalschutzbehörde entlasten oder zusätzlich belasten kann, weil weitere Akteure involviert werden. Manchmal werden die Denkmalvermittlung[13] und die Diskussion um Denkmäler auch von Vereinen mitgestaltet, die ebenso das öffentliche Bewusstsein für Denkmalpflege verbessern wie Komplikationen hervorrufen können.

Verwaltungen werden die erwarteten Chancen und Risiken in Relation zum Arbeitsaufwand für die Öffentlichkeitsarbeit durch Pressearbeit, Publikationen, Vorträge, Führungen, Info-Tafeln, Stadtmodellen (Abb. 3.8a), soziale Medien abwägen müssen und sich auf die mutmaßlich effizientesten Kanäle konzentrieren. Ob die Verwaltung regelmäßig die Initiative ergreifen kann und will, oder vorwiegend auf externe Anfragen – oder auf Vorwürfe bestimmter Interessengruppen – reagieren muss, wird von der personellen Ausstattung und der Strategie des Hauses abhängen. Zudem Spielen auch Datenschutz, Schutz laufender Verfahren usw. bei der Entscheidung eine Rolle, ob und was die Verwaltung an die Öffentlichkeit weitergeben darf.

Auch gibt es kein pauschales Recht für Privatpersonen, Privatgrundstücke oder gar Wohnungen zu betreten, nur deshalb, weil es sich um Baudenkmäler handelt, die der Öffentlichkeit zugänglich gemacht werden sollen, soweit dies möglich und zumutbar sei. Unerwünschte Besuche von Privatleuten ohne Amtsfunktion sind nicht zumutbar,

Abb. 3.8 **a** Modell der Altstadt von Recklinghausen. Solche Tische können unterfahrbar für Rollstühle gestaltet werden. Die Beschriftung kann mehrsprachig und auch in Braille-Schrift sein **b** Tag des offenen Denkmals in der Abtei Brauweiler (LVR-Amt für Denkmalpflege im Rheinland)

können sogar Hausfriedensbruch darstellen. Besichtigungen kann der Eigentümer aber natürlich auch gestatten.

Gelegenheiten, Denkmäler der Öffentlichkeit unmittelbar vorzustellen, bieten Führungen und Veranstaltungen, bei denen Denkmaleigentümer ihr Denkmal freiwillig zugänglich machen. Oder Vereine, Hochschulmitarbeiter oder die Verwaltung selber bieten Vorträge, Ausstellungen und Führungen an (Abb. 3.8b). Für Architekten, Handwerker, Ingenieure, Kunsthistoriker und andere Berufsgruppen, die sich mit Denkmalpflege beschäftigen, eröffnen solche Veranstaltungen Chancen für Werbung und Akquise, indem sie sich als Sachkundige präsentieren.

Die ehrenamtlichen Denkmalvermittler zu unterstützen, soweit es die Personalkapazität erlaubt, ergibt für die Verwaltung Sinn, weil Interessierte Privatleute als Vermittler öffentlicher Belange wirken und zeigen, dass das öffentliche Interesse Denkmalschutz auch tatsächlich Resonanz und Unterstützung in der Bevölkerung findet. Die ehrenamtlich Engagierten, zu denen auch Beauftragte für Denkmalpflege gehören können, spiegeln zwar nicht unbedingt die Auffassung der Verwaltung wider (warum sollten sie auch?) und können im Einzelfall auch durch ausgeprägte Erwartungshaltung[14] für Verstimmungen sorgen, aber die menschliche Komponente und Unmittelbarkeit können interessierte Laien einschließlich Politik oftmals überzeugender ansprechen als unpersönliche Presseerklärungen oder Berichte.

Zu beachten ist bei solchen Veranstaltungen aber auch die Haftungsfrage bei den Führenden und Denkmaleigentümern, die sich gegebenenfalls eine Veranstaltungshaftpflichtversicherung für den Veranstaltungstag für den unwahrscheinlichen Fall zulegen sollten, dass Besucher sich in einem Privathaus oder Privatgelände verletzen. Laufende Baustellen sind daher keine geeigneten Veranstaltungsorte. Denkmalschutzbehörden bzw. Gemeinden oder Landkreise als Veranstalter sollten das mit dem zuständigen kommunalen Schadensausgleich gegen Haftpflichtschäden bei Veranstaltungen abgleichen. Vielleicht können Denkmaleigentümer für Veranstaltungen ebenfalls über die Kommunalversicherer oder die Haftpflichtversicherung des Veranstalters abgesichert werden. Alternativ kann auch eine zeitlich befristete Veranstaltungshaftpflichtversicherung abgeschlossen werden.

Klassische Printmedien der Denkmalpflege sind Fachbücher und Fachzeitschriften für Denkmalpflege, Architektur, Städtebau, Geschichte usw., die sich an ein Fachpublikum richten, aber auch von interessierten Laien gelesen werden.[15] Publikationen von Heimat- oder Geschichtsvereinen oder auch Kreisjahrbücher haben einen räumlichen Fokus und sprechen ein räumlich besonders interessiertes, aber eben auch räumliches begrenztes Publikum an. Denkmäler oder örtliche Baugeschichte bilden eher Randthemen neben Ortsgeschichte, Sozialgeschichte und historischen Persönlichkeiten ab, aber der Ortsbezug und die Themenmischung können helfen, die Bevölkerung im Gebiet der Denkmalschutzbehörde aufmerksam zu machen. Je nach redaktioneller und inhaltlicher Ausrichtung können hier wissenschaftliche, populärwissenschaftliche oder berichtende Beiträge Platz finden.

Die Verwaltungen kennen die Potenziale sozialer Medien. Sie sehen aber auch das enorme Risiko und damit zusammenhängend den Aufwand, Profile zu pflegen und regelmäßig zu interagieren. Aus bestimmtem Anlass relevante Informationen von öffentlichem Interesse mitzuteilen ist das eine. Regelmäßig online auf Kommentare, Beschwerden, Vorwürfe, allerlei Tweets usw. zu reagieren und online zu diskutieren oder moderieren zu wollen ist eine ganz andere, erheblich aufwendigere Aufgabe, die weiteres Personal bindet. Die Sinnhaftigkeit davon wird kritisch hinterfragt. Wenn die Verwaltung mit sachlich richtigen Informationen fundiert reagieren will, wird sie mit willkürlich aufgestellten Behauptungen in sozialen Medien kaum Schritt halten können.

Presse gilt als vierte Gewalt im Staat, aber Pressearbeit birgt einige Unwägbarkeiten. Sie kann großen Nutzen durch große Resonanz haben, oder wegen Desinteresse der Redaktionen wirkungslos verpuffen. Passiert zu viel Erwähnenswertes auf einmal, müssen die Redaktionen aussortieren. Worüber zu berichten lohnt, entscheiden die Redaktionen selbst. Inwiefern Journalisten die Sichtweisen der Beteiligten berücksichtigen, unkritisch reproduzieren oder reflektieren und durch gewissenhafte Recherche in eine ausgewogene Berichterstattung münden lassen, kann die Denkmalschutzbehörde kaum vorhersehen.

Um Interesse bei Journalisten zu wecken, hilft es, sich kurz zu fassen, (unmiss)verständlich und bildhaft zu beschreiben, damit die Redakteure und Leser sich etwas darunter vorstellen können und es im Gedächtnis behalten. Dabei helfen Fotos unproblematischer Motive: üblicherweise Aufnahmen aus öffentlich zugänglichen Bereichen. Indem die Denkmalschutzbehörde die Initiative ergreift, könnte sie die Lokalberichterstattung für sich gewinnen und sowohl die Redaktionen als auch die Öffentlichkeit für denkmalpflegerische Themen sensibilisieren. Je nach Strategie der Gemeindeverwaltung wird die Denkmalschutzbehörde unmittelbar oder über das Presseamt mit der Presse kommunizieren.

3.9   Orgeldenkmalpflege

Orgeln sind empfindliche Ausstattung, die sowohl durch falsche Behandlung als auch ungünstiges Raumklima Schaden nehmen kann. Orgeldenkmalpflege[16] beschäftigt sich mit der Erforschung und historischen Einordnung sowie der Konservierung und Restaurierung des Instruments in Zusammenarbeit mit Orgelbauern, die die mechanischen Teile und die Pfeifen reparieren und sachgerecht erneuern können. Restauratoren, Bauphysiker und Naturwissenschaftler unterstützen, indem sie die Materialien analysieren, um nach den Schadensursachen, Anfälligkeiten und geeigneten Reparaturmethoden finden, oder indem sie Holzbehandlung und Anstriche auf ihre Zusammensetzung und Farbigkeit untersuchen.

Orgeln stellen wichtige funktionale und gestalterische Elemente insbesondere von Kirchenräumen dar, auf die sie in Größe, Anordnung, Farbigkeit und anderen Details abgestimmt sein können. Für die Akustik sind, neben den Pfeifen und anderen Bauteilen der Orgel, ihr Standort und die Wechselwirkung mit dem umgebenden Raum wesentlich. Konservatorische Gesichtspunkte berücksichtigen auch die Feuchtigkeit, die Beheizung und die Lüftung des Raumes, da zu feuchte oder zu trockene Luft sowie Feuchtestau hinter der Orgel oder von Luftheizungen aufgewirbelter Staub zu Schimmel- oder Schädlingsbefall, zu Holzschäden oder verstaubten Bauteilen führen kann. Auch bei Baumaßnahmen, die das Raumklima kritisch verändern oder Staub aufwirbeln, müssen Denkmalpfleger und ausführende Firmen die Orgeln, wie auch andere empfindliche Ausstattung, vor den Schadensquellen schützen.

3.10   Praktische (Bau-)Denkmalpflege

Praktische Denkmalpflege[17] – auch: Bau- und Kunstdenkmalpflege – prägt das Alltagsgeschäft der Unteren Denkmalschutzbehörde, der Eigentümer und der am Bau (oder am Bodendenkmal: praktische Bodendenkmalpflege) Beteiligten. Die praktische Denkmalpflege beschäftigt sich mit jeder geplanten Änderung von der Voruntersuchung über die Reparatur bis zur Generalsanierung oder Nutzungsänderung, um mit dem Genehmigungsverfahren das Erhaltungsziel und die erhaltende Nutzung des Denkmals durch den richtigen Umgang durchzusetzen (Abb. 3.9).

Zur praktischen Denkmalpflege gehören auch – sofern dafür keine spezialisierten Fachreferate wie zur städtebaulichen Denkmalpflege vorhanden sind – die Stellungnahmen zu öffentlichen Planungen als Träger öffentlicher Belange, wie auch städtebauliche Erhaltungskonzepte und Gestaltungsfibeln, die wiederum als Querschnittsaufgabe verschiedener Spezialgebiete verstanden werden sollten.

Die meisten Grundsätze der Denkmalpflege und der größte Teil dieses Buches beziehen sich direkt oder mittelbar auf die praktische Denkmalpflege. Praktische Denkmalpfleger überblicken das breite Spektrum an Änderungsvorhaben und die dafür geeigneten Methoden an Denkmälern. Fachämter beschäftigen Spezialisten, die

Abb. 3.9 Neubarockes Wohnhaus von 1906. Baumaßnahmen können z. B. die Einfriedung, den Garten, Putzfassaden, die Fenster, das Dach, Innenausstattung oder Nachbargebäude betreffen. Die Denkmalschutzbehörde muss am Denkmal auf die geeigneten Methoden und Materialien achten. Bei der Vorbereitung von Maßnahmen in der Umgebung, etwa einer Leitungsauskunft für die Neuverlegung von Breitbandkabeln, achten die Behörde darauf, dass Erscheinungsbild und Bausubstanz nicht (z. B. durch Grundbruch bei Ausschachtungsarbeiten) beeinträchtigt werden

die Unteren Denkmalschutzbehörden bei der praktischen Denkmalpflege an Boden-, Garten- und Industriedenkmälern sowie in der städtebaulichen Denkmalpflege unterstützen.

Wegen der wissenschaftlichen Aspekte wird praktische Denkmalpflege in den Fachbüchern gerne mit medizinischer Methodik verglichen: Anamnese (Bestandsaufnahme), Diagnose (Schlussfolgerungen, Schadensbewertung) und Therapie (geeignete Maßnahmen). Versuchen wir einen mehr auf den Lebensalltag bezogenen Vergleich: praktische Denkmalpflege ist wie Wäsche waschen! Kleidungsstücke werden nicht alle gleich behandelt. Je nach Material, Farbe und Empfindlichkeit werden sie sortiert und im richtigen Programm bei unterschiedlichen Temperaturen und mit dem passenden Waschmittel gewaschen, damit sie nicht kaputt gehen. Manche Kleidungsstücke werden nur per Hand gewaschen und manche würden im Trockner Schaden nehmen. Und wenn etwas kaputt ist, wird der Schneider Vorschläge machen, wie er die Löcher mit passenden Stoffstücken oder Garn stopfen würde. So müssen auch die Denkmalpfleger die passenden Methoden finden.

3.11 Restaurierungswissenschaft

Amtliche Restauratoren[18] sind normalerweise in Restaurierungswerkstätten der Fachämter oder in Museen tätig. Die Restauratoren der Fachämter beraten bei Bedarf der Denkmalschutzbehörden bei der Auswahl geeigneter Konservierungs- und Restaurierungsmethoden, erheben hierfür und für die Bauforschung Befunde und helfen dabei, Leistungsverzeichnisse bzw. Angebote freiberuflicher Restauratoren zu beurteilen. Die Restauratoren der Institute oder Fakultäten für Restaurierungswissenschaften an Hochschulen können im Einzelfall für Gutachten oder Forschungs- und Studienprojekte gewonnen werden. Nur wenige Untere Denkmalschutzbehörden haben Restauratoren angestellt.

Amtliche und freiberufliche Restauratoren haben sich regelmäßig auf eine Sparte oder einen Materialschwerpunkt wie Putze, Stuck, Architekturfarbigkeit, Fresken und Wandmalereien oder Holz, Möbel, Holzskulpturen und Gemälde sowie Beschichtungen spezialisiert. Weitere Spezialgebiete konzentrieren sich z. B. auf Glas und Glasmalerei, Keramik und Mosaike, Kunststoffe, Metall, Werkzeuge und technische Kulturgüter, Musikinstrumente, Textilien, Fotografien, Archivgut oder archäologische Fundstücke. Die Internetauftritte von Berufsverbänden helfen mit Suchfunktionen, Restauratoren bestimmter Fachrichtungen in bestimmten Regionen zu finden, allerdings haben sich dort nicht alle Restauratoren registriert.

Qualifizierte Restauratoren sind für die Befunderhebung und schonende Behandlung der historischen Substanz ausgebildet. Unterschieden wird zwischen den akademischen Restauratoren einerseits, die an Hochschulen in anwendungsorientierten, wissenschaftlich fundierten Methoden ausgebildet werden und vorher schon ein Handwerk gelernt haben können. Andererseits gibt es Restauratoren im Handwerk, die sich als Handwerker in Richtung Restaurierung fortgebildet haben. Es kommt auch vor, dass akademische Restauratoren einen Handwerksbetrieb führen oder mit solchen zusammenarbeiten.

Ob ein mehr handwerklicher oder mehr akademischer Restaurator zum Denkmal und der Aufgabe passt, hängt vom Einzelfall des Denkmals ab und kann auch vom Restaurator abhängen, der vielleicht passende Referenzen vorweisen kann oder bei der Modellierung von Fehlstellen besonders geschickt ist. Je wissenschaftlicher an die Aufgabe herangegangen werden muss, desto eher wird ein akademischer Restaurator gefragt sein.

Je nach Bundesland oder auch Förderkriterien können akademische Restauratoren für bestimmte Aufgaben vorausgesetzt sein, um so die Qualität zu sichern. Denn in den meisten Bundesländern ist der Begriff „Restaurator" keine geschützte Berufsbezeichnung, sodass die Qualifikation nicht allein an dem Begriff festgemacht werden kann.

Leistungen von qualifizierten Restauratoren umfassen Voruntersuchungen wie Farbbefunde oder Schadensgutachten, Beratung bei und Durchführung von Konservierungs- und Restaurierungsarbeiten bis hin zum (akademischen) Restaurierungsbericht zwecks Dokumentation aller Erkenntnisse und durchgeführten Maßnahmen am Objekt (Abb. 3.10). Welche Methoden angewendet werden, hängt vom zu bearbeitenden Gegenstand, der spezifischen Ausgangssituation und dem Restaurierungsziel ab. Bei der Beauftragung freiberuflicher Restauratoren und anderen Berufsgruppen wie Architekten oder Gutachtern kommt vor, dass die Vergabe der Voruntersuchungen und die Leistungsbeschreibung von der Vergabe der Ausführung getrennt werden. Da der Gutachter sich dann nicht auf die Ausführung der Arbeiten bewerben darf, kann er sich ganz auf die

Abb. 3.10 Restauratoren sollten hinzugezogen werden, um solche Illusionsmalerei, die plastisches Mauerwerk und Fenstergewände vortäuscht, zu untersuchen. Das ist auch bei künstlerisch gestalteten Architekturteilen oder Ausstattung ratsam, um geeignete Methoden zur Erhaltung, Reinigung und Ergänzung nach Befund festzulegen. Sie können auch bei anderen Architekturoberflächen beraten

optimale Beurteilung der Sache konzentrieren, ohne die Spezialkenntnisse oder Beschränkungen seines eigenen Betriebs zu berücksichtigen.

3.12 Städtebauliche Denkmalpflege

Ähnlich der Unterscheidung zwischen Denkmalpflege und Denkmalschutz kann man unterscheiden zwischen Städtebau als Oberbegriff mit städtebaulichen Entwürfen und gestalterischer, körperlich-materieller Umsetzung einerseits sowie andererseits Stadtplanung als vorwiegend administratives Verwaltungshandeln einschließlich Bauleitplanung. Städtebauliche Denkmalpflege wirkt an beiden Teilaspekten mit.[19] Städtebaulicher Denkmalschutz[20] und städtebauliche Denkmalpflege werden oft synonym benutzt.

Ist von städtebaulichem Denkmalschutz die Rede, kann es um ein früher betriebenes Förderprogramm gleichen Namens gehen. Oder der formelle Schutz von Denkmalbereichen wie Ensembles, Ortskernen, Dörfern, Siedlungen und Kulturlandschaften per Satzung (nach Denkmalschutzgesetz) soll damit angesprochen werden. Es ist zwischen dem landesrechtlichen Denkmalschutz (Denkmalschutzgesetz des Bundeslandes) und dem städtebaulichen Denkmalschutz mit bodenrechtlichem Bezug (Baugesetzbuch) zu unterscheiden. Das „Handbuch Städtebaulicher Denkmalschutz" behandelt planungsrechtliche Schwerpunkte.[21]

Laut dem „Handbuch Städtebauliche Denkmalpflege" der Vereinigung der Denkmalfachämter in den Ländern verweist die städtebauliche Denkmalpflege *„auf einen spezifischen Schutzgegenstand, die objektübergreifende geschichtliche Überlieferung in Form vom Städten, ländlichen Siedlungen und Kulturlandschaft, zum anderen auf einen bestimmten methodischen Arbeitsansatz, die Darstellung und Vertretung denkmal-*

pflegerischer Belange als langfristige Vorsorge in räumlichen, insbesondere städtebaulichen Planungsprozessen".[22]

Unter den Denkmalkriterien der meisten Denkmalschutzgesetze finden sich auch städtebauliche Erhaltungsgründe[23] aufgeführt, nach denen das Denkmal oder Denkmalbereich in seinem Kontext eine historische städtebauliche Stadtstruktur anschaulich macht, aus der es nicht schadlos herausgelöst werden kann. Städtebauliche Erhaltungsgründe stehen in engem Zusammenhang mit der Wechselwirkung des Denkmals mit seiner Umgebung und liefern daher starke Argumente für den Umgebungsschutz (Abb. 3.11).

Im Alltag der praktischen Denkmalpflege der Unteren Denkmalschutzbehörde im Vordergrund stehen Genehmigungsverfahren an einzelnen Denkmälern, die in einen städtebaulichen Kontext eingebunden sind, oder an Bauten in der engeren Umgebung der Denkmäler, oder an Bauten im Zusammenhang eines Denkmalbereichs.

Das zweite Aufgabenfeld betrifft die Rolle als Träger öffentlicher Belange in Bauleitplanverfahren, in Rahmenplänen oder anderen informellen kommunalen oder regionalen Planungsvorhaben, oder bei raumwirksamen Planfeststellungsverfahren, da die Belange des Denkmalschutzes und der Denkmalpflege bei öffentlichen Planungen angemessen berücksichtigt werden müssen.

Wird für die Bauleitplanung eine Umweltverträglichkeitsprüfung (UVP) nach dem Gesetz über die Umweltverträglichkeitsprüfung (UVPG) durchgeführt, werden unter anderem Kulturgüter abgefragt und wie sie in dem Planungsvorhaben zu berücksichtigen sind. Hierzu haben exemplarisch der Landschaftsverband Rheinland und der Rheinische Verein 2014 die Handreichung „Kulturgüter in der Planung. Handreichung zur Berücksichtigung des Kulturellen Erbes bei Umweltprüfungen" veröffentlicht. Die VdL hat ein Arbeitspapier zur Prüfung von Bauleitplänen herausgegeben.

Denkmalpflegepläne beziehen sich auf das gesamte Stadtgebiet oder Teile davon, um die Erfassung, Untersuchung oder Unterschutzstellung und Erarbeitung von Satzungen für denkmalwerte historische Gebiete und Einzelobjekte als Denkmäler oder erhaltenswerte Bausubstanz strategisch zu steuern. Der Gemeinderat kann formell beschließen,

Abb. 3.11 Was sind die erhaltenswerten städtebaulichen Merkmale wie hier in Steinfurt und inwiefern soll bei der Stadtentwicklungsplanung auf die historische Stadtentwicklung und ihre Denkmäler Rücksicht genommen werden?

dass die Verwaltung den Denkmalpflegeplan bei ihren Planungen und Verfahren zu berücksichtigen hat.

Andere Ansätze, denkmalpflegerische Belange einzubringen, sind integrierte Stadt- und Quartiersentwicklungskonzepte, oder auch Bebauungspläne zur planmäßigen Weiterentwicklung historischer Quartiere. Berührt werden auch Aspekte der Gartendenkmalpflege und der Kulturlandschaftspflege, wenn die Denkmalpfleger der Gemeinden und Landschaftsverbände an Landschaftsplänen und Regionalplänen mitwirken. Bei diesen Planvorhaben kann die Denkmalpflege an der Stadt- und Regionalentwicklung mitwirken. Sie kann über die eher reagierenden Erlaubnisverfahren hinaus proaktiv die historischen Qualitäten als Faktoren für die Stadtentwicklungsplanung einbringen oder anstoßen. Damit können Lösungen für aktuelle Fragen aufgezeigt werden. Darunter fällt beispielsweise die Frage, wie Maßnahmen für den Klimaschutz denkmalgerecht in die energetische Quartiersentwicklung integriert werden können.

Es geht nicht nur um die historische (vergangene) Entwicklung der Siedlung, des Stadtteils oder der Stadt, sondern um eine proaktive Stadtentwicklung mit Denkmalschutz, um die Stadt, Gemeinde und Viertel mit den Denkmälern so weiterzuentwickeln, dass Neubauten und Bestand miteinander funktionieren, die Denkmäler nicht aufgegeben werden, sondern als Standortqualität bewahrt werden.

Denkmalpflegepläne und quartiersbezogene Fibeln und Pflegekonzepte, welche die Qualitäten und erhaltenswerte Einzigartigkeit der Quartiere vermitteln und für aktuelle gesellschaftliche Themen wie Klimaschutz und Verkehrswende denkmalgerechte Lösungen aufzeigen, bieten Ansätze, zumindest dem interessierten Publikum eine denkmalpflegerisch positive Quartiersentwicklung als Projekt und langfristiges Ziel nahe zu bringen, wofür man gemeinsam arbeiten kann.

Grundlagen für Denkmalpflegepläne sowie für Unterschutzstellungen von Denkmälern und Denkmalbereichen, zur Verortung der Denkmäler in der Baugeschichte des Ortes und zur geschichtswissenschaftlichen Einordnung der Denkmäler in ihr (noch erhaltenes) städtebauliches Umfeld ergeben sich aus Methoden wie der historischen Ortsanalyse, die besonders in Baden-Württemberg etabliert ist. Den Austausch von Anregungen und Erfahrungen fördern Tagungen oder Arbeitsgruppen zu historischen Stadt- und Ortskernen.

Anmerkungen

1. DNK 2002. – DNK 2007, S. 175–178: Charta von Lausanne. – Kiesow 1982, S. 171–172 – Krause 2011, S. 54–55, 197, 309–310: Bodenaltertümer, Bodendenkmal, Bodendenkmallandschaft, Bodenmodellierung, Kellerkataster, Stadtkernforschung. – Ollenik/Heimeshoff 2005, S. 123–133. – Schmidt 2008, S. 110–121. – Wirth 2016, S. 7.

2. Bruschke 2016. – Busen et al. 2017. – Cramer 1984. –Eckstein/Gromer 1986. – Großmann 2010. – Gruben 2007. – Hubel 2006, S. 214–239. – Kiesow 1982,

S. 169–170: V. a. Geschichte der Denkmalerfassung. – Leitfaden zur Dokumentation und bauhistorischen Untersuchung von Baudenkmälern. Fachliche Anforderungen (hrsg. vom LVR-Amt für Denkmalpflege im Rheinland), Pulheim-Brauweiler 2020. – Petzet/Mader 1993, S. 145–209. – Pufke 2017. – Thomas 1998, S. 43–87: Sanierungsuntersuchungen und Bauforschung, Raumbuch, Bauaufmaß als Architektenleistungen und Befunde als Konzeptgrundlage. – Wirth 2016, S. 9, 11.

3. Horn 2020.

4. Hennebo 1985. – Böhme/Preisler-Holl 1996. – Modrow et al. 2000. – Rolka/Volkmann 2022. – DNK 2007, S. 129–131. – Hubel 2006, S. 172–186. – Krause 2011, S. 152–153, 263–264. – Martin/Krautzberger 2006, S. 149–153, 288–314. – Schmidt 2008, S. 93–96. – Wirth 2016, S. 30–31.

5. Das Bundesnaturschutzgesetz wird durch Naturschutzgesetze ergänzt und konkretisiert.

6. Hubel 2006, S. 138–186, 195–198. – Kiesow 1982, S. 166–169. – Martin/Krautzberger 2006, S. 130–183. – Inv. wird manchmal mit Denkmalkunde gleichgesetzt, z. B. in Schmidt 2008, S. 142. – Thomas 1998, S. 28–42.

7. In vielen Bundesländern führt das Fachamt bzw. Landesamt für Denkmalpflege die Denkmalliste. In NRW führen die Gemeinden die Liste der Bau-, Garten- und beweglichen Denkmäler (und Denkmalbereiche), die per Verwaltungsakt eingetragen werden. Die Fachämter führen in NRW die nachrichtliche Liste der Bodendenkmäler. Sind Land oder Bund Eigentümer oder Nutzer des Denkmals, ist die Bezirksregierung Träger des Eintragungsverfahrens, aber die Untere Denkmalschutzbehörde vollzieht die Eintragung in die Liste (Denkmalausweisung).

8. Neben der Denkmalliste sollten auch die Ergebnisse negativer Denkmalwertprüfungen gelistet und dokumentiert sowie eine Liste denkmalverdächtiger Objekte angelegt werden, die bei Gelegenheit geprüft werden sollten.

9. Hubel 2006, S. 186–213. – Krause 2011, S. 183–185, 322–324. – Martin/Krautzberger 2006, S. 153–156. – Schmidt 2008, S. 96–102. – Thüringisches Landesamt für Denkmalpflege 2003. – VdL 2008. – VdL 2016a.

10. Geologen können auch – z. B. in der Wasser- oder Naturschutzbehörde – ganz andere Fragen wie die Eignung von Erdwärmepumpen in einem Gebiet beantworten, um bei der Integration erneuerbarer Energien in historische Quartiere zu beraten.

11. Noldt/Michels 2007.

12. Informationen über verschiedene Aspekte der Denkmalvermittlung finden sich z. B. In: LWL 2018.

13. Mandel, Birgit: Zwischen Schutz, Inwertsetzung und partizipativer Neuverhandlung: Ziele und Qualitäten in der Denkmalvermittlung, https://www.kubi-online.de/index.php/artikel/zwischen-schutz-inwertsetzung-partizipativer-neuverhandlung-ziele-qualitaeten, zuletzt besucht am 30.03.2023.

14. Oder wenn sie bei Führungen über die Verwaltung herziehen (hat der Verf. bislang v. a. als Tourist oder als unbekanntes Gesicht, neu in der Stadt erlebt).

15. An Laien und Kinder gerichtet hat der LVR das Buch „Denkmalpflege im Rheinland. Wie geht das?" (LVR-ADR 2020).
16. Pufke 2015.
17. Beispiele für allgemeine Arbeitshilfen: Bundesdenkmalamt Österreich 2015. - Freie Hansestadt Hamburg (Hrsg.): Praxishilfe Denkmalpflege. Zum Umgang mit Hamburgs Baudenkmälern, Hamburg 2022 (Broschüre online abrufbar unter: https://www.hamburg.de/contentblob/4149164/11cdbe4e7d50e219a41d6ce269a9f961/data/praxishilfe-denkmalpflege.pdf, zuletzt besucht am 17.03.2023).
18. Hubel 2006, S. 240–272. – Pufke 2016. – Pufke 2018a.
19. Davydov et al. 2018, S. 47–75 – Hubel 2006, S. 167–186. – Kiesow 1982, S. 78–101. – Krause 2011, S. 304–313. – Martin/Krautzberger 2006, S. 447–465. – Pufke 2016a. – Rabeling 2012. – Schmidt 2008, S. 102–110. – VdL 1995. – VdL 2019. – Siehe auch Kapitel über Bauleitplanung und Städtebaurecht.
20. Schulte 2019, S. 83–85.
21. Hönes 2015: Erläutert ausführlich die rechtlichen Rahmenbedingungen, insbesondere nach Baugesetzbuch, Naturschutzgesetz und Raumordnungsgesetz.
22. VdL 2019, S. 466–467: Das Handbuch enthält Aufsätze zur Methodik und einen Lexikon-Teil, der auch in anderen denkmalpflegerischen Zusammenhängen hilfreich ist und der das Lexikon Denkmalschutz + Denkmalpflege (Krause 2011) sowie Hönes 2015 ergänzt.
23. Im Hamburgischen Denkmalschutzgesetz z. B. die *„charakteristischen Eigenheiten des Stadtbildes"*.

Denkmalschutz   4

Zusammenfassung

Die Erläuterung des Denkmalschutzes klärt über grundlegende Behördenstrukturen sowie über die Rechte und Pflichten sowohl der Behörden als auch der Eigentümer auf. Die Verpflichtung zur Erhaltung von Denkmälern unterliegt erstens Grenzen, kann zweitens bei Missachtung geahndet werden. Und drittens ist über die steuerliche Begünstigung quasi eine Aufwandsentschädigung möglich. Gerichte haben geklärt, dass Denkmalschutz keine Enteignung darstellt. Ein solcher Verwaltungsakt ist aber gesetzmäßig möglich. In den meisten Bundesländern gibt es eine Zweiteilung der Aufgaben: Die Unteren Denkmalschutzbehörden sind für den Vollzug des Denkmalschutzgesetzes zuständig, also für die Verwaltungsverfahren, die Beurteilung der dabei behandelten Einzelfälle und für die Beratung der Eigentümer. Die Denkmalpflegefachämter daneben tragen nicht nur mit Spezialwissen zu Verwaltungsverfahren bei, sondern erarbeiten durch anwendungsbezogene Forschung und mit der landesweiten Perspektive denkmalfachliche Arbeitsgrundlagen und Vergleichsbeispiele für alle Beteiligten. Die Fachämter erzeugen, sammeln und verbreiten Wissen, damit die Behörden es vor Ort auf den Einzelfall anwenden können.

4.1 Behördenstruktur und Zusammenarbeit

Die **Behördenstrukturen** in den Bundesländern unterscheiden sich. In den meisten Bundesländern gibt es einerseits die Denkmal(schutz)behörden und andererseits die Denkmal(pflege)fachämter.[1] Die Fachämter (Fachbehörden) heißen meist Landesämter für Denkmalpflege und sind einem Ministerium nachgeordnet. Je nach Bundesland fungiert das Landesamt für Denkmalpflege als Obere Denkmalschutzbehörde innerhalb der Behördenhierarchie, oder das Landesamt steht als beratende Institu-

M. Wild, *Denkmalschutz-Kompendium,* https://doi.org/10.1007/978-3-658-42828-0_4

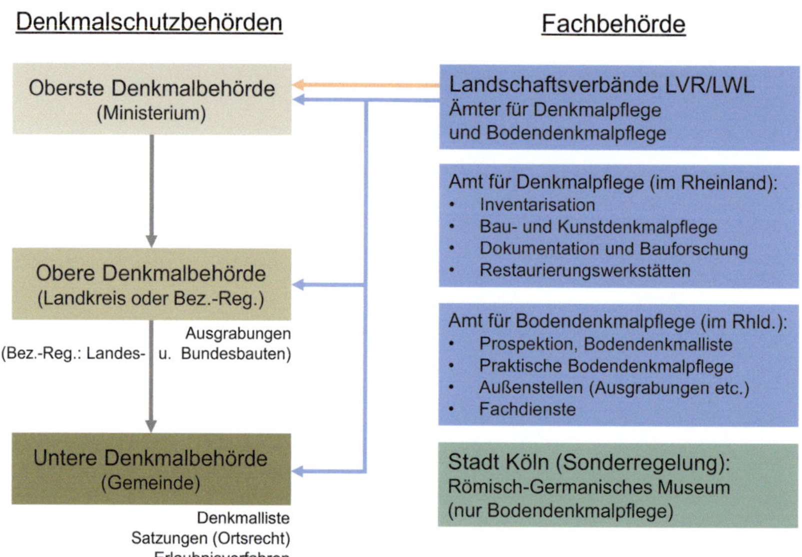

Abb. 4.1 Behördenstruktur am Beispiel Nordrhein-Westfalen, wo die Fachämter zu den Landschaftsverbänden gehören. Die Abbildung zeigt beispielhaft die LVR-Ämter für Bodendenkmalpflege und Denkmalpflege als Fachämter zur fachlichen Beratung der drei Ebenen von Denkmal(schutz)behörden. Für den alltäglichen Gesetzesvollzug sind die Unteren Denkmalbehörden der Gemeinden zuständig. Die übergeordneten Denkmalbehörden beraten rechtlich und üben die Rechtsaufsicht aus. Bei einem Dissens zwischen Fachamt und Denkmalbehörde kann das Fachamt die Oberste Denkmalbehörde zur Entscheidung anrufen (gelber Pfeil). Das Römisch-Germanische Museum in Köln nimmt eine Sonderrolle für das Stadtgebiet von Köln ein

tion neben der Behördenhierarchie aus Unterer, Oberer und Oberster Denkmalschutzbehörde (Abb. 4.1). In Nordrhein-Westfalen besteht die besondere Konstellation, dass die Denkmalfachämter den Landschaftsverbänden angehören, was auf die historischen preußischen Provinzen zurückgeht. Das Land Bremen hat eine Sonderregelung für Bremerhaven. In wenigen Bundesländern sind die Untere Denkmalschutzbehörde und das Fachamt identisch.

Das Denkmalschutzgesetz regelt die Aufgabenverteilung. Das Zusammenwirken der Denkmalschutzbehörden und der beratenden Fachämter im Vier-Augen-Prinzip dient dazu, Fehler im Umgang mit wertvollen Kulturgütern zu vermeiden, und strebt eine landesweit ähnliche Qualität der Denkmalpflege in den Gemeinden an.

Die **Denkmalschutzbehörden sind für den Vollzug des Gesetzes zuständig** – vollziehen auf der Grundlage ihrer Sachverhaltsermittlung die Verwaltungsakte, gegen die vor dem Verwaltungsgericht geklagt werden kann – und gelten als Ordnungsbehörden, weil sie Gefahren von den Denkmälern abwehren und Ordnungswidrigkeiten ahnden können. Die Oberen Denkmalschutzbehörden beaufsichtigen und beraten die Unteren, um rechtsstaatliches Handeln sicherzustellen.[2] Sowohl die Denkmalpflegefachämter als auch die Denkmalschutzbehörden betreiben Denkmalpflege.

Die **Untere Denkmalschutzbehörde** ist je nach Bundesland dem Landkreis und den kreisfreien Städten oder den Gemeinden mit eigener Bauaufsichtsbehörde zugeteilt. In Nordrhein-Westfalen übernimmt grundsätzlich die Gemeinde, also die kreisangehörige Gemeinde, kreisangehörige Stadt oder die kreisfreie Stadt – unabhängig davon wie viele Einwohner sie hat, wie viele Denkmäler es dort gibt und wie viel und wie einschlägig ausgebildetes Personal sie hat – die Funktion der Unteren Denkmal(schutz)behörde.[3] Die Denkmalschutzbehörden tragen die Verantwortung für die rechtlich und fachlich korrekte Umsetzung des Denkmalschutzes in ihrem räumlichen Zuständigkeitsgebiet (Gemeinde, Kreis, Regierungsbezirk, Land).

Organisatorische Sonderfälle betreffen je nach Denkmalschutzgesetz die Denkmäler, **deren Eigentümer oder Nutzer das Land oder der Bund** sind, denn hier entscheidet beispielsweise in NRW der Regierungspräsident, in dessen Regierungsbezirk das Denkmal liegt, anstelle der normalerweise zuständigen Gemeinde.

Denkmalrechtliche Entscheidungen treffen in erster Linie die Unteren Denkmalschutzbehörden, weil sie das Gesetz vollziehen. Das betrifft insbesondere die Genehmigungen zur Änderung von sowohl Baudenkmälern als auch Bodendenkmälern, ordnungsbehördliches Einschreiten und steuerliche Bescheinigungen. Die Denkmalliste wird, je nach Bundesland, vom Fachamt oder von der örtlich zuständigen Denkmalschutzbehörde geführt.

Die **Denkmalpflegefachämter** sind für die gutachterlich-fachliche, wissenschaftliche und methodische Beratung der Denkmalschutzbehörden und für denkmalpflegerische Spezialaufgaben zuständig. Bei öffentlichen Planungen wirken die Fachämter als Träger öffentlicher Belange mit und bei Gerichtsverfahren können die Fachämter als Sachverständige beigeladen werden. Zu ihren Aufgaben gehört insbesondere die wissenschaftliche Erforschung der Denkmäler jenseits der formellen rechtlichen Verfahren. Die Forschung und wissenschaftliche Dokumentation kann sowohl einzelne Objekte (z. B. Untersuchungen an einer einzelnen Wandmalerei) als auch größere Themenkomplexe (gute Lösungen für Barrierefreiheit oder erneuerbare Energien an Baudenkmälern) behandeln. Daraus können die Fachämter geschichtswissenschaftliche, technische und methodische Erkenntnisse gewinnen, um sie durch Veröffentlichung allen Denkmalschutzbehörden und sonstigen Interessierten zu vermitteln, die das neue Wissen für ihre Einzelfälle adaptieren können.

Das **Fachamt berät die Denkmalschutzbehörden fachlich,** also inhaltlich und zur Methode der Sachverhaltsermittlung, zur Vorgehensweise, zu aussichtsreichen Quellen und Literatur, zu deren Auswertung, zu Vergleichsbeispielen, auch zur Ausarbeitung eines Eintragungstexts für die Denkmalliste, zu Auflagen, zu zweckmäßigen Anlagen zum Eintragungstext oder Stellungnahmen, zur Vorbereitung der formellen Beteiligung des Fachamtes. Die Beratung kann auf den Einzelfall und Projekte der Denkmalschutzbehörde bezogen sein. Rat geben aber auch die Publikationen des Fachamtes. Beratung zu Rechtsfragen[4] und zum Gesetzesvollzug leisten die Oberste und die Oberen

Denkmalschutzbehörden, wenn diese die Rechtsaufsicht im Denkmalschutz ausüben. Darüber hinaus steht den Denkmalschutzbehörden offen, sich formlos und anlassbezogen oder im Rahmen von Veranstaltungen gegenseitig zu beraten und Erfahrungen auszutauschen.

Die **Unteren Denkmalschutzbehörden** besitzen Ortskenntnis durch ihren räumlich begrenzten Zuständigkeitsbereich, und sie sind Generalisten in Denkmalschutz und Denkmalpflege, weil sie das Gesetz und denkmalpflegerische Methoden auf alle erdenklichen Denkmäler und Planungsvorhaben im Zuständigkeitsbereich anwenden[5]. Die Fachämter tragen mit ihrem räumlich größeren Zuständigkeitsbereich im Bundesland einen überörtlichen Erfahrungshorizont bei und unterstützen mit den Spezialkenntnissen ihrer Fachabteilungen die Denkmalschutzbehörden bei deren Sachverhaltsermittlung und Entscheidung. Wie die Zusammenarbeit im Detail gestaltet werden kann und wie die Fachämter sinnvoll beteiligt werden können, haben die Kapitel zu den Spezialgebieten angerissen und werden die Kapitel zu den Verfahren näher erläutern.

4.2 Betretungsrecht und öffentliche Zugänglichkeit

Denkmalschutzbehörden als Ordnungsbehörden und die Fachämter haben das Recht, Grundstücke und Wohnungen zu betreten (Abb. 4.2), soweit das für sie erforderlich ist, um ihre Dienstaufgaben zu erfüllen[6]: Denkmäler feststellen und erforschen, Bodendenkmäler sichern, bergen oder ausgraben, Eigentümer und Bauleute beraten, einer Änderungsabsicht entgegenstehende Belange des Denkmalschutzes klären, Bauzustand bzw. Baufortschritt besichtigen, durchgeführte Maßnahmen abnehmen, Gefährdungen und Ordnungswidrigkeiten feststellen, abwehren und ahnden, illegale Baustellen stilllegen und wieder öffnen.

Bei Gotteshäusern können die Denkmalschutzbehörden besonderen Einschränkungen unterliegen. Wohnungen unterliegen einer herausgehobenen Rücksichtnahme

Abb. 4.2 Öffentlicher Straßenraum, eingefriedete Vorgärten vor und Wohnungen in Häusern. Unter welchen Umständen die Denkmalschutzbehörde mit oder ohne Ankündigung wie weit gehen darf, regelt das Denkmalschutzgesetz

(Unverletzlichkeit der Wohnung) und dürfen ohne das Einverständnis der Betroffenen beispielsweise in Rheinland-Pfalz und Nordrhein-Westfalen nur betreten werden, wenn Gefahr im Verzug ist. Die Formulierungen unterscheiden sich in den Ländergesetzen. Artikel 16 des Bayerischen Denkmalschutzgesetzes formuliert ausdrücklich die Ermächtigung der Denkmalschutzbehörden und des Landesamtes für Denkmalpflege, *„im Vollzug dieses Gesetzes Grundstücke auch gegen den Willen der Betroffenen zu betreten"*, soweit das für die Erhaltung der Denkmäler erforderlich ist.

Das Betretungsrecht der Denkmalschutzbehörden und Fachämter gilt nicht für Privatpersonen, auch wenn Baudenkmäler im Rahmen des Möglichen und Zumutbaren der Öffentlichkeit zugänglich gemacht werden sollen. Ehrenamtliche Denkmalpfleger können von der Denkmalschutzbehörde und mit dem Einverständnis der Eigentümer mitgenommen werden, haben aber aus der bloßen Ernennung zum ehrenamtlichen Beauftragten kein automatisches Betretungsrecht und keine ordnungsbehördlichen Kompetenzen. Im Wesentlichen entscheidet der Eigentümer oder Nutzer, was für ihn zumutbar ist (Artikel 2, 13, 14 Grundgesetz). Die Zumutbarkeit hängt zudem von der Eigenart des Denkmals ab.

Auch Diebstahlgelegenheiten und andere Gefährdungen durch Fremde können Faktoren sein, um die öffentliche Zugänglichkeit einzuschränken. Auf den letztgenannten Faktor sollten auch Denkmaleigentümer hingewiesen werden, die ihr Denkmal bereitwillig (zu Veranstaltungen) der Öffentlichkeit zugänglich machen, denn auch solche Gelegenheit macht Diebe.

4.3   Erhaltungspflicht und Zumutbarkeit

Die Denkmalschutzgesetze[7] formulieren die Erhaltungspflicht, wonach Eigentümer und sonstige Nutzungsberechtigte (wie Erbbauberechtigte, Mieter usw.) z. B. ihre Baudenkmäler im Rahmen des Zumutbaren[8] denkmalgerecht zu erhalten, instand zu setzen, sachgemäß zu behandeln, vor Gefährdung zu schützen und auf erhaltende Weise zu nutzen haben. Bei Pflichtverletzungen kann die Untere Denkmalschutzbehörde die Eigentümer bzw. Nutzungsberechtigten anhören und nötigenfalls unter Zwangsgeldandrohung Erhaltungsmaßnahmen anordnen und Bußgelder verhängen. Die angeordneten Erhaltungsmaßnahmen müssen verhältnismäßig sein.

Zu den Erhaltungsmaßnahmen und zur sachgemäßen Behandlung zählen Wartungs- und Pflegemaßnahmen, Bauunterhalt, Gartenpflege und Baumschnitt, ebenso Reparaturen. Mängel sind zu beheben, Gefahren zu beseitigen und Gefahren vorzubeugen, Baustellen gegen Vandalismus abzusichern und absehbare Brandursachen zu beheben. Die Begriffe Konservierung, Instandhaltung, Instandsetzung sowie weitergehende Methoden wie Restaurierung und Sanierung werden im Kapitel zur Denkmalpflege erläutert. Bauliche Maßnahmen einschließlich bauliche Pflegemaßnahmen wie neue Anstriche setzen die Genehmigung der Unteren Denkmalschutzbehörde voraus (siehe: Genehmigungsverfahren).

Abb. 4.3 Zollkran in Trier: technisches Denkmal, Baudenkmal. Eigentümer müssen Denkmäler erhalten, soweit es ihnen zumutbar ist. Öffentliche Eigentümer sollten Privatleuten bei der Erhaltung von Kulturgut ein Vorbild sein

Vorhandene historische bauliche Anlagen und Bauteile zu erhalten und zu reparieren, bedeutet nicht, einen denkmalfachlichen Idealzustand herzustellen, sondern den (mehr oder weniger umfangreich) gegebenen Idealzustand (die Zeugniskraft des Denkmals) durch die Erhaltung der historischen Bauteile und Gestaltung zu bewahren (Abb. 4.3).

Die Erhaltungspflicht bezieht sich nach der Rechtsprechung in Nordrhein-Westfalen auf die denkmalkonstituierende Bausubstanz, die zum Zeitpunkt der Unterschutzstellung da war. Die Wiederherstellung eines denkmalgerechten Zustands, der zum Zeitpunkt der Unterschutzstellung nicht mehr bestanden hatte, kann (in NRW) nicht verlangt werden, da die Verbesserung des Baudenkmals über die Erhaltung hinaus nicht zu den Pflichten des Eigentümers gehört.[9]

Dass die Erhaltung der *„originalen Substanz des Denkmals im Vordergrund"* steht und unter die Erhaltungspflicht des Eigentümers fällt, bekräftigte das OVG NRW konsequent in einem Urteil im Jahr 2021[10]: *„Handelt es sich bei dem Denkmal um ein Baudenkmal, bezieht sich die Pflicht zur Erhaltung grundsätzlich auf die Substanz aller originalen Bauteile."* Die Ersatzbauteile bei einer Erneuerung haben selbst keinen Denkmalwert und das Erscheinungsbild droht eventuell bei der Erneuerung deutlich herabgesetzt werden, wenn etwa die neuen Bauteile klobiger gearbeitet wären und nicht die historische Feinheit tradierten. Dass bei einer Reparatur mit dem Austausch schadhafter Teile, wie das OVG NRW in demselben Urteil weiter ausführt, *„auch bis zu einem bestimmten Maß Verluste der originalen Substanz zu akzeptieren wären"* ließe die Identität der Bauteile und des Denkmals grundsätzlich unberührt. Daher bleibt die Bausubstanz, selbst wenn ein historisches Bauteil bei seiner Reparatur teilweise verändert wurde, grundsätzlich schützenswert.

Die denkmalrechtliche Erhaltungspflicht, das Gebot der erhaltenden Nutzung und der Genehmigungsvorbehalt schränken die Eigentumsfreiheit aus Artikel 14 des Grundgesetzes ein, nach der die Eigentümer das Recht hätten, mit ihrem Eigentum zu verfahren, wie sie möchten, solange der Gebrauch des Eigentums auch dem Gemeinwohl dient. Eine wichtige Gemeinwohlaufgabe zur Erhaltung des kulturellen Erbes und von Lebensqualität ist der Denkmalschutz. Daher müssen die Interessen der Eigentümer und der Allgemeinheit in einen gerechten Ausgleich gebracht werden, der dann nicht mehr gegeben wäre, wenn dem Eigentümer die Privatnützigkeit, das meint die rentable Nutzung seines Eigentums verwehrt würde. Soll ein rentables Denkmal nur zur Wertsteigerung umgebaut werden, überwiegen die Belange des Denkmalschutzes Belange des Eigentümers, die zu einer Beeinträchtigung der Denkmaleigenschaft führen würden. Erfordert die zeitgemäße, wirtschaftliche Nutzung aber nachweislich Änderungen am Denkmal, werden die Änderungen erlaubt werden müssen. Dem Eigentümer notwendige Änderungen zu verwehren, wäre unverhältnismäßig (übermäßig belastend, unzumutbar). Im Genehmigungsverfahren müssen die Interessen des Eigentümers zur Änderung des Denkmals angemessen berücksichtigt werden. Die Privatnützigkeit begründet jedoch keinen Anspruch darauf, das Denkmal möglichst rentabel oder in einer Weise zu verändern oder zu nutzen, die früher oder später zum Verlust der Denkmaleigenschaft führen würde.[11] Wie in einigen anderen Kapiteln erwähnt, gilt es, die modernen Anforderungen auf eine Weise zu erfüllen, in der auch der Zeugniswert erhalten bleibt.

Wird beispielsweise ein Denkmal vermietet oder soll vermietet werden, zeigt jedoch einen schlechten Zustand und müsste mit hohem Aufwand instandgesetzt und modernisiert werden, um es einer zeitgemäßen, sinnvollen und wirtschaftlichen/rentablen Nutzung zuzuführen, sind aber die zu erwartenden Mieteinnahmen so gering, dass das Denkmal auf absehbare Zeit[12] keinen Überschuss erwirtschaften, sondern durch Gelder aus dem Vermögen des Bauherrn abbezahlt und instandgehalten werden müsste, ist von einer Unzumutbarkeit auszugehen. Der Eigentümer soll sein Vermögen zum Wohl der Allgemeinheit einsetzen, aber nicht aufopfern. Er darf nicht gezwungen sein, dauerhaft defizitär zu wirtschaften. Zugriff auf das Privatvermögen kann gerechtfertigt sein, wenn der Käufer sehenden Auges das Denkmal gekauft hat, oder wenn der Kaufpreis deutlich unter Marktwert lag. *„Bei einer objektiv-objektbezogenen Betrachtung müssen die Kosten der Erhaltungsmaßnahmen – unter Berücksichtigung etwaiger Zuwendungen aus öffentlichen Mitteln und steuerlicher Vorteile – grundsätzlich in einem angemessenen Verhältnis zu dem tatsächlich realisierbaren Nutzwert des Denkmals stehen“*.[13]

Ein Ausweg kann es im Falle eines ausreichend großen Grundstücks sein, wenn es für den Zeugniswert nicht von erheblicher Bedeutung ist, **Neubauten** darauf zuzulassen, um durch die zusätzliche Investitionsmöglichkeit durch den Bauherrn oder durch **Verkauf** an Dritte die denkmalwerte Substanz wirtschaftlich erhalten zu können. Wenn es Kaufinteressenten für das Denkmal selbst gibt, ist die Möglichkeit anzunehmen, dass ein angeblich unrentables Denkmal zu einem angemessenen Preis veräußert werden könnte. Die unbelegte Behauptung, das Denkmal wäre nicht zu verkaufen, genügt nicht als Argument. Der Eigentümer muss in geeigneter Form – durch eine an Tatsachen orientierte fachliche Stellungnahme – nachweisen, dass er sich ohne Erfolg um die Veräußerung des Denkmals zu einem angemessenen Preis bemüht hat.[14]

Wenn Handwerksbetriebe bei guter Baukonjunktur ausgelastet und nicht auf weitere Aufträge angewiesen sind, nutzen manche die Gelegenheit, sich ihre Arbeit vergolden zu lassen, indem sie ihre Leistung mit sehr hohen Preisen kalkulieren und abwarten, ob die Bauherren trotzdem darauf eingehen, weil den Bauherren die Alternativen fehlen. Für die Erhaltung historischer Bauteile erweist sich das insofern als Problem, da überhöhte Preise den Bauherren schwierig zugemutet werden können und die Suche nach Alternativen einige Zeit kostet, die den Bauzeitenplan durcheinanderwirbelt und wodurch die Zeit auch der Denkmalschutzbehörde bei ihren anderen Aufgaben fehlen wird.

Behauptet der Eigentümer bzw. Antragsteller, die Versagung der Genehmigung für sein Vorhaben oder die Auflagen der Denkmalschutzbehörde dazu seien unwirtschaftlich, muss er das durch eine geeignete Wirtschaftlichkeitsberechnung auf der Grundlage eines denkmalgerechten Gesamtnutzungskonzeptes nachweisen. Dass heutige technische Standards nicht vollumfänglich erreicht würden, dass denkmalgerechte Lösungen im Vergleich zu denkmalwidrigen Lösungen mehr kosten (können), oder dass das Denkmal nur suboptimale Mieteinnahmen erzielen würde, bewirken keine Zwangslage, die pauschal die Unzumutbarkeit begründen würde. Ungeeignet für den Nachweis einer Unzumutbarkeit sind außerdem sowohl Verweise auf gesetzliche Forderungen, von deren Erfüllung bei Denkmälern ausdrücklich abgewichen werden kann, als auch spekulative Beeinträchtigungen oder Nebenwirkungen.[15]

Laut § 7 DSchG NRW (Fassung von 2022) muss die Frage der Zumutbarkeit auch berücksichtigen, inwieweit Zuwendungen aus öffentlichen Mitteln oder steuerliche Vorteile in Anspruch genommen werden können. Eigentümer und sonstige Nutzungsberechtigte können sich nicht auf Belastungen durch erhöhte Erhaltungskosten berufen, die durch widerrechtliche Vernachlässigung der Erhaltungspflicht entstanden sind. Auch wenn die Privatnützigkeit des Denkmals nicht mehr gegeben ist, kann ein Abbruch versagt werden, wenn der Eigentümer den schlechten Zustand des Denkmals herbeigeführt oder einen rentablen Teil des Grundstücks verkauft hat, weil der Eigentümer die mangelnde Rentabilität des Denkmals somit selbst verschuldet hat.[16] Mit solchen Argumenten kann der Eigentümer das Beseitigungsverbot für Denkmäler nur in Ausnahmefällen überwinden.[17]

Wirtschaftlichkeitsberechnungen sind nicht immer der Weisheit letzter Schluss. 2011 regte die Lokalpolitik einer Stadt die Unterschutzstellung einer für die Wirtschaftsgeschichte des Ortes wichtigen Fabrikanlage an. Nach einer Begutachtung durch die Inventarisation des Fachamtes wurde die Fabrikanlage von der Unteren Denkmalschutzbehörde in die Denkmalliste eingetragen. Mehrere Jahre später legten die Eigentümer eine Wirtschaftlichkeitsberechnung vor, wonach die Fabrik nicht wirtschaftlich und denkmalgerecht zu sanieren wäre und erhielten eine Abbruchgenehmigung für drei Viertel der Anlage. 2022 standen alle denkmalgeschützten Fabrikationshallen immer noch und die Konversion zu einem Wohngebiet war mittlerweile durchgeplant. Wie kann das sein? Kurz nach der Abbruchgenehmigung veränderte sich die Wohnungsmarktlage und damit die Faktoren, die der Wirtschaftlichkeitsberechnung zugrunde gelegt worden waren. Die Berechnung war schon wieder veraltet. Stattdessen waren Investoren nun der Auffassung, dass sich die Nutzungsänderung und der denkmalgerechte Umbau der geschützten Fabrikhallen aufgrund der erwarteten Rendite und der steuerlichen Abschreibungen für die Denkmalerhaltung rentieren würde. Da das Rechenmodell und die in kurzen Zeitabständen veränderlichen Faktoren wie Marktlage offenkundig zu wechselnden Ergebnissen führen, war die Wirtschaftlichkeitsberechnung nur eine Momentaufnahme, die sich perspektivisch als unzuverlässig erwies. Bei wirtschaftlich weniger komplexen Denkmälern wie Ein- oder Mehrfamilienhäusern mögen Wirtschaftlichkeitsberechnungen plausibler durchzuführen sein, aber auch da können verschiedene Gutachter zu unterschiedlichen Ergebnissen kommen. Wenn Eigentümer und Denkmalschutzbehörde nicht auf einen Nenner kommen, wird die Wirtschaftlichkeitsberechnung im Genehmigungsverfahren oder vor dem Verwaltungsgericht trotzdem eingesetzt.

Im Alltag wird die Verhältnismäßigkeit eher anhand der offensichtlichen Faktoren wie Schaden, Kosten, denkmalpflegerischer Dringlichkeit und zu erwartendem Ergebnis eingeschätzt: Welche Maßnahmen müssen durchgeführt werden, um das Denkmal, Bauteile des Denkmals und das Erscheinungsbild des Denkmals langfristig zu erhalten? Wie viel kostet das? Bleibt dabei noch so viel historische Bausubstanz übrig, dass sie noch als wesentliches Merkmal des Denkmals gezählt werden kann bzw. immer noch historischen Zeugniswert behält und nicht zum bautechnischen Neubau mutiert? Dazu kann die Frage kommen, ob der Eigentümer den schlechten Zustand durch unterlassene Pflege (Missachtung des Erhaltungsgebots) hat eintreten lassen.

4.4 Ordnungswidrigkeiten und Sanktionen

Ordnungswidriges Verhalten kann ein Einschreiten der Denkmalschutzbehörde veranlassen, die Gefahren von Denkmälern abwenden muss. Sowohl die aktive Schädigung des Denkmals als auch die passive Nichterfüllung der Erhaltungspflicht stellen Ordnungswidrigkeiten dar, auf welche die Denkmalschutzbehörde nach einer Anhörung der Eigentümer oder Nutzungsberechtigten (in ihrem Ermessen[18]) mit einer Erhaltungsanordnung antworten kann, um die Erhaltung des Denkmals zu erzwingen, soweit das den Eigentümern oder Nutzungsberechtigten zumutbar ist. Die Bedingungen und Möglichkeiten für die Sanktionierung von Ordnungswidrigkeiten stehen in den Denkmalschutzgesetzen.

Nach § 25 Denkmalschutzgesetz Nordrhein-Westfalen (Fassung von 2022[19]) kann die Denkmal(schutz)behörde, wenn erlaubnispflichtige Maßnahmen ohne Erlaubnis (Genehmigung) durchgeführt werden, *„die Einstellung der Arbeiten anordnen. Sie kann verlangen, dass der ursprüngliche Zustand, soweit dies noch möglich ist, wiederhergestellt oder das Denkmal auf andere Weise wieder instandgesetzt wird"*. Ziel der Wiederherstellungsanordnung ist die Wiedergutmachung von Schäden und Beeinträchtigungen. Wenn die unzulässigen Arbeiten trotz der von der Denkmalschutzbehörde verfügten Einstellung der Arbeiten fortgesetzt werden, darf die Denkmalschutzbehörde die Baustelle versiegeln oder die für die Ordnungswidrigkeit einsetzbaren Mittel sicherstellen. Sie kann auch Nutzungen untersagen, die öffentlich-rechtlichen Vorschriften widersprechen. Das Denkmalschutzgesetz definiert ordnungswidriges Handeln, welche Bußgelder verhängt werden können, und Verjährungsfristen. In Rheinland-Pfalz gelten beispielsweise auch unrichtige Auskünfte gegenüber der Denkmalschutzbehörde als Ordnungswidrigkeiten.

Verwaltungsgerichte unterscheiden zwischen formell illegalen Maßnahmen, die ohne Genehmigung ausgeführt wurden, und materiell illegalen Maßnahmen, die auch nicht genehmigt werden dürften. Wird eine Ordnungsverfügung rausgeschickt, müssen zuvor die rechtlichen Hintergründe aufgeklärt und mit ausreichender Genauigkeit dargelegt werden, welche Ordnungswidrigkeit festgestellt wurde und warum es sich um eine Ordnungswidrigkeit handelt, das heißt, welche illegale Beeinträchtigung der geschützten Sache eingetreten ist, um die Konsequenzen zu begründen, die wiederum verhältnismäßig sein müssen. Rechtlich wird es darauf ankommen, dass die Denkmalschutzbehörde ihr Ermessen nach § 40 VwVfG dem Zweck und den Grenzen des Ermessens entsprechend ausübt. Dazu muss sie im Falle einer Ordnungsverfügung klären und begründen, aus welchen dokumentierten Umständen heraus und mit welcher Härte sie das Mittel der Ordnungsverfügung wählt und welche Ermessenserwägungen sie hierzu angestellt hat, weil auch dieser – jeder – Verwaltungsakt hinreichend bestimmt und begründet sein muss. Es muss außerdem geklärt werden, ob andere Rechte des Eigentümers (z. B. Meinungsfreiheit bei einem ohne Genehmigung angebrachten Plakat) durch die Ordnungsverfügung verletzt würden. Treffen Denkmalschutzbehörden gesetzmäßig ihre Entscheidungen unter Beteiligung des Fachamtes, muss auch dieses vor dem Verwaltungsakt hinzugezogen werden.

Bei Ordnungsverfahren und zu erwartenden Rechtsstreitigkeiten sollte sich die Denkmalschutzbehörde mit dem Rechtsamt beraten und bei den Ordnungsverfügungen und Anhörungen mit einer routinierten Verwaltungsfachkraft zusammenarbeiten, die solche Verfahren nach dem Verwaltungsverfahrensgesetz korrekt und zeiteffizient abwickeln kann. Mit der denkmalrechtlichen Ordnungswidrigkeit können gleichzeitig auch Verstöße gegen andere Rechtsvorschriften wie der Bauordnung vorliegen. In diesen Fällen ergibt es Sinn, gemeinsam mit dem Bauaufsichtsamt die Ordnungswidrigkeit zu ahnden.

Je nach gesetzlicher Regelung kann die Denkmalschutzbehörde notwendige Instandsetzungsmaßnahmen für den untätigen Eigentümer durchführen lassen und ihm in Rechnung stellen, oder in extremen Fällen den denkmalwidrig handelnden Eigentümer sogar enteignen, wenn die Denkmalschutzbehörde zuvor mit den milderen Ordnungsmaßnahmen einen gesetzmäßigen Umgang mit dem Denkmal nicht hat herbeiführen können. Die rechtlichen Hürden dafür liegen aber hoch, sodass die Enteignung nur eine seltene Ausnahme sein kann.

Um eine Ordnungsverfügung zu begründen, steht die Denkmalschutzbehörde in der Beweispflicht, die Ordnungswidrigkeiten und den Vorzustand nachzuweisen. Bei formell illegalen Maßnahmen können die Täter auf frischer Tat ertappt und die festgestellte Änderung am Denkmal mit Beweisfotos und Protokollen dokumentiert werden. Wird eine ohne Genehmigung ausgeführte Änderung erst nachträglich festgestellt, ist die Denkmalschutzbehörde gut vorbereitet, wenn sie den Vorzustand dokumentiert hat und so darlegen kann, welche Änderungen sie festgestellt hat. Daher helfen Fotodokumentationen im Zuge der Unterschutzstellung und (punktuell) bei erlaubten Maßnahmen, weil die illegale Änderung damit leichter und schneller zu belegen ist, als mit einer Aktenrecherche die schriftlich beschriebenen Zustände, die abgestimmten Maßnahmen und die nicht aktenkundigen Maßnahmen aufklären zu müssen. Ob die Änderungen auch materiell illegal sind, muss die Denkmalschutzbehörde anhand der Schutzgründe überprüfen und kann auf der Grundlage der Dokumentation die Wiederherstellung des Vorzustands fordern.

4.5   Steuerliche Bescheinigung

Baumaßnahmen, die zur Erhaltung oder sinnvollen Nutzung des Denkmals erforderlich sind, können, nachdem die Maßnahmen genehmigt und gemäß Abstimmung mit der Denkmalschutzbehörde ausgeführt wurden, in der Regel steuerlich bescheinigt werden.[20] *„Die Abstimmung beinhaltet keineswegs eine vorweggenommene Entscheidung über das Vorliegen der Tatbestandsvoraussetzungen für eine Steuervergünstigung [...] sondern soll garantieren, dass bei Baumaßnahmen, die mit Steuervergünstigungen subventioniert werden, vor Beginn der Arbeiten ein frühzeitiger Einfluss der Unteren Denkmalbehörde und damit eine denkmalgerechte Ausführung gewährleistet sind".*[21] Dadurch können die Investitionen unter Umständen günstiger steuerlich abgeschrieben werden, als wenn das Haus kein Denkmal wäre. Durch die steuerliche Abschreibung wird die Revitalisierung historischer Anlagen auch für kleine und große Investoren interessant. Dazu reicht der Eigentümer einen Antrag auf steuerliche Bescheinigung bei der zuständigen Behörde ein.

Die steuerliche Bescheinigung lohnt sich vor allem für Selbstnutzer des Denkmals, während Vermieter verschiedene Abschreibungsmöglichkeiten haben, die günstiger sein können als die „Denkmal-AfA" (Abschreibung für Abnutzung). Manche Eigentümer kombinieren die Abschreibungsmöglichkeiten je nach Empfehlung ihres Steuerberaters. Wie viel Eigentümer verdienen und abschreiben können (bzw. die privaten Finanzverhältnisse der Antragsteller) gehen die Denkmalschutzbehörde beim Antrag auf steuerliche Bescheinigung nichts an. Sie hat nicht die Aufgabe zu beraten, welche Abschreibungsmöglichkeiten sich für den Antragsteller am meisten lohnen, oder wie die Bescheinigung steuerrechtlich gut verwertet werden kann. Dafür gibt es Steuerberater.

Zwar dient die „Denkmal-AfA" der wirtschaftlichen oder wirtschaftlich attraktiveren Denkmalerhaltung, ist aber auch immer als Investitionsanreiz zur Wirtschaftsförderung zu verstehen. Wenn nämlich der individuelle Eigentümer Steuern spart, also weniger Geld in die Staatskasse fließen lässt, erhält er indirekte Unterstützung durch alle anderen Steuerzahler dafür, dass er in den Gemeinwohlbelang Denkmalschutz investiert hat. Die bescheinigende Behörde prüft gewissermaßen, welche Maßnahmen am Denkmal dem Gemeinwohl dienen und daher steuerlich begünstigt werden.

Das Einkommensteuergesetz (EStG) und die Einkommensteuerdurchführungsverordnung des Bundes regeln steuerliche Abschreibungen für Denkmäler. Der denkmalrechtliche Rahmen und die Bescheinigungsrichtlinien werden von den Ländern geregelt und unterscheiden sich. In Nordrhein-Westfalen wird die steuerliche Bescheinigung von der Unteren Denkmalschutzbehörde bearbeitet, in Bayern vom Landesamt für Denkmalpflege.[22] Die unten stehenden Erläuterungen müssen daher, wie andere rechtliche Erläuterungen, mit den aktuellen Richtlinien und der Gesetzeslage des Bundeslandes abgeglichen werden.

Was steuerlich bescheinigungsfähig ist, kann schon früh in der Planung oder Projektentwicklung im Hinblick auf das Genehmigungsverfahren besprochen werden. Je konkreter das Projekt wird, desto konkreter kann die bescheinigende Behörde auch etwas zur steuerlichen Bescheinigungsfähigkeit sagen. Bei Unklarheiten oder Grauzonen, etwa bei komplexeren oder sehr großen Projekten wie der Konversion einer historischen Industrieanlage zu einem Wohnquartier, kann es auch zu gemeinsamen Beratungen von Denkmalbehörde, Denkmalpflegefachamt und Oberfinanzdirektion kommen, um zu klären, welche Maßnahmen zur Erhaltung des Denkmals im denkmalfachlichen und im steuerlichen Sinne erforderlich sind und bescheinigt werden können.

Das Oberverwaltungsgericht NRW erläuterte hierzu beispielsweise: *„Die Erhaltung als Baudenkmal setzt voraus, daß es um die Erhaltung der Substanz gerade bezogen auf die Denkmaleigenschaft geht. Dies folgt aus dem Wortlaut, der nicht die bloße Erhaltung des Gebäudes, sondern die Erhaltung gerade als Baudenkmal verlangt. Verstärkt wird diese Anforderung durch das Merkmal der Erforderlichkeit. Die Maßnahmen müssen nicht nur aus denkmalpflegerischer Sicht angemessen oder vertretbar sein, sondern notwendig, um den aus denkmalpflegerischen Gesichtspunkten erstrebenswerten Zustand herzustellen. [...] Erforderlich sind die zur Nutzung des Denkmals eingesetzten Gelder [...] dann, wenn sie aus denkmalpflegerischer Sicht notwendig sind, weil anders eine sinnvolle Nutzung nicht sichergestellt werden kann“.*[23]

Zu den bescheinigungsfähigen Maßnahmen zählen in der Regel notwendige Erhaltungsmaßnahmen am denkmalgeschützten historischen Bestand, z. B. am Wohnhaus die Neueindeckung des Dachs, Reparaturen der Regenrinne, Anstrich der Fassaden, Instandsetzung alter Zimmertüren, Reparaturen des Mauerwerks oder die Erneuerung einer veralteten Heizung. Zwar können Garten- und Parkanlagen Denkmäler sein. Da sich die Steuervorschriften nur auf Gebäude beziehen, können Baumaßnahmen an Gärten und Außenanlagen sowie archäologische Maßnahmen nicht nach derselben Regelung bescheinigt werden, könnten aber nach § 10 g EStG begünstigt sein (Abb. 4.4).[24]

Denkmalpflegerisch erforderliche Planungsleistungen durch Architekten, Bauingenieure, Energieberater, Vermesser, Brandschutz- oder Holzschutzgutachter usw. können auch bescheinigungsfähig sein, wenn sie entsprechend der Bescheinigungsrichtlinie begünstigten Maßnahmen zuzuordnen sind.[25] Dazu zählen auch schon Bestandsaufnahmen vor der Einreichung des Bauantrags oder des Antrags auf denkmalrechtliche Genehmigung, weil zunächst die Ausgangslage geklärt werden muss, um ein Nutzungskonzept zu erstellen, Schäden zu erkennen und denkmalgerechte Lösungen zu finden.

Abb. 4.4 Torgebäude von Haus Bisping bei Rinkerode. Private Bauherren können Baumaßnahmen, die zur Erhaltung und denkmalerhaltenden Nutzung des Denkmals erforderlich sind,
steuerlich geltend machen. Auf Maßnahmen an Gebäuden und Außenanlagen wendet das Finanzamt verschiedene Paragraphen des Einkommensteuergesetzes an

Planungsleistungen, die sowohl bescheinigungsfähige als auch nicht bescheinigungsfähige Maßnahmen beinhalten, werden anteilig nach den bescheinigungsfähigen Bau-
kosten oder exakt anhand einer differenzierten Honorarrechnung bescheinigt. Auch solche vorbereitenden Maßnahmen sollten früh mit der Denkmalschutzbehörde abgestimmt
werden.

Außerdem können Maßnahmen bescheinigungsfähig sein, die zwar allein unter
denkmalpflegerischen Gesichtspunkten eigentlich nicht das Kriterium der Erforderlichkeit erfüllen, die aber zwingend umgesetzt werden müssen, um andere gesetzliche
Bestimmungen zu erfüllen.[26] Typische Fälle ergeben sich aus Brandschutzmaßnahmen
wie der Sicherstellung des zweiten Rettungswegs. Ohne den Rettungsweg würde die
Nutzung des Denkmals und infolgedessen seine Erhaltung infrage gestellt. Dadurch
kann eine denkmalpflegerisch eigentlich nicht erwünschte (aber unter Umständen genehmigungsfähige) Änderung, deren Eingriffe auf das nötigste begrenzt werden, auch
noch steuerlich bescheinigungsfähig sein.

Genehmigung und steuerliche Bescheinigung sind zwei unterschiedliche Verfahren
und nicht alle genehmigungsfähigen Maßnahmen sind automatisch auch steuerlich bescheinigungsfähig. Wenn nachträgliche Balkone am Denkmal errichtet werden sollen,
kann die Maßnahme vielleicht genehmigt werden, aber weder die Balkone, noch die
Herstellung einer Türöffnung oder der Abbruch der Fensterbrüstung müssen für die Nutzung unbedingt hergestellt werden und tragen auch nicht zum Fortbestand der Denkmaleigenschaft bei. Sie würden also nicht bescheinigt.

Nicht bescheinigungsfähig sind Baumaßnahmen, die ohne Genehmigung ausgeführt
wurden, die die wirtschaftliche Nutzfläche erweitern (z. B. Anbauten, nachträglich ausgebautes Dachgeschoss), und die Neuerrichtung eines Gebäudes. Ebenfalls können
wiederkehrende Wartungsarbeiten (z. B. Rohrreinigung usw.) nicht bescheinigt werden, außer es handelt sich um konservatorisch notwendige Wartungsarbeiten wie die

Reinigung und Pflege von denkmalwerten Objekten wie z. B. Stuckdecken und Kunstwerken, oder als Witterungsschutz notwendige Auffrischungsanstriche für Fenster. Pauschalrechnungen können (im Regelfall) nicht bescheinigt werden. Aus den Rechnungen muss herauszulesen sein, welche Arbeiten/Positionen am Denkmal und welche an den nicht denkmalgeschützten Objekten und Flächen (z. B. Anbau, Garage, nachträglich ausgebauter Spitzboden) ausgeführt wurden. Rechnungen, die nicht ausreichend und nachvollziehbar differenzieren, können nicht bescheinigt werden. Eigenleistung kann nicht bescheinigt werden. Das Denkmal abzubrechen oder bei Entkernungsmaßnahmen schützenswerte Substanz im Innern zu entfernen, trägt nicht zur Erhaltung des Denkmals bei, kann also nicht bescheinigt werden. Auch irgendwelche nicht denkmalgeschützten Anbauten abzubrechen führt nicht zu einer Bescheinigung, weil die Maßnahme nicht das Denkmal direkt betrifft.

Der Sachbearbeiter, der den Steuer-Antrag bearbeitet, kann derselbe sein, der zuvor das Genehmigungsverfahren und alle Abstimmung bearbeitet hat. Der Sachbearbeiter kann aber auch gewechselt haben. Er muss nach Eingang des Antrags prüfen, ob der Antrag überhaupt für ein Denkmal (oder ein Objekt im Denkmalbereich) gestellt worden ist, ob die Unterlagen vollständig und prüffähig sind, ob die Maßnahmen genehmigt und abgestimmt wurden, ob sie nach der Abstimmung stattgefunden haben. Steuerrechtliche Fragen – z. B. die Differenzierung in Erhaltungsaufwendungen und Herstellungskosten – prüft das Finanzamt, nicht der Denkmalschutz-Sachbearbeiter.

Nach einer ersten Durchsicht wird der Eingang des Antrags an Datum X mit Aktenzeichen/Bearbeitungsnummer schriftlich bestätigt und nötigenfalls (offensichtlich) fehlende Unterlagen mit Fristsetzung nachgefordert. Erst wenn die Unterlagen vollständig und nachvollziehbar sind, kann die inhaltliche Prüfung, was bescheinigungsfähig ist, abschließend durchgeführt werden. Werden die fehlenden Unterlagen nicht geliefert, kann die Behörde nur anhand der vorliegenden Unterlagen und nach Aktenlage entscheiden. Im Verlauf der Prüfung können weitere Fragen und Klärungsbedarf auftreten, sodass weitere Unterlagen nachgefordert werden müssen. Bevor eine Bescheinigung ausgestellt wird, bei der von der beantragten Summe Anteile abgezogen wurden, wird der Antragsteller angehört, um Einwände aufzuklären und die Gelegenheit zu geben, Belege nachzureichen, um anschließende Klageverfahren vorab zu vermeiden. Wenn für die steuerliche Bescheinigung eine Verwaltungsgebühr erhoben wird, hängt noch ein Verwaltungsvorgang mit Kassenzeichen und Gebührenfestsetzung an. Nach Abschluss des Bescheinigungsverfahrens erhält der Antragsteller mit der Bescheinigung die eingereichten Belege zurück.

Wohneigentümergemeinschaften erfordern eine Teilungserklärung. Hier muss zwischen Kosten für gemeinsames Eigentum (oft die Außenhülle oder auch das Treppenhaus) und Einzeleigentum oder Sondereigentum (Wohnungen) unterschieden werden. Die Summen der Bescheinigung auf die Eigentümer aufzuschlüsseln übernimmt idealerweise eine gemeinsame bevollmächtigte Hausverwaltung per Teilungserklärung, damit die Eigentümer ihren jeweiligen Anteil der Gesamtbescheinigung in der Steuererklärung berücksichtigen können und einen vertrauten Ansprechpartner haben (der oft auch die Baumaßnahmen verwaltet).

Ein immer wiederkehrendes Problem im Verfahren zur steuerlichen Bescheinigung sind nicht prüffähige oder unvollständige Unterlagen. Die zuständigen Fachämter oder Denkmalschutzbehörden können Merkblätter zu Unterlagen und prüffähigen Handwerkerrechnungen erstellt haben. Grundsätzlich kann es als zielführend angesehen werden, wenn Antragsteller und Sachbearbeiter vor der Antragstellung besprechen, welche Unterlagen benötigt werden und welche Rechnungen gar nicht eingereicht werden sollen, weil sie ohnehin nicht bescheinigt werden können. Um die geleisteten Arbeiten nachzuweisen und den Endzustand abzubilden, hilft eine dem Antrag beiliegende Fotodokumentation, die sowohl den Endzustand als auch die Ausgangssituation und Zwischenergebnisse (z. B. schadhafte Bauteile, die ersetzt werden und hinter Putz verschwinden) darstellen. Muss der Sachbearbeiter Unterlagen nachfordern, muss er nach Eingang (je nach Frist und Fristverlängerung vielleicht Monate später) wieder prüfen, ob sie prüffähig sind. Bei komplexen Bauvorhaben und dutzenden oder hunderten Rechnungen (und vielleicht auch dutzenden Mängeln), muss er sich nach langer Zeit wieder intensiv einarbeiten und rekapitulieren, wo in dem Fall die Probleme lagen und ob die nun gelöst sind.

Typischerweise verursachen Rechnungen Probleme, wenn sie auf das falsche Objekt, auf gar keins oder nicht auf die Antragsteller ausgestellt sind und nicht der Baumaßnahme zugeordnet werden können, für die die steuerliche Bescheinigung beantragt wird. Um sich selbst abzusichern, sollten Sachbearbeiter die geltende Bescheinigungsrichtlinie befragen und die Rechnungen auf Plausibilität prüfen. Pauschalrechnungen, etwa Betrag X für unspezifische Trockenbauarbeiten, oder Elektroinstallation im Haus, führen regelmäßig zu Problemen, weil unklar ist, was wo gemacht wurde. Die Plausibilität der Rechnung kann nicht überprüft werden. Wenn das Haus aus denkmalgeschützten und nicht denkmalgeschützten Teilen besteht oder nachträglich das Dachgeschoss ausgebaut wurde, aber die Rechnung pauschal (undifferenziert) Maßnahmen im ganzen Haus angibt, kann nicht zwischen dem bescheinigungsfähigen und dem nicht bescheinigungsfähigen Teil unterschieden werden. Dem schafft entweder eine differenzierte Rechnung mit Positionen oder Titeln für Wohnung Erdgeschoss/Obergeschoss/(nachträglich ausgebautes) Dachgeschoss Abhilfe, oder ein Leistungsverzeichnis, das die abgerechneten Leistungen nachvollziehbar macht. Antragsteller sollten daher darauf achten, von ihrem Auftragnehmer geeignete Rechnungen zu erhalten.

Dem Antrag müssen regelmäßig die Originalrechnungen beiliegen. Da aber nur noch wenige Firmen klassische Rechnungen stellen, sondern nur noch PDFs mit Briefkopf per E-Mail versenden, sollten Sachbearbeiter und Antragsteller darauf achten, ob Vorschriften wie die ministeriellen Bescheinigungsrichtlinien die Anerkennung von PDF-Rechnungen einschränken und ob die Form und die Echtheit der Rechnungen auf andere Weise bestätigt werden müssten.

Grundlegende Fragen für die inhaltliche Prüfung auf steuerliche Bescheinigungsfähigkeit sind also:

- Steht die Sache, für die eine steuerliche Bescheinigung beantragt wird, (als Denkmal oder Denkmalbereich) unter Denkmalschutz?
- Welche Teile davon stehen unter Schutz?
- Sind die Maßnahmen, deren Kosten steuerlich bescheinigt werden sollen, an den geschützten Teilen ausgeführt worden?
- Waren diese Maßnahmen erforderlich, um das Denkmal (seine den Denkmalwert ausmachenden Merkmale) zu erhalten oder sinnvoll zu nutzen?
- Sind diese Maßnahmen vor Ausführung mit der Behörde abgestimmt worden?
- Sind sie gemäß der Abstimmung (Genehmigung und gegebenenfalls Nebenbestimmungen/Auflagen) ausgeführt worden?
- Können die Rechnungen für Arbeiten und Material dem Denkmal zugeordnet werden?
- Welche Unterlagen und Informationen fehlen noch, um den Antrag prüfen zu können?

Erachtet das Finanzamt die steuerliche Bescheinigung in der Steuererklärung für nicht plausibel oder zu großzügig, kann es remonstrieren und damit die Behörde, die die steuerliche Bescheinigung ausgestellt hat, zu erneuter Prüfung auffordern.

Anmerkungen

1. Denkmalschutzbehörden heißen in NRW Denkmalbehörden. Denkmalfachämter heißen je nach Land auch Denkmalfachbehörde.
2. Davydov et al. 2018, S. 22: Untere Denkmalbehörden sind die Gemeinden, die Aufgaben des Denkmalschutzes als Pflichtaufgabe zur Erfüllung nach Weisung ausüben. Nach § 22 DSchG NW obliegt den Gemeinden Denkmalpflege als Selbstverwaltungsaufgabe.
3. Bei den Oberen Denkmalbehörden in NRW ist es komplizierter: Für die kreisangehörigen Gemeinden und Städte ist der Landkreis die Obere Denkmalbehörde, weil der Kreis die nächsthöhere Verwaltungsebene darstellt. Entsprechend erweist sich für kreisfreie Städte die Bezirksregierung als Obere Denkmalbehörde zuständig. Oberste Denkmalbehörde ist das für Denkmalschutz und Denkmalpflege zuständige Ministerium, dessen Bezeichnung je nach Regierung und Ressortzuschnitten wechselt.
4. U. a. wie ein denkmalrechtliches Verfahren abzulaufen hat, welche Fristen zu beachten sind, wie ein Bescheid und eine Rechtsbehelfsbelehrung auszusehen haben, wer im Gesetzesvollzug welche Zuständigkeit hat.
5. Haben viele Untere Denkmalschutzbehörden nur einen Sachbearbeiter, der als Generalist alle Aspekte von Denkmalschutz und Denkmalpflege bearbeiten muss, gibt es dagegen meist in größeren Städten auch Archäologen speziell für die Bodendenkmalpflege bzw. Bodendenkmalschutz.

6. Davydov et al. 2018, S. 45–46, 321–326. – Krause 2011, S. 53.

7. In der alten Fassung des DSchG NRW umfassend § 7: Davydov et al. 2018, S. 155–169. – Schmidt 2008, S. 136–140. – von Faber du Faur 2004, S. 3–4. Auf S. 4: Der Zeitfaktor und die Unsicherheit über zulässige Änderungen würden die Verwertbarkeit von Denkmälern mindern. Denkmaleigenschaft mindere den realisierbaren Wert und sei ein kaufrechtlicher Mangel.

8. Martin et al. 2014: Ausführliche Erläuterungen zur Zumutbarkeit und Vorschläge für systematische Zumutbarkeitsprüfungen. Die sind an der jüngeren Rechtsprechung des Bundeslandes zu überprüfen.

9. OVG NRW, Urt. vom 02.03.2018 – 10 A 2580/16.

10. OVG NRW Urt. v. 30.11.2021 – 10 A 3503/20 unter Bezugnahme auf OVG NRW, Urt. vom 03.09.1996 – 10 A 1453/92 und Urt. v. 27.07.2000 – 8 A 4631/97 und Urt. v. 03.09.1996 – 10 A 1453/92 und Urt. v. 08.03.2012 – 10 A 2037/11.

11. Stellhorn 2016, S. 27–32, 34, 40. – Davydov et al. 2018, S. 159–161. – Rabeling 2012, S. 10–12.

12. Trotz steuerlicher Bescheinigung und etwaiger Zuschüsse für die notwendige Instandsetzung, ggf. auch Abweichungen und Befreiungen von anderen Anforderungen zugunsten des Denkmalerhalts.

13. Davydov et al. 2018, S. 161, S. 163: Unterschieden wird, ob es sich um ein reines Renditeobjekt handelt, oder z. B. das geerbte oder selbstbewohnte Haus. – Hierzu auch: Ollenik/Heimeshoff 2005, S. 134–138.

14. OVG NRW, Urteile vom 02.03.2018 – 10 A 1404/16 und v. 13.09.2013 – 10 A 1069/12.

15. OVG NRW Urt. vom 30.11.2021 – 10 A 3503/20.

16. Stellhorn 2016, S. 32.

17. Davydov et al. 2018, S. 155.

18. Erläuterung des Ermessens in Krause 2011, S. 126–127.

19. Zur alten Fassung: OVG NRW, Urt. v. 23.09.2013 – 10 A 971/12. – Davydov et al. 2018, S. 312–320.

20. Viebrock 2018, S. 46–47: Es reicht, wenn eine der beiden Voraussetzungen erfüllt ist. Erforderlichkeit ist strenger zu prüfen als Genehmigungsfähigkeit.

21. OVG NRW, Urt. v. 28.05.2018 – 10 A 279/16. – vgl. Davydov et al. 2018, S. 402–415.

22. Grundlagen für die Beurteilung, ob oder inwiefern Maßnahmen steuerlich bescheinigt werden können, sind in Nordrhein-Westfalen (Stand: Dez. 2022) die „Bescheinigungsrichtlinien zur Anwendung der §§ 7i, 10f und 11b des Einkommensteuergesetzes" (Gemeinsamer Runderlass des Ministeriums für Heimat, Kommunales, Bau und Gleichstellung, und des Ministeriums der Finanzen vom 6. September 2019). In Bayern gibt es bspw. das Gegenstück als gemeinsame Bekanntmachung der Bayerischen Staatsministerien der Finanzen, für Landesentwicklung und Heimat und für Bildung und Kultus, Wissenschaft und Kunst aus dem Jahr 2017.

23. OVG NRW, Urt. v. 27.07.1998 – 7 A 3486/96.
24. Viebrock 2018, S. 47.
25. Z. B. Bescheinigungsrichtlinie NRW v. 06.09.2019, Nr. 3.2.1.
26. Viebrock 2018, S. 47–53: Bei einem rechtfertigenden Ausnahmetatbestand könnten sogar neue Gebäudeteile zur Erweiterung der Nutzfläche, die zur sinnvollen Nutzung unerlässlich wäre, bescheinigungsfähig sein. Bei notwendigen Stellplätzen kommt es auf den Abstand zum Denkmal an. Kaufpreis, Erwerbsnebenkosten usw. sind nicht bescheinigungsfähig.

Denkmalschutz: Denkmalliste

5

Zusammenfassung

Zeugniswert über historische Entwicklungen macht eine Sache zum Denkmal. Die Denkmalliste ist das Verzeichnis, in das Denkmäler eingetragen werden. Das geschieht nachrichtlich oder per Verwaltungsakt. Der Eintragungstext beschreibt und begründet den Schutzumfang. Dieses Kapitel erklärt Verfahren zur Unterschutzstellung, Denkmalkriterien und Vorgehensweisen zur Ermittlung, ob die Kriterien des Denkmalschutzgesetzes erfüllt sind, nach denen ein gesetzmäßiger Zeugniswert vorliegt. Besonders die Erläuterungen zur systematischen Denkmalerfassung vermitteln einen Eindruck von den – über die Eintragungsvorgänge hinausgehenden – wissenschaftlichen Aufgaben und Methoden der Inventarisation der Denkmalpflegefachämter.

5.1 Denkmal und Denkmalliste

In den Denkmalschutzgesetzen der Länder werden in den Paragraphen mit den Begriffsbestimmungen unterschiedliche Begriffe verwendet. Während die einen Denkmalschutzgesetze den **Oberbegriff** Denkmal verwenden, heißt in anderen der Oberbegriff Kulturdenkmal. Der Begriff Kulturdenkmal kann der begrifflich deutlicheren Abgrenzung vom (ohne menschliche Erzeugung gewachsenen) Naturdenkmal nach Naturschutzgesetz dienen, um das historische Kulturerzeugnis hervorzuheben. Aber es geht auch ohne die Hervorhebung der Kultur, da das Denkmalschutzgesetz NRW nur „Denkmäler" als Oberbegriff kennt.

Sowohl in NRW wie beim Nachbarland Niedersachsen ist der Oberbegriff im jeweiligen Paragraphen der Begriffsbestimmungen in **Unterarten von Denkmälern** (Denkmalgattungen) gegliedert: Baudenkmäler, Bodendenkmäler und andere. Mehrere Sachen

M. Wild, *Denkmalschutz-Kompendium,* https://doi.org/10.1007/978-3-658-42828-0_5

können zusammen einen Denkmalbereich (Denkmalzone, Gesamtanlage, Ensemble) ergeben (Abb. 5.1).

Beide exemplarisch genannten Gesetze kennen auch (Kultur-)Denkmäler der Erdgeschichte, obwohl diese keine von Menschenhand gemachten Kulturerzeugnisse darstellen. Dass Denkmäler *„von Menschen geschaffene Sachen oder Teile davon"* sein müssen, setzt das bayerische Denkmalschutzgesetz voraus, welches keine Denkmäler der Erdgeschichte kennt. Das Hessische Denkmalschutzgesetz wiederum unterscheidet zwischen Kulturdenkmälern, Bodendenkmälern und Gesamtanlagen, wobei die beiden letztgenannten als Arten von Kulturdenkmälern zu verstehen sind. Dagegen kennt das hessische Denkmalschutzgesetz keine Baudenkmäler. Sie werden als Unterart der Kulturdenkmäler nicht ausdrücklich aufgezählt, sondern fallen unter die weit gefasste Definition des Kulturdenkmalbegriffs. Ob ein Denkmal „Denkmal" oder „Kulturdenkmal" genannt wird, bewirkt keinen Wertungsunterschied, sondern hängt vom Denkmalschutzgesetz des Bundeslandes und den dort verwendeten Begriffen ab. Entscheidend für die Denkmaleigenschaft ist, dass eine Sache die gesetzlichen Denkmalkriterien des Bundeslandes erfüllt. Nur die im Denkmalschutzgesetz genannten Sachen können Denkmal nach dem Gesetz sein (Denkmaleignung).

Baudenkmäler kommen in den meisten Denkmalschutzgesetzen begrifflich vor und werden als bauliche Anlagen umschrieben. Bauliche Anlagen meinen aus Bauprodukten hergestellte Anlagen, die mit dem Boden verbunden sind.[1] Dazu zählen Gebäude, Außenanlagen, Einfriedungen und andere Anlagen, zu denen auch ortsfeste Bodendenkmäler wie Reste untergegangener Gebäude gezählt werden können. Wie Bau- und Bodendenkmäler, bewegliche Denkmäler, Denkmalbereiche, zuweilen Gartendenkmäler, unterschieden werden, definieren die Begriffsbestimmungen des Denkmalschutzgesetzes. Anders als historische Fundamente, die regelmäßig an Ort und Stelle bleiben, werden Kleinfunde geborgen und in Depots sicher aufbewahrt. Wenn sie aus dem Boden entfernt werden, können sie kein Bodendenkmal mehr sein.

Denkmäler werden in **Denkmallisten** erfasst. Wie die Denkmalliste zu führen ist, regeln das Denkmalschutzgesetz und gegebenenfalls Denkmalverordnungen (Durchführungsverordnungen zum Denkmalschutzgesetz).[2] Denkmäler sind in ein Verzeichnis

Abb. 5.1 Die Zollfeste Zons mit historischem Straßenverlauf, Gebäuden und Stadtbefestigung ist Denkmalbereich und großflächiges Bodendenkmal

(Denkmalverzeichnis, Denkmalliste, Denkmalbuch) einzutragen und Denkmalbereiche per Satzung oder Verordnung unter Schutz zu stellen und nachrichtlich im Verzeichnis aufzuführen, wenn die Denkmaleigenschaft erwiesen ist. Das Verzeichnis steht der Öffentlichkeit zur Verfügung, damit sie sich informieren kann, welche Sachen unter Denkmalschutz stehen.

Für die **Führung der Denkmalliste** und für die Unterschutzstellung zuständig ist in den meisten Bundesländern das Denkmalpflegefachamt, nur in wenigen Bundesländern die Denkmalschutzbehörde, in deren Zuständigkeitsbereich sich das Denkmal befindet. Tritt das Land oder der Bund als Eigentümer oder Nutzungsberechtigter auf, kann es Sonderregeln geben. In Nordrhein-Westfalen entscheidet die Bezirksregierung über die Eintragung (Ausweisung) des Denkmals, aber die Denkmalliste wird weiterhin von der Unteren Denkmal(schutz)behörde geführt. So wie das Denkmalschutzgesetz verschiedene Arten von Denkmälern (und den Denkmalbereich) unterscheidet, gliedert sich die Liste nach den Denkmal-Arten.

Den kulturellen Wert, der einem erkannten *„Denkmal innewohnt, erhält dieses nicht erst durch die Eintragung in die Denkmalliste. Mit der Eintragung der Sache in die Denkmalliste wird lediglich das Bestehen eines öffentlichen Interesses an der Erhaltung und Nutzung der unter Schutz gestellten Sache eben wegen des ihr innewohnenden kulturellen Wertes festgestellt. Dieser Wert haftet unabhängig von der Eintragung in die Denkmalliste der Sache selbst an“.*[3]

In Deutschland gibt es **zwei Systeme,** um Denkmäler in die Denkmalliste einzutragen und die Schutzwirkung zu entfalten: das deklaratorische und das konstitutive System.[4] Aufgrund der zwei Systeme und ihrer Rechtsfolgen steht nicht in allen Bundesländern jedes Denkmal, obwohl es Denkmaleigenschaft besitzt, automatisch unter Schutz. Manche Denkmalschutzgesetze sehen gemischte Systeme vor, sodass bestimmte Denkmalarten auf die eine oder andere Weise geschützt werden.

In den meisten Bundesländern wird das **deklaratorische System** (deklaratorisches/ nachrichtliches/ipso-iure Prinzip) angewandt, wonach ein Denkmal sogleich unter Schutz steht, wenn es die gesetzlichen Kriterien erfüllt. Es steht von Gesetz wegen unter Denkmalschutz, weil es Denkmaleigenschaft, nämlich den oben genannten innewohnenden kulturellen Wert besitzt. *„Die Denkmaleigenschaft als Tatbestandsvoraussetzung der Genehmigungs- und Schutzvorschriften bedarf daher keiner besonderen Feststellung in einem besonderen Eintragungs- oder Feststellungsverfahren, sondern ist in der konkreten Einzelentscheidung (Genehmigung, Anordnung) inzident festzustellen“.*[5] Das Denkmal muss also nicht erst per Verwaltungsakt in die Denkmalliste eingetragen werden, um geschützt zu sein. Die Denkmalliste hat informierenden Charakter, indem sie die erkannten Denkmäler bekannt macht. Manche Denkmalschutzgesetze räumen den Eigentümern den Anspruch ein, dass sie beantragen können, die Denkmaleigenschaft formell per Verwaltungsakt (konstitutiv) feststellen und begründen zu lassen.

Das andere gängige Unterschutzstellungssytem wird **konstitutives System** genannt. Dabei muss zwischen erkannten und geschützten Denkmälern unterschieden werden. Erkannte Denkmäler, die nach dem konstitutiven System geschützt werden müssen, weil sie den innewohnenden kulturellen Wert besitzen, unterliegen den Vorschriften des Denkmalschutzgesetzes trotzdem erst, nachdem sie per Verwaltungsakt in die Denkmalliste eingetragen worden sind. Wenn das Denkmal erkannt ist, muss der Verwaltungsakt zur Unterschutzstellung erfolgen. Hierbei wird den Eigentümern und sonstigen Nutzungsberechtigten, nachdem sie zu dem beabsichtigten Verwaltungsakt angehört wurden, ein Bescheid über die Eintragung in die Denkmalliste erteilt und der Eintragungstext mit der Beschreibung und Begründung der Denkmaleigenschaft als Anlage beigefügt. Gegen den Verwaltungsakt der Eintragung kann eine Anfechtungsklage erhoben werden. Im Gegensatz zu der anlassbezogenen (z. B. auf eine beantragte Baumaßnahme bezogenen) Denkmalbegründung bei Genehmigungsverfahren im deklaratorischen System, bezieht sich die Beurteilung und Begründung, etwa für die Versagung einer Genehmigung, im konstitutiven System auf die rechtskräftige Begründung des Verwaltungsakts zur Unterschutzstellung (Eintragungstext). Manche Denkmalschutzgesetze eröffnen die Option einer **vorläufigen Unterschutzstellung,** wenn der Denkmalverdacht sich so erhärtet hat, dass nach noch abzuschließender Begründung der Denkmaleigenschaft eine Eintragung in die Denkmalliste (per Verwaltungsakt) absehbar ist.

Exemplarisch sei hier eine Besonderheit des Denkmalschutzgesetzes Baden-Württemberg erläutert: Während die meisten deutschen Denkmalschutzgesetze denkmalwert und nicht denkmalwert unterscheiden, kennt das Denkmalschutzgesetz Baden-Württemberg zwei Stufen in der Wertigkeit, Listenführung und Behandlung von Denkmälern. Denkmäler von besonderer Bedeutung werden, über die vom Denkmalpflegefachamt (Landesamt für Denkmalpflege) geführten Liste hinaus, durch die höhere Denkmalschutzbehörde (Regierungspräsidium) in das Denkmalbuch eingetragen und stehen damit durch umfangreichere Anforderungen und Genehmigungsvorbehalte unter strengerem Schutz als einfache Denkmäler. Die Regelungen für Denkmäler von besonderer Bedeutung sind mit denen von „normalen" Denkmälern in anderen Bundesländern vergleichbar, wogegen in Baden-Württemberg an einfache Denkmäler eigentlich geringere Genehmigungsvorbehalte gestellt werden als an andernorts „normale" Denkmäler. Diese landesspezifische Abstufung interpretiert den Grundsatz der Verhältnismäßigkeit, um ein Denkmal nur so streng zu schützen bzw. in die Eigentumsrechte nur so weit einzugreifen wie unbedingt erforderlich.[6] Ansonsten hängt es im Wesentlichen von den Schutzgründen ab, welche Anforderungen an die Behandlung des Denkmals zu stellen sind.

Für **Denkmalbereiche** gilt wiederum ein anderes Unterschutzstellungsverfahren: durch Denkmalbereichssatzung des Gemeinderates oder durch Rechtsverordnung der Unteren Denkmalschutzbehörde. Wenn Denkmalbereiche dem Schutz unterliegen, werden sie deklaratorisch in die Denkmalliste aufgenommen. Denkmalbereichen ist ein eigenes Kapitel gewidmet. Auch **Welterbestätten** und ihre Pufferzonen werden auf der Grundlage von Sonderregelungen in Denkmalschutzgesetzen in landesrechtliche Denkmallisten aufgenommen.

5.2   Auskunft aus der Denkmalliste

Eigentümer und Nutzungsberechtigte müssen über die Unterschutzstellung, den Umfang, die Gründe und Rechtsfolgen informiert werden. (Bau-)Denkmäler sollen in einigen Bundesländern der Öffentlichkeit im Rahmen des Zumutbaren zugänglich gemacht werden, wozu auch gehören kann, Informationen über ihren Schutz und ihre Bedeutung zu vermitteln – z. B. an interessierte Bürger, Kaufinteressenten[7], Geschichtsvereine, Politik oder Presse. Gelegentlich erkundigen sich Eigentümer oder Kaufinteressenten, welche Teile einer baulichen Anlage unter Schutz stehen (Abb. 5.2).

Daraus darf aber keine Gefährdung entstehen, weil die Preisgabe der Lage und der beschreibende Text zu Raubgrabungen, Diebstählen oder anderen Konflikten oder Beeinträchtigungen der Denkmäler anregen könnte. Deshalb werden Bodendenkmäler und bewegliche Denkmäler nur eingeschränkt bekannt gemacht. Besitzen die meisten Gebäude nur wandfeste Ausstattung, können Kirchen mit beweglicher (einfach zu stehlender) Ausstattung wie liturgischem Gerät oder Villen mit Gemälden oder Gemäldesammlungen heikel sein, wenn es darum geht, die Eintragung oder Eintragungstexte im Internet zu veröffentlichen oder auf Anfrage herauszugeben.

Die Denkmalverordnung NRW forciert im Sinne der INSPIRE-Richtlinie sowohl die Digitalisierung der Denkmalliste als auch den erleichterten **Zugang der Öffentlichkeit zu Informationen,** was die Denkmal(schutz)behörde für die Öffentlichkeitsarbeit nutzen kann. Daher sind die Gemeinden (in den meisten Bundesländern die Fachämter) damit befasst und unterschiedlich weit fortgeschritten, die Datenbestände in vorhandene oder neu zu beschaffende Systeme einzupflegen. Seit einigen Jahren schon gibt es Denkmallisten als PDF online herunterzuladen, die nach und nach mit umfangreicheren Informationen ergänzt werden.

Je nach Gemeinde oder Bundesland lautet das noch ferne oder schon erreichte Ziel, dass auf einer online verfügbaren Karte die Denkmäler angesteuert und die Eintragungs-

Abb. 5.2 Besteht der Denkmalumfang des Amtsgerichts Eschweiler nur aus dem Gebäude oder auch dem Vorgarten und der Mauer mit dem Pfeiler im Vordergrund? Gibt es erhaltenswerte Substanz im Innern, etwa repräsentative Treppenhäuser und den Grundriss? Der Aufzug rechts im Bild ist nachträglich angebaut worden und trägt zur Barrierefreiheit bei, aber nicht zur Denkmaleigenschaft

texte aufgerufen werden können. Beispiele dafür sind der Bayerische Denkmal-Atlas, die Denkmalkarte Berlin und die Denkmalkartierung im GeoPortal Bremen. Neben den Denkmallisten der Behörden kursieren im Internet auch diverse inoffizielle Denkmallisten. Verbindlich ist nur die offizielle Denkmalliste der zuständigen Behörde.[8]

Nicht für diesen Veröffentlichungsweg vorgesehen sind die **Denkmal-Akten** mit den Eintragungsverfahren und den Genehmigungsverfahren, möglicherweise steuerlichen Bescheinigungen oder Ordnungsverfahren, in jedem Fall aber mit schutzwürdigen personenbezogenen Daten.

Nach Informationsfreiheitsgesetz (des Bundeslandes) haben natürliche Personen gegenüber Denkmalschutzbehörden **Anspruch auf Zugang zu amtlichen Informationen.** Sie können dafür einen ausreichend bestimmten und zielgerichteten Antrag stellen. Der Informationsfreiheit stehen einschränkende Vorschriften des Urheberrechts (z. B. an Planzeichnungen) und der Bundes- und Landesdatenschutzgesetze gegenüber, da persönliche Daten wie Eigentümernamen oder -adressen in den behördlichen Unterlagen Dritte nichts angehen. Die abgefragten Informationen dürfen auch nicht zu Gefährdungen zu führen.

Bei Anfragen nach Auskünften aus der Denkmal-Akte verlangen Datenschutzgrundverordnung, Landesdatenschutzgesetz, Informationsfreiheitsgesetz und Verwaltungsverfahrensgesetz die Prüfung, ob die **Information zu schützen** ist und ob ein **berechtigtes Interesse des Antragstellers** besteht, die Information zu erhalten. Bei Akteneinsicht müssen solche schützenswerten Inhalte herausgenommen oder unkenntlich gemacht werden. Beratung erhält die Denkmalschutzbehörde insbesondere vom Datenschutzbeauftragten ihrer Verwaltung.

5.3   Unterschutzstellung von Denkmälern

Wenn ein Denkmal erkannt wurde, muss es geschützt werden. Sachen, die die Denkmalkriterien des Denkmalschutzgesetzes erfüllen, sind Denkmäler. Wenn eine Sache kein Denkmal ist, weil sie die gesetzlichen Kriterien nicht erfüllt, wird die Sache nicht unter Denkmalschutz gestellt. Wenn eine Sache in der Denkmalliste steht, aber ihre Denkmaleigenschaft verloren hat – das heißt, die Eintragungsvoraussetzungen, wegen denen die Sache unter Denkmalschutz gestellt worden ist, liegen nicht mehr vor und die Sache erfüllt damit nicht mehr die Denkmalkriterien – ist die Sache aus der Denkmalliste zu löschen.

Die eintragende Behörde hat bei der Eintragung und Löschung von Denkmälern keinen **Ermessensspielraum**[9] und Gemeinderäte (oder Kreisausschuss oder andere kommunale Gremien) keine Entscheidungsbefugnis[10]. Der Ratsbeschluss, ein erkanntes Denkmal nicht zu schützen, wäre rechtswidrig. Nur bei Denkmalbereichen, sofern sie als ortsrechtliche Satzungen unter Schutz gestellt werden, beschließt der Rat die Denkmalbereichssatzung, die gesetzmäßig zu erarbeiten ist, um der Eintragungspflicht nachzukommen, wenn der Denkmalwert des Denkmalbereichs festgestellt wurde (Abb. 5.3a).

Weil für die Unterschutzstellung nur **die im Denkmalschutzgesetz festgelegten Kriterien zur Beurteilung** angelegt werden, können persönliche Eigentümerbelange

Abb. 5.3 **a** In der als Gesamtanlage geschützten Altstadt von Herborn gibt es zusätzlich einzelne Denkmäler **b** Das Gymnasium Kreuzgasse in Köln ist ein früher Neubau nach dem Zweiten Weltkrieg. Der Architekt wählte ein teilweise außenliegendes Traggerüst, ein Flugdach und eine eindrucksvolle Betonfensterfront am Haupttreppenhaus. Die Grünanlage der Schule und der (ebenfalls denkmalgeschützte) Innere Grüngürtel gehen ineinander über. In den 1950er Jahren galten naturnahe Erziehung und grüne Schulwege als ideal. Rechts schließt der Verwaltungs- und Aula-Trakt an. Hinter dem Schulbau der 1950er Jahre stehen nicht denkmalgeschützte Erweiterungsbauten (nicht im Bild zu sehen)

wie persönliche Begeisterung, eine Vorliebe für den Baustil, politische Sympathie oder Vorbehalte gegen Sachen und Personen, oder die Absicht, Umbauvorhaben der Nachkommen abzuwehren, für die Bewertung der Denkmaleigenschaft nicht relevant sein.[11] Rentabilität und Änderungswünsche spielen im Eintragungsverfahren noch keine Rolle, werden erst im Genehmigungsverfahren berücksichtigt. Ebenfalls für die Prüfung der Denkmaleigenschaft und für die Unterschutzstellung unerheblich sind potenziell widerstreitende öffentliche Interessen wie z. B. Verkehrsplanung oder bisherige Ziele der Stadtentwicklungsplanung.[12]

Obwohl eigentlich der **bauliche Zustand** einer Anlage nicht über den Denkmalwert entscheidet, zieht das Oberverwaltungsgericht NRW in Betracht, dass eine Unterschutzstellung sinnlos wäre, wenn die denkmalwerte Substanz bei einer absehbaren Sanierung unvermeidlich verloren ginge oder wenn durch gravierende Erneuerungen eine Kopie des Denkmals entstünde und damit auch die **Denkmaleigenschaft absehbar entfallen würde**.[13] Das Schicksal des Denkmals kann aber im Zuge der Denkmalinventarisation kaum zweifelsfrei vorhergesehen werden und hat in der Denkmalbewertung nach den gesetzlichen Denkmalkriterien nichts verloren.[14]

Die Eintragung in und die Löschung aus der Denkmalliste per Verwaltungsakt wird in Nordrhein-Westfalen von der Unteren Denkmal(schutz)behörde nach Anhörung des Fachamtes vorgenommen und entweder von sich aus (von Amts wegen) initiiert, vom Denkmaleigentümer angeregt oder vom Denkmalfachamt beantragt. Auch der Gemeinderat kann die Verwaltung beauftragen, die Unterschutzstellung bestimmter Objekte von Amts wegen zu prüfen. Manchmal regen Geschichtsvereine und andere Interessengruppen die Denkmal(schutz)behörde oder das Fachamt an, bestimmte Objekte auf ihre

Denkmaleigenschaft zu überprüfen. Welche Rechte und Aufgaben welcher Akteur hat, regelt das Denkmalschutzgesetz. Rheinland-Pfalz hat es, verglichen mit Nordrhein-Westfalen, umgekehrt geregelt: Das Fachamt führt die Denkmalliste und trägt Denkmäler unter Beteiligung der Unteren Denkmalschutzbehörde ein.

Die den Denkmalwert beurteilende und/oder die eintragende Behörde kann nach Anregung Dritter oder aus eigener Initiative die **Sachverhaltsermittlung** (nach § 24 VwVfG des Landes) beginnen, um Indizien und geeignete Unterlagen zu sammeln, die ihr helfen, die potenzielle Denkmaleigenschaft zu prüfen. Dabei können sich die Denkmal(schutz)behörde und das Denkmalfachamt (Abteilung/Referat Inventarisation) gegenseitig beraten. Vorgehensweisen zur Sachverhaltsermittlung für die Denkmalbewertung werden in einem eigenen Kapitel näher erläutert.[15]

Auf der Grundlage ihrer Sachverhaltsermittlung kann die federführend beurteilende Behörde mit den entscheidungserheblichen Unterlagen, durch welche die Entscheidungsabsicht und die entscheidungserheblichen Quellen und Erkenntnisse nachvollziehbar werden, die zu beteiligende Behörde auffordern, zur ausgearbeiteten Entscheidungsabsicht Stellung zu nehmen. Schätzt die Denkmalschutzbehörde die geprüfte Sache als denkmalwert ein, kann sie ihren Entwurf des Eintragungstextes (der Denkmalausweisung, Denkmalbegründung; siehe unten) zusammen mit den entscheidungserheblichen Unterlagen als Grundlage für die Beteiligung nutzen.

Die Beteiligung (Anhörung oder Benehmen oder Einvernehmen) gibt der beteiligten Behörde Gelegenheit, sich zur Entscheidungsabsicht zu äußern, z. B. auf Mängel bei der Beschreibung oder Begründung hinzuweisen und Anregungen zur Überarbeitung des Eintragungstextes zu geben. Erstrebenswert ist, schon mit der Beratung zur Sachverhaltsermittlung auf eine einvernehmliche Entscheidung hinzuarbeiten, die mit der formellen Beteiligung bloß abgeschlossen wird.[16]

Kommt die eintragende Behörde im Zuge der Sachverhaltsermittlung zu der Erkenntnis, dass die fragliche Sache Denkmaleigenschaft besitzt und folglich in die Denkmalliste[17] eingetragen werden muss, entwirft die Behörde einen **Eintragungstext,** der den Umfang und die wesentlichen charakteristischen Merkmale des Denkmals beschreibt und die Erhaltungswürdigkeit nach den gesetzlichen Voraussetzungen begründet. Der Eintragungstext muss – zumindest im Zusammenhang mit einem Verwaltungsakt – hinreichend bestimmt und begründet sein. Er beinhaltet dazu, neben der eindeutigen Bezeichnung und der Adresse (Verortung) des Denkmals, mindestens:

1. **den Umfang des Denkmals (idealerweise abgegrenzt von den nicht erhaltenswerten Teilen),**
2. **die wesentlichen charakteristischen Merkmale des Denkmals, die den Zeugniswert tragen[18],**
3. **die Begründung der Denkmaleigenschaft nach den Kriterien des Denkmalschutzgesetzes.**

Die Begründung erfolgt formell durch „Subsumtion" der Zeugniswerte des Denkmals unter die gesetzlichen Kriterien, um nachzuweisen, dass die Kriterien („Tatbestandsmerkmale") einschließlich des öffentlichen Interesses erfüllt sind.[19] Das Denkmal wird seines Denkmalwertes überführt.

Der Eintragungstext soll differenzieren, welchen **Schutzumfang** das Denkmal hat, was also die **Bestandteile des Denkmals** sind (oben: 1.). Gehören z. B. alle Gebäudeflügel und die Außenanlagen zu den Bestandteilen des Denkmals (Abb. 5.3b), oder ist es nur ein Gebäudeteil, oder gar nur das Äußere oder nur eine Wand, oder nur das höchstseltene klassizistische Apotheken-Interieur im Erdgeschoss, während alle anderen Geschosse wegen zu starker Veränderungen keinen Beitrag mehr zur Denkmaleigenschaft leisten? Es können auch mehrere bauliche Anlagen oder Gebäude zusammen ein Denkmal oder ein Denkmalbereich sein und die müssen von den nicht denkmalgeschützten Gebäuden auf denselben Grundstücken abgegrenzt werden.[20]

„Erfüllt ein Gebäude die Voraussetzungen für ein Denkmal, ist es ungeachtet der baulichen Veränderungen, die es seit der Epoche, für die es Zeugnis ablegen soll, erfahren hat, grundsätzlich als Ganzes unter Denkmalschutz zu stellen. Dies ergibt sich aus der in der Regel gegebenen untrennbaren baulichen Verbindung der jeweiligen Bauteile und im Übrigen schon daraus, dass ein Denkmal [...] durch die Zeit geht und dabei nahezu zwangsläufig baulichen Veränderungen zum Zwecke der Instandsetzung, Modernisierung oder Anpassung an die Bedürfnisse der Nutzer unterworfen wird. Entscheidend ist allein, dass durch die Veränderungen der Zeugniswert nicht verloren geht. Einer Identifizierung der ursprünglichen und der nachträglich veränderten Bestandteile des Denkmals [z. B. bauzeitliche oder jüngere Zimmertüren, Farbfassungen, der Verfasser] bedarf es für die Unterschutzstellung daher in aller Regel nicht", sondern das kann laut OVG NRW auch im Erlaubnisverfahren (Genehmigungsverfahren) geklärt werden.[21] Gerade die Frage, wie präzise ein Eintragungstext sein muss, ob er zusammenfassend charakteristische Merkmale nennen, oder ob er gar in einen Bauteilkatalog ausarten müsse, der jedes Teil einzeln detailliert ausweist, wird in Klageverfahren immer wieder aufgeworfen (was nicht explizit genannt sei, wäre kein Denkmalbestandteil), um die Denkmaleigenschaft oder versagte Genehmigungen anzufechten.

Eine **Teilunterschutzstellung** setzt generell voraus, dass *„der betroffene Teil gegenüber dem nicht schutzwürdigen Teil der Anlage überhaupt einer selbständigen Bewertung unter Gesichtspunkten des Denkmalschutzes zugänglich ist und in diesem Sinne als abtrennbarer Teil der Anlage erscheint. Dabei scheidet die isolierte Unterschutzstellung der Fassade eines Hauses in aller Regel aus, wenn die aus der Zeit der Errichtung des Hauses bzw. der Fassade stammende Bausubstanz der übrigen Teile im Wesentlichen noch erhalten und der typische zwischen der Fassade und den ursprünglichen übrigen Teilen des Gebäudes bestehende Funktionszusammenhang noch gegeben ist. [...] Das gilt auch bei Gebäuden, bei denen im Grunde nur die Fassade Denkmalcharakter hat und deren sonstige Teile für sich gesehen [...] keine Denkmaleigenschaft"* besitzen.[22]

Ebenfalls **nicht voneinander zu trennen sind das Bodendenkmal und der Boden,** in dem das Denkmal steckt oder mit an Sicherheit grenzender Wahrscheinlichkeit erwartet wird[23], und der archäologisch wertvolle Befunde enthalten kann, weshalb das Bodendenkmal im engeren Sinne mit seinem Kontext als Ganzes zu begreifen ist.

Unter welchem Umständen kann ein (Haus-)**Garten Bestandteil eines Baudenkmals** sein? Anhand einiger Urteile[24] von Verwaltungsgerichten ergaben sich folgende beispielhafte Anhaltspunkte, wann die Voraussetzungen vorliegen, dass ein Garten oder die Außenanlagen als Bestandteile eines Baudenkmals unter Schutz gestellt werden müssten. Wegen der hohen eigentumsrechtlichen Bedeutung hinsichtlich unbebauter Flächen setzen die Gerichte für die Unterschutzstellung der Gärten eine besonders strenge Prüfung voraus.

Das Gebäude (oder die bauliche Anlage) und der Garten müssen eine funktionelle, untrennbar aufeinander bezogene Einheit bilden, die es rechtfertigt, den Garten in den Denkmalumfang aufzunehmen. Eine solche Einheit liegt nicht schon dadurch vor, dass ein (denkmalwertes) Gebäude und ein Garten auf demselben Grundstück liegen.

Der Garten bezieht sich auf das Gebäude und trägt zum Charakter des Gebäudes bzw. des Denkmals insgesamt bei. Der Garten ist nicht bloß unbebaute Grundstücksfläche, die Ausblicke aus dem Gebäude gestattet oder die Freistellung des Gebäudes bewirkt. Für die Denkmaleigenschaft spricht, wenn der Garten den Charakter des Gebäudes mitprägt, (z. B. durch Geländemodellierung oder Bepflanzung) zur Einbettung des (Land-)Hauses in die Landschaft beiträgt, die Wahrnehmung des Gebäudes mitbestimmt, gar dessen Inszenierung dient oder seine (gegebenenfalls repräsentative) Wirkung verstärkt. Der Garten soll den Denkmalwert des Gebäudes stützen oder hervorheben. Damit der Garten Bestandteil des Denkmals ist, darf das Gebäude seinen Denkmalwert nicht allein aus sich heraus gewinnen. Ohne den Garten würde dem Gebäude etwas fehlen, das Denkmal seinen Charakter ganz oder in erheblichem Maß verlieren und sein Zeugniswert gemindert sein.

Die gärtnerische oder gartenkünstlerische Idee manifestiert sich nicht hypothetisch, sondern in der Substanz und materiellen Gestaltung. Bei Siedlungen – insbesondere nach der Gartenstadtidee – steht weniger Gartenkunst im Vordergrund als vielmehr der Zusammenhang, dass sich die historischen Entstehungsbedingungen mit der Gartenstadtidee und ihren sozialen wie funktionalen oder hygienischen Intentionen (unter Umständen auch Aspekten der sozialen Kontrolle und Disziplinierung der Bewohner) in der materiellen Substanz manifestiert haben. Es kommt hier auf das Zusammenwirken der Gebäude, Raumkanten, Freiflächen und Oberflächen aus ihrem funktionalen Hintergrund heraus an. Besondere Gartengestaltung mit direktem Bezug zum Gebäude findet vor Gericht tendenziell mehr Anerkennung als alltägliche Gärten, denen als Massenware die Bedeutung fehlt. Die bloße Tatsache, dass ein Gartenraum bestimmter Größe zeittypisch ist, reicht nicht aus, auch die Gartenfläche unter Schutz zu stellen.

Gerichte erkennen besonders historische Entwürfe, Zeichnungen, Beschreibungen und andere Unterlagen des Architekten, Gartenarchitekten, oder auch anderer Beteiligter an, die beweisen, dass Gebäude und Garten eine gestalterische bzw. konzeptionelle Einheit bilden. Solche Unterlagen liegen jedoch in vielen Fällen nicht vor, sodass die Bewertung von den real festgestellten Befunden ausgehen muss – wofür immerhin das Denkmal als Primärquelle erhalten werden soll und als Ausgangpunkt für weitere Forschungen dienen kann. Ein stark abgeänderter, abweichend ausgeführter oder nur teilweise realisierter Entwurf des Architekten (des Hauses bzw. des Ganzen) für den Garten kann gegen die Denkmaleigenschaft des Gartens als Bestandteil des Denkmals sprechen. Der Garten darf nicht so stark verändert worden sein, dass er seine Funktion als Bestandteil des Ganzen nicht mehr erfüllen würde bzw. dem Garten die Funktion nicht mehr zukäme, seinen Beitrag zur Gesamtaussage des Denkmals, etwa zur Einbettung des Gebäudes in die Landschaft zu leisten. Fehlt die historische Bausubstanz, kann sie über historische Entwicklungen kein Zeugnis mehr abgeben.

Der Garten kann durch seine hochwertige Gestaltung eigenständige (vom Gebäude unabhängige) Denkmaleigenschaft besitzen und somit als Gartendenkmal infrage kommen, das zusammen mit – oder neben – dem Baudenkmal (Gebäude oder bauliche Anlage) existiert. Wäre der Garten unabhängig vom Gebäude denkmalwert, bestünde wahrscheinlich keine Einheit von Denkmalwert aus Gebäude und Garten. Der Garten würde sogar bei Abbruch des Gebäudes seine Denkmaleigenschaft bewahren.

Bei augenscheinlich **beweglichen bzw. nicht ortsfesten Denkmälern** wie historischen Möbeln ist zu prüfen, ob sie als Ausstattung eines Denkmals eine Einheit mit diesem bilden und daher doch eine Bindung an den Ort und das Denkmal aufweisen. *„Typische Anwendungsfälle für bewegliche Denkmäler sind Schiffe und Kraftfahrzeuge. Aber auch kleine Dinge wie Gemälde, Urkunden und Karten können bewegliche Denkmäler sein“.*[25]

Aus welchen Gründen und in welchem Umfang ein Denkmal unter Schutz gestellt wird, hat **Auswirkungen auf die praktische Denkmalpflege** und die Genehmigungsverfahren, wenn die Denkmalschutzbehörde sich darum kümmern muss, dass eben diese Zeugniswerte mit der Substanz und Gestaltung auch erhalten bleiben. Der Beschreibung und Begründung des Denkmalwertes im Eintragungstext, die den Zugriff der Denkmalschutzbehörde rechtfertigen, sollen (im konstitutiven System) Beurteilungsgrundlage für Entscheidungen der Denkmalschutzbehörde im Genehmigungsverfahren, für Ordnungsverfahren und für die steuerliche Bescheinigung sein.

Steht das Denkmal z. B. aufgrund seiner städtebaulichen Bedeutung unter Schutz, weil sein Äußeres charakteristischer Bestandteil eines Straßenzuges ist, können Veränderungen im Innern oder an der Rückseite für den Aussagewert des Denkmals unerheblich sein. Die Denkmalschutzbehörde kann in dem Beispiel Änderungen im Inneren problemlos erlauben, wenn die auf die städtebauliche Eigenart keine Auswirkungen haben. Sie muss sich nur auf die nach außen wirkende Substanz konzentrieren.

Vor einem Verwaltungsakt zur Unterschutzstellung (im konstitutiven System) **hört die Behörde die Eigentümer und Nutzungsberechtigten gemäß § 28 VwVfG an,** sodass diese Gelegenheit bekommen, begründete Einwände vorzutragen.[26] Da die Unterschutzstellung von der Denkmaleigenschaft abhängt, müssen die Betroffenen, wenn sie die Unterschutzstellung abwehren wollen, den Eintragungstext bzw. die Begründung der

Denkmaleigenschaft nachvollziehbar widerlegen. Dazu können die Betroffenen aus ihrer Objektkenntnis und mit Beweisen wie historischen Fotos Irrtümer oder Fehlschlüsse der Denkmalschutzbehörde bzw. des Fachamtes aufzeigen, oder selbst ein Gutachten beauftragen, das die Denkmaleigenschaft überprüft und gegebenenfalls schlüssig verneint. Die Denkmalschutzbehörde muss die Einwände darauf überprüfen, ob sie die Begründung der Denkmaleigenschaft und den damit begründeten Schutzumfang komplett, in Teilen oder gar nicht widerlegen. Im einfachsten Fall teilen die Betroffenen schon vor Ablauf der Anhörungsfrist mit, dass sie keine Einwände erheben und die Unterschutzstellung akzeptieren.

Schließlich erteilt die Behörde (im konstitutiven System) einen **Bescheid über die Unterschutzstellung oder die Löschung** des Denkmals. Dem Bescheid liegen der ausgearbeitete Eintragungstext und gegebenenfalls weitere Unterlagen[27] bei, die den Verwaltungsakt der Eintragung hinreichend bestimmen und begründen, bzw. dem Bescheid liegt die Begründung bei, weshalb die Eintragungsvoraussetzungen des Denkmals entfallen sind und es deshalb aus der Denkmalliste gelöscht werden muss. Die Unterschutzstellung wird mit einem Verwaltungsakt (§ 35 VwVfG) vollzogen und der muss inhaltlich durch den Eintragungstext und gegebenenfalls weitere Unterlagen wie eine Kartierung des Denkmalumfangs hinreichend bestimmt und begründet sein (§ 37 und § 39 VwVfG).

Ein belastender Bescheid muss eine Rechtsbehelfsbelehrung[28] enthalten, die dem Empfänger mitteilt, wie und innerhalb welcher Fristen er gegen den Bescheid vorgehen kann. Mit der Übersendung sowohl der Anhörung als auch des Eintragungsbescheides per Postzustellungsurkunde kann die Denkmalschutzbehörde im Streitfalle nachweisen, dass die Eigentümer vor Vollzug des Gesetzes angehört und gesetzliche Fristen eingehalten wurden.

Ist die Untere Denkmalschutzbehörde für die Unterschutzstellung oder Löschung zuständig und liegt dafür ein **Gutachten des Denkmalfachamtes** über die Denkmaleigenschaft vor, kann die Denkmalschutzbehörde das Gutachten als inhaltliche Grundlage für ihren eigenen Eintragungstext nutzen. Der Bescheid dient im Wesentlichen dazu, *„den Eigentümer über die Eintragung in die Denkmalliste zu informieren"*, sodass er *„mit Erteilung des Bescheids Kenntnis von der Eintragung in die Denkmalliste erhält, die es ihm ermöglicht, bei Bedarf weitere zusätzliche Informationen insbesondere über die für die Unterschutzstellung maßgeblichen Fakten zu erhalten"*.[29]

Ein Beispiel für die Trennung der Denkmalwertprüfung und des Genehmigungsverfahrens: Das Bayer-Casino in Krefeld-Uerdingen[30] wurde unter Denkmalschutz gestellt und später abgerissen. Das Verwaltungsgericht bestätigte, dass es sich um ein Denkmal nach den Kriterien des Denkmalschutzgesetzes handelte, womit die Unterschutzstellung gerechtfertigt war. Separat zu beurteilen war der Antrag des Eigentümers auf Änderung (hier auf Abriss) des Denkmals. Weil festgestellt wurde, dass das anerkannte Denkmal nachweislich nicht wirtschaftlich zu erhalten war, wurde dem Eigentümer schließlich die Erlaubnis (Genehmigung) zum Abbruch erteilt.

Die Denkmal(schutz)behörde machte in der Erlaubnis die Auflage, dass der Eigentümer eine Abbruchdokumentation anzufertigen hatte, damit der wissenschaftliche Informationsgehalt des Denkmals, soweit der mit den verfügbaren Methoden zu erfassen war, dokumentiert wurde. Nachfolgende Generationen können das Denkmal nicht mehr durch eigene Anschauung erleben und erforschen. Sie müssen sich mit der Dokumentation begnügen.

Zu den Aufgaben der eintragenden Behörde rund um die Unterschutzstellung gehört es, die Eigentümer und Nutzer möglichst schon vorher, z. B. bei der Ortsbesichtigung, **über die rechtlichen Folgen der Unterschutzstellung aufzuklären.** Verbreitete Trugschlüsse unter Eigentümern sind, dass sie wegen des Denkmalschutzes nichts mehr ändern dürften, oder, dass generell nur die Straßenfassade unter Schutz stünde, aber nicht das Innere. Aufklärungsgespräche können dem vorbeugen und sollen erklären, in welchem Rahmen mit welchen Mitteln und aus welchen Gründen in die Freiheiten der Eigentümer eingegriffen wird. Kostenlose Beratung durch die Denkmalschutzbehörde und das Fachamt sowie steuerliche Bescheinigungen (und Fördermittel) können als Vorteile angeführt werden, gleichen die Belastungen für den Eigentümer aber nicht unbedingt aus.

5.4   Unterschutzstellung von Denkmälern ändern oder löschen

Zuvor ist schon angesprochen worden, dass eingetragene Denkmäler aus der Denkmalliste gelöscht werden müssen, wenn die Eintragungsvoraussetzungen nicht mehr vorliegen. Mehrere **Veränderungen der Denkmaleigenschaft oder des Denkmalumfangs** sind denkbar: Eine Sache kann zum Zeitpunkt der (erstmaligen) Prüfung keine Denkmaleigenschaft besitzen; ihr kann im Laufe der Zeit aber erstmalig oder zusätzlich Denkmaleigenschaft hinzuwachsen; Teile eines Denkmals oder das ganze Denkmal können eine vormals besessene Denkmaleigenschaft verlieren.

Der Eintrag in die Denkmalliste sollte dementsprechend aktualisiert werden. Inwiefern und mit welchem Aufwand eine Unterschutzstellung oder Denkmalausweisung überarbeitet werden kann, hängt vom System der Eintragung ab. Konstitutive Systeme sind durch den Verwaltungsakt erheblich aufwendiger, sofern nicht das Denkmalschutzgesetz oder eine Durchführungsverordnung zum Gesetz eine nachrichtliche Aktualisierung bestehender Eintragungen ohne Verwaltungsakt ermöglicht (Abb. 5.4).[31]

Die **Denkmaleigenschaft und der Denkmalumfang können wachsen**, weil erst neue Erkenntnisse aus größerem zeitlichem Abstand oder mit neuen Forschungsmethoden die Qualitäten einer Sache erkennen. Eine Schule der Gründerzeit kann in der Nachkriegszeit (z. B. mit einem Klassenflügel oder einer Aula) erweitert worden sein und beide Teile bilden eine Einheit, die von den gesellschaftlichen Rahmenbedingungen und der Architekturauffassung beider Epochen zeugt. Bislang stand allein die Gründerzeitschule (nach dem Denkmalschutzgesetz NRW) wegen ihrer Bedeutung für die Geschichte des

Abb. 5.4 Historische Haustür in einem Fachwerkhaus in Diez. Je nach landesspezifischer Regelung und Rechtsprechung kann es erforderlich sein, historische Bauteile wie diese Haustür oder ganze Gebäudeflügel zu benennen bzw. dem Denkmalumfang ausdrücklich hinzuzufügen oder auszuklammern und dafür den Eintragungstext zu überarbeiten

Menschen und Städte und Siedlungen sowie aufgrund ihrer wissenschaftlichen Bedeutung unter Schutz. Mit dem Nachkriegsbau als Denkmalbestandteil würde der Umfang der geschützten Substanz vergrößert. Würden aufgrund der hochwertigen Innenraumgestaltung oder der Kunst am Bau für die Aula auch eine künstlerische Bedeutung festgestellt, käme außerdem ein neuer Schutzgrund hinzu. Das Denkmal, das aus dem Gründerzeitschulhaus bestand, wäre um den Nachkriegsbau zu erweitern, wenn die Denkmalkriterien erfüllt sind. Hierzu muss entweder neben der vorhandenen Eintragung des Gründerzeitbaus eine zusätzliche Eintragung des Nachkriegsbaus erfolgen, oder stattdessen eine Neueintragung beider Epochen als ein zusammenhängendes Denkmal. Die Neueintragung beider Teile als ein Denkmal löst die alte Eintragung ab.

Die **Denkmaleigenschaft und der Denkmalumfang können entfallen oder schrumpfen**, wenn die Denkmaleigenschaft – etwa durch Schaden oder Umbau – für das ganze Denkmal oder für Teile des Denkmals verloren geht. Der (technische) Erhaltungszustand der auf Denkmaleigenschaft zu überprüfenden Sache stellt die Denkmaleigenschaft nicht infrage, solange die Identität des Denkmals gewahrt bleibt.[32] Ein rein rechnerischer Prozentsatz des Schadens ergibt kein zuverlässiges Kriterium, da die Veränderung der Denkmaleigenschaft immer an den Schutzgründen zu messen ist.

Beispielsweise steht ein Wohnhaus mit repräsentativer Architektur, malerischer Dachlandschaft und aufwendiger Fassadengestaltung an einem Platz zum einen wegen seiner Bedeutung für Städte und Siedlungen (hier Stadtbaugeschichte seines Stadtteils) und wegen seiner städtebaulichen Bedeutung unter Schutz, außerdem sein reich gestaltetes Treppenhaus auch aus künstlerischen Gründen. Der Grundriss jenseits des Treppenhauses war durch Umbauten schon vor der Unterschutzstellung stark verändert und für die Denkmaleigenschaft nicht mehr relevant. Das Treppenhaus und Teile des Inneren werden durch Brand zerstört. Das Haus bleibt Denkmal, weil es mit seiner nach außen wirkenden Bausubstanz immer noch Zeugniswert für die Ortsgeschichte hat und die städtebauliche Situation weiterhin mitprägt. Die künstlerische Bedeutung des Treppenhauses ist mit der Zerstörung des Treppenhauses verloren gegangen. Durch eine Fortschreibung bzw. Neueintragung des Denkmals kann die Unterschutzstellung aktualisiert werden. Das Innere würde in Genehmigungsverfahren nur noch insofern berücksichtigt werden müssen, wie Veränderungen im Innern sich auf die Bauteile auswirken würden, die städtebauliche Bedeutung besitzen. Je nach Rechtslage im Bundesland muss eine solche Aktualisierung aber auch nicht formell erfolgen, weil nach wie vor ein Stück Baudenkmal unter Schutz steht und die beschriebene Differenzierung im Genehmigungsverfahren beachtet würde.

Bei Objekten, die in einem so schlechten Erhaltungszustand sind, dass eine Instandsetzung unmöglich ist oder zu einer **Kopie** führen würde, kann die Denkmaleigenschaft entfallen (nachdem die den Denkmalwert tragende Substanz verloren gegangen ist).[33] Das oben erläuterte Wohnhaus verliert durch den Brand auch das Dach, und wesentliche Teile der Fassade stürzen ein, sodass es insgesamt oder ein maßgeblicher Teil des Hauses nur als Kopie wiedererrichtet werden könnte. Die Denkmaleigenschaft entfällt infolge des zu großen Schadens, weil mit dem Schaden der Zeugniswert verloren gegangen ist. Eine Rekonstruktion[34] bzw. eine Kopie des zerstörten Originals wäre kein Denkmal. Nach dem Verlust der Denkmaleigenschaft müsste das Haus aus der Denkmalliste gelöscht werden, wenn es insgesamt seinen Zeugniswert verloren hat.

Ist nur ein Teil des Hauses (z. B. ein Hinterhaus) abgebrannt bzw. zerstört, hat vielleicht nur der zerstörte Teil und nicht das ganze Haus seinen Zeugniswert verloren. In solchen Fällen kommt in Betracht, dass allein die erhaltenen Außenwände zum Platz Denkmalwert behalten würden, weil die erhaltene Fassade und die erneuerten Bauteile dahinter keine Einheit von Denkmalwert mehr bilden würden. Die Eintragung müsste so aktualisiert werden, dass der zerstörte Teil des Denkmals, der seinen Zeugniswert verloren hat, aus dem Denkmalumfang herausgenommen wird, der übrige Teil aber Denkmal bleibt. Vergleichbare Schutzumfänge betreffen wertvolle Fassaden, deren Dächer und Innenleben durch Bombentreffer im Zweiten Weltkrieg zerstört und anschließend neu aufgebaut wurden, weshalb allein die Fassade „historisch" ist.

5.5 Unterschutzstellung von Denkmalbereichen

Denkmalbereiche (Denkmalzonen, Gesamtanlagen, Ensembles) umfassen eine Mehrheit von baulichen Anlagen, die dadurch, dass sie in einem Zusammenhang stehen, über die Summe ihrer Einzelteile hinaus Zeugniswert besitzen, indem das Zusammenspiel der Einzelteile eine **Gesamtaussage über geschichtliche Entwicklungen** vermittelt.[35] In einem Denkmalbereich muss daher – abhängig vom jeweiligen Denkmalschutzgesetz – nicht mal ein vollumfänglich in die Denkmalliste eingetragenes Einzeldenkmal vorhanden sein. Ebenso wenig ergibt sich ein Denkmalbereich aus einer bloßen Anhäufung von Denkmälern.

Bei Denkmälern würde auch das Innere Denkmalbestandteil sein können. Das setzen Denkmalbereiche nicht voraus.[36] Wäre auch das Innere einer Sache denkmalwert, wäre von einem Denkmal auszugehen. Innerhalb eines Denkmalbereichs können auch Denkmäler vorhanden sein, die separat – z. B. als Bau- oder Gartendenkmäler – in die Denkmalliste eingetragen werden.

Ob eine Mehrheit baulicher Anlagen als Denkmal in die Denkmalliste einzutragen oder durch eine Denkmalbereichssatzung geschützt werden muss, hängt (neben dem Gesetz) davon ab, welche Substanz und welche Merkmale den Zeugniswert in sich tragen.[37] Bauvorhaben sind in späteren Genehmigungsverfahren danach zu beurteilen, ob sie den Zeugniswert des Denkmalbereichs beeinträchtigen würden.[38]

Denkmalbereiche ergeben sich z. B. aus historischen Ortskernen, Straßenzügen, Villenvierteln, Arbeitersiedlungen, Gehöftgruppen und Werkbauten entlang gemeinsamer Wasserbauten wie Mühlen und Hammerwerken an den zugehörigen Grabensystemen und Mühlenteichen, die in den topografischen Kontext eingebettet sind (Abb. 5.5a und 5.5b). Denkmalbereiche können aus mehreren Bauwerken, den Außenanlagen, dem Ortsgrundriss, dem Straßennetz und der Silhouette bestehen. Gemeint ist regelmäßig die Bausubstanz, welche die städtebauliche, funktionale und gestalterische – äußerlich wirksame – Eigenart des Denkmalbereichs charakterisiert.

Ein Denkmalbereich könnte beispielsweise unter der **Überschrift** „Gründerzeitliches Villenviertel Musterstadt-Stadtteil" gefasst werden. Das kann ein Gebiet sein, dessen denkmalkonstituierende Merkmale aus Straßenzügen mit offenen Reihen repräsentativer Wohnbauten des Historismus in Gärten, mit Bauwich, Einfriedungen, Platz, Alleebäumen und Straßenpflaster bestehen, sowie die Einbettung der Bestandteile in das Gelände. Dieser Beispiel-Denkmalbereich hat Zeugniswert für die Wohnvorstellungen gehobener bürgerlicher Schichten einer bestimmten Zeit, die in der Architektur und der

Abb. 5.5 **a** Denkmalbereich Altstadt Kempen. Da der Zeugniswert in der Gesamtaussage der zusammenwirkenden Einzelteile liegt, müssen die einzelnen baulichen Anlagen nicht für sich allein genommen Denkmalwert besitzen **b** Ruine der Löwenburg bei Monreal. In Rheinland-Pfalz wurden mehrere Ruinen mit in funktionalem Zusammenhang stehenden weiteren baulichen Anlagen in ihren für Repräsentations- und Verteidigungszwecke charakteristischen Lagen als Denkmalzonen geschützt

städtebaulichen Situation Ausdruck gefunden haben. Und er verweist auf die historische Stadtentwicklung, indem er aufzeigt, wann hier eine Stadterweiterung verwirklicht wurde, die in einer zu jener Zeit wirtschaftlich prosperierenden Gemeinde stattgefunden hat. Der historische Kontext lässt sich womöglich erst durch andere Quellen beweisen, aber das Villengebiet erbringt schon als Anschauungsobjekt ein starkes Indiz. Bei einem erkannten Denkmalbereich ist auch mindestens in Grundzügen erkannt, welche Kriterien des Denkmalschutzgesetzes auf ihn zutreffen und ihn rechtfertigen.

Einzelne Villen können außerdem **Denkmäler innerhalb des Denkmalbereichs** sein, weil ihr Raumprogramm und ihre Ausstattung noch so gut erhalten sind, dass auch ihr Inneres Zeugniswert besitzt. Sie sind dann sowohl (isoliert betrachtet) Baudenkmal als auch im Zusammenhang des Denkmalbereichs maßgeblicher Bestandteil für die Gesamtaussage des Denkmalbereichs.

Im Denkmalbereich können auch Objekte vorhanden sein, die **nicht oder nur eingeschränkt für den Denkmalbereich maßgeblich** sind. Das können etwa stark veränderte Villen oder jüngere Neubauten sein. Sie werden darauf geprüft, inwiefern sie sich – wenn schon nicht (mehr) mit ihrer Baugestaltung – noch städtebaulich einfügen und zur städtebaulichen Charakteristik des Denkmalbereichs beitragen. Je nach ihrer Rolle im Gesamtgefüge könnten sie durch Neubauten mit geeigneter Kubatur ersetzt werden, ohne den Zeugniswert des Denkmalbereichs zu mindern.

Schließlich kann es auch **Denkmäler im Denkmalbereich geben, die für den Denkmalbereich nicht maßgeblich** sind. Damit ist z. B. bei Gebäuden zu rechnen, die früher als das Villenviertel erbaut wurden, das um sie herum angelegt wurde. Die städtebauliche Anlage kann das ältere Gebäude ignoriert haben (vielleicht sollte es irgendwann durch eine Villa ersetzt werden). Oder der städtebauliche Entwurf nimmt auf das ältere Gebäude bzw. die bauliche Anlage Bezug, wodurch die bauliche Anlage doch maßgeblich für den Bereich wäre. Es kann auch jüngere Villen geben, die idealtypisch und mit architektonisch hervorragendem Entwurf die Wohnvorstellungen der 1960er Jahre repräsentieren. Sie können Einzeldenkmal sein, sagen aber nichts über die Gründerzeit aus und wären für den Denkmalbereich des gründerzeitlichen Villenviertels nicht maßgeblich. Wenn aber der Denkmalbereich sich nicht auf eine Epoche beschränkt, sondern ein Gebiet anspricht, das über mehrere Generationen entwickelt wurde, würde die Villa der Sechziger Jahre mit den Gründerzeitvillen im Denkmalbereich harmonieren. Ob ein Denkmalbereich möglichst eng oder weit gefasst und wie viel nicht maßgebliche Bausubstanz er einschließen soll, ergibt sich aus unterschiedlichen Auffassungen zur Herangehensweise an einen Denkmalbereich. Es kann vorkommen, dass sich mehrere Denkmalbereiche inhaltlich oder mit ihren Geltungsbereichen überlappen.

Denkmalbereiche werden z. B. in Nordrhein-Westfalen nach § 10 DSchG NRW unter Schutz gestellt, indem der Stadt- oder Gemeinderat eine **Denkmalbereichssatzung** aufstellen lässt, um das Gebiet im Geltungsbereich der Satzung zu schützen.[39] Erst durch die Satzung, mit der die Schutzziele und Schutzgründe dargelegt werden, unterliegt der Denkmalbereich den Vorschriften des Denkmalschutzgesetzes. Das Unterschutzstellungsverfahren ähnelt den Verfahren anderer ortsrechtlicher Satzungen. Je nach

Bundesland wird der Denkmalbereich stattdessen per Rechtsverordnung geschützt. Nach Artikel 1 Abs. 3 des Bayerischen Denkmalschutzgesetzes zählen dort Ensembles zu den Baudenkmälern.

Für die **Ermittlung des Sachverhalts,** die Bewertung der konstituierenden und der sonstigen Elemente sowie die Ausarbeitung der Denkmalbereichssatzung zeichnet die Behörde verantwortlich, welche die Unterschutzstellung vornimmt. Regelmäßig trägt für Satzungen als Ortsrecht die Gemeinde die Verantwortung. Ob die Untere Denkmal(schutz)behörde alleine oder zusammen mit der Stadtplanung den Denkmalbereich und die Denkmalbereichssatzung erarbeitet, oder ob die Gemeinde ein externes Büro beauftragt, liegt in ihrem Ermessen.

Das zuständige Denkmalpflegefachamt berät die Gemeinde bei der Sachverhaltsermittlung, bei der Ausarbeitung der Satzung und erörtert mit der Denkmalbehörde die Rückmeldungen zur öffentlichen Auslegung des Satzungsentwurfs, ehe die Untere Denkmalbehörde die Satzung der Oberen Denkmalbehörde zur Genehmigung vorlegt. Das Fachamt kann auch Denkmalbereiche erkennen und der Gemeinde die Aufstellung einer Satzung vorschlagen.

Bei der Ermittlung können sich die einzelnen Teilaspekte überlagern und gegenseitig bedingen. Sie können in gebietsbezogene und in objektbezogene Aspekte gegliedert werden. Schließlich setzt sich der Denkmalbereich aus der Gesamtaussage (obiges Villenviertel) und den einzelnen Komponenten (Villen, Gärten, Straßen usw.) zusammen, deren Substanz die Gesamtaussage trägt.

Gebietsbezogen sind der Gesamtzusammenhang und die Gesamtaussage des (potenziellen) Denkmalbereichs und alle diesbezüglichen Recherchen zu den historischen Hintergründen und der historischen Entwicklung des zu betrachtenden Gebiets. Besteht der konkrete Verdacht, ein Gebiet besäße Zeugniswert durch eine denkmalwerte Gesamtaussage, weil etwa die Mehrheit baulicher Anlagen als zusammenhängende Gesamtheit erkannt wird, kann diese Gesamtheit unter einer Überschrift bzw. unter einem Thema zusammengefasst werden (z. B. das genannte Villenviertel). Das Thema ist zugleich Ausgangspunkt zur Detailuntersuchung des Gebiets. Dieses denkmalfachlich vielversprechende Gebiet kann provisorisch für die Untersuchung abgegrenzt werden. Seine endgültigen Grenzen werden im Laufe der Untersuchung und Bewertung konkretisiert, wahrscheinlich aber nicht mehr wesentlich verändert werden. Es werden die charakteristischen Gebietsmerkmale definiert. Sie geben z. B. im Falle der Neubebauung einer Baulücke oder anderer Erlaubnis-/Genehmigungsverfahren und Planungsverfahren den Bewertungsmaßstab für die praktische und für die städtebauliche Denkmalpflege.

Objektbezogen sind Untersuchungen und Recherchen zu einzelnen Elementen oder Komponenten. Diese Einzelelemente werden darauf überprüft, ob und wie maßgeblich sie zur Gesamtaussage des Denkmalbereichs beitragen.[40] Wahrscheinlich wird die Entscheidung über die Maßgeblichkeit schon bei der Themenwahl (Themenerkenntnis) des Denkmalbereichs getroffen worden sein, sodass die Einzeluntersuchungen mehr die Funktion einer Verfeinerung und Kontrolle haben. Die Einzelteile dürften im Zusammenhang der Gesamtheit mehr Aussagewert besitzen als die bloße Summe der Einzelteile. Die vordringlichen Fragen klären daher auf, womit die Einzelteile zur Gesamtaussage beitragen. Weitere Fragen der Einzeluntersuchungen betreffen Informationen wie Bauherr, Architekt, Baudatum, Veränderungen, gegebenenfalls der sich ergebende individuelle Zeugniswert als Denkmal im Denkmalbereich. Die einzelnen Elemente (bauliche Anlagen: sowohl Gebäude als auch Flächen, Außenanlagen, Straßen usw.) können in einem Objektkatalog erfasst werden, um die den Denkmalwert des Denkmalbereichs tragenden äußerlich erkennbaren Merkmale, den Beitrag des einzelnen Elements zum großen Ganzen, zu benennen. Das hilft den Eigentümern und der praktischen Denkmalpflege bei der Beurteilung von Änderungsvorhaben.

Allerdings gibt es auch eine **allgemeinere Herangehensweise,** bei der die Gebietscharakteristik ermittelt und weniger genau auf die Einzelteile eingegangen wird. Die Beurteilung von Änderungsvorhaben wird dann mehr der praktischen Denkmalpflege überlassen, die den Einzelfall anhand der Gebietscharakteristik interpretieren muss. Die allgemeinere Herangehensweise kann bei der Erarbeitung eines großflächigen Denkmalbereichs zweckmäßiger sein, wenn den Details einzelner Häuser für den Zeugniswert des Denkmalbereichs vielleicht nur untergeordnete Bedeutung zukommt, weil der Denkmalbereich sich etwa aus Stadtgrundriss, Silhouette und der Hierarchie bestimmter baulicher Anlagen ergibt.

Ein weiterer Ansatz oder **Mittelweg** bietet sich insbesondere bei Siedlungen an: Sind mehrere Haustypen zu erkennen, die mehrmals in der Siedlung verwendet wurden, können die Haustypen bei der Erarbeitung des Denkmalbereichs charakterisiert werden. Die praktische Denkmalpflege weiß dann, worauf sie bei dem gerade zu bearbeitenden Haustyp achten muss und kann trotzdem die individuellen Veränderungen berücksichtigen, die einzelne Häuser in den Jahrzehnten vor der Unterschutzstellung schon erlebt haben.

Aus den gewonnenen Erkenntnissen und erarbeiteten Definitionen entwickelt (nach DSchG NRW) die Gemeinde eine **Denkmalbereichssatzung,** die den Geltungsbereich festlegt, in dem Maßnahmen die Erlaubnis (Genehmigung) der Denkmalbehörde voraussetzen, und begründet, warum der Denkmalbereich die gesetzlichen Denkmalkriterien erfüllt.[41] In der Begründung des Denkmalbereichs werden sowohl die Gesamtaussage und die Gebietscharakteristik als auch der Beitrag der einzelnen Komponenten zur Gesamtaussage festgehalten. Der Satzung können erläuternde Unterlagen wie Karten und Fotodokumentationen als Anlagen beigefügt werden.

Die Aufstellung einer Denkmalbereichssatzung wird vom Gemeinderat beschlossen und damit der Verwaltung der Auftrag erteilt, eine Satzung auszuarbeiten. Sieht das Denkmalschutzgesetz vor, dass mit dem Aufstellungsbeschluss auch ein vorläufiger Denkmalschutz oder eine Veränderungssperre (ähnlich bei einem Bebauungsplan) eintritt, stehen die Gemeinde oder die Untere Denkmalschutzbehörde unter Zugzwang. Die Behörde muss bei Änderungsvorhaben im Geltungsbereich der aufzustellenden Satzung über aussagekräftige Unterlagen verfügen, anhand derer sie beurteilen kann, ob Belange des Denkmalschutzes einem Änderungsvorhaben im kommenden Denkmalbereich entgegenstehen.

Ist die Denkmaleigenschaft erkannt, muss die Gemeinde eine Denkmalbereichssatzung spätestens dann aufstellen, wenn dem denkmalwerten Bereich nachteilige Veränderungen drohen. Beschließt der Rat trotzdem keine Aufstellung einer Denkmalbereichssatzung, oder erwirkt die Gemeinde aus anderen Gründen keine Denkmalbereichssatzung, kann die Obere Denkmal(schutz)behörde bzw. die übergeordnete Verwaltungsebene (für kreisangehörige Gemeinden der Kreis/Landrat) die Gemeinde auffordern, eine solche Satzung vorzulegen, oder sie kann den Denkmalbereich per ordnungsbehördlicher Verordnung provisorisch unter Schutz stellen, bis eine Satzung ausgearbeitet ist.

Durch das andere Schutzinstrument (meistens Baudenkmal statt Denkmalbereich) kann der Denkmalschutz auch andere Rechtsfolgen für die Eigentümer und die Sachbearbeiter haben: Steht das Denkmal nicht nur aus städtebaulichen Gründen unter Schutz, oder macht der Eintragungstext nicht eindeutig klar, dass nur die äußerlich wirksame Substanz und ihr Erscheinungsbild unter Schutz stehen, das Innere jedoch nicht, muss die Denkmalschutzbehörde davon ausgehen, dass auch Änderungen im Innern unter den Genehmigungsvorbehalt fallen. Daraus folgen größere Belastungen für Eigentümer und Behörden. Die Unterschutzstellung als Baudenkmal statt als Denkmalbereich kann auch den Steuerzahler mehr belasten, weil Baumaßnahmen, die zur Erhaltung und Nutzung des Baudenkmals erforderlich sind, steuerlich begünstigt werden. Beim Baudenkmal kann das auch Maßnahmen im Inneren begünstigen.

Siedlungen, um ein Beispiel zu vertiefen, können als Denkmalbereich oder als Denkmal infrage kommen. Sowohl äußerlich als auch innerlich gut erhaltene Siedlungen können Denkmäler (statt „nur" Denkmalbereiche) sein, weil ihr Inneres mit dem ablesbaren Raumprogramm, den Grundrissen und der Ausstattung (z. B. Treppen und Türen) Aufschluss über historische Wohnverhältnisse einer bestimmten Klientel gibt.

Denkmalbereichssatzungen sind von Erhaltungssatzungen nach Baugesetzbuch und Gestaltungssatzungen nach Landesbauordnung zu unterscheiden, die beide dazu eingesetzt werden, Entwicklungen zu steuern.[42] Erhaltungssatzungen steuern städtebaulich-bodenrechtliche Eigenarten und können die Zusammensetzung der Wohnbevölkerung beeinflussen (Milieuschutz). Gestaltungssatzungen führen ein erwünschtes Erscheinungsbild herbei. Durch die Steuerung der Bewohnerentwicklung und das Herbeiführen erwünschter Zustände gehen die beiden Satzungen über die Zeugniswerte bewahrende Denkmalbereichssatzung hinaus.

Die Satzungen können kombiniert werden, um z. B. die städtebauliche Entwicklung bzw. Erhaltung eines Quartiers zu steuern, darüber hinaus besonders gut erhaltene historische Bereiche substanziell zu schützen und dieselben oder das ganze Quartier durch eine Gestaltungssatzung einem erwünschten Erscheinungsbild zuzuführen. Das erwünschte Erscheinungsbild verträgt sich mit dem denkmalwerten Erscheinungsbild des Denkmalbereichs und kann das historisch gewesene Erscheinungsbild wieder herbeiführen oder die Gestaltung von Neubauten im Satzungsgebiet steuern.

5.6   Denkmalfähigkeit nach Denkmalkriterien

Denkmalfähig ist eine Sache, welche die vorausgesetzten fachlichen Kriterien für die Bedeutung (Schutzründe) des jeweiligen Denkmalschutzgesetzes erfüllt. Um das nachzuweisen wird die fragliche Sache anhand der gesetzlichen Kriterien überprüft und unter die Kriterien die Begründung geschrieben (subsumiert), warum und mit welchen Merkmalen die Sache die Kriterien gegebenenfalls erfüllt.

Über die Denkmalfähigkeit hinaus **denkmalwürdig** ist die Sache, wenn auch das öffentliche Interesse (bzw. das Interesse der Allgemeinheit) an ihrer Erhaltung besteht. Das öffentliche Interesse rechtfertigt den Erhaltungsauftrag mit der Beschränkung des Privateigentums. Die Begriffe „denkmalfähig" und „denkmalwürdig" kommen im Denkmalschutzgesetz nicht vor, sondern sind von Juristen herausgearbeitet worden, um die rechtlichen Anforderungen zu differenzieren.[43]

Im fachlichen Sprachgebrauch wird gemeinhin zusammenfassend von „Denkmaleigenschaft" oder gleichbedeutend „Denkmalwert" („denkmalwert") oder einfach „Denkmal" gesprochen, wenn eine Sache dem Gesetz nach ein Denkmal ist.

Welche Voraussetzungen ein Denkmal erfüllen muss, damit ein öffentliches Interesse an seiner Erhaltung begründet ist, definieren die Denkmalschutzgesetze der Bundesländer. Während z. B. in Bayern und Schleswig–Holstein ein Denkmal aus vergangener Zeit stammen muss, die als abgeschlossene geschichtliche Epoche wissenschaftlich eingegrenzt werden kann, gibt es diese Voraussetzung im Denkmalschutzgesetz Nordrhein-Westfalen nicht. Sie fehlt aber auch nicht. Denn denkmalpflegerisch interessant werden die Epochen für gewöhnlich erst für die nachfolgenden Generationen, die nicht selbst an den Schöpfungen der Vorfahren beteiligt waren und in der Rückschau allmählich sowohl Ablehnung als auch Faszination kontrovers entwickeln. Hiermit gelangen wir zu der im Einführungskapitel gestellten Frage: Was sagt das Denkmal über Geschichte aus?

Am Beispiel des Denkmalschutzgesetzes Nordrhein-Westfalen wird erklärt, was mit den darin aufgeführten Kriterien jeweils gemeint ist, ohne die abschließende Deutungshoheit zu beanspruchen, da die Kriterien unter Denkmalpflegern diskutiert und von Verwaltungsgerichten in Urteilen ausgelegt werden, womit die Deutung weiterentwickelt und präzisiert wird.[44] Die erfüllten Denkmalkriterien müssen dem Denkmal systematisch durch „Subsumtion" nachgewiesen werden. Wird gegen die Unterschutzstellung geklagt, überprüft das Verwaltungsgericht, ob die Begründung der Denkmaleigenschaft dem Gesetz entspricht und das Denkmal die Eintragungsvoraussetzungen erfüllt.

Die Kriterien zur Bewertung der Denkmaleigenschaft und die Arten von Denkmälern, die das DSchG NRW kennt, sind in dessen § 2 mit der Überschrift „Begriffsbestimmungen" festgelegt. Das Denkmalschutzgesetz Nordrhein-Westfalen aus dem Jahr 1980 wurde im Jahr 2022 novelliert und weicht mit geänderter Formulierung der Denkmalwertkriterien von der alten Fassung ab. Daher weichen die Begründungen älterer Unterschutzstellungen von dem Wortlaut der jüngeren Novelle ab, meinen aber den gleichen Tatbestand. Zusätzlich hat die Novelle neue Kriterien hinzugefügt, die von Denkmalpflegern und Juristen erst noch ausgelegt werden müssen.

Die Kriterien und Formulierungen werden im Folgenden erklärt, um die alte und neue Fassung des DSchG NRW zuordnen und bei der Denkmalbewertung anwenden zu können. Die kommenden Urteile zu Unterschutzstellungen werden von den Denkmal(schutz)behörden zu beobachten sein, um zu erfahren, was genau die neuen Kriterien meinen und wie sie gegen die anderen Kriterien abzugrenzen sind. Die meisten der unten erläuterten Kriterien kehren mit gleicher oder ähnlicher Bezeichnung in den Denkmalschutzgesetzen anderer Bundesländer wieder.

In den meisten Denkmalschutzgesetzen muss mindestens ein Kriterium aus einer im Gesetz festgelegten Liste als erfüllt nachgewiesen werden, um die Fähigkeit zum Denkmal nachzuweisen. Das Denkmalschutzgesetz Nordrhein-Westfalen und das von Mecklenburg-Vorpommern verlangen ein komplexeres Bewertungsschema als andere Denkmalschutzgesetze, indem es Bedeutungskriterien und Erhaltungsgründe für die Feststellung der Denkmaleigenschaft differenziert voraussetzt. Das soll eine zu großzügige Zuerkennung der Denkmaleigenschaft verhindern.

Nach § 3 des Denkmalschutzgesetzes Rheinland-Pfalz kann eine Sache beispielsweise Denkmal sein, wenn sie Zeugnis *„historischer Ereignisse oder Entwicklungen"* ist und an ihrer *„Erhaltung und Pflege oder wissenschaftlicher Erforschung und Dokumentation aus geschichtlichen, wissenschaftlichen, künstlerischen oder städtebaulichen Gründen ein öffentliches Interesse besteht."*

Gemeinsam ist den Bedeutungskategorien zwar das geschichtliche Moment, aber die einzelnen Kategorien sind aus Gründen der Bestimmtheit differenziert zu belegen, um das öffentliche Erhaltungsinteresse an dem konkreten exemplarischen Zeugnis der Vergangenheit zu konkretisieren (Abb. 5.6a).[45] Einer vertieften Betrachtung des öffentlichen Interesses bzw. des sinngleichen Interesses der Allgemeinheit widmet sich das anschließende Kapitel.

In der **alten Fassung des Denkmalschutzgesetzes Nordrhein-Westfalen** hieß es noch: *„Denkmäler sind Sachen, Mehrheiten von Sachen und Teile von Sachen, an deren Erhaltung und Nutzung ein öffentliches Interesse besteht. Ein öffentliches Interesse besteht, wenn die Sachen bedeutend für die Geschichte des Menschen, für Städte und Siedlungen oder für die Entwicklung der Arbeits- und Produktionsverhältnisse sind und für die Erhaltung und Nutzung künstlerische, wissenschaftliche, volkskundliche oder städtebauliche Gründe vorliegen."* Die alte Fassung des Gesetzes unterschied sprachlich klar zwischen Bedeutungskategorien und Erhaltungsgründen. Das machte kenntlich, dass beide Voraussetzungen erfüllt sein mussten (und die nach der Novelle immer noch erfüllt sein müssen), um die Denkmalfähigkeit und das öffentliche Interesse (Denkmalwürdigkeit) an der Erhaltung des Denkmals zu begründen. Ein öffentliches Interesse an der Erhaltung und Nutzung bestand demnach z. B. dann, wenn das Denkmal sowohl bedeutend für Städte und Siedlungen war als auch städtebauliche Gründe vorlagen.

In der **Neufassung des DSchG NRW aus dem Jahr 2022** hat der Gesetzgeber statt der Bedeutungskategorien und Erhaltungsgründe eingeführt, dass beide Voraussetzungen

Abb. 5.6   **a** Das Torgebäude zum ehemaligen Konzentrationslager (heute Gedenkstätte) Buchenwald bei Weimar erinnert an die menschenverachtende Ideologie des Nationalsozialismus **b** Das Holstentor, alte Stadtgrenze, Wehr- und Repräsentationsbau, Lübecker Wahrzeichen **c** Friedrichsplatz mit Wasserturm, Jugendstil-Gartenanlage und umgebender Bebauung in Mannheim. Wassertürme können z. B. aus technischen Gründen, anspruchsvolle Gärten und Gebäude über wissenschaftliche Gründe hinaus auch künstlerisch oder städtebaulich erhaltenswert sein. Die Anlage entstand mit der östlichen Stadterweiterung **d** Das mit Blechfassaden verkleidete Haus in Karlsruhe-Rüppurr illustriert bautechnische Experimente der Nachkriegszeit **e** Kreuzigungsgruppen wie diese in Kempen können als Kleindenkmäler z. B. Religionsgeschichte, Volksfrömmigkeit, Stiftungen oder Obrigkeitshandeln und historische Steinmetzfähigkeiten dokumentieren **f** In ihrem städtebaulichen Zusammenhang denkmalwerte Gesamtanlage Altstadt Wertheim

Bedeutungen genannt werden. Nachfolgend wird von zwei Bedeutungsebenen gesprochen. Hiernach sind Denkmäler *„Sachen, Mehrheiten von Sachen und Teile von Sachen, an deren Erhaltung und Nutzung ein öffentliches Interesse besteht. Ein öffentliches*

Interesse besteht, wenn die Sachen bedeutend für die Erdgeschichte, für die Geschichte des Menschen, für die Kunst- und Kulturgeschichte, für Städte und Siedlungen oder für die Entwicklung der Arbeits- und Produktionsverhältnisse sind und an deren Erhaltung und Nutzung wegen künstlerischer, wissenschaftlicher, volkskundlicher oder städtebaulicher Bedeutung ein Interesse der Allgemeinheit besteht." Ein öffentliches Interesse an der Erhaltung und Nutzung besteht z. B. dann, wenn ein Denkmal bedeutend für Städte und Siedlungen ist und wenn seine Erhaltung und Nutzung aufgrund seiner städtebaulichen Bedeutung im Interesse der Allgemeinheit liegt.

Das OVG NRW fasste das **Kriterium der Bedeutung** 1998 folgendermaßen zusammen[46]: *„Den einzelnen Merkmalen, aus denen sich die Bedeutung des Objekts ergeben soll, ist die Kategorie des Geschichtlichen gemeinsam. Die Bedeutung eines Objekts folgt aus seinem Wert für die Dokumentation früherer Bauweisen und der gesellschaftlichen und wirtschaftlichen Verhältnisse, die in dem Gebäude und seiner Bauweise zum Ausdruck gelangen. Das Objekt muß in besonderem Maße geeignet sein, geschichtliche Entwicklungen aufzuzeigen oder zu erforschen".* Dafür muss es, wie das Gericht fortsetzt, *„einen bestimmten geschichtlichen Zusammenhang dokumentieren können. Das Objekt braucht nicht als einzigartig oder hervorragend für die Geschichte des Menschen, für Städte und Siedlungen oder für die Entwicklung der Arbeits- und Produktionsverhältnisse dazustehen. Der geschichtliche Bezug, der in dem Objekt sinnfällig wird, hebt die Sache von anderen ab".*

Das Verwaltungsgericht Aachen führte weiter aus: *„Bei der Erfassung von Denkmälern sieht das nordrheinwestfälische Denkmalschutzgesetz gerade kein Prinzip der repräsentativen Auswahl vor [...] Dies ist auch folgerichtig, weil sich oftmals erst bei genauer Untersuchung des einzelnen Denkmals Besonderheiten erkennen lassen".*[47]

Seltenheit durch historisch hervorragende Leistung im Vergleich mit anderen Beispielen oder durch Verlust der allermeisten Vergleichsbeispiele steigert aber die Bedeutung und die Erhaltungswürdigkeit[48], wobei nicht bloß die letzten Exemplare ihrer Art erhaltenswert sind. Allerdings *„kann das Gewicht der Gründe, aus denen ein Denkmal erhalten werden soll, in Ausnahmefällen dann gemindert sein oder entfallen, wenn seine historische Aussage durch gleichartige Gebäude ohne Einbußen bereits denkmalrechtlich gesichert erscheint",* was aber nicht für alle Erhaltungsgründe zu verallgemeinern sei, *„denn insbesondere das öffentliche Interesse an der Erhaltung eines Gebäudes aus städtebaulichen Gründen beruht in aller Regel auf der Einbindung des Gebäudes in seinem konkreten Bestand in eine gegebene, unwiederholbare städtebauliche Situation".*[49]

Im zuvor zitierten und weiteren Urteilen führt das OVG NRW zur Abgrenzung der Bedeutung aus: Das Kriterium der Bedeutung soll zu stark veränderte Objekte, aus denen sich die historischen Bezüge nicht mehr ausreichend herleiten lassen, und **belanglose Objekte ausschließen.** *„Entscheidend ist, ob der Gesamteindruck des Denkmals und dessen Identität",* trotz kleinerer Veränderungen und im Laufe der Zeit notwendiger Reparaturen, *„im Wesentlichen erhalten geblieben sind".*[50] *„Eine Sache ist im vorgenannten Sinne bedeutend, wenn ihr eine besondere Eignung zum Aufzeigen* *und Erforschen einer bestimmten Entwicklung zukommt. Erforderlich ist, daß die Sache einen nicht unerheblichen Dokumentationswert für mindestens eines der im Gesetz aufgeführten Bezugsmerkmale hat".*[51] Belanglos ist ein Objekt, wenn es die geforderten historischen Bezüge und Aussagewerte nicht in ausreichender Dichte aufweist, nur über sich selbst oder die persönlichen Geschmäcker der Erbauer und Hersteller Auskunft gibt, aber nicht darüber hinaus größere kulturgeschichtliche Zusammenhänge aufzeigen kann.[52] Wegen der Geschichtlichkeit des Denkmals stellt die Bedeutung keinen Wert dar, der aus der Gegenwart erwächst, sondern der Wert (auch für die Gegenwart) erwächst – in der Rückschau auf die Vergangenheit – aus der Aussagekraft des Denkmals über historische Entwicklungen.

Abgrenzung der zwei Bedeutungsebenen:
Es hat sich in vielen Fällen als zweckmäßig erwiesen, die Kriterien der Ebene der Bedeutung für die Erdgeschichte, für die Geschichte des Menschen, für Städte und Siedlungen, für die Kunst- und Kulturgeschichte und für die Entwicklung der Arbeits- und Produktionsverhältnisse als Entstehungszusammenhänge zu deuten, auf die das Denkmal durch seine erhaltenswerten Merkmale verweist, die sich in der zweiten Ebene wiederfinden: Bei den künstlerischen, städtebaulichen, volkskundlichen und wissenschaftlichen Bedeutungen[53] stellt sich noch mehr die Frage, woran man am Objekt erkennt, für welche geschichtliche Entwicklung oder für welches Ereignis es steht. Woran – an welcher Substanz und an welchem Erscheinungsbild in der Wechselwirkung mit seiner Umgebung – ist die historische Aussagekraft festzumachen, sodass diese den Zeugniswert tragende Substanz erhalten bleiben muss?

Die beiden Bedeutungsebenen, wie auch die einzelnen Bedeutungskategorien sind aufgrund der gemeinsamen Eigenart der Geschichtlichkeit miteinander verknüpft, ähneln einander und weisen Schnittmengen auf. Ein und derselbe Zeugniswert lässt sich daher oftmals in mehrere gesetzliche Kategorien einordnen. Generell sollen die Bedeutungen mit konkreter Substanz in Zusammenhang stehen. Die Einordnung bzw. Subsumtion unter die Bedeutungskategorien muss fallspezifisch so entschieden werden, dass die fachliche Bewertung möglichst gut in das gesetzliche Korsett passt.

Wegen des Geschichtsbezugs des Denkmals werden insbesondere Geschichtswissenschaften oder geschichtsorientierte Teilwissenschaften einer Disziplin betroffen sein. Beispielsweise Wirtschafts- und Sozialgeschichte, Industriegeschichte, Technikgeschichte oder Kirchengeschichte werden im Denkmalschutzgesetz NRW vor allem der ersten Bedeutungsebene (Bedeutend für die Geschichte des Menschen usw.) als Entstehungszusammenhänge zuzuordnen sein, wogegen die substanzielle Umsetzung als Forschungsgegenstand dient, über den die Geschichte erforscht werden kann.

Römische Münzen können durch ihren Fundort darauf hinweisen, dass Römer dort gesiedelt haben oder die Münzen durch Handel dorthin kamen, sodass sie Bedeutung für die Geschichte des Menschen besitzen, weil sie etwa an historische wirtschaftliche oder politische Verhältnisse erinnern. Die Münzen können wegen ihrer wissenschaftlichen Bedeutung erhaltenswert sein, weil sie wichtige Quellen für die Numismatik (Münzkunde) verkörpern und weil durch die Münzen historische Metallverarbeitung, also altertümliches technisches Wissen dokumentiert und erforscht werden kann.

Ein historisches Fachwerkhaus mag bedeutend für eine Stadt sein, weil es die historische Besiedlung zu seiner Entstehungszeit belegt, und aufgrund seiner weitgehend vorhandenen Konstruktion als Forschungsobjekt für die Gefügeforschung erhaltenswert sein. Sein charakteristischer Grundriss kann historische Lebens- und Wirtschaftsverhältnisse dokumentieren, sodass dieser Aspekt sowohl für die wissenschaftliche oder volkskundliche Bedeutung als auch für die Bedeutung für die Geschichte des Menschen oder auch für Städte und Siedlungen infrage käme.

Ein Kirchengebäude der 1950er Jahre – womöglich mit Teilen seiner liturgischen Ausstattung – demonstriert das architektonische Ergebnis historischer Glaubensvorstellungen und liturgischer Anforderungen, und es wurde gebaut, als infolge des Zweiten Weltkriegs zahlreiche Ostvertriebene einer Konfession in einem Gebiet siedelten, das bis dahin vornehmlich von anderen Konfessionen geprägt war. Der Sakralbau kann als Zeugnis der Kirchengeschichte bedeutend für die Geschichte des Menschen und als Beleg für die örtliche Bevölkerungsentwicklung und Stadterweiterung bedeutend für Städte und Siedlungen sein. Die damaligen religiösen Hintergründe können über die Architektur und Bautechnik erschlossen und mit der ablesbaren Bauzeit sowie den Stilformen der Ausstattung verknüpft werden, sodass architektur- und kunstgeschichtliche (wissenschaftliche und/oder künstlerische) Bedeutungen vorliegen können.[54]

Mit dem Fokus auf der Bedeutung „für Städte und Siedlungen" und der „städtebaulichen Bedeutung" soll exemplarisch ein Ansatz zur Differenzierung der beiden Bedeutungsebenen ausführlicher erläutert werden.

Die Denkmalschutzgesetze der meisten anderen Bundesländer kennen die Unterscheidung in Bedeutungskategorien (heute erste Bedeutungsebene) und Erhaltungsgründe (heute zweite Bedeutungsebene) nicht, sondern benennen nur z. B. städtebauliche Bedeutung als eine der möglichen Voraussetzungen für die Denkmalfähigkeit. Im Brandenburgischen Denkmalschutzgesetz ist die städtebauliche Bedeutung ein Kriterium, welches das öffentliche Interesse an der Erhaltung der Sache, dem Denkmal, begründet. Das Denkmalschutzgesetz von Baden-Württemberg benennt städtebauliche Bedeutung gar nicht, sondern setzt bei Kulturdenkmälern voraus, dass an deren *„Erhaltung aus wissenschaftlichen, künstlerischen oder heimatgeschichtlichen Gründen ein öffentliches Interesse besteht"*.[55] Diese Gesetze gehen von der schon weiter vorne eingeführten Prämisse aus, dass den Denkmalkriterien immer ein Geschichtsbezug zu eigen ist, der differenziert belegt werden muss.

Seit der Novelle von 2022 steht auch im Denkmalschutzgesetz NRW *„städtebauliche Bedeutung"*, aber nicht alleine ausreichend für die Denkmalfähigkeit, sondern – wie zuvor die städtebaulichen Erhaltungsgründe – in der Aufzählung der zweiten Bedeutungsebene, während z. B. *„bedeutend für Städte und Siedlungen"* als Kriterium der ersten Bedeutungsebene gleichlautend beibehalten wurde. In NRW müssen die Kriterien *„bedeutend für Städte und Siedlungen"* und *„städtebauliche Bedeutung"* (ehemals städtebauliche Erhaltungsgründe) unterschieden werden.

Das Handbuch Städtebauliche Denkmalpflege erklärt städtebauliche Bedeutung als *„über das Einzeldenkmal hinausgehende Bezüge und Wirkungen als Kriterium zur Denkmalbegründung"*.[56] Ein Denkmal mit städtebaulicher Bedeutung hat hiernach *„Wirkung auf den übergeordneten Siedlungszusammenhang, sei es Stadt oder Dorf oder auch die Kulturlandschaft, die ihre Begründung in der Geschichte findet."* Auch städtebauliche Strukturen wie Stadtgrundriss, Straßen und Plätze haben städtebauliche Bedeutung. *„Im engeren Sinne sei der Begriff der 'städtebaulichen Bedeutung' aber auf das Einzeldenkmal bezogen und meint dann die über das Denkmalobjekt räumlich hinausgehenden Bezüge und Wirkungen seiner selbst."*[57]

Gerade dann, wenn es um die das Ortsbild, den Charakter oder die Ortsstruktur prägende Eigenschaft eines Denkmals als Fixpunkt im Stadtgefüge oder als planmäßig angelegte Siedlung geht, vermischen sich die Bedeutung für Städte und Siedlungen mit der städtebaulichen Bedeutung (Erhaltungsgründen). Die gebaute Substanz und ihr Erscheinungsbild gingen aus den Entstehungsbedingungen hervor und verleihen daher genau diesen Bedingungen Ausdruck. Die geschichtliche Bedeutung manifestiert sich in der gebauten – gewachsenen oder planmäßig gewollten – Substanz und städtebaulichen Einbindung. Das OVG NRW kam beispielsweise 2006 bei der Verhandlung eines Wohnhauses zu der Einschätzung, dass es bedeutend für Städte und Siedlungen wäre und in diesem Zusammenhang für seine Erhaltung und Nutzung städtebauliche Gründe vorlägen, weil eine Beeinträchtigung der städtebaulichen Situation einträte, wenn das Haus in seiner prägenden Wirkung verändert würde.[58]

Das Handbuch Städtebauliche Denkmalpflege unterscheidet zwischen zwei Ebenen[59]: der symbolischen Wirkung für den übergeordneten Zusammenhang einerseits, andererseits der konkreten stadträumlichen Wirkung. Als Beispiele für die symbolische Wirkung oder Bedeutung werden Kirchen, Rathäuser und Stadtmauern, aber auch eher unscheinbare Bauten und Baugruppen angeführt, die auf die zeitgenössischen Entstehungsbedingungen, Hintergründe und Mittel der Erbauer verweisen. Sie repräsentieren historisch gewollte und gewordene Stadtentwicklungsprozesse. Den baulichen Zeugnissen wird zugesprochen, dass sie – insbesondere Monumentalbauten als städtebauliche Dominanten – außerdem eine stadträumliche Wirkung haben, die durch ihre städtebauliche Einbindung in den Kontext wie Landschaft, Gelände und Stadtstrukturen hervorgerufen oder modifiziert wird.

Grundsätzlich sind diese städtebaulichen Zusammenhänge nach ihrem historischen Zeugniswert zu beurteilen, nicht nach gegenwartsbezogenen ästhetischen (erst recht nicht geschmacklichen) Kriterien. Dieser Zeugniswert ist das entscheidende Alleinstellungsmerkmal, das Denkmäler von der Masse des Gebauten abhebt. Im städtebaulichen Sinne sollen unverwechselbare Situationen entstanden sein, die nur aus der individuellen Stadtentwicklung heraus an ihrem Standort entstehen konnten.

Die Gliederung in zwei Ebenen wird im Folgenden adaptiert und so zwischen der **ideellen (oder symbolischen, kontextuellen) stadt(bau)geschichtlichen Bedeutung** (Bedeutung für Städte und Siedlungen) und der **materiellen städtebaulichen Umsetzung** (städtebaulichen Bedeutung) unterschieden, welche die historischen Hintergründe widerspiegelt:

Die Bedeutung für Städte und Siedlungen – ebenso die Bedeutung für die Geschichte des Menschen, für die Entwicklung der Arbeits- und Produktionsverhältnisse und wahrscheinlich auch die Bedeutung für die Erdgeschichte und für die Kunst- und Kulturgeschichte – können als die Entstehungszusammenhänge gedeutet werden. Städtebauer sprechen von „Bindungen": den kulturellen, politischen, topografischen und anderen Faktoren, die die Stadt und die Gesellschaft konstituierten, aus denen die konkrete städtebauliche Lösung als Spiegel der Gesellschaft hervorgegangen sei.

Auf diese Bindungen verweist das Denkmal durch seine materiellen erhaltenswerten Merkmale, die sich in der städtebaulichen Bedeutung niederschlagen. Die Erhaltungsgründe beziehen sich auf die konkrete Substanz und die städtebauliche Situation, über die die historischen Entstehungsbedingungen erforscht werden können. Sie sind der Zugang, durch den sich die Geschichte und der ideelle Hintergrund bzw. historische Kontext erschließen lassen. Die gebaute, dadurch erlebbare und greifbare Lösung macht beispielhaft den abstrakten Entstehungszusammenhang anschaulich und erklärbar. Die zu prüfenden Erhaltungsgründe werfen die Frage auf, woran sachkundige Betrachter am Objekt erkennen, für welche geschichtliche Entwicklung oder für welches Ereignis es steht. Woran – an welcher Substanz und an welchem Erscheinungsbild in der Wechselwirkung mit seiner Umgebung – ist der historische Zeugniswert festzumachen? Inwiefern kann das Denkmal Dokument oder Gegenstand wissenschaftlicher Forschung sein?

Eine Abgrenzung der Erhaltungsgründe (städtebauliche Bedeutung) von der (ideellen) Bedeutung für die Geschichte des Menschen, für Städte und Siedlungen usw. ergibt Sinn, weil der heutige Zustand ein anderer sein kann, als er historisch (beabsichtigt) gewesen war. Oder der heutige Zustand ging sogar aus mehreren historischen Entstehungsprozessen hervor: z. B. Wiederaufbau eines mittelalterlichen Stadtkerns nach dem Zweiten Weltkrieg. Dann verweist die eine heute vorhandene städtebauliche Situation auf mehrere historische Entstehungszusammenhänge, aus denen das Denkmal und seine Umgebung schrittweise hervorgegangen sind. Umgekehrt muss ein Denkmal, das für Städte und Siedlungen bedeutend ist, in einer völlig veränderten Umgebung nicht gleichzeitig wegen städtebaulicher Bedeutung erhaltenswert sein.

Bedeutend für die Erdgeschichte:
Das Kriterium ist mit der Gesetzesnovelle neu eingeführt worden und wird sich in erster Linie auf Bodendenkmäler beziehen, die als Zeugnisse tierischen und pflanzlichen Lebens aus erdgeschichtlicher Zeit stammen. Der Mensch hat an der Entstehung (wahrscheinlich) nicht mitgewirkt. Mit dieser Kategorie kann das erdgeschichtliche Bodendenkmal z. B. von der Bedeutung für die Geschichte des Menschen abgrenzt werden. Da die anderen Denkmal-Arten von Menschenhand geschaffen wurden oder auf menschliches Leben verweisen, wird eine erdgeschichtliche Bedeutung für Bau- und Gartendenkmäler sowie Kulturlandschaften wahrscheinlich nur dann zutreffen, wenn das vorgefundene erdgeschichtliche Zeugnis bei der Gestaltung einbezogen worden ist. Dann dürfte es gleich mehrere Bedeutungskriterien erfüllen, weil die Gestaltung kein

erdgeschichtlicher, sondern ein kultureller Vorgang war. Als neues Kriterium wird es durch wissenschaftliche Beiträge und Gerichtsurteile noch konkretisiert werden.

Bedeutend für die Geschichte des Menschen:
Ein Denkmal besitzt nach OVG NRW „*Bedeutung für die Geschichte des Menschen, wenn es einen Aussagewert hat für das Leben bestimmter Zeitepochen sowie für die politischen, kulturellen und sozialen Verhältnisse und Geschehensabläufe. Die Bedeutung kann aus allen Zweigen der Geschichte hergeleitet werden, etwa aus der politischen Geschichte, der Militär-, Religions-, Wirtschafts-, Geistes-, Technik-, Kunst- oder Sozialgeschichte. Diese geschichtliche Bedeutung kann sich auf die Zeitgeschichte wie auf die Heimatgeschichte beziehen.*"[60] Die Geschichte muss nicht die Menschheit insgesamt betreffen, sondern kann beispielsweise auf die Geschichte der Menschen einer bestimmten Stadt bezogen sein und überlagert sich mit der Bedeutung für Städte und Siedlungen.

Bei einem Baudenkmal sollen die kulturellen Verhältnisse in der Architektur, Gestaltung oder Bauweise zum Ausdruck gelangen. „*Bedeutend für die Geschichte des Menschen als Zeitdokument der Architekturgeschichte ist eine Sache dann, wenn ihr eine besondere, über Massenprodukte hinausgehende Eignung zum Aufzeigen und Erforschen der Entwicklung der Baukunst zukommt*".[61]

Bedeutung besitzt das Denkmal auch dann, wenn es erst zusammen mit anderen Quellen einen (optischen) Eindruck von historisch bedeutsamen Gegebenheiten vermitteln bzw. die Geschichte vor Augen führen kann. Das Denkmal kann auch Geburts- oder Wirkungsstätte namhafter Personen oder Schauplatz bestimmter Ereignisse gewesen sein.[62] Je mehr die Lebensverhältnisse oder der Einfluss dieser Personen an der Substanz verankert werden kann, umso besser.

Bedeutend für die Kunst- und Kulturgeschichte:
Die Bedeutung für die Kunst- und Kulturgeschichte ist mit der Gesetzesnovelle eingeführt worden, weil der Gesetzgeber damit Bezug auf Artikel 18 der Landesverfassung NRW nehmen wollte, wonach Denkmäler der Kunst, der Geschichte und der Kultur, die Landschaft und Naturdenkmale[63] unter dem Schutz des Landes stehen. Die Bedeutungskategorie der Kunst- und Kulturgeschichte konnte noch nicht mit juristisch abgesichertem Inhalt gefüllt und nicht von den anderen Bedeutungskategorien abgegrenzt werden. Die Bedeutung für Kunst- und Kulturgeschichte ist potenziell redundant, weil Denkmäler meist von Kulturen (von Menschen) erzeugt wurden, über die sie Auskunft geben. Das ist beispielsweise schon in der Kategorie der Geschichte des Menschen enthalten. Wie oben dargestellt, ging das OVG NRW vor der Novelle davon aus, dass z. B. ein Baudenkmal über die kulturellen Verhältnisse Auskunft gibt. Das Denkmalschutzgesetz Rheinland-Pfalz beispielsweise geht generell von Kulturdenkmälern aus.

Klärungsbedarf gibt es etwa zu der Frage, ob mit Kunst- und Kulturgeschichte z. B. speziell Konzertsäle, Ateliers, Theater und ähnliche Gebäude, in denen Kunst aufgeführt oder erschaffen wird, oder in denen Kulthandlungen vollzogen werden, oder ob besonders künstlerisch ausgestaltete Gebäude gemeint sind, deren Erhaltung dann vielleicht auch (bereits) aufgrund künstlerischer Bedeutung im Interesse der Allgemeinheit läge. Es wird noch herauszuarbeiten sein, inwiefern die Bedeutung für die Kunst- und Kulturgeschichte von den anderen Bedeutungskategorien und sowohl von der volkskundlichen als auch künstlerischen Bedeutung abzugrenzen ist.[64]

Bedeutend für Städte und Siedlungen:
Für die Bedeutung eines Denkmals für Städte und Siedlungen hat das OVG NRW mehrere Ansätze anerkannt, die entweder in eine architektonische oder soziologische Richtung stoßen, immer aber die historische Stadtentwicklung – die in baulichen Anlagen erfassbare Ortsgeschichte – ansprechen: *„Bedeutend für Städte und Siedlungen ist ein Objekt, wenn es einen besonderen Aussagewert für die Baugeschichte (Architekturgeschichte) einer Stadt oder Siedlung, aber auch einer Region hat, etwa weil es charakteristisch ist für Häuser einer bestimmten Schicht und Zeit.“*[65] Wie haben sich wann warum die Stadt bzw. der Stadtteil oder die Kulturlandschaft und die dort (einst) lebende Bevölkerung(sschichten) und Kultur entwickelt und wie vermittelt das Denkmal diesen Bezug? Das für eine Schicht und Zeit charakteristische Haus wird deutliche Schnittmengen mit den wissenschaftlichen (sozialgeschichtlichen) und volkskundlichen Bedeutungskategorien aufweisen. Solchen Fragen der historischen Stadtentwicklung geht die Stadtgeschichtsforschung nach, für die Denkmäler und Denkmalbereiche wiederum zentrale Quellen und Forschungsgegenstände sind.[66]

„Bedeutend für Städte und Siedlungen ist ein Objekt, wenn es durch seine Anordnung und Lage in der Örtlichkeit, durch seine Gestaltung für sich allein oder in Verbindung mit anderen Anlagen den historischen Entwicklungsprozeß einer Stadt oder Siedlung in nicht unerheblicher Weise dokumentiert.“[67] Typische Beispiele hierfür sind bauliche Anlagen, die als signifikante Bestandteile der Erstbebauung eines Stadtviertels zählen. Schichtenspezifisch weisen die Denkmäler auf die Bevölkerungsgruppen hin, die hier einst siedelten oder angesiedelt wurden. *„In diesem Sinne bedeutend kann eine bauliche Anlage lediglich aufgrund ihres städtebaulichen oder siedlungsbezogenen Zusammenhanges sein, etwa wenn sie an einem Standort in einem denkmalrechtlich relevanten Umfeld durch dieses ihre Prägung erhält und umgekehrt diesem Umfeld eine Prägung vermittelt“.*[68] Für einen *„städtebaulich signifikanten Zusammenhang“* erkannte das OVG NRW beispielsweise ein Haus in einem *„von gutbürgerlichen Häusern gekennzeichneten Stadtteil“* als *„ein mitprägendes Element des die Entstehungszeit dieses Stadtteils dokumentierenden Straßenbilds“* an.[69] Aus diesem Beispiel und Urteil wird die Schwierigkeit bei der Abgrenzung der Bedeutung für Städte und Siedlungen und der städtebaulichen Bedeutung nochmal er sichtlich.

Der oben angesprochene städtebauliche bzw. siedlungsbezogene Zusammenhang kann beispielsweise gegeben sein, *„wenn das Gebäude Teil einer Gesamtplanung wäre und sich in ihm der Umgang der Stadt mit ihrer eigenen (Bau-) Geschichte ausdrückte; das Gebäude könnte dadurch an seinem Standort zum Dokument stadtgestalterischen Willens werden“.*[70] Das spricht eine absichtliche (historische) Stadtentwicklung an, etwa auf der Grundlage eines damaligen städtebaulichen Entwurfs oder der Ausweisung eines Baugebiets für bestimmte Gesellschaftsschichten, oder mit städtebaulichen Vorgaben. Ebenso kann ein Stadtteil über mehrere Bauphasen gewachsen sein und mehrere bedeutende Zeitschichten aufweisen, die auf verschiedene historische Zusammenhänge verweisen.

Entscheidend für die Bedeutung sind, wie oben schon angerissen, die Bedingungen, aus denen die Stadt oder das einzelne Denkmal erwuchs und für die das Denkmal oder der Denkmalbereich symbolischen Zeugniswert hat. Denn die *„Geschichte der Architektur der Stadt ist nicht zu trennen von der Geschichte der Gesellschaft, ihres ideologischen Überbaus, ihrer Machtverhältnisse, ihrer ökonomischen Gesetze, ihrer Nutzungsstrukturen, ihrer Produktionstechniken und ihrer Kultur".*[71] Eine scharfe Abgrenzung zwischen der Bedeutung für die Geschichte des Menschen und der Bedeutung für Städte und Siedlung erweist sich, wegen der kulturgeschichtlichen Schnittmengen, als schwierig. Die Geschichte des Menschen wird tendenziell mehr gesamtgesellschaftliche Entwicklungen betrachten. Die Bedeutung für Städte und Siedlungen wird möglichst konkret auf den Ort bezogene, die Stadtgeschichtsforschung ermöglichende Ansätze der Stadtbaugeschichte behandeln.

In der Literatur zu Städtebau und Stadtbaugeschichte häufig genannte Entstehungsbedingungen, welche die *„ästhetischen und städtebaulichen Anschauungen und die sich wandelnden Vorstellungen vom Sinn der Stadt"* und *„ihre bauliche Gestalt beeinflusst"* haben[72], sind z. B.: die Auseinandersetzung der in der Stadt konkurrierenden Mächte, mit ihnen die Herrschaftsverhältnisse und ihre politischen und wirtschaftlichen Abhängigkeiten wie Handel und Handwerk, die wechselnden oder beharrenden Funktionen der Stadt oder bestimmter Stadtteile (Residenzstadt, Industriestadt, Universitätsstadt, Wallfahrtsort usw.), die geografische Lage der Stadt z. B. an Handelswegen, Küste oder im abgelegenem Tal, Phasen des Aufschwungs, der Stagnation oder des Niedergangs durch wirtschaftliche oder kriegerische Verhältnisse wie Industrialisierung oder Weltkrieg, einhergehender Bevölkerungszuwachs oder -rückgang und andere demografische Veränderungen, Verteidigungserfordernisse, technischer Wandel in Produktion und Verkehr, Ideologien, Eigentumsverhältnisse, administrative Instrumente der Planung und viele andere gegenseitige Abhängigkeiten.[73] Dadurch können die Stadt und die gebaute Umwelt *„als präsente Geschichte und bauliches Manifest menschlicher Tätigkeit"* verstanden werden, die Stadt als *„ein erfassbares Nachschlagewerk für geschichtsinteressierte Menschen".*[74]

Ähnlich der Bedeutung für die Geschichte des Menschen können (örtlich, regional oder darüberhinausgehend) einflussreiche Personen oder Ereignisse mit dem Denkmal verknüpft sein, die für die Ortsgeschichte wichtig waren. Daher können auch für Städte und Siedlungen Bauwerke bedeutend sein, die an bedeutende Persönlichkeiten oder Ereignisse erinnern.[75]

Ist ein Bauwerk zum Wahrzeichen einer Stadt oder eines Viertels geworden, weil es in der öffentlichen Wahrnehmung mit der Stadt assoziiert wird, vielleicht eine emotionale Bindung hervorruft, erfüllt es nicht zwangsläufig die Kriterien des Denkmalschutzgesetzes.

Das Wahrzeichen erlangt hiernach erst Bedeutung, wenn es einen Zeugniswert über Geschichte hat. Im denkmalpflegerischen Sinn ideal wäre das Bauwerk wegen seiner historischen Bedeutung zum Wahrzeichen und Identitätsanker geworden, der Bilder stiftet und Betrachtern eine Projektionsfläche für Erinnerungen anbietet (Abb. 5.6b).

Bedeutend für die Entwicklung der Arbeits- und Produktionsverhältnisse:
Hierbei handelt es sich meist um Zeugnisse der Technikgeschichte, der Industriegeschichte oder der Industriearchäologie.[76] Diese Denkmäler sind auch immer Geschichtszeugnisse, die Phasen der Industrialisierung oder der Arbeits- und Produktionsweisen dokumentieren. Das muss nicht nur eine Fabrik, ein Elektrizitätswerk oder ein Hochofen sein, sondern kann z. B. auch eine Windmühle, einen Bauernhof, einen Schleifkotten, deren technische Ausstattung oder Großraumbüros meinen. Gerade die Umwälzungen der Industrialisierung haben zu veränderten Lebensumständen und explosionsartigem Städtewachstum geführt, sodass regelmäßig auch die anderen Bedeutungskriterien auf dasselbe Denkmal zutreffen können. Manche Denkmalschutzgesetze sprechen solche Objekte mit technischen Erhaltungsgründen an, die sich inhaltlich mit geschichtlicher und wissenschaftlicher Bedeutung überschneiden.[77]

Für Quartiere, Wohnhäuser, Pfarrhäuser, Schulen usw., die im Kontext der Fabrik oder der Industrialisierung entstanden sein können, werden die Arbeits- und Produktionsverhältnisse in der Regel nicht als Bedeutungskriterien angeführt, weil sie nur mittelbar damit zu tun haben und ihr Entstehungszusammenhang im Falle der Industrialisierung über die Geschichte der Menschheit oder der Städte und Siedlungen abgedeckt ist.

Künstlerische Bedeutung:
Künstlerische Bedeutung (künstlerische Erhaltungsgründe) meint in etwa kunstgeschichtliche Bedeutung, die mit Untersuchungs- und Bewertungsmethoden der Kunstwissenschaft und stets mit Geschichtsbezug über geeignete Forschungs- und Anschauungsobjekte erschlossen wird.[78] Sie bezieht sich sowohl auf die Architektur oder (Stadt-)Baukunst, Gartenkunst und landschaftliche Einbindung als auch auf Kunst am Bau, Ausstattung, Dekoration und Kleindenkmäler (Abb. 5.6c). Das kann auch mehrere Epochen an demselben Denkmal umfassen, wenn z. B. eine Kirche erst nach und nach aufgrund religionsgeschichtlicher Umwälzungen ausgestattet wurde.

Das Denkmal verweist durch seine Eigenschaften auf die politischen, religiösen, moralischen und ästhetischen Normen seiner Entstehungszeit. Bei alledem können die verwendeten Materialien und Verarbeitungsmethoden (kunst-)historischen Aussagewert besitzen und für die künstlerische Wirkung wichtig sein. Außerdem soll ein Denkmal, für das künstlerische Gründe vorliegen, im Vergleich mit anderen Bauten oder Kunstwerken der gleichen Stilepoche nicht alltäglich sein, sondern eine gesteigerte ästhetische oder gestalterische Qualität aufweisen oder einen besonderen Symbolgehalt besitzen.[79] Hierunter kann beispielsweise die Qualität und Vielfalt der Fassadengestaltung, der Bauornamentik oder der Innenausstattung fallen. Selbst wenn es nicht herausragend sein sollte, wäre es doch bemerkenswert. Bei den künstlerischen Gründen besteht eine große Gefahr, in die

Falle des persönlichen Geschmacks zu tappen. Insbesondere kommen folgende Eigenschaften in Betracht, die vor allem der Übersicht wegen und nicht als zwingend zu trennende Kriterien gegliedert sind und nicht alle gleichzeitig erfüllt sein müssen:

Stilgeschichtlicher Dokumentationswert: Das Denkmal und/oder seine Ausstattung dokumentieren die Entwicklungsgeschichte der Kunst oder Baukunst, haben exemplarischen Charakter für die Kunst, vermitteln eine bestimmte Gestaltungsidee oder ein ikonografisches Programm, machen (auch auszugsweise im Vergleich mit anderen gut erhaltenen Beispielen) die Entwicklungsgeschichte eines Kunststils (idealtypisch) anschaulich, indem sie z. B. die Früh-, Blüte- oder Spätphase eines Stils repräsentieren. Form und Zweck des Bauwerks entsprechen den Stilmerkmalen eines Baukunst-Ideals der Entstehungszeit oder zeigen die Suche nach diesem Ideal auf.[80]

Stilgeschichtliche Besonderheit: Es hebt in seiner Epoche als individuelle schöpferische Leistung ab, fällt aus dem üblichen Rahmen, stellt – z. B. durch Entwurf, Komposition, Proportionen, Raumorganisation, Materialverwendung und -verarbeitung, Einbettung ins städtebauliche oder landschaftliche Umfeld – eine besondere, vielleicht herausragende Lösung für die gestellte (Bau-)Aufgabe dar[81], die für besonderen Einfallsreichtum steht, der womöglich neue Impulse gegeben und Nachahmer gefunden hat.

Regionale Volkskunst: Kunstgeschichtlicher Wert beschränkt sich nicht nur auf die Meisterwerke. Regionale künstlerische Ausprägungen oder Volkskunst können (je nach Gesetz und Auslegung) künstlerische, volkskundliche oder heimatkundliche Bedeutung begründen.

Stellung im Werk eines bedeutenden Künstlers: Das Werk nimmt eine wichtige Stellung im Gesamtwerk eines bedeutenden (schon als bedeutend erkannten) Architekten oder Künstlers ein, drückt charakteristisch dessen Künstlerpersönlichkeit aus, und lässt sich in eine der differenzierbaren Werkphasen des Architekten oder Künstlers einordnen, die durch das Denkmal erlebbar werden, sodass es den stilgeschichtlichen Entwicklungsprozess des Künstlers dokumentiert.

Wissenschaftliche Bedeutung:
Wissenschaftliche Bedeutung drückt den Dokumentationswert der Sache als Forschungs- und Anschauungsobjekt für die Wissenschaft aus, weil die Sache einen bestimmten Wissenstand einer Epoche bezeugt.[82] Wissenschaftliche Bedeutung (bzw. wissenschaftliche Gründe) kann alle erdenklichen wissenschaftlichen Fachgebiete einschließen, sodass alle anderen Bedeutungskategorien berührt sein können.

Das Denkmal oder Teile davon sind zur Erforschung des historischen technischen Wissensstands geeignet. Darunter fallen etwa Baukonstruktion und Bautechnik vom Rohbau über das Stuckrezept bis zur Fensterkonstruktion, Materialkenntnisse und Materialverarbeitung, Luftschutzmaßnahmen, erkennbare Produktionstechniken, oder gar frühe computergestützte Entwurfsmethoden (Abb. 5.6d). Gerade die Sachen, die funktionelle Eigenschaften und Konzepte dokumentieren, können je nach Gesetz „technische Bedeutung" haben, im Zusammenhang mit der Entwicklung der Arbeits- und Produktionsverhältnisse stehen.[83]

Architekturgeschichtliche Bedeutung wird vorliegen, wenn das Denkmal zur Erforschung und Dokumentation der Architektur, Kunst oder Baukunst geeignet ist. Dann kann sich seine Bedeutung mit der künstlerischen Bedeutung überschneiden, je nach Gesetz der geschichtlichen Bedeutung (für die Geschichte des Menschen usw.) zuzuordnen sein.

Handelt es sich in Stil, typologischer Gestaltung, Raumprogramm oder Grundriss-Organisation um eine zeittypische oder innovative, vielleicht regionalspezifische Bauaufgabe und Umsetzung? Gerade bei der Hausforschung und Regionalbezügen kann es Überschneidungen mit der Volkskunde (Kulturanthropologie) geben.

Insbesondere beim Bodendenkmal: Die Fundstelle – Grab, Wall, Werkzeug, Teichsohle, erdgeschichtliche Zeugnisse und vieles mehr – ist wegen der dort gemachten oder zu erwartenden Funde für die naturwissenschaftliche, archäologische oder historische Forschung erhaltenswert. Die Schutzgründe werden mitunter zunächst durch Verdachtsmomente und Indizien (wie Scherbenfunde, Urkunden oder Luftbilder) genährt und können im Einzelfall erst durch Sondagen und andere Erfassungs- und Erforschungsmethoden konkretisiert werden.

Es handelt sich um eine historisch bedeutende Sammlung. Die Sammlung könnte auch noch zur Ausstattung eines selbst denkmalwerten Museums oder Galeriegebäudes gehören, wodurch sie auch ortsfest gebunden sein kann. Für einzelne Kunstwerke können auch künstlerische Erhaltungsgründe vorliegen, aber die Sammlung insgesamt informiert unter kunstwissenschaftlichen Gesichtspunkten über die Sammler und den damaligen Zeitgeist.

Inwiefern ist das Objekt publiziert oder rezipiert worden und hat (nachweislich oder aufgrund starker Indizien wahrscheinlich) Einfluss auf andere Bauwerke oder Entwürfe seiner Epoche oder späterer Epochen (die sich z. B. an historischen Vorbildern orientierten) gehabt? Vielleicht hat das Denkmal sogar die geschichtswissenschaftliche oder popkulturelle Vorstellung historischer Epochen beeinflusst, sodass der Einfluss auf die Kulturgeschichte wissenschaftliche bzw. zeitgeschichtliche oder disziplingeschichtliche Relevanz erlangt hat.

Das Objekt dient als Forschungsgegenstand einer konkreten wissenschaftlichen Fragestellung, die sich in der Regel aus den oben genannten Aspekten herleitet und mit ihnen in Wechselwirkung steht. Das Denkmal nützt als Quelle für die Forschung und durch die Forschung erschließen sich die Zusammenhänge, in denen die Quelle steht, wodurch der dokumentarische Wert des Denkmals und damit seine wissenschaftliche Bedeutung konkreter werden und beispielhaft vermittelt werden können.

Sonstige (geschichts-)wissenschaftliche Gründe wie Sozialgeschichte, Erziehungsgeschichte, Politik, Biografien (siehe auch insbesondere Werk und künstlerische Bedeutung; Bedeutung für die Geschichte des Menschen), die sich in der Bauweise, in der Gestaltung, durch Inschriften oder am Standort erkennen oder anhand anderer Quellen interpretieren lassen.

Gehen die historischen Teile verloren, gehen auch die wissenschaftlichen Quellen verloren, weil heutige Ersatzteile nicht unter den gleichen Bedingungen und selten nach gleicher Methode und Materialität hergestellt und eingebaut werden. Bei alledem können, wie bei den künstlerischen Gründen erwähnt, die verwendeten Materialien und Verarbeitungsmethoden als wesentliche Komponenten der Baugestaltung kunsthistorischen Aussagewert besitzen und für die künstlerische Wirkung wichtig sein.

Volkskundliche Bedeutung:

Es geht um (europäische) Kulturanthropologie, die das Verhältnis des Menschen zur Kultur erforscht. Das Denkmal besitzt als Zeugnis *„menschlicher Handlungen in ihren ökonomischen, sozialen und politischen Zusammenhängen, die auch von kulturellen Dispositionen abhängig waren"*, wissenschaftliche Aussagekraft über die Kulturformen des Alltags, *„Lebensformen und Lebensäußerungen der so genannten Mittel- und Unterschichten"*.[84] Das betrifft etwa Wohn- und Wirtschaftsverhältnisse, Volkskunst, Frömmigkeit, Brauchtum, die sich aus bestimmten kulturellen Zusammenhängen ergaben (Abb. 5.6e). Typische Denkmäler sind landwirtschaftliche Gebäude und Hofanlagen, Flursteine, Feldkreuze und Altäre, Gegenstände des Volksglaubens, Trachten, Werkzeuge, Rechtsaltertümer, Bauerngärten, Friedhöfe und Grabsteine sowie deren Verzierungen. Eng verbundene Nachbarwissenschaften sind Religionswissenschaft, Kunst-, Architektur-, Siedlungs- und Agrargeschichte, Landeskunde, Soziologie, (europäische) Ethnologie. Bei Gebäuden führt besonders die Entwicklungsgeschichte des Wohnens und der Grundrisse mit regionalen oder auf Gesellschaftsschichten bezogenen Unterschieden zu Schnittmengen der volkskundlichen Gründe mit anderen Bedeutungskategorien.

Wenn in Denkmalschutzgesetzen von heimatgeschichtlichen Gründen oder Bedeutung die Rede ist, meint das räumlich und kulturell enger begrenzte Ausdrucksformen oder regionale Ausprägungen größerer kultureller, gesellschaftlicher und künstlerischer Entwicklungen.[85] Einige in der Literatur dargestellte Merkmale erinnern an die (ortsgeschichtliche) Bedeutung für Städte und Siedlungen in Nordrhein-Westfalen: *„Heimatgeschichtliche Gründe begründen den Denkmalwert des Schutzobjektes, wenn ihm als Wirkungsort namhafter Personen oder Schauplatz historischer Ereignisse ein bestimmter Erinnerungswert beizumessen ist"* oder wenn *„ein Bauwerk historische Ereignisse oder den Lebensstil in vergangenen Epochen veranschaulicht, sprechen heimatgeschichtliche Gründe für seine Erhaltung"*.[86]

Städtebauliche Bedeutung:

„Die städtebauliche Bedeutung liegt nach der Rechtsprechung einiger Obergerichte vor, wenn ein Gebäude die Gliederung und das Erscheinungsbild eines Orts- und Stadtteiles, einer Straße oder eines Platzes oder die ländliche Siedlungsstruktur mit- bzw. in einer charakteristischen Weise prägt".[87] Wie bei den anderen Bedeutungen geht es um den Dokumentationswert für historische Entwicklungen. Städtebauliche Bedeutung ist *„gegeben, wenn das Objekt in seinem konkreten Bestand aus der ihm (noch) innewohnenden funktionalen Einbindung in die gegebene städtebauliche bzw. siedlungsbezogene Situation nicht herausgelöst werden kann, ohne zugleich die erhaltenswerte Situation in ihrer*

denkmalrechtlich relevanten Aussagekraft wesentlich zu beeinträchtigen oder gar zu zerstören. "[88]

Bei der Bewertung des Stadtbildes handelt der Denkmalpfleger nicht frei, nicht als Gestalter, sondern gebunden an den historischen Zeugniswert des Stadtbildes. Ein Verlust für das denkmalpflegerisch zu erhaltende Stadtbild tritt dann ein, wenn der Verlust auch den Zeugniswert mindert.[89] Für die Bewertung müssen Denkmalpfleger von der tatsächlich realisierten und erhaltenen Bausubstanz und städtebaulichen Einbindung ausgehen, nicht von städtebaulichen Entwürfen, die nie verwirklicht worden sind.

Das OVG NRW erkannte auch für Baudetails städtebauliche Erhaltungsgründe an, weil das Zusammenwirken charakteristischer Fassaden mit ihren Gestaltungsdetails einschließlich der Fenster wesentlich zur Ensemblewirkung eines Straßenzugs mit Häusern aus der gleichen Entstehungszeit und ähnlicher Gestaltung beiträgt.[90] Dabei dürfte nicht von einer städtebaulichen Wirkung der Fenster am isolierten Gebäude auszugehen sein, sondern von den Fenstern als Teil eines größeren Ganzen.

Städtebauliche Bedeutung ergibt sich aus der räumlich-gestalterischen Eigenart, die auf den historischen Entstehungszusammenhang (z. B. Bedeutung für Städte und Siedlungen) zurückverweist, indem das Denkmal (oder der Denkmalbereich) Bestandteil oder noch anschaulich erhaltener Rest einer konkreten historischen städtebaulichen Situation, einer typischen historischen Dorf- oder Stadtstruktur (und Bauweise) oder eines Ortsgrundrisses ist (Abb. 5.6f). Dadurch macht das Denkmal die historische Entwicklung des Dorfes, des Quartiers und der Stadt (oder ihrer Sozialtopographie) anschaulich. Die historischen städtebaulichen Qualitäten und Alleinstellungsmerkmale müssen erkannt werden, um sie in die Planung von Stadtumbau und Stadterweiterung einfließen zu lassen, damit die historischen Merkmale ihre Stadt auch in Zukunft auszeichnen können.

Diese erhaltenswerte Situation muss in der Denkmalbegründung erklärt werden. Inwiefern lässt sich beispielsweise am Denkmal und seiner städtebaulichen oder kulturlandschaftlichen Einbindung *„ablesen, welche gesellschaftlichen und gestalterischen Grundordnungen hinter den Stadtkonzepten stehen"?*[91] Einen Zugang zu potenziell vorliegenden städtebaulichen Erhaltungsgründen (und Bedeutung für Städte und Siedlungen) eröffnet die Frage, ob eine historische Städtebautheorie oder ein zeitgenössisches städtebauliches Leitbild in dem zu bewertenden Projekt nach damaliger Auffassung angemessen umgesetzt wurde und in seinem heutigen Bestand noch geeignet ist, diese historische Idee zu erforschen und zu vermitteln.[92]

Anders als oben erläutert, sah Gottfried Kiesow, früherer Präsident des Hessischen Landesamts für Denkmalpflege, die Anforderung an die städtebauliche Bedeutung (vor allem, oder auch?) gegenwartsbezogen. Unter städtebaulichen Gründen wäre *„nicht so sehr die Bedeutung eines Gebäudes für die Geschichte des Städtebaus zu verstehen, dies wäre auch unter geschichtlich einzuordnen, als vielmehr die aktuelle Bedeutung eines Bauwerks für das Erscheinungsbild einer Straße, eines Platzes oder gar eines ganzen Ortes"*, weshalb die Denkmalschutzgesetze von Berlin und Hamburg auch von der *„Bewahrung charakteristischer Eigenheiten des Stadtbildes"* und der Bedeutung für das Stadtbild sprächen.[93] Kiesow mag sich auf die Gegenwartswerte nach Alois Riegl bezogen haben, der im Gebrauchswert sinnliche Befriedigung und Nützlichkeit, im Kunstwert geistige Befriedigung und ästhetische Qualitäten als Kriterien sah, aber auch vor wechselnden Zeitgeschmäckern warnte. Der Gegenwartsbezug gehört eigentlich zum Städtebaurecht (städtebaulicher Denkmalschutz nach BauGB), das in gewachsenen Stadtstrukturen städtebauliche Qualitäten für die zu planende Stadtentwicklung erkennen kann.

Keinesfalls dürfen das persönliche Schönheitsempfinden oder aktuelle Trends ausschlaggebend sein. Auch die Größe des Gebäudes und gute Sichtbarkeit sind ohne inhaltlichen Kontext keine brauchbaren Kriterien. Bei den anderen Bedeutungen (Erhaltungsgründen) – künstlerisch, volkskundlich, wissenschaftlich – liegt der Wert für die Gegenwart darin begründet, dass das Denkmal uns heute und in Zukunft Informationen über die Vergangenheit liefert. Denkmäler werden daher als vielschichtige Ressourcen des Wissens und der Kultur angesehen. Der Fokus liegt – nach Riegl und Dehio – auf dem historischen, auf dem geschichtswissenschaftlichen Wert. Der städtebauliche Wert für die Gegenwart erwächst also doch – für das Denkmalkriterium – aus dem Dokumentationswert für die historische Stadtentwicklung und historischen Städtebau, weil der (durch wissenschaftliche Methoden am ehesten) objektiv zu bewerten und als Forschungsgrundlage sowie als Anschauungsobjekt geeignet ist.

Die dreidimensionale Entwicklung der baulichen Anlagen, der Gebäude und der Stadt sind eng mit historischen Parzellenstrukturen verbunden.[94] Mit Denkmalbereichen können historische Stadtgrundrisse und Stadtstrukturen geschützt werden. Wenn Denkmalschutz von historischer Substanz ausgehen muss, kann nicht die auf einem Plan (fiktiv) eingezeichnete Parzelle oder die gezeichnete Baufluchtlinie der Schutzgegenstand sein, sondern das substanziell in der Umwelt existierende Ergebnis der historischen Parzellenstruktur oder Planung: die Gebäude, baulichen Anlagen und Außenanlagen, die mit Größe, Grundriss, Form und Gestaltung auf die Parzellen zurückverweisen, auf denen sie entstanden sind. Sie vergegenwärtigen ihre historischen Entstehungsbedingungen selbst dann anschaulich, wenn die Parzellen oder Flurstücke durch Umlegung mittlerweile anders zugeschnitten sein sollten.

Die stadträumliche Wirkung von Freiflächen und Grünanlagen kann von der dreidimensionalen begrenzenden Bebauung geprägt oder unabhängig von ihr sein. Die Kölner Grüngürtel und andere Grünzüge bewahren als Gliederungselemente und Belüftungskonzept des Stadtraums eine stadträumliche Wirkung selbst dann, wenn die angrenzende oder benachbarte Bebauung erneuert würde.[95] Durch die historisch angelegten Waldränder und offenen Flächen besitzt mindestens der äußere Grüngürtel auch ohne Häuser eine Körperlichkeit und dreidimensionale Wirkung. Die Bebauung kann aber die Funktionalität und „stadtferne" Anmutung des Grüngürtels für die Erholung beeinträchtigen. Andere Grünzüge wurden so angelegt, dass angrenzende Bebauung sie einfasst. Als Städtebau anzuerkennen sind aber auch Grünkeile, die aus der offenen Landschaft in die Stadt hineinfließen und vielleicht gar keine scharfen Grenzen aufweisen. Einfacher zu beurteilen dürften aufragende Bauwerke und Gebäude sein, wenn ein Ersatzbau an der Stelle des Denkmals das Denkmal in der erhaltenswerten städtebaulichen Situation nicht gleichwertig ersetzen kann. Nur die historische bauliche Anlage in ihrem städtebaulichen Kontext kann die aus der Geschichte bedingte städtebauliche Situation und die Entstehungszusammenhänge authentisch vermitteln.

5.7 Denkmalwürdigkeit durch öffentliches Interesse

Denkmalwürdigkeit spiegelt nach der Rechtsprechung das öffentliche Interesse an der Erhaltung und Nutzung des Denkmals wider.[96] In der Literatur zum Denkmalrecht wird diskutiert, inwiefern zusätzlich zu den fachlichen Denkmalkriterien (Bedeutung bzw. Erhaltungsgründe für die Denkmalfähigkeit) auch das öffentliche Interesse bzw. das Interesse der Allgemeinheit separat geprüft und nachgewiesen werden muss. Ob und wie das nachzuweisen ist, müssen die Verwaltungsgerichte und gegebenenfalls die Oberste Denkmalschutzbehörde des Bundeslandes beantworten.

Sowohl das **öffentliche Interesse** als auch das **Interesse der Allgemeinheit** sprechen Denkmalschutz als Gemeinwohlbelang an, der Denkmalschutz von persönlichen Einzelinteressen abhebt.[97] Das Merkmal des öffentlichen Interesses qualifiziert auf der Grundlage von nachvollziehbaren Erwägungen nur Sachen von Erheblichkeit als öffentlich-rechtliche Schutzobjekte und scheidet objektiv belanglose Sachen aus.[98]

Üblicherweise sprechen die Denkmalschutzgesetze der Länder entweder vom öffentlichen Interesse oder vom Interesse der Allgemeinheit. Im Denkmalschutzgesetz NRW von 2022 kommen beide Begriffe vor. Der Gesetzgeber in NRW bezog sich in der Begründung des Entwurfs für die Gesetzesnovelle auf die Denkmalschutzgesetze Berlins und Bayerns, worin (statt dem synonymen Begriff öffentliches Interesse) das Interesse der Allgemeinheit vorausgesetzt wird, um Liebhaber- und Individualinteressen auszuschließen, und nahm dann Bezug auf ein Urteil des Verwaltungsgerichtshofs Baden-Württemberg vom 10. Mai 1988, der für das öffentliche Interesse voraussetzt, dass die Denkmaleigenschaft in das Bewusstsein der Bevölkerung oder mindestens eines breiten Kreises von Sachverständigen eingegangen sein muss. Die Denkmaleigenschaft dürfe nicht nur einzelnen Sachverständigen, sondern müsse von einer großen Mehrheit von Sachverständigen bejaht werden.[99]

Da das DSchG NRW für die erste Bedeutungsebene das öffentliche Interesse und für die zweite Bedeutungsebene (früher: Erhaltungsgründe) ein Interesse der Allgemeinheit voraussetzt, könnte die Situation eingetreten sein, dass beide Interessen separat zu prüfen und nachzuweisen sind, sodass erstens ein Interesse der Allgemeinheit an der Erhaltung vorliegen muss, damit zweitens und insgesamt ein öffentliches Interesse vorliegen würde. Die alte Fassung des Denkmalschutzgesetzes wurde in der Praxis so ausgelegt, dass das öffentliche Erhaltungsinteresse dadurch gegeben war, dass die Sache nach den fachlichen Denkmalkriterien des § 2 DSchG NRW bedeutend und erhaltenswert war und somit das über Liebhaberinteressen hinausgehende Interesse erwiesen war. Die zwei Ebenen zusammen haben die Erheblichkeit der Sache nachgewiesen, weil sie sowohl erhaltenswert als auch bedeutend war.

Ob und inwiefern die Denkmalschutzbehörde (bzw. die Verwalter der Denkmalliste) zwischen dem allgemeinen und dem öffentlichen Erhaltungsinteresse unterscheiden und diese Merkmale separat oder überhaupt begründen müssen, oder ob die Formulierung im Gesetz redundant ist, wenn das Interesse der Allgemeinheit automatisch ein (synonymes) öffentliches Interesse nachweist, wird durch eine Verordnung des zuständigen Ministeriums oder erst (ober)gerichtlich zu klären sein.

Es war längere Zeit (nach dem alten DSchG NRW) gängige Praxis, die **Begründung der Denkmaleigenschaft im Eintragungstext** mit einem Absatz einzuleiten, der feststellt, dass es sich bei dem zu schützenden Objekt um ein Denkmal im Sinne § 2 DSchG NRW handelt und das öffentliche Interesse an der Erhaltung gegeben ist, weil es bedeutend ist für [Kriterien]…, und weil [Kriterien]… Gründe für seine Erhaltung und Nutzung vorliegen. Die erfüllten Bedeutungskategorien und Erhaltungsgründe (jetzt zweite Bedeutungsebene) wurden im Eintragungstext unter den aufgeführten Kriterien genauer erläutert (subsumiert). Das erscheint auch weiterhin zweckmäßig.

Infolge der Gesetzesnovelle kann es (je nachdem, wie es die Rechtsprechung auslegt) geboten sein, in die Begründung der Denkmaleigenschaft bzw. in den Eintragungstext auch einen Absatz einzufügen, der **zusätzlich das Interesse der Allgemeinheit prüft und begründet.** Rein vom Gesetzestext ergibt sich das Interesse der Allgemeinheit aus der nachgewiesenen künstlerischen, städtebaulichen, volkskundlichen oder wissenschaftlichen Bedeutung, die im Eintragungstext begründet wird. Aus der begründeten (fachlichen) Bedeutung, die auf die Substanz mit Zeugniswert bezogen ist, lässt sich herleiten, wieso das Denkmal oder die historische Entwicklung, die es veranschaulicht, in das Bewusstsein der Bevölkerung oder eines breiten Kreises von Sachverständigen übergegangen bzw. warum es für die Gesellschaft relevant ist. Der Absatz führt nötigenfalls den Beweis dafür, falls die Beweisführung für die erfüllten Denkmalkriterien nicht mehr als ausreichend anerkannt werden sollte.

Sowohl handfeste als auch abstrakte Indizien können angeführt werden, um darzulegen, wie das Denkmal der Gesellschaft heute und in Zukunft als Vermittler zur Geschichte dient, Geschichte vergegenwärtigt und das kulturelle und geschichtliche Bewusstsein anregt (Abb. 5.7). Aktuelle Geschmacksvorlieben und kurzfristig vergängliche Aufmerk-

Abb. 5.7 Ein Ensemble postmoderner Bauten in Karlsruhe als sprechendes Beispiel für jüngere Architekturströmungen und ihre Einbindung in die Stadtstruktur

samkeit in der gegenwärtigen Populärkultur sind nicht gemeint. Handfeste Indizien liefern beispielsweise die wissenschaftliche oder mediale Beschäftigung mit dem Geschichtszweig oder historischen Zusammenhängen, über die das Denkmal Zeugnis ablegt.[100] Als Belege dafür könnten z. B. Forschungsprojekte, Ausstellungen, Publikationen, Aktivitäten von Heimatvereinen, touristische Bedeutung und vieles mehr angeführt werden. Zu den abstrakten Indizien zählen beispielsweise *„Denkmalwirkung, Anschaulichkeit, Seltenheit, Originalität, Erlebbarkeit, Sichtbarkeit und Zugänglichkeit"*.[101]

Muss der Denkmalpfleger, nachdem er aufgrund des allgemeinen öffentlichen Interesses loszog, eine Auswahl zu treffen, und nachdem er nach dem Wortlaut des Gesetzes das öffentliche Interesse an dem erkannten Denkmal anhand der fachlichen Denkmalkriterien nachgewiesen hat, noch ein spezifisches Interesse der Allgemeinheit an dem Einzelfall nachweisen? Die Debatte bietet dem juristischen Streiter ergiebige Gelegenheiten, sich im Teufelskreise zu drehen. Die Methode der Beweisführung wird infolge der Rechtsprechung zu verfeinern oder obsolet sein.

5.8   Sachverhaltsermittlung für die Denkmalbewertung

Wer nach Landesdenkmalschutzgesetz für die Denkmalbewertung zuständig ist und die Denkmalliste führt, ermittelt den Sachverhalt vom Amts wegen und bestimmt Art und Umfang der Ermittlungen (§ 24 VwVfG). Die Ermittlungen sind immer darauf gerichtet, die **für eine sachgerechte Entscheidung benötigten Erkenntnisse zu gewinnen**. Der zu ermittelnde Sachverhalt beantwortet die Fragen, ob der Prüfgegenstand als Denkmal oder Denkmalbereich die Denkmalkriterien erfüllt und wenn ja, in welchem Umfang, und aus welchen Gründen des Denkmalschutzgesetzes. Die hiermit betriebene Inventarisation erfasst potenzielle Denkmäler, ermittelt und begründet gegebenenfalls ihren Wert, schafft Grundlagen für ihre Erforschung und erforscht selbst die Denkmäler mitsamt ihrem Kontext.

Bei der Sachverhaltsermittlung stellen sich immer die gleichen **Fragen:** Wer hat wann und warum für wen und zu welchem Zweck die zu prüfende Sache ausgerechnet an ihrem Standort oder anderswo geschaffen oder historisch verändert? Und wie gut kann die Sache solche Informationen vermitteln: besitzt sie einen erheblichen Zeugniswert? Es geht um Informationen wie Bauzeit und Umbauzeiten, Bauherr und Baumeister, Funktion, Nutzungsgeschichte, sowohl den Entstehungszusammenhang der Sache als auch ihren Überlieferungszustand (Abb. 5.8a). Die Frage nach dem Entstehungsort stellt sich insbesondere bei beweglichen und translozierten Denkmälern. Warum und wie sind die Sachen an ihren jetzigen Standort oder Fundort gelangt? Bei erdgeschichtlichen und anderen Denkmälern, die nicht von Menschenhand geschaffen wurden, stellt sich ebenfalls die Frage nach dem Entstehungszusammenhang. Zeugnisse tierischen oder pflanzlichen Lebens verknüpfen Denkmalschutzgesetze mit der Erdgeschichte, aber solche Spuren können auch mit historischen Siedlungen oder wandernden Menschengruppen in Zusammenhang stehen.

Abb. 5.8 a Gehört nur das Gemäuer, oder zählen auch Graben und Schussfeld der Stadtbefestigung von Trier-Pfalzel zum Denkmal? Überlagern sich hier Bau- und Bodendenkmäler? In Pfalzel gibt es auch eine Denkmalzone **b** Haben einzelne Bauwerke in der Denkmalzone Monreal außerdem Zeugniswert als Einzeldenkmäler? **c** Welche Merkmale wie hier in Schwalmstadt sind als charakteristische Bestandteile des Denkmals zu schützen? **d** Unterschiedliche dekorierte Gebäude der Gründerzeit bzw. um 1900 in Saarbrücken

Bei der Inventarisation gibt es die folgenden **schematischen Arbeitsschritte:** Recherche, Ortsbesichtigung, Auswertung und Vertiefung, schließlich Ausarbeitung der Beurteilung (und des Eintragungstextes oder einer negativen Bewertung). Die ersten Schritte können sich auch überlagern und parallel stattfinden. Für die Überprüfung der Denkmaleigenschaft können zusätzlich zum Prüfgegenstand als Hauptquelle weitere Quellen sowie Literatur genutzt werden, deren Nützlichkeit aber im Einzelfall und je nach Aufgabenstellung – etwa erstmalige Prüfung für eine Eintragung in die Denkmalliste, oder Revision der Unterschutzstellung zwecks Neueintragung oder Löschung – unterschiedlich ausfällt.

Sind mehrere gleichartige Denkmalkandidaten zu überprüfen, ergibt es Sinn, alle parallel zu überprüfen. So können die oft ähnlichen Entstehungszusammenhänge, die verschiedenen Erhaltungszustände, die jeweilige Authentizität und damit die Eignung der Kandidaten als Denkmäler (auch anhand von Referenzbeispielen) effizienter betrachtet werden. Werden nur Einzelfälle bewertet, können bereits bewertete Referenzobjekte als Vergleichs- und Orientierungshilfe herangezogen werden. Ein potenzielles Denkmal ist trotzdem immer als Einzelfall an den gesetzlichen Kriterien zu messen.

Ein typisches Dilemma bei den oben genannten Arbeitsschritten sei noch angemerkt: **Zuerst das Objekt besichtigen oder zuerst recherchieren?** Ein Sprichwort lautet: Man sieht nur, was man weiß. Vorkenntnisse können für die Ortsbesichtigung die Augen öffnen, sodass Dinge auffallen, die sonst untergegangen wären. Umgekehrt ergeben Beobachtungen vor Ort manchmal erst nach gezielter Recherche einen Sinn, oder vor Ort fällt auf, dass Teile des Objekts so stark verändert sind, dass das Objekt für eine Unterschutzstellung doch nicht infrage kommt. Dann kann sich auch die Recherche nachträglich als vertane Zeit erweisen.

Als zweckmäßig stellt sich in vielen Fällen eine grundlegende Recherche zur Vorbereitung der Ortsbesichtigung heraus. Finden sich etwa Pläne in der Bauakte, können die Erkenntnisse der Ortsbesichtigung darin (in Kopien) notiert werden. Auf die Ortsbesichtigung folgt nötigenfalls eine vertiefende Recherche anhand der Fragen, die sich durch die Ortsbesichtigung aufgetan haben, oder die noch zu klären sind, um die Frage nach der Denkmaleigenschaft beantworten zu können.

Die **wichtigste Quelle ist das (potenzielle) Denkmal** selbst, das in eine mehr oder weniger im historischen Zustand erhaltene Umgebung eingebettet ist, die für sein Erscheinungsbild und den Umgebungsschutz, wahrscheinlich auch für eine etwaige städtebauliche Bedeutung, relevant ist (Abb. 5.8b).[102]

Das Denkmal und seine Umgebung sollten bei der Ortsbesichtigung und Bestandsaufnahme aussagekräftig dokumentiert werden. Das sind vor allem Fotos und Notizen, mitunter Skizzen oder Protokolle. Die gewonnenen Informationen und Eindrücke bilden die Grundlage für die Beschreibung der erhaltenswerten Merkmale und die festgestellten Veränderungen (Abb. 5.8c).

Was fotografiert oder skizziert werden muss, hängt vom Prüfgegenstand ab. Die Fotos sollten einem Betrachter, der das Objekt noch nicht kennt[103], einen Eindruck von den architektonischen oder sonstigen gestalterischen und technischen Merkmalen, der Materialität, der (städtebaulichen) Stellung im Stadt-/Straßenraum, der Innenräume (soweit sie besichtigt werden konnten, auch Dachkonstruktion) und von Details (Konstruktion, Kunst am Bau, Baufugen, gegebenenfalls baulichen Veränderungen usw.) vermitteln. Ideal, aber aufwendig, wären eine Fotodokumentation aller Merkmale oder sogar ein (mitunter zu zeitraubendes) Raumbuch.

Zeichnungen werden cher skizzenhaft sein, um wichtige Feststellungen zu klären und zu verorten, wogegen ausführliche Bauforschung selten im gleichen Zug wie die Inventarisation erfolgt, bei unsicheren Denkmalkandidaten aber zur Klärung hilfreich sein kann. Über die nötigen Geräte, Bodendenkmäler unter der Erde frühzeitig zu erkennen, verfügen Denkmalschutzbehörden selten, sodass sie oft weitgehend auf die Fachämter für Bodendenkmalpflege angewiesen sind, die in NRW seit 2022 auch die Listen der Bodendenkmäler führen.

Beispiel: Ein Gründerzeithaus in einer Blockrandbebauung wird von der Straße aus und vom Hof (Blockinneren) aus fotografiert werden können, um die Fassaden, Details der Ornamente, Traufe, Fenster, Haustür, etwaige Balkone und den Kontext aus Haus und Blockrandbebauung mit ähnlichen oder sehr verschiedenen Traufhöhen aufzunehmen (Abb. 5.8d). Wahrscheinlich ist das Haus auf der Straßenseite aufwendig verziert, auf der Hofseite sparsam und zweckmäßig. Und an der Anordnung und Größe der Hof-Fenster werden die ursprünglichen Nutzungen der Innenräume ablesbar sein. Im Innern könnten noch die bauzeitliche Treppe und differenzierte Putzoberflächen an der Wand, der Kellerabgang, Fliesen, Türen und Türzargen, Stuckdecken, Aborttüren (mit oder ohne erhaltenem Sanitärraum) auf den Treppenpodesten, Kappendecken im Keller und der ursprüngliche Grundriss erhalten sein, der vielleicht mit der Abtrennung eines modernen Badezimmers geringfügig verändert worden ist. Fotos der Innenseiten der Fenster und Beschläge liefern weitere Indizien für ihr Alter. Wenn der Dachraum zugänglich ist, sei er bauzeitlich oder nachträglich ausgebaut oder immer Stauraum gewesen, kann auch die Dacheindeckung aus der Nähe aufgenommen werden.

Beispiel: Ein Bildstock oder ein anderes Kleindenkmal steht in der Landschaft und kann aus allen Richtungen aufgenommen werden. Eine Seite ist mit einer Nische für ein Andachts- oder Heiligenbildnis, mit Inschrift oder anderweitigen künstlerischen Details versehen. Sind weitere Details wie Ornamente erkennbar, ob der ganze Bildstock aus einem Stück gehauen ist, oder ob Mauerfugen farblich an den Ton der gemauerten Steine angenähert oder im Kontrast davon abgesetzt sind? Schließt der Bildstock oben mit einem schlichten Dach oder aufwendigem Ziergiebel ab? Bäume flankieren rechts und links den Bildstock, der an einer Landstraße steht, die schon seit Jahrhunderten benachbarte Dörfer verbindet.

Die Bestandsaufnahme hilft später noch, wenn im Genehmigungsverfahren geplante Veränderungen beurteilt oder in Ordnungsverfahren unerlaubte Veränderungen nachgewiesen und geahndet werden. Selbst bearbeitete Objekte kennt man besser. Darüber hinaus können die erarbeiteten Grundlagen in der Öffentlichkeitsarbeit Verwendung finden.

Der reale Bestand des potenziellen Denkmals und die (von der Archäologie oder Bauforschung) erkannten Befunde werden mit Informationen verglichen und in Beziehung gesetzt, die durch **Recherchen** gesammelt werden. Die chronologische Auflistung aller (in der Bauakte, Literatur usw.) vermerkten Baumaßnahmen, Nutzungen und maßgeblichen Akteure verschafft einen Überblick über die Bau- und Nutzungsgeschichte. Idealerweise umfasst das alle potenziell wichtigen baulichen Veränderungen (einschließlich Plänen, Baubeschreibungen und anderen Abbildungen, Erläuterungen, Bauherren, Planern und sonstigen Verantwortlichen und Beteiligten) und Hinweise, ob und wann die Baumaßnahmen umgesetzt wurden. Neben der Aktenrecherche kann das durch eine Ortsbesichtigung und nötigenfalls Bauforschung überprüft werden.

Für ihre **Recherchen** kann die inventarisierende Behörde insbesondere auf die folgenden Informationsquellen (zusätzlich zum Denkmal selbst) zurückgreifen: Bauakten (und gegebenenfalls vorhandene Denkmal-Akten), historische Katasterpläne, Karten, Unterlagen der Stadtplanung, Adressbücher, Fotos und Luftbilder, historische und neue Literatur zur Ortsgeschichte, Epoche, Bautypen (z. B. Wohnhaus, Schule) und Personen. Diese Quellen liegen regelmäßig in der örtlichen Verwaltung (oder bei der Kreisverwaltung) inklusive Bibliothek, Gemeinde-/Kreisarchiv und Geoportal vor. Zeitzeugen können Auskunft über Ereignisse und Maßnahmen geben, denen sie beiwohnten. Geschichtsvereine und Hochschulen können sich schon mit dem Prüfgegenstand beschäftigt und Informationen gesammelt haben. Darüber hinaus können z. B. kirchliche Archive, das Landesarchiv, Spezialarchive und Hochschulbibliotheken konsultiert werden. Steht ein größeres Erfassungsprojekt mit mehreren zu inventarisierenden Objekten bevor, hilft ein Handapparat, um die wiederholt zu nutzende Literatur (und andere Unterlagen) ständig griffbereit zu haben. Die genannten Quellen und Literatur werden im Kapitel zu den Hilfsmitteln näher erläutert.

Nicht zu jedem Prüfobjekt können Recherchen sachdienliche Informationen zu Tage fördern. Die erfassende Behörde muss im Einzelfall oder projektbezogen auswählen, welche Informationsquellen aussichtsreich erscheinen und in welcher Reihenfolge und in welcher Tiefe sie die Quellen befragt. Der Aufwand richtet sich danach, die gesicherte Erkenntnis zu gewinnen, ob ein Denkmal vorliegt, oder nicht, und das hinreichend begründen zu können.

Der Prüfgegenstand wird im Abgleich mit anderen Informationsquellen überprüft: Was war (ungefähr) der Ursprungszustand oder was waren frühere Zustände? Welcher Zustand liegt heute vor? Was hat sich gegenüber dem Ursprungszustand verändert? Besitzt das Objekt in seinem heutigen Zustand immer noch Zeugniswert über historische Entwicklungen? Haben erkannte Veränderungen bloß den Zeugniswert gemindert, oder sind die Veränderungen aus historisch bedeutsamen Zusammenhängen heraus entstanden und haben dem Objekt Zeugniswerte hinzugefügt?

Beispielsweise zählt ein Gebäude zu den ältesten des Stadtteils und an ihm lässt sich noch die ursprünglich landwirtschaftliche Nutzung ablesen, sodass es daran erinnert, wann und wie die Gegend besiedelt worden ist. Infolge der Industrialisierung hat das Gebäude bauliche Veränderungen durchgemacht, sodass das Raumprogramm sich verändert hat, aber die ursprüngliche Bauphase immer noch erkennbar ist: statt den Räumen für die Landwirtschaft sind durch ergänzte Wände Flure und Werksatträume im Haus entstanden. Das Haus trägt somit Informationen in sich über die veränderten Wirtschafts- und Lebensverhältnisse in zwei historischen Epochen. Solche baulichen Entwicklungen können anschaulich historische Entwicklungen repräsentieren oder bloß Massenware sein.

Wird eine andere Behörde[104] **zur Beratung hinzugezogen oder formell beteiligt,** muss diese nachvollziehen können, mit was für einem Objekt sie zu tun bekommt und wie die erfassende Behörde zu ihrer Einschätzung gekommen ist, warum es sich gegebenenfalls um ein potenzielles Denkmal handelt. Um das der beteiligten Behörde zu vermitteln, helfen die oben aufgeführten Erkenntnisse und Reproduktionen/Scans der benutzten Quellen. Insbesondere sind für eine Einschätzung zur Beratung hilfreich, ob überhaupt ein Denkmalpotenzial zu erkennen ist: aussagekräftige aktuelle Fotos[105], historische Abbildungen zum Vergleich, die Chronologie der Baumaßnahmen und Ergebnisse zu den einleitenden Grundfragen nach (von) wem, wann, wo, wozu und warum das fragliche Objekt geschaffen oder verändert wurde. Je nach Potenzial und Unterlagen kann die in einem formellen Verfahren beteiligte Behörde zur Bewertung durch die entscheidende Behörde Stellung nehmen oder an einer Ortsbesichtigung teilnehmen und diese mit der Partnerbehörde gezielt vorbereiten. Die Behörden können gemeinsam die Prüfobjekte erschließen, untersuchen und bewerten.

Bei der Überprüfung und auch im Falle, dass der geprüften Sache keine Denkmaleigenschaft zuerkannt wird, sollte die erfassende Behörde die für die Entscheidung relevanten **Rechercheergebnisse bzw. Quellenverzeichnisse aufbewahren,** Prüfungsunterlagen und die Bewertungen abheften bzw. abspeichern, um nötigenfalls vor der Verwaltungsspitze, der Politik, der interessierten Öffentlichkeit oder gegenüber weiteren Behörden oder vor Gericht die Entscheidung stichhaltig vertreten und Jahre später noch nachvollziehen zu können. Das kann sie in der Denkmalakte oder z. B. in einem fachlichen Handapparat tun. Falls Geschichtsvereine, Wissenschaftler, Studierende oder Journalisten sich (außerhalb eines Verwaltungsverfahrens) für den Prüfgegenstand interessieren, kann die Behörde ihre Ergebnisse – unter Beachtung gegebenenfalls relevanter Datenschutzvorschriften – weitergeben.

Für die Nachvollziehbarkeit der Recherche und Erkenntnisse sollte die Behörde die **Quellen/Fundorte angeben** und sich nach gängigen Zitierweisen richten, damit sie vor Gericht oder bei anderen Anlässen darauf verweisen oder die Quellen wiederfinden kann. Der Quellennachweis kann beispielsweise folgendermaßen aussehen:

Gemeindeverwaltung X, Bauakte/Signatur der Adresse Y, bei mehreren analogen Akten die Aktennummer und Laufzeit, Blattnummer (falls die Akte paginiert ist): Bezeichnung des Fundstücks (Grundriss Erdgeschoss), Entstehungsjahr oder genaues Datum des Fundstücks bzw. Plans oder Schriftstücks. Planverfasser bzw. Urheber, Absender und Empfänger können auch vermerkt werden.

Bei Zitaten aus der Literatur oder bei Verweisen darauf können Literaturangaben beispielsweise wie im Literaturverzeichnis und den Endnoten dieses Buches ausgeführt werden.

5.9 Systematische Denkmalerfassung

Der Zeugniswert von (potenziellen) Denkmälern lässt sich über mehrere Zugänge erschließen: Auf der einen Seite stehen die kontextuellen Zugänge wie Geschichte, mit denen sich Denkmäler über ihren abstrakteren Entstehungszusammenhang erschließen lassen, indem aus der bekannten (niedergeschriebenen) historischen Entwicklung auf Sachen geschlossen wird, welche diese Entwicklung repräsentieren. Auf der anderen Seite stehen die bestandsbezogenen Zugänge, über die ein Denkmal durch seine Anschaulichkeit, womöglich seine künstlerische Gestaltung oder städtebauliche Stellung konkreter erschlossen werden kann. Der Bestand wirft die Frage auf, aus welchen historischen Entwicklungen er hervorgegangen ist, wofür er Zeugnis ablegt.

Das Denkmal muss beides verbinden: durch seinen Bestand historische Entstehungsbedingungen vermitteln. Denkmal sein kann nur, was im Bestand vorhanden ist. Aber was gewesen ist, hilft den erhaltenen Bestand aus den historischen Entstehungsbedingungen heraus zu verstehen, und aufzuklären, ob es sich bei dem erhaltenen Beispiel etwa um ein zeittypisches oder für die Entstehungzeit ungewöhnliches Exemplar handelt. Wie war ein bestimmter Gebäudetyp beschaffen und ausgestattet? Welche erhaltenen Beispiele führen das noch so anschaulich vor Augen?

Potenzielle Denkmäler lassen sich **über mehrere Ansätze erfassen,** die jeweils auf themenspezifische Literatur, Quellen und Vergleichsbeispiele zurückgreifen werden, die systematisch ausgewertet werden können. Ein auf **Stile oder Epochen** bezogener Ansatz versucht die Zeugnisse jener Zeiten, etwa des Barock, des Historismus oder der Moderne, zu erfassen.

Ein anderer Ansatz ist **typologisch:** Es geht um bestimmte Typen von Gebäuden oder baulichen Anlagen wie Bauernhäuser, Gerichtsgebäude, Siedlungen, Landschaftsgärten, Gräberfelder, Meilensteine, Stadtmauern. Dabei kann aus dem weiten Überblick über den einen Typ oder den einen Stil versucht werden, regional- oder zeittypische Charakteristika und Entwicklungen herauszuarbeiten, um den Normalfall und den Sonderfall zu erkennen und den Einzelfall im Vergleich einordnen zu können (Abb. 5.9a).

Der **personenbezogene** Ansatz erschließt die Biografie und das Werk von historischen Personen wie Architekten, Künstlern und Städtebauern. Das soll deren Einfluss auf das Schaffen in ihrer Epoche aufklären und über die (kunst- oder architektur) geschichtliche Bedeutung der Personen und ihrer Werke auf potenzielle Denkmäler schließen. Diese Denkmäler können Werkphasen ihrer Schöpfer und historische Entwicklungen repräsentieren. Im weiteren Sinne zählt hierzu auch die Erforschung von Industriellen, Unternehmen, Siedlungsgesellschaften oder bronzezeitlichen Volksgruppen, die charakteristische Spuren hinterlassen haben.

Abb. 5.9 a Nachkriegsarchitektur wie das Landtagsgebäude in Stuttgart können als Einzelfälle oder mit systematischem Überblick relevanter Vergleichsbeispiele bewertet werden: Öffentliche Gebäude, Landtags- und Parlamentsgebäude, in Deutschland, der Nachkriegszeit **b** Herz-Jesu-Kirche in Bergisch Gladbach, entworfen von Gottfried Böhm, mit den Kirchbauten der Nachkriegszeit im Rheinland vom rheinischen Fachamt systematisch erfasst

Ein Ansatz funktioniert **ortsbezogen,** befasst sich mit einem historisch, geografisch oder verwaltungstechnisch begrenzten Gebiet wie einer Stadt, einem Dorf, einem Ortsteil, einem Landkreis, einer Region, einer topografischen Situation wie etwa einem Tal, einer Landschaft oder einer historischen Straße mit den historischen Anliegern oder Verkehrsbauwerken.

Hier liegt der Fokus auf dem örtlichen Zusammenhang, dem Entstehungszusammenhang und der historischen Entwicklung des Untersuchungsgebiets. Selbst wenn die Häuser derselben Straße aus verschiedenen Epochen stammen, stehen sie alle im Zusammenhang derselben Ortsgeschichte und vielleicht einer städtebaulichen Situation. Eine Blockrandbebauung aus Gründerzeithäusern wird beispielsweise den gleichen oder je Haus sehr ähnliche Entstehungszusammenhänge haben, ähnliche Konstruktionen aufweisen und zusammen das Straßenbild prägen. Die zu beschreibenden architektonischen Merkmale außen und innen sowie die Schutzgründe werden ähnlich, die Erhaltungszustände aber verschieden sein. So kommt es vor, dass in mehreren Häusern die Innenausstattung aus Holztreppe, Holztüren, Stuckdecken und Bodendielen weitgehend erhalten ist, wogegen andere Häuser nach Kriegsschaden, Neuausstattung oder Modernisierung und Dachgeschossausbau mit großen Gauben nur noch erhaltenswerte gründerzeitliche Fassaden zeigen, die das noch einheitliche Straßenbild komplettieren.

Beispiele für die Analyse und Erfassung im städtebaulichen Maßstab und Zusammenhang sind die Historischen Ortsanalysen, die Ortskernatlanten und die Archäologischen Stadtkataster aus Baden-Württemberg sowie der Denkmalpflegerische Erhebungsbogen aus Bayern oder die Denkmalpflegerische Zielplanung/Zielstellung aus der Deutschen Demokratischen Republik und Schleswig-Holstein.[106] Auch der Denkmalpflegeplan (z. B. nach § 30 DSchG NRW) kann potenzielle Denkmäler und Denkmalbereiche benennen, die näher überprüft werden sollen. Obwohl die Gemeinden von manchen Denkmalschutzgesetzen aufgefordert werden, Denkmalpflegepläne aufzustellen und fortzuschreiben, ist das keineswegs zur Regel geworden.

In den Bundesländern sind **Denkmaltopographien** als Teil der „Denkmaltopographie der Bundesrepublik Deutschland" erschienen, die über die erfassten Denkmäler bestimmter Städte und Kreise im Kontext der historischen Stadt- und Kulturlandschaftsentwicklung informieren. Die Denkmaltopographien ersetzen nicht die Denkmalliste. Sie zeigen die erkannten Denkmäler auf, von denen im konstitutiven System noch nicht alle tatsächlich unter Denkmalschutz stehen könnten. Denkmaltopographien können mit der systematischen Erfassungsmethode die konstitutiven Unterschutzstellungen vorbereiten.

Aus den beispielhaft genannten Ansätzen ergeben sich **Mischformen zur thematischen Eingrenzung.** Die Eingrenzung folgt konkreten Forschungsfragen, oder wird konzipiert, um die Denkmalerfassung und -erforschung in handhabbare Stücke zu gliedern, die in einem überschaubaren Zeitraum und mit kalkulierbarem Arbeitsaufwand realistisch zu bearbeiten sind. Dafür werden **Erfassungskampagnen** erdacht, die z. B. Postgebäude der Gründerzeit im Regierungsbezirk X oder neuzeitliche Wassermühlen an den Gewässern des Tals Y aufarbeiten sollen.

In Nordrhein-Westfalen haben die beiden Fachämter systematisch die Kirchengebäude nach 1945 erfasst und die potenziellen Denkmäler herausgearbeitet. Ein Vorteil der eingegrenzten Erfassungskampagnen liegt in ihrer Überschaubarkeit und Begreifbarkeit auch für Laien, denen die Auswahlmethode und die Qualitäten der daraus abgeleiteten Denkmäler nachvollziehbarer vermittelt werden können (Abb. 5.9b).

Erfassungskampagnen tragen dazu bei, dass Denkmäler frühzeitig erkannt werden, sodass die Öffentlichkeit und die Eigentümer Kenntnis vom Denkmalwert erlangen. Kurzfristige Prüfungen und gegebenenfalls Unterschutzstellungen anlässlich von Umbau- oder Abbruchvorhaben, bei denen plötzlich ein Denkmal entdeckt und ein denkmalwidriger Bauantrag abgelehnt oder überarbeitet werden müsste, passieren dadurch seltener. Ganz ausschließen kann man die kurzfristig notwendige Denkmalrettung aber nie. Einerseits spiegeln die Ergebnisse von Erfassungskampagnen den Kenntnisstand ihrer Bearbeitungszeit und Methode wider, während wissenschaftliche Erkenntnis nie abgeschlossen ist, also neue Erkenntnisse kommen werden. Zum anderen können hinter jungen Verkleidungen alte Gebäude und in jungen Bauten alte Gemäuer stecken, die erst durch Anlass oder Zufall entdeckt werden.

Je jünger die Zielobjekte der Erfassung werden, desto größer wird die Aufgabe, weil seit der Industrialisierung die Bauproduktion enorm gestiegen ist, alte bauliche Anlagen im Zweiten Weltkrieg massenweise wieder vernichtet und seitdem enorme Volumen als Ersatz und zur Erweiterung der Städte gebaut wurden. Selbst wenn aus dem riesigen Bauvolumen doch nur eine Hand voll Beispiele einer historischen Entwicklung Denkmal würden, wäre zuvor die große Erfassungskampagne zu leisten, um die aussagekräftigen Beispiele zu erkennen. Abhängig von der personellen Ausstattung mag die Denkmalpflege am Ende womöglich doch nur prominente Einzelfälle prüfen können, die sich aus ihrer Berühmtheit oder aus den Forschungsergebnissen Dritter aufdrängen.

Angesichts der überörtlichen Perspektive der Denkmalfachämter und des räumlichen Fokus der Unteren Denkmalschutzbehörden auf ihr Gemeindegebiet liegt es für die Unteren Denkmalschutzbehörden nahe, sich den zu prüfenden Objekten und etwaigen Erfassungskampagnen über die ortsbezogenen Ansätze zu nähern und sie mit den anderen Ansätzen einzugrenzen bzw. in handhabbare Teile zu gliedern.

Anmerkungen

1. Stellhorn 2016, S. 9: Die Denkmalschutzgesetze stellen bei Baudenkmälern auf bauliche Anlagen nach dem Bauordnungsrecht ab. Bauliche Anlagen sind in den Landesbauordnungen definiert.
2. In NRW gilt seit 2022 die Denkmalverordnung vom 16. August 2022 (DenkmalVO). Zuvor war die Denkmalliste nach der Denkmallistenverordnung von 2015 zu führen.
3. OVG NRW, Urt. v. 08.03.2012 – 10 A 2037/11.
4. Stellhorn 2016, S. 6–8. – von Faber du Faur 2004, S. 1–3.

5. Strobl et al. 2019, S. 102–103: *„Der kraft gesetzlicher Generalklausel [...] be-stehenden Schutzwirkung mangelt es an Transparenz für die Betroffenen"*, die nicht immer erahnen, dass Ihr Eigentum denkmalwert ist.

6. Strobl et al. 2019, S. 77, 279–280.

7. Kaufinteressenten möchten meist erfahren, was unter Denkmalschutz steht, welche Pflichten einhergehen und welche Änderungen am Denkmal möglich sind.

8. Die Denkmallisten im Internet, die nicht von der zuständigen Denkmalschutz-behörde oder dem Fachamt herausgegeben werden, sind gut für die Öffentlich-keitsarbeit, aber nicht offiziell und daher nicht verbindlich.

9. Erläuterung des Ermessen in Krause 2011, S. 126–127. – § 23 DSchG NRW: Denkmäler *„sind [...] einzutragen"*, sie müssen eingetragen werden, nicht „sie können eingetragen werden".

10. In manchen Gemeinden wird die Eintragung oder Löschung in die Denkmalliste dem Rat zur Entscheidung oder Annahme vorgelegt, obwohl das Denkmalschutz-gesetz das nicht vorsieht.

11. Vgl. OVG NRW, Urt. v. 08.03.2012 – 10 A 2037/11: *„Private Interessen des Sach-eigentümers, seien sie ideeller oder wirtschaftlicher Art, können eine Unterschutz-stellung nach dem Denkmalschutzgesetz nicht rechtfertigen"*. – Schulte 2019, S. 132: Die Unterschutzstellung eines Denkmals nach DSchG erfolge nach dem Bundesverwaltungsgericht und dem OVG NRW ausschließlich im öffentlichen Interesse, nicht im privaten Eigentümerinteresse. – von Faber du Faur 2004, S. 3, 25–28.

12. OVG NRW, Beschluss v. 12.06.2009 – 10 A 1847/08.

13. OVG NRW, Urt. v. 08.10.2021 – 10 A 3620/20: *„Die Substanz der [...] Villa ist weder außen noch innen derart marode, dass man sie als quasi abgängig be-zeichnen könnte und ihr Verlust im Falle einer denkmalgerechten Sanierung un-vermeidlich wäre, sodass die Kläger darauf zu verweisen sind, ihre Einwände ge-gebenenfalls mit einem nachfolgenden Antrag auf Erteilung einer Erlaubnis zur Änderung oder gar Beseitigung des Denkmals geltend zu machen."* – OVG NRW, Urt. v. 21.07.1999 – 7 A 3387/98: *„Ein Auswechseln und Ergänzen von einzelnen Materialteilen, das den Gesamteindruck der Sache unberührt läßt, ist für die Be-wertung der Denkmaleigenschaft unerheblich. [...] Die besondere Bedeutung einer Sache entfällt jedoch jedenfalls dann, wenn sie insgesamt nur noch eine Rekonst-ruktion des Originals darstellt."* – Rabeling 2012, S. 5–6. – Stellhorn 2016, S. 8. – von Faber du Faur 2004, S. 23.

14. Viebrock 2018, S. 109: Selbst wenn ein erkanntes Denkmal nicht erhaltungsfähig ist, kann die Denkmalerkenntnis noch zu einer Abbruchdokumentation und damit wissenschaftlicher Verwertung führen.

15. Das DSchG NRW sieht keine formelle Feststellung von nicht vorhandener Denkmaleigenschaft vor. Eine förmliche Bewertung mitsamt Anhörung in der Akte zu haben, ist für die Denkmalbehörde insbesondere dann sinnvoll, wenn das Prüf-objekt zum Politikum werden kann. – Vgl. hierzu OVG NRW, Urt. v. 20.09.2011

– 10 A 2611/09 bzgl. Bodendenkmäler: Gelangen die Denkmalbehörden *„zu der Einschätzung, dass den Funden kein Denkmalwert zukommt, sieht das Denkmalschutzgesetz keine entsprechende negative Feststellung vor. Nur wenn die Denkmaleigenschaft festgestellt werden kann, ist diese Einschätzung durch die Eintragung des Denkmals in die Denkmalliste zu dokumentieren."* Die Denkmalbehörden müssen auch keine denkmalfreien Bereiche suchen.

16. Besteht ein fachlicher Dissens zwischen Denkmal(schutz)behörde und Fachamt über die Denkmaleigenschaft, die Merkmale, den Schutzumfang oder die Schutzgründe, kann ein Beteiligter unter Umständen die Oberste Denkmalschutzbehörde anrufen, damit diese eine Entscheidung über den Dissens prüft.

17. Zu den Anforderungen an die Inhalte und Form der Denkmalliste stellt die aktuelle Denkmalverordnung NRW genauere Regeln auf.

18. Die Stellung des Denkmals im Stadtraum, sein Wirkungsraum, seine Wechselwirkung mit der Umgebung sollten für den Umgebungsschutz angesprochen werden. – vgl. Gebeßler 1980, S. 38.

19. Die in den Gesetzen genannten Denkmalkriterien stellen unbestimmte Rechtsbegriffe dar, die mit Inhalt gefüllt werden müssen. Die Kriterien wurden durch denkmalfachliche Beiträge und gerichtliche Auslegung definiert und können weiterentwickelt werden. Die Subsumtion wendet die Definitionen auf den konkreten Fall an und weist nach, dass er bestimmten Definitionen entspricht. Im Eintragungstext, der auch der Anhörung an die Eigentümer/Nutzer und dem Bescheid über die Unterschutzstellung als Anlage beigefügt wird, werden nur die nachgewiesenen Tatbestandsmerkmale (Kriterien) aufgeführt. Z. B.: Das Denkmal ist bedeutend für die Geschichte des Menschen, weil … und es besitzt wissenschaftlich Bedeutung, weil … (sowie die gegebenenfalls notwendige Begründung des Interesses der Allgemeinheit). Die nicht erfüllten Kriterien müssen nicht dargelegt werden. Die Denkmalbehörde erweist sich selbst einen Dienst, den Eintragungstext so zu strukturieren, dass sie bei späteren Genehmigungsverfahren möglichst schnell erkennt, welche Teile unter Schutz stehen, auf welche Merkmale sie Wert legen muss und was für die Denkmaleigenschaft unerheblich ist. Hierbei hilft eine präzise Kartierung des Denkmalumfangs im einem Lage-/Katasterplan ungemein. Gegebenenfalls kann eine weitere Karte weitreichende Blickbeziehungen darstellen.

20. Clausmeyer 2020.

21. OVG NRW, Beschluss v. 03.03.2021 10 A 2137/20: *„Ob und inwieweit Bauteile, die nachträglich eingebaut wurden, selbst Denkmalwert haben oder verändert werden können, ohne dass die Aussagekraft des Denkmals leidet, ist gegebenenfalls in einem Verfahren nach § 9 DSchG NRW zu untersuchen und zu entscheiden."* – Siehe auch: OVG NRW, Beschluss v. 25.02.2021 – 10 A 2021/20.

22. OVG NRW, Urt. vom 30.07.1993 – 7 A 1038/92 unter Bezugnahme auf OVG NRW, Urteile vom 02.11.1988 – 7 A 2826/86 und vom 03.12.1990 – 7 A 2043/88. – Ferner: Davydov et al. 2018, S. 80. – OVG NRW, Urt. v. 08.10.2021 – 10 A

3620/20: *„So bilden beispielsweise das Äußere und das Innere eines Gebäudes regelmäßig eine Einheit, was eine entsprechend einheitliche Unterschutzstellung selbst dann nahelegt, wenn das Innere des Gebäudes in seiner Bedeutung gegenüber dem Äußeren in gewissem Umfang zurücktritt.“* – Strobl et al. 2019, S. 91.

23. OVG NRW, Beschluss v. 27.08.2007 – 10 A 3856/06. – Das Bodendenkmal lässt sich oft erst durch Ausgrabung, die gleichzeitig das Bodendenkmal oder Teile davon zerstören kann, exakt feststellen.

24. VG Münster, Urt. v. 13.11.2012–2 K 740/11. – VG Düsseldorf, Urt. v. 28.01.2021 – 28 K 823/18. – VG Düsseldorf, Urt. v. 11.11.2021 – 28 K 4876/18. – OVG NRW, Urt. v. 12.09.2006 – 10 A 1541/05. – OVG NRW, Urt. v. 17.08.2001 – 7 A 4207/00: *„Der Denkmalwert des Hauses […] ergibt sich gerade auch aus dem Verhältnis von überbauter Grundstücksfläche zum Gartenanteil. Charakteristisch für ein im Zuge der sogenannten Gartenstadtbewegung entstandenes Gebäude sind gerade die verhältnismäßig großen, rückwärtig der Wohnbebauung gelegenen Gärten.“*

25. Clausmeyer 2020a, S. 28.

26. Wenn ein Verwaltungsakt in die Rechte eines Beteiligten eingreift, ist dem Beteiligten Gelegenheit zu geben, sich zu den Tatsachen zu äußern, die für die Entscheidung erheblich sind. Die Verwaltung muss den beabsichtigten Verwaltungsakt so präzise umschreiben, dass dem Beteiligten verständlich wird, wozu er sich äußern kann und mit welcher Entscheidung er wann zu rechnen hat.

27. Die zur Beurteilung verwendeten Karten, Literatur und sonstigen Quellen in der Akte zu sammeln, hilft ebenfalls, wie auch eine Fotodokumentation aller erwähnten Teile (oder gar ein Raumbuch). Quellen und Dokumentation können neben dem Eintragungstext auch separate (informative) Anlagen zum Bescheid über die Eintragung in die Denkmalliste sein.

28. Wie die auszusehen hat, berät die Rechtsaufsicht (meist Obere Denkmalbehörde), oder regelt ein ministerieller Erlass.

29. Vgl. VG Düsseldorf, Urt. v. 25.08.2022 – 28 K 6957/20: Nach § 39 VwVfG NRW muss der Verwaltungsakt mit einer Begründung versehen werden, in der *„die wesentlichen tatsächlichen und rechtlichen Gründe mitzuteilen“* sind, *„die die Behörde zu ihrer Entscheidung bewogen haben. Diesen Anforderungen kann durch die Bezugnahme und den Verweis auf dem Adressaten des Verwaltungsaktes zugängliche Dokumente Genüge getan werden, soweit die Begründung aus sich heraus verständlich bleibt. […] Ob und inwieweit diese Begründung die Denkmaleigenschaft trägt, ist hingegen keine Frage der formellen, sondern der materiellen Rechtmäßigkeit.“*

30. Zeitungen berichteten ausführlich über den Fall und Gutachten waren zeitweise online abrufbar. Z. B.: „Der Abriss des Bayer-Kasinos in Hohenbudberg läuft“, https://www.wz.de/nrw/krefeld/krefeld-der-abriss-des-bayer-kasinos-in-hohenbudberg-laeuft_aid-48146627, zuletzt besucht am 22.01.2023.

31. Vgl. Davydov et al. 2018, S. 123. – Die frühere Denkmallistenverordnung von 2015 für NRW kannte hierzu die Optionen „Präzisierung“ und „Fortschreibung“.

Mit der Präzisierung waren Ergänzungen und Präzisierungen des Eintragungstextes auch ohne Verwaltungsakt möglich, sofern der inhaltliche oder räumliche Umfang des Denkmals und die Begründung der Denkmaleigenschaft in ihren wesentlichen Aussagen nicht verändert wurden. Fortschreibungen waren im Prinzip Neueintragungen, weil sie per Verwaltungsakt vorzunehmen waren, und zum Einsatz kamen, wenn der Schutzumfang oder die Schutzgründe verändert wurden. Die Denkmalverordnung von 2022 kennt Präzisierungen nicht.

32.   Davydov et al. 2018, S. 83, 97–100.

33.   Rabeling 2012, S. 5–6. – Krause 2011, S. 122: Erhaltungsfähigkeit – Stellhorn 2016, S. 8.

34.   Strobl et al., S. 90, 99–100: *„Auch ein nach einem Brand teilweise rekonstruiertes Gebäude kann weiterhin ein Denkmal (denkmalfähig) sein; das gilt auch, wenn die Rekonstruktion als solche offensichtlich ist".*

35.   Gebeßler 1980, S. 36: *„Zusammenspiel heißt aber immer noch Einordnung in ein Ganzes, das aus einem einheitsstiftenden Prinzip erklärt werden kann".* – Auf Grundlage der alten Fassung des DSchG NRW: Janßen-Schnabel 2016. – Die Gesetzesnovelle von 2022 hat den Wortlaut des Gesetzes modifiziert. Früher mussten Einzeldenkmäler im Denkmalbereich vorhanden sein, seit der Novelle ist das keine Voraussetzung mehr. Dem Denkmalschutzgesetz nach könnte ein Denkmalbereich auch nur aus einem Stadtgrundriss (Platz- und Straßenflächen, Baufluchtlinien) ohne die aufragende Bausubstanz bestehen. – Mainzer 2021. Hierin auf S. 14 Jörg Schulze: *„[…]so sind auch Ortsgrundriss und -silhouette nur durch die aufstehenden Bauten existent und können mit deren materiellen Bestand erhalten werden. Wäre es anders, könnten wir ebenso dazu übergehen, die Grundrisse gar nicht vorhandener Orte zu schützen."*

36.   In der Konsequenz steht das Innere nicht unter Denkmalschutz und Änderungen, die sich auf das Äußere und die das Äußere tragende Bausubstanz auswirken, setzten keine Erlaubnis der Denkmalbehörde voraus. Eine informelle Abstimmung zwischen Eigentümer/Nutzer und Denkmalbehörde ist trotzdem sinnvoll, um Unklarheiten vorab zu besprechen. Für Baumaßnahmen, die keine denkmalrelevante Substanz betreffen, kann keine steuerliche Bescheinigung ausgestellt werden.

37.   Denkmäler im Denkmalbereich genießen quasi einen doppelten Schutz, wenn die Satzung die Stellung der einzelnen Denkmäler im Denkmalbereich würdigt und dadurch Argumente für den Umgebungsschutz der Einzeldenkmäler aufbietet.

38.   VdL 2019, S. 249–250.

39.   Die alte Fassung des DSchG NRW schloss auch die engere Umgebung von Denkmalbereichen ein, *„sofern sie für deren Erscheinungsbild bedeutend ist".* Die Fassung von 2022 sagt das nicht mehr ausdrücklich. – Davydov et al. 2018, S. 141–153.

40.   Im Detail sollte zwischen den Denkmälern, die für den Denkmalbereich maßgeblich sind, und den Denkmälern, die nicht maßgeblich sind, differenziert werden. Zu beachten ist dabei: Ein Objekt, das noch nicht als Denkmal erkannt worden ist,

könnte später noch als Denkmal erkannt werden. Daher steht die konstituierende Eigenschaft für den Denkmalbereich im Vordergrund.

41. Die Denkmalbereichssatzung kann von einer Gestaltungssatzung oder einem Bebauungsplan flankiert und der Denkmalbereich müsste in einem integrierten Stadt-/Quartiersentwicklungskonzept beachtet werden. Eine Gestaltungsfibel kann den Eigentümern und Nutzern helfen, ihre Bauvorhaben erlaubnisfähig vorzubereiten.

42. VdL 2019, S. 249–250, 288–290, 322–323. – Viebrock 2018, S. 19: Satzungen nützen, um Gesamtanlagen (Denkmalbereiche) zu flankieren, aber ihre Regelungsbereiche sind von *„ihrer Zielrichtung her verschieden und zu trennen"*.

43. Davydov et al. 2018, S. 83, 97–100. – Martin/Krautzberger 2006, S. 89, 138–139, 180–181. – Strobl et al. 2019, S. 93–97. – Viebrock 2018, S. 94–95, 107–112. – Krause 2011, S. 84–85: Hiernach umfasst die Denkmalfähigkeit nach DSchG NRW die zwei Bedeutungsebenen (inklusive ehemaliger Erhaltungsgründe) und die Denkmalwürdigkeit. – Stellhorn 2016, S. 8: *„Diese Begriffe […] sind aber vom Gesetz nicht vorgesehen und tragen wenig zum Verständnis der Denkmalvoraussetzungen bei"*. – Strobl et al. 2019, S. 87–88, 93–97, insbesondere zum DSchG Baden-Württemberg: *„Zur Ausfüllung des Begriffs „öffentliches Interesse" können lediglich die […] Gründe herangezogen werden, auf die § 2 verweist"*. – von Faber du Faur 2004.

44. Literatur-Grundlagen der Erläuterungen, die aus der eigenen Bearbeitung des Verfassers als Inventarisator und praktischer Denkmalpfleger ergänzt werden, sind insb. die Kommentare zum DSchG NRW: Davydov 2018, S. 76–117, mit den darin besprochenen Urteilen, ergänzt um die außerdem angegebenen Urteile und Literatur. – VG Köln, Az. 4 K 6251/15: Anlage zur Verfügung vom 25.5.2016. – Kiesow 1982, S. 39–56. – Krause 2011, S. 45, 163–164, 304–305, 339, 346.

45. Viebrock 2018, S. 95, 99.

46. OVG NRW, Urt. vom 02.04.1998 – 10 A 6950/95, unter Bezugnahme auf OVG NRW, Urt. v. 25.01.1985 – 11 A 1801/84.

47. VG Aachen, Urt. v. 04.08.2021 – 3 K 1621/17: In dem Abschnitt des Urteils geht es um wissenschaftliche Erhaltungsgründe und vergleichbare Anlagen in NRW. – vgl. Davydov et al. 2018, S. 82–83, 86–89: Denkmäler mit ähnlicher Aussage machen ein weiteres ähnliches Denkmal nicht überflüssig. Das Merkmal „bedeutend" soll Sachen ausschließen „denen letztlich kein ausreichender Zeugniswert zukommt." Das Urteil des Bundesverwaltungsgerichts v. 24.06.1960 – BVerwG VII C 205.59 ist für die Auslegung des Denkmalbegriffs nicht entscheidend. Große Bekanntheit in der Bevölkerung ist für die Bedeutung des Denkmals nicht maßgeblich. – Ob oder inwiefern dieser letztgenannte Punkt infolge Gesetzesnovelle neu zu bewerten ist, wird gerichtlich noch zu überprüfen sein.

48. Rabeling 2012, S. 6: Je seltener, desto erhaltungswürdiger.

49. OVG NRW, Beschluss v. 09.01.2008 – 10 A 3666/06: Auch Inschriften oder ähnliche individuelle Merkmale können zu künstlerischer Bedeutung beitragen. – Vgl.: OVG NRW, Beschluss vom 16.02.2017 – 10 A 2568/1: Vielfältige indivi-

duelle Gestaltungsmerkmale machen es unwahrscheinlich, dass der Aussagewert durch ähnliche Sachen gemindert würde.

50. OVG NRW, Urt. v. 25.07.1996 – 7 A 1777/92. – Vgl.: OVG NRW, Urt. v. 21.07.1999 – 7 A 3387/98: *„Die besondere Bedeutung einer Sache entfällt dann, wenn die Sache ihre ursprüngliche Identität verloren hat. Dies ist nicht der Fall, wenn ein Denkmal"* noch *„die ihm zugedachte Funktion, Aussagen über bestimmte Vorgänge oder Zustände geschichtlicher Art zu dokumentieren, noch erfüllen kann."*

51. OVG NRW, Urt. v. 12.09.1996 – 7 A 196/94 unter Bezugnahme auf OVG NRW, Urt. v. 14.08.1991 – 7 A 1048/89.

52. OVG NRW, Urt. v. 02.04.1998 – 10 A 6950/95, unter Bezugnahme auf OVG NRW, Urt. vom 25. Januar 1985–11 A 1801/84: *„Bedeutung für die Geschichte des Menschen hat ein Objekt dann, wenn es einen Aussagewert hat für das Leben bestimmter Zeitepochen sowie für die politischen, kulturellen und sozialen Verhältnisse und Geschehensabläufe. [...] Der geschichtliche Bezug, der in dem Objekt sinnfällig wird, hebt die Sache von anderen ab".*

53. In der alten Fassung des DSchG NRW: Erhaltungsgründe.

54. Viebrock 2018, S. 102: Eine Nachkriegskirche mit Zeltdach *„betrachtete das OVG Lüneburg nicht als künstlerisches Denkmal, sondern als einen im Kreisgebiet seltenen Beleg der Kirchenbaugeschichte, als Beispiel der Auffassung der ‚wandernden Gemeinde' nach den liturgischen Vorstellungen[...]".*

55. Das Verwaltungsgericht Stuttgart erkannte bspw. mit dem Urt. v. 18.01.2017 – 13 K 1240/14 wissenschaftliche und künstlerische Gründe für die Erhaltung der Siedlung Aspen, die als *„Siedlungsform ein Zeugnis der Architektur- und Sozialgeschichte"* sei. Viele der im Urteil benannten Entstehungsbedingungen und Charakteristika würden in NRW unter die Bedeutung für Städte und Siedlung und städtebauliche Erhaltungsgründe fallen.

56. Eidloth et al. 2019, S. 466.

57. Ebenda.

58. OVG NRW, Urt. v. 12.09.2006 – 10 A 1541/05.

59. Eidloth 2019, S. 465–466.

60. OVG NRW, Urt. vom 02.04.1998 – 10 A 6950/95.

61. OVG NRW, Urt. v. 30.07.1993–7 A 1038/92. – Wenn es bedeutend für die Erforschung der Entwicklung der Baukunst ist, ist es auch aus wissenschaftlichen (architekturgeschichtlichen) Gründen erhaltenswert, aber diese enge Zusammenhang darf nicht redundant sein bzw. nicht in der Bedeutung für die Geschichte des Menschen und bei wissenschaftlicher oder künstlerischer Bedeutung inhaltsgleich wiederkehren.

62. Kiesow 1982, S. 48–53: Geschichtliche Gründe. Bsp.: Goethe-Geburtshaus in Frankfurt a. M., dessen Nachkriegswiederaufbau in der Substanz keine Aussagekraft über die Bautechnik des 18. Jh. hat, nur als Gedenkstätte dient. Aus heutiger Sicht wäre hier auf den Unterschied zwischen gewolltem und gewordenem Denk-

mal hinzuweisen, und die Frage, ob es als Geschichtszeugnis der Nachkriegszeit Denkmal geworden ist. – vgl. hierzu Schröteler-von Brandt 2014, S. 219: *„Es waren identitätsstiftende Bauten wie dieses, die einer Gesellschaft, die alles verloren hatte, wieder Halt und Sicherheit geben sollte.“* – Stellhorn 2016, S. 9–10: Bedeutung für die Geschichte. Erläutert Unterscheidung in Aussagewert (Veranschaulichung vergangener Zeiten und Entwicklungen), Assoziationswert (stellt im Bewusstsein des Volkes Bezug zu bestimmten Verhältnisses seiner Zeit her) und Erinnerungswert (wie stark das Gebäude an namhafte Personen oder historische Ereignisse erinnere).

63. Naturdenkmale sind kein Gegenstand des DSchG NW und der Denkmalbehörden, sondern des Landesnaturschutzgesetzes und der Naturschutzbehörden. Naturdenkmäler können aber in Denkmäler nach DSchG NRW integriert und beide Gesetze anzuwenden sein.

64. Vielleicht muss hier, ähnlich wie bei der Bedeutung für Städte und Siedlungen und der städtebaulichen Bedeutung, so herangegangen werden, dass die Bedeutung für die Kunst- und Kulturgeschichte die ideellen Rahmenbedingungen meint, die künstlerische Bedeutung insbesondere die materielle Ausführung, an der die angewendete Technik und Materialverarbeitung erlebbar werden.

65. OVG NRW, Urt. vom 02.04.1998 – 10 A 6950/95 und OVG NRW, Urt. v. 17.12.1999 – 10 A 606/99, jew. unter Bezugnahme auf OVG NRW, Urt. v. 25.01.1985 – 11 A 1801/84.

66. Krause 2011, S. 307.

67. OVG NRW, Urt. v. 30.07.1993 – 7 A 1038/92 unter Bezugnahme auf OVG NRW, Urt. v. 14.08.1991 – 7 A 1048/89 und OVG NRW, Urt. v. 18.01.1990 – 7 A 429/88 und OVG NRW, Urt. v. 03.12.1990 – 7 A2043/88.

68. OVG NRW, Urt. vom 02.04.1998 – 10 A 6950/95 unter Bezugnahme auf: vgl. etwa OVG NW, Urt. v. 07.04.1987 – 7 A 242/86 und OVG NW, Urt. v. 30.07.1993 – 7 A 1038/92.

69. OVG NRW, Urt. v. 30.07.1993 – 7 A 1038/92.

70. OVG NRW, Urt. vom 02.04.1998 – 10 A 6950/95. – vgl.: Krause 2011, S. 304 (unter Verweis auf OVG Rheinland-Pfalz, Urt.v. 26.04.1984 DVBl. 1985, 406): Ähnlich, aber städtebaulichen Gründen zugeordnet.

71. Lampugnani 2011, S. 8–9.

72. Eidloth et al. 2019, S. 471. Ebenda, S. 482–483: Ausbildung/Entwicklung/Verortung des Stadtrands.

73. Bürklin/Peterek 2016, S. 7. – Mehlhorn 2012, S. 13–14. – Reinborn 1996, S. 7. – Schenk 2018, S. 11. – Schröteler-von Brandt 2014, S. 7–9.

74. Schröteler-von Brandt 2014, S. 11.

75. Vgl. bedeutend für Städte und Siedlungen: Kiesow 1982. – Stellhorn 2016, S. 9–10.

76. Davydov et al. 2018, S. 90–91. – Kiesow 1982, S. 46.

77. Viebrock 2018, S. 106–107.

78. Davydov et al. 2018, S. 91–93: Viele Kirchenausstattungen wären beispielsweise kunstgeschichtlich bedeutsam, ohne exemplarischen Charakter zu haben. Reiche Schmuckformen sind nicht entscheidend. – Kiesow 1982, S. 41–44. – Stellhorn 2016, S. 10: Künstlerische sind stets kunsthistorische Gründe. – Strobl et al. 2019, S. 91: *„Malereien, die aus Musterbüchern [...] freihändig abgemalt wurden, fehlt der eigenständige künstlerische Ausdruck".* – Viebrock 2018, S. 98–99. – OVG NRW, Urt. v. 30.07.1993 – 7 A 1038/92: *„Solche künstlerischen Gründe liegen etwa bei Objekten mit Symbolgehalt oder jedenfalls exemplarischem Charakter vor, wenn beispielsweise gestalterische Lösungen neu geschaffen wurden, wenn das Objekt für eine bestimmte Künstlerpersönlichkeit charakteristisch oder für einen Bau- oder Dekorationsstil bezeichnend ist oder wenn es innerhalb einer Stilrichtung für Erfindungsreichtum spricht".*

79. Davydov et al. 2018, S. 92: Sachen, die *„das ästhetische Empfinden in besonderem Maße ansprechen [...] Der Symbolgehalt ist nicht immer in vollem Umfang an die Authentizität gebunden."* Unter Bezugnahme auf OVG NRW, Urt. vom 30.07.1993–7 A 1038/92 wird gefolgert, dass *„künstlerische Bedeutung in NRW beim Denkmalbegriff scheinbar eine geringere Rolle"* einnimmt, da im Beispielfall vom Gutachter vorgebrachte künstlerische Gründe nicht nachvollziehbar waren.

80. Kiesow 1982, S. 43: Er würdigt auch die *„Bereicherung der Umwelt durch lebhafte Gliederung der Fassaden und dem Spiel von Licht und Schatten wie auch in der Bauornamentik"* der Stilepoche, selbst wenn hier nur versucht wird, die Vorbilder durch Aufwand zu übertreffen.

81. Kiesow 1982, S. 41: Dabei nicht Wohnhaus mit Kirche vergleichen, und nur Beispiele der gleichen Stil-Epoche, unter Berücksichtigung regionaler Besonderheiten.

82. Davydov et al. 2018, S. 93–95. – Kiesow 1982, S. 44–44, 49. – Stellhorn 2016, S. 10. – Strobl et al. 2019, S. 88–89. – Viebrock 2018, S. 103–104.

83. Krause 2011, S. 324.

84. Davydov et al. 2018, S. 95. – vgl.: Kiesow 1982, S. 49, 52–53: Erwähnt auch sagenhafte Ereignisse und Orte, die im kollektiven Gedächtnis der Bevölkerung fortleben, ohne besondere technische oder künstlerische Qualitäten aufzuweisen. – Zeugnisse der Oberschichten können als Gegenbeispiele angenommen werden.

85. Kiesow 1982, S. 49–53: Erwähnt auch sagenhafte Ereignisse und Orte, die im kollektiven Gedächtnis der Bevölkerung fortleben, ohne besondere technische oder künstlerische Qualitäten aufzuweisen. – Vgl.: Broschüre Denkmalpflege in Baden-Württemberg: Aufgaben, Arbeitsweise und Möglichkeiten der Denkmalpflege heute: https://www.denkmalpflege-bw.de/fileadmin/media/denkmalpflege-bw/publikationen_und_service/01_publikationen/05_onlinepublikationen/03_broschuere_denkmalpflege_bw/Denkmalpflegebroschuere.pdf   (zuletzt abgerufen am 26.12.2021): Zwar sind volkskundliche Gründe auch wissenschaftlich untermauert, heimatgeschichtliche Gründe bezögen aber auch einen gefühlsbedingten Erinnerungswert mit ein, der denkmalbegründend sein könne.

86. Strobl et al. 2019, S. 91.

87. Viebrock 2018, S. 105. S. 106: Das OVG Hamburg setzt für die stadtbildprägende Wirkung eine gewisse optische Dominanz voraus. – vgl.: Davydov et al. 2018, S. 97: Die stadtbildprägende Funktion scheint in NRW gehobenen Stellenwert zu haben, wogegen ein Urteil des VG Dessau Anordnung und Gestaltung des Denkmals würdigt, aber keine stadt- oder straßenbildprägende Eigenart voraussetzt.

88. OVG NW, Urt. vom 30.07.1993 – 7 A 1038/92 unter Bezugnahme auf OVG NW, Urt. vom 18.01.1990 und OVG NW, Urt. v. 03.12.1990 – 7 A2043/88. – vgl.: Krause 2011, S. 304–305: *„Ein städtebaulicher Grund kann auch Sachen zukommen, die keine Gebäude sind, wie z. B. dem Straßenpflaster oder den Straßenlampen, wenn sie sich wiederholen und dadurch ein städtebauliches Gewicht (besser: eine städtebauliche Bedeutung) erreichen.“*

89. Eidloth et al. 2019, S. 458–460, 485: *„Sicherung der Denkmalwerte im Stadtraum und des Stadtraums als Geschichtsdokument“.*

90. OVG NRW, Urt. v. 30.11.2021, 10 A 3503/20: Neben städtebaulichen auch künstlerische und wissenschaftliche Gründe. – vgl. VG Berlin, Urt. v. 04.03.2010 – 16 A 163.08: *„Ist ein Ensemble nicht aus künstlerischen Gründen, sondern aus städtebaulichen und geschichtlichen Gründen erhaltenswert, so ist für die Beurteilung der Veränderung des Erscheinungsbildes maßgeblich, ob die konkrete historische Botschaft des Ensembles durch die Veränderung beeinträchtigt wird.“*

91. Schenk 2018, S. 11.

92. vgl. Lampugnani 2011, S. 7–8: *„geht es letztlich um die die Stadt als physische Erscheinung, als künstlich geformtes Artefakt, als Stück gestalteter Umwelt […] um jene Entwurfsstrategien, die das Ziel verfolgen, aufgrund von bestimmten Gegebenheiten und Voraussetzungen, bestimmten theoretischen Annahmen sowie bestimmten gestalterischen Entscheidungen urbane Orte zu schaffen“.* – Krause 2011, S. 305: Nicht durch den gegenständlichen Sachbegriff des Denkmalschutzes gedeckt sind z. B. die gesellschaftliche Zusammensetzung eines Quartiers.

93. Kiesow 1982, S. 39.

94. Viebrock 2018, S. 104–105.

95. Eine historische Grünanlage mit den zeitgenössischen Randbauten ist aber umso anschaulicher.

96. Davydov et al. 2018, S. 83, 97–100. – Martin/Krautzberger 2006, S. 89, 138–139, 180–181. – Strobl et al. 2019, S. 93–97. – Viebrock 2018, S. 94–95, 107–112. – Krause 2011, S. 110: Hiernach umfasst die Denkmalfähigkeit nach DSchG NRW die zwei Bedeutungsebenen (inklusive ehemaliger Erhaltungsgründe) und die Denkmalwürdigkeit. – Stellhorn 2016, S. 8. – Strobl et al. 2019, S. 87–88, 93–97, insbesondere zum DSchG Baden-Württemberg: *„Zur Ausfüllung des Begriffs ‚öffentliches Interesse‘ können lediglich die […] Gründe herangezogen werden, auf die § 2 verweist“.* – von Faber du Faur 2004.

97. von Faber du Faur 2004, S. 234: *„Das öffentliche Interesse am Denkmalschutz besteht in der Erhaltung einer Umwelt, in der sich die für die Menschen bedeutsame*

Geschichte gegenständlich verkörpert erleben läßt. Hierdurch soll das Bewußtsein der Menschen gefördert und eine Umwelt geschaffen werden, die Gefühle der Verbundenheit, Heimat und Identifikation hervorruft."

98.   Viebrock 2018, S. 107–108. – Das Ausscheiden belangerloser Objekte soll in NRW eigentlich schon durch das Merkmal der Bedeutung (erste Bedeutungsebene) zusätzlich zu den Erhaltungsgründen (seit 2022 zweite Bedeutungsebene) erfolgen, wie im vorangegangenen Kapitel erläutert.

99.   Hierzu: Begründung des Gesetzesentwurfs vom 10.02.2022, Drucksache 17/16.518: https://www.landtag.nrw.de/portal/WWW/dokumentenarchiv/Dokument/MMD17-16518.pdf, zuletzt besucht am 20.08.2022, und Ausschussprotokoll 17/1767 vom 18.03.2022:   https://www.landtag.nrw.de/portal/WWW/dokumentenarchiv/Dokument/MMA17-1767.pdf, zuletzt besucht am 20.08.2022. – Ähnlich in: Stellhorn 2016, S. 11: *„ein singuläres Interesse einzelner Kunstliebhaber reicht nicht aus"*. – vgl. Martin/Krautzberger 2006, S. 138–139. – Krause 2011, S. 257–258: Ein plebiszitäres Urteil der Bevölkerung reicht nicht aus, um das öffentliche Interesse zu begründen. – Ungeklärt ist dabei noch, ob dem Gesetzgeber die Zahl der Sachverständigen in den jeweiligen Inventarisationsabteilungen der Landschaftsverbände, die sich auf bundesweiten Tagungen fortbilden, und deren Denkmalbewertungen theoretisch von den Unteren Denkmalbehörden (und umgekehrt) gegengeprüft würden, vom Gesetzgeber als ausreichend großer Kreis von Sachverständigen anerkannt wird. Dementsprechend hatte der Städtetag NRW bereits in der Ausschusssitzung vom 18.03.2022 bemängelt, dass das Interesse der Allgemeinheit nicht näher bestimmt sei und vor Geschmacksentscheidungen gewarnt. Die Familienbetriebe Land und Forst NRW e. V. begrüßten die Berücksichtigung, weil die Unterschutzstellung nicht nur rein sachverständigenorientiert sein solle, sondern auch die „betroffene Allgemeinheit" zur Zustimmung beitragen solle, ohne die „betroffene Allgemeinheit" in der Verbändeanhörung zu definieren.

100. Diese Anforderung ist typischerweise erfüllt, da historische Epochen und ihre Denkmäler mit der historischen Distanz für die Geschichtsforschung oder für allgemeiner jüngere Generationen interessant werden und als Denkmäler infrage kommen, weil ein Interesse an der geschichtlichen Entwicklung besteht.

101. von Faber du Faur 2004, S. 199, ähnlich auf S. 122 und 192. – Der argumentative Fokus auf die Wirkung, die ein Denkmal über den fachlichen Zeugniswert hinaus auf den aufgeschlossenen Durchschnittsbetrachter entfalten soll, damit es für die Allgemeinheit von Nutzen sei, birgt die Gefahr, dass ein Denkmal, das aufgrund seiner Lage kaum wahrzunehmen ist (Bodendenkmal im Boden, uraltes Fachwerkhaus hinter moderner Fassadenverkleidung), zu geringe Wirkung auf den Durchschnittsbetrachter haben würde. In diesem Zusammenhang können der gefühlsorientierte Alterswert und die Gegenwartswerte nach Alois Riegl womöglich zeitlose Gültigkeit beanspruchen.

102. Hinweise zur Einschätzung gibt das VdL-Arbeitsblatt Nr. 51 zur „Raumwirkung von Denkmälern und Denkmalensembles".

103. Fachamt, Vorgesetzte, Nachfolger…
104. In NRW kann sich die Untere Denkmalbehörde, die die Denkmallste für ihr Gemeindegebiet führt, vom Fachamt beraten lassen und beteiligt das Fachamt formell durch Anhörung. In Sachsen-Anhalt führt das Fachamt die Denkmalliste und hört vor einer Aufnahme einer Sache in die Liste die Untere Denkmalschutzbehörde an.
105. Für einen Ersteindruck zur Beratung helfen Fotos aller Fassaden bzw. aus allen Richtungen (soweit zugänglich), des Prüfgegenstands mit Umgebung und Nahaufnahmen markanter Details.
106. Siehe auch: VdL 2019.

Denkmalschutz: Genehmigungsverfahren

6

Zusammenfassung

Genehmigungsverfahren sollen sicherstellen, dass der Zeugniswert des Denkmals erhalten bleibt. Da Genehmigungsverfahren und die zur Beurteilung von Anträgen auf Änderung der Denkmäler notwendige Ermittlung der Sachverhalte den größten Teil der Arbeit in der Unteren Denkmalschutzbehörde ausmachen, wird dieser Aufgabe und ihren Verwaltungsvorgängen ein umfangreiches Kapitel gewidmet. Es beinhaltet Vorschläge zur methodischen Vorgehensweise und lösungsorientierten Abstimmung mit Eigentümern, Planern, Ausführenden und Denkmalpflegefachamt.

6.1 Genehmigungsverfahren

Das denkmalrechtliche Genehmigungsverfahren[1] für Änderungen an und um Denkmäler wie auch der Genehmigungsvorbehalt für Ausgrabungen dienen dazu, Gefahren abzuwehren, nämlich schädliche Veränderungen vorab zu korrigieren, und damit denkmalgerechte Instandsetzungen und Anpassungen des Bestands an neue Nutzungsanforderungen zu erreichen. Die Denkmalschutzbehörde betreut und beurteilt die denkmalgerechte Weiterentwicklung des Denkmals. Nachdem der Denkmalwert von der Frage abhing, was das Denkmal über Geschichte aussagt, folgt nun der zweite Teil der Frage aus dem Einführungskapitel: Wie bewahrt der Denkmalschützer – mit dem Instrument Genehmigungsverfahren – diese Aussagekraft?

Änderungen des Denkmals und seiner engeren Umgebung unterliegen dem Genehmigungsvorbehalt, damit die Denkmalschutzbehörde vor der Veränderung am Denkmal oder in seiner engeren Umgebung überprüfen kann, ob Belange des Denkmalschutzes der Maßnahme entgegenstehen, also ob die Maßnahme die erhaltenswerte Substanz oder das Erscheinungsbild des Denkmals und damit seinen Zeugniswert erheblich beeinträchtigen würde (Abb. 6.1). Auch Veränderungen an Bauteilen, die

M. Wild, *Denkmalschutz-Kompendium,* https://doi.org/10.1007/978-3-658-42828-0_6

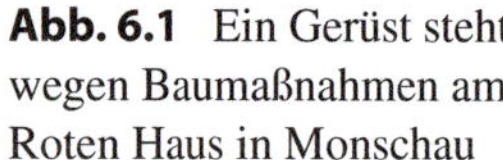

Abb. 6.1 Ein Gerüst steht wegen Baumaßnahmen am Roten Haus in Monschau

nicht historisch sind, setzen die Genehmigung[2] der Denkmalschutzbehörde voraus, oder wenigstens die Abstimmung, um Beeinträchtigungen des Denkmals zu ermitteln, auszuschließen oder zu minimieren. Die Denkmalschutzbehörde versucht, bauliche Veränderungen an den denkmalwerten Bestandteilen auf das Nötigste zu beschränken und auf die Bereiche und Bauteile ohne wesentlichen Aussagewert zu lenken.

Die Belange, die einer Genehmigung entgegenstehen, müssen ein größeres Gewicht haben als die Interessen der Eigentümer an der Veränderung des Denkmals, weshalb eine geringfügige Beeinträchtigung nicht automatisch abzulehnen ist.[3] Die Genehmigung für die Änderung ist zu erteilen, wenn die Maßnahme unschädlich ist, also keine Belange des Denkmalschutzes entgegenstehen, oder wenn ein überwiegendes öffentliches Interesse die Maßnahme verlangt. Im Einzelfall können Maßnahmen erlaubt werden, wenn sie durch Nebenbestimmungen (nach § 36 VwVfG [NRW]: selten Bedingungen, meistens Auflagen) so angepasst werden können, dass sie denkmalgerecht ausgeführt werden. Auch um Auflagen formulieren und Änderungsvorhaben denkmalgerecht korrigieren zu können, muss die Denkmalschutzbehörde das Vorhaben vor der Umsetzung prüfen können.

Wenn die Eigentümer ihr Denkmal zeitgemäß in denkmalgerechter Weise nutzen können, ist beiden Seiten geholfen. Das entspricht dem Gebot der erhaltenden Nutzung. Eine wichtige Frage dabei ist: welche der privaten Änderungswünsche oder öffentlichen Forderungen sind im konkreten Einzelfall funktional erforderlich und welche stellen Maximalforderungen dar, die unverhältnismäßig zu Lasten des Denkmals gehen würden?

In den wichtigen Einzelheiten erläutert das OVG NRW (unter Verweis auf Paragraphen des alten DSchG NRW) den juristisch gefestigten Anspruch an das Genehmigungs-/Erlaubnisverfahren und dessen Zweck[4]: *„Das Ergebnis der nicht in das Ermessen der Denkmalbehörde gestellten Entscheidung über die Erlaubnis zur Veränderung eines Denkmals hängt von einer Abwägung aller für und gegen die Veränderung sprechenden Belange ab, die gerichtlich vollständig überprüfbar ist. Dabei lassen sich die Gründe des Denkmalschutzes, die die Erteilung einer Erlaubnis hindern können, nicht abstrakt bestimmen, sondern müssen stets aus den Besonderheiten des zur Entscheidung stehenden konkreten Falles abgeleitet werden. Es ist bezogen auf* *das Denkmal, das verändert werden soll, zu prüfen, ob und inwieweit die Schutzzwecke des Denkmalschutzgesetzes durch diese Veränderung gestört oder vereitelt werden könnten"*.[5]

Bei der Prüfung kommt, gerade im Falle eines konstitutiven Schutzsystems, den im Eintragungstext genannten *„Gründen für die Unterschutzstellung besonderes Gewicht zu, da sie die mit der Unterschutzstellung verbundene Einschränkung der Eigentümerbefugnisse rechtfertigen. Die für Abwägungsentscheidungen im Rahmen des § 9 Abs. 2 Buchstabe a DSchG NRW relevanten Gründe des Denkmalschutzes ergeben sich daher in erster Linie aus der Eintragung in die Denkmalliste und aus dem über die Unterschutzstellung erteilten Bescheid, weil darin – für den Eigentümer des Denkmals erkennbar – die Grundlage für die ihm auferlegte Belastung formuliert ist. [...] Dass eine Erlaubnis nach § 9 Abs. 2 Buchstabe a DSchG NRW nur verweigert werden darf, wenn Gründe des Denkmalschutzes der Veränderung des Denkmals ‚entgegenstehen', bedeutet, dass diese Gründe ein stärkeres Gewicht haben müssen als die für die Veränderung streitenden – regelmäßig privaten – Interessen"*.[6]

Das Genehmigungs-/Erlaubnisverfahren nach § 9 DSchG NRW soll *„den Eigentümern von Denkmälern eine flexible, profitable und zeitgerechte Nutzung ihres Eigentums im Rahmen des denkmalrechtlich Vertretbaren ermöglichen"*, um *„eine sinnvolle Nutzung der Denkmäler zu ermöglichen [...] um letztlich das Ziel der dauerhaften Erhaltung denkmalwerter Substanz"* nach dem gesetzlichen Erhaltungsgebot zu erreichen.[7] Die privaten Belange, die diese Änderung am Denkmal begründen sollen, müssten hiernach zumindest ein gleiches Gewicht zum Denkmalschutz haben.

Ob eine Änderung genehmigt werden kann, beurteilt die Denkmalschutzbehörde danach, aus welchen Gründen die Sache Zeugniswert (Denkmalwert) besitzt und was ihn ausmacht. Wird der Zeugniswert durch die geplante Maßnahme nicht beeinträchtigt, muss die Änderung genehmigt werden. Wird der Zeugniswert beeinträchtigt, stehen Belange des Denkmalschutzes der Maßnahme entgegen, die nicht genehmigt werden dürfte. Oder: es kommen im Einzelfall Alternativen in Betracht, die Ziele des Eigentümers (oder der Bauaufsichtsbehörde) in einer Weise zu erfüllen, in der der Zeugniswert nicht beeinträchtigt wird. Die Versagung einer Genehmigung würde einen belastenden Verwaltungsakt darstellen, der aus den Belangen des Denkmalschutzes begründet werden muss. Denkmalschutzbehörde und Eigentümerseite müssen nach geeigneten Alternativen suchen, damit die Behörde eine denkmalgerechte Lösung genehmigen kann.

Private Belange, die eine Änderung des Denkmals begründen sollen, zielen regelmäßig auf die Zumutbarkeit ab: Die Versagung einer Genehmigung für Änderungen darf für den Eigentümer nicht dauerhaft unwirtschaftlich sein. Private Gewinnmaximierung entfaltet wenig argumentatives Gewicht gegen das öffentliche Interesse Denkmalschutz. Ein Beispiel des Alltags ergibt sich aus der Frage der Energieeffizienz des Gebäudes: Soll eine neue Heizungsanlage eingebaut werden, um den Energieverbrauch im laufenden Betrieb zu verringern, wird das regelmäßig genehmigt, wenn für den Einbau der Heizung und neuer Leitungen keine historischen Bauteile beschädigt werden und das Erscheinungsbild des Denkmals nicht beeinträchtigt wird. Schwierigere Fälle betreffen die

Anpassung des Bestands an neue baurechtliche Anforderungen oder veränderte Lebensumstände der Nutzer, die z. B. einen barrierefreien Umbau erfordern. Mehrere Kapitel der „Sonderthemen" behandeln solche Fragen.

Denkmalrechtliche Genehmigungen werden dem Antragsteller unbeschadet der Rechte Dritter erteilt. Das bedeutet, dass Nachbarn oder Eigentümer Privatrechte gegen die genehmigten Maßnahmen geltend machen können, wenn sie sich geschädigt sehen. Wenn Baumaßnahmen außerhalb der eigenen vier Wände sich auf die Nutzungsmöglichkeiten der Nachbarn auswirken können, kann der Antragsteller privatrechtliche Probleme ausräumen, indem er sich vorab mit den Nachbarn abstimmt. Beispielsweise hat die Denkmalschutzbehörde die Zustimmung zu einem Altan an der Hofseite eines Gründerzeithauses in Aussicht gestellt, der Nachbar wehrt sich jedoch gegen den Standort an der Grundstücksgrenze.

Vom Gesetz her muss der Antrag auf denkmalrechtliche Genehmigung normalerweise schriftlich erfolgen, muss aber keine bestimmte Form einhalten. Trotzdem setzen manche Denkmalschutzbehörden auf standardisierte Antragsvordrucke, die auch eine Einverständniserklärung zur zweckbezogenen Verarbeitung und Speicherung persönlicher Daten beinhaltet. Gebieten Gefahr im Verzug oder andere Gründe Eile, kann die Genehmigung nach § 37 VwVfG auch kurzfristig mündlich erteilt und dokumentiert werden, wenn das Denkmalschutzgesetz keine andere Regelung trifft. So können Schadstellen oder Stellen, an denen Befunde erwartet werden, unter Aufsicht der Denkmalschutzbehörde freigelegt werden, um die weiteren Schritte zu klären.

In seltenen Fällen kann ein Vorhaben auch durch Auflagen nicht so korrigiert oder gelenkt werden, dass es denkmalgerecht umsetzbar würde. Dann muss die Genehmigung versagt werden bzw. kann nicht erteilt werden. Hat der Antragsteller schon den Antrag gestellt, müsste er deswegen nach § 28 VwVfG angehört werden, um die Versagungsgründe und Fragen der Verhältnismäßigkeit und Zumutbarkeit zu erörtern, bevor der Antrag gegebenenfalls per Verwaltungsakt abgelehnt wird. Der Antragsteller kann anhand der Anhörung den Antrag überarbeiten oder zurücknehmen, oder nach dem Verwaltungsakt gegen den ablehnenden Bescheid der Denkmalschutzbehörde (oder gegen Auflagen) vor dem Verwaltungsgericht klagen, um den Verwaltungsakt auf Rechtmäßigkeit, Verhältnismäßigkeit und Zumutbarkeit überprüfen zu lassen und zu versuchen, sein Vorhaben in seinem Sinne durchzusetzen.

Im Allgemeinen laufen ein denkmalrechtliches Genehmigungsverfahren und die damit verknüpften Abstimmungen aus Behördensicht nach dem folgenden **Ablauf-Schema** ab:

1) Vorbereitende Sachverhaltsermittlung, Vorabstimmung und Beratung der Antragsteller, je nach Komplexität schon mit dem Fachamt und Spezialisten.
2) Antragstellung: die Denkmalschutzbehörde prüft, ob die eingereichten Unterlagen vollständig und prüffähig sind, muss nötigenfalls nachfordern.

3) Prüfung und Beurteilung des Antrags unter Beteiligung des Fachamtes und nötigenfalls (falls Belange des Denkmalschutzes entgegenstehen) unter Abwägung öffentlicher Interessen (überwiegendes Interesse?) und privater Interessen (Zumutbarkeit).

4) Versagung oder Erteilung der Genehmigung[8], gegebenenfalls mit Nebenbestimmungen: meistens Auflagen, die eine fachgerechte Ausführung sicherstellen sollen (und Durchschrift an das Fachamt für den gleichen Informationsstand).

5) Gegebenenfalls Kontrolle und Feinabstimmung während der Ausführung der Maßnahme gemäß Nebenbestimmungen oder aufgrund unvorhergesehener Erkenntnisse.

6) Abnahme bzw. Dokumentation der ausgeführten Maßnahme (auch im Hinblick auf einen möglichen Antrag auf steuerliche Bescheinigung).

Da die Entscheidungen der Denkmalschutzbehörden gerichtliche überprüfbar sind, tun die Behörden gut daran, Ortsbesichtigungen, die ermittelten Sachverhalte, die Prüfung der Verhältnismäßigkeit bzw. Zumutbarkeit, die Bewertungen widerstreitender privater und öffentlicher Interessen zu den Interessen des Denkmalschutzes und damit den Entscheidungsprozess schriftlich zu dokumentieren.

6.2 Baugenehmigungsverfahren

Im Baugenehmigungsverfahren beteiligt die Bauaufsichtsbehörde als Verfahrensträger im konzentrierten Verfahren die Denkmalschutzbehörde und andere relevante Behörden. Die Beteiligten können gegenüber der Bauaufsichtsbehörde Stellung nehmen und Nebenbestimmungen beitragen. Die Bauaufsicht hat die Belange des Denkmalschutzes nach den jeweiligen gesetzlichen Vorgaben zu berücksichtigen, was bei einer negativen Stellungnahme der Denkmalschutzbehörde der Ablehnung des Bauantrags gleichkommen kann.[9]

Erst wenn die Denkmalschutzbehörde die Antragsunterlagen von der Bauaufsicht erhalten hat, kann sie das Fachamt (formell) beteiligen, womit dessen Beteiligungsfrist auch erst beginnt. Daher ergibt es wie im denkmalrechtlichen Genehmigungsverfahren Sinn, unter allen Beteiligten die entscheidenden Fragen vor Einreichung des Bauantrags geklärt zu haben.

Es kann organisatorisch einen großen Unterschied machen, welche Änderungen beantragt werden. Gehen mit einer Nutzungsänderung des Denkmals keine Baumaßnahmen einher, beantragt jemand eine Werbeanlage am Denkmal, oder geht es um einen Bauantrag für Baumaßnahmen an einem Bestandsgebäude in der Umgebung des Denkmals, sind selten Auflagen erforderlich (Abb. 6.2a). Wie bei der normalen denkmalrechtlichen Genehmigung, erfordern komplexe Vorhaben an Denkmälern umfangreichere Vorabstimmungen, oder, wenn die vor Antragstellung nicht stattgefunden haben, umfangreichere Auflagen und Feinabstimmungen.

Abb. 6.2 **a** Der moderne Neubau links fügt sich durch die Materialwahl für die Architekturober-flächen und durch die visuell zurückhaltende Bauhöhe in die historische Umgebung in Heidelberg ein **b** Ersatzziegel für die Ausbesserung von Schadstellen im Mauerwerk werden bemustert, um diejenigen zu finden, die sich in Format und Oberfläche unauffällig in das Gesamtbild des Mauer-werks einfügen

Denkmalpflegerische Abstimmungen, die schadlos für das Verfahren auch nach der Baugenehmigung erfolgen können, fordert die Denkmalschutzbehörde durch Nebenbe-stimmunen (Bedingungen, Auflagen) ein, um das Baugenehmigungsverfahren nicht zu verzögern. Die Auflagen betreffen z. B. die Werkplanung und Ausführungsdetails, die mit dem Bauantrag normalerweise noch nicht vorgelegt werden (Abb. 6.2b). Ihre Aus-arbeitung erfolgt oft erst dann, wenn nach der Baugenehmigung klar ist, dass der Archi-tekt oder Ingenieur, der die Genehmigungsplanung erarbeitet hat, vom Bauherrn den Auftrag für die Folgeleistungen überhaupt erhalten hat. Zum einen liegt das an der Ab-folge der Leistungen in der Honorarordnung für Architekten und Ingenieure (HOAI), zum anderen kommt es vor, dass der Eigentümer einen spezialisierten Entwurfsarchi-tekten mit den ersten Leistungsphasen beauftragt und nach der Baugenehmigung ein an-deres spezialisiertes Büro die Werkplanung ausarbeiten und den Bau leiten lässt.

Das Gesamtkonzept und der Entwurf, die einhergehenden Änderungen und die An-forderungen anderer rechtlicher Regelungen wie Brandschutz oder Barrierefreiheit und ihre Auswirkungen auf die Merkmale des Denkmals sollten in wesentlichen Zügen vor dem Bauantrag mit der Denkmalschutzbehörde geklärt sein, um die groben Bedingungen vorher abzustimmen, um kostenpflichtige Ablehnungen oder Verzögerungen im laufen-den Verfahren vorzubeugen. Je nach Erforderlichkeit können auch Besprechungen oder Videokonferenzen der beteiligten Behörden, Architekten und Bauherren(vertreter) an-gesetzt werden.

Die Konversion eines großen Industriedenkmals zu einer Beherbergungsstätte wurde in mehrjähriger Planungsarbeit in Abstimmung mit der Denkmalschutzbehörde von der Grundlagenermittlung bis zur Genehmigungsplanung entwickelt. Der Bauantrag konnte anhand der bis dahin erarbeiteten Unterlagen von der Denkmalschutzbehörde be-fürwortet werden, die aber Auflagen zur Feinabstimmung der Fenstergliederung, des Ma-terial- und Farbkonzepts für den Bestand und für die Aufstockung, die Außentreppen und Rollstuhlrampen, die Fassadensanierung mit Musterflächen für die schonende Reinigung und Neuverfugung, die Restaurierung historischer Geländer und für andere Details formulierte.

Ein anderes Beispiel betrifft einen Bauantrag für den Umbau eines nicht denkmalgeschützten Hinterhauses an einem denkmalgeschützten Gründerzeit-Vorderhaus, in dem aber auch einzelne Renovierungs- und Modernisierungsmaßnahmen stattfinden sollten. Vor Antragstellung teilte die Denkmalschutzbehörde mit, dass das Vorhaben die denkmalrechtliche Zustimmung zum Bauantrag bekommen würde und welche Auflagen zur Denkmalpflege voraussichtlich mit der Baugenehmigung formuliert würden, sodass diese Punkte schon mal unabhängig von dem Baugenehmigungsverfahren berücksichtigt und vorbereitet werden konnten. Darunter waren, gegliedert nach Fassade, Treppenhaus usw., einige Auflagen zur Ausführung, wenige zur Feinabstimmung.

6.3 Beseitigungsanzeige und Abbruch

Beseitigungsanzeigen[10] werden für den verfahrensfreien Abbruch von kleineren baulichen Anlagen bei der Bauaufsicht eingereicht. Die Bauaufsicht verteilt die Beseitigungsanzeige an potenziell betroffene Behörden, sodass diese gegebenenfalls innerhalb einer Frist Stellung nehmen und Einwände erheben und begründen können. Widersprechen die Behörden nicht fristgerecht, gilt die Abbruchgenehmigung als erteilt.

Wenn die Denkmalschutzbehörde eine Beseitigungsanzeige übermittelt bekommt, hat sie, wie beim Bauantrag (bzw. Abbruchantrag), zuerst zu prüfen, ob es sich um ein Denkmal handelt (Abb. 6.3). Wenn ja, muss sie der Beseitigung regelmäßig widersprechen, weil das Denkmal zu schützen und zu erhalten ist. Das abzubrechende Objekt könnte kein Denkmal sein, sondern in einem Denkmalbereich oder in der engeren Umgebung eines Denkmals stehen oder an es angrenzen (oder an ihm montiert sein). Dann kann eine denkmalrechtliche Genehmigung erforderlich sein, um den Verlust denkmalwerter Substanz im Zuge des Abbruchs zu vermeiden, selbst wenn das abzubrechende Objekt selbst kein Denkmalbestandteil sein sollte.

Abb. 6.3 Sind diese Häuser in Bremen denkmalgeschützt? Wenn ja: Rechtfertigen überwiegende öffentliche oder private Belange oder unabwendbare Einsturzgefahr den Abbruch? Wenn nein: Muss noch die Denkmaleigenschaft geprüft werden, oder wurde die (in jüngerer Zeit) schon mal verneint?

Oder die Denkmalschutzbehörde stimmt präventive Vorsichtsmaßnahmen ab. Auflagen zur Gefahrenabwehr kann die Denkmalschutzbehörde zwar machen, allgemein dürfen Bau- oder Abbruchmaßnahmen und Baustellen aber ohnehin nicht zu vermeidbaren Gefährdungen oder Belästigungen führen, und sie dürfen die Standsicherheit anderer baulicher Anlagen nicht gefährden.[11]

Beseitigungsanzeigen können ein Hinweis auf bevorstehende Neubauten sein, sodass diejenigen, die die Beseitigung angezeigt haben, darauf hingewiesen werden können, sich frühzeitig mit der Denkmalschutzbehörde abzustimmen, falls das Grundstück der Beseitigung und gegebenenfalls Neubebauung in der engeren Umgebung eines Denkmals liegt.

Das zu beseitigende Objekt könnte zwar (noch) nicht in die Denkmalliste eingetragen, aber trotzdem denkmalwert sein. Das kommt vor, wenn es bei der Denkmalerfassung übersehen wurde, oder wenn ihm bei der flächenhaften Erfassung vor Jahrzehnten noch kein historischer Zeugniswert zuerkannt wurde, es heute aber Potenzial besitzt, die Denkmalkriterien zu erfüllen. Neben den übersehenen ganz alten Bauten kann das mittlerweile auf Objekte aus dem ganzen 20. Jahrhundert zutreffen. In solchen Fällen mit Denkmalpotenzial ist die Inventarisation kurzfristig zu beteiligen, um die Frage möglichst innerhalb der Frist der Beseitigungsanzeige zu klären.[12]

Da Denkmalschutz die Erhaltung des Denkmals sicherstellen soll, hat der Komplett-Abbruch eines Denkmals Ausnahmecharakter und darf nur bei irreparablen Schäden erfolgen, oder weil nachweislich überwiegende öffentliche oder private Belange den Abbruch erfordern. Bei Objekten, die in einem so schlechten Erhaltungszustand sind, dass eine Instandsetzung unmöglich ist oder zu einer Kopie (einem imitierenden Neubau) führen würde, kann der Abbruch die logische Folge sein, weil das Objekt in seiner historischen Substanz nicht erhalten werden kann.[13] Weitere Abbruch-Gründe ergeben sich beispielsweise aus Gefahren für Leib und Leben, also eigentlich die Gefahrenabwehr, die gleichzeitig einen öffentlichen Belang darstellt. Schlagzeile gemacht haben die Dörfer mit ihren historischen Kirchen und Bauernhäusern, die für den Kohlentagebau abgebaggert wurden. Dem gingen langwierige Planfeststellungsverfahren voraus, in denen der Belang der Energieversorgung u. a. den Belang der Erhaltung von Kulturgut ausgestochen hat. Muss ein Denkmal abgebrochen werden, ist eine gründliche Abbruchdokumentation geboten, um noch Informationen für die Forschung zu retten.[14]

6.4　Sachverhaltsermittlung und Beratung im Genehmigungsverfahren

Damit die Denkmalschutzbehörde im denkmalrechtlichen Genehmigungsverfahren und im Baugenehmigungsverfahren beurteilen kann, ob Belange des Denkmalschutzes der geplanten Maßnahme entgegenstehen, muss sie den Bestand, den Zeugniswert und die Auswirkungen der Maßnahme darauf kennen, um einzuschätzen, ob die beantragte Maßnahme genehmigt werden kann und welche Auflagen nötigenfalls formuliert werden müssen, um eine denkmalgerechte Ausführung sicherzustellen.

Bei einem Änderungsvorhaben stellt sich zunächst die Frage, ob das angefragte Objekt ein Denkmal ist, in welchem Umfang und warum: Ist das angefragte Objekt ein Denkmal (oder Bestandteil eines Denkmalbereichs[15]), oder besitzt nur ein Teil des Objekts Denkmaleigenschaft, oder ist es kein Denkmal, betrifft aber die engere Umgebung von Denkmälern und hat Auswirkungen auf deren Erscheinungsbild oder Bausubstanz? Oder sind Belange des Denkmalschutzes gar nicht betroffen? Und welche schützenswerten Bestandteile zeichnen das Objekt gegebenenfalls aus? Besteht das Denkmal allein aus dem Gebäude, oder gehört etwa der Garten zum Denkmalumfang dazu? Die grundlegenden Informationen liefern die Denkmalliste und der Eintragungstext (die Denkmalbegründung, Denkmalausweisung). Steht das Objekt nicht unter Denkmalschutz, weckt aber den Verdacht der Denkmalschutzbehörde, dass es denkmalwert sein könnte, muss sie die Sachverhaltsermittlung zur Prüfung der Denkmaleigenschaft einleiten.

Die Denkmalschutzbehörde sollte anhand der Denkmalbegründung, der Denkmal-Akte und etwaiger weiterer Literatur und Quellen wie Bauakte, historischer und jüngerer Fotos (siehe Kapitel: „Hilfsmittel") über ausreichende **Kenntnis des Objekts,** seines Zustands und seines Zeugniswerts verfügen oder die nötigen Informationen recherchieren. Die Denkmalschutzbehörde vergewissert sich, welche Merkmale des Denkmals seinen Zeugniswert ausmachen, den sie bewahren soll. Diesen Wert kann die Denkmalschutzbehörde dann auch den Antragstellern vermitteln.

Welche **Unterlagen zur Beurteilung** eines konkreten Vorhabens, des Antrags und der Auswirkungen auf den Zeugniswert des Denkmals erforderlich sind, hängt vom Einzelfall des Denkmals und des Vorhabens ab. Anhand der Darlegungen der Antragsteller vorab, und anschließend auf der Grundlage ihres aussagekräftigen Antrags, kann die Denkmalschutzbehörde überprüfen, welche Änderungswünsche bestehen und wie die sich auf den Bestand und den Zeugniswert auswirken würden. Dafür muss der Antrag auf Änderung des Denkmals hinreichend bestimmt sein, indem der Antrag das Vorhaben eindeutig beschreibt (wer, was, wo, warum und wie?) und die zur Beurteilung notwendigen Unterlagen mitliefert. Erst in Kenntnis dieser Zusammenhänge kann die Behörde beurteilen, ob Belange des Denkmalschutzes den Änderungsvorhaben entgegenstehen und wie ein Vorhaben genehmigungsfähig gemacht werden kann – durch Auflagen zur Feinjustierung oder durch Planänderungen bei größeren Hindernissen.

Der Antragsteller soll frühzeitig in Kenntnis gesetzt werden, welche Unterlagen er mit dem Antrag einreichen muss, welche Anforderungen die Behörde an vollständige und prüffähige Unterlagen stellt, und nach Einreichung des Antrags, ob die Unterlagen vollständig und prüffähig sind, oder was gegebenenfalls noch fehlt, um alsbald den Antrag prüfen zu können.

Je nach Vorhaben gehören dazu typischerweise Pläne, Fotos, weitere Dokumentationen des Bestands und Gutachten (z. B. Statik oder Brandschutz). Leistungsverzeichnisse oder Handwerkerangebote können bei kleinen Maßnahmen oder bei Maßnahmen mit nur einem Gewerk (wie Dachdeckerarbeiten) die hauptsächliche Anlage zum Antrag sein. Bei Generalsanierungen oder Nutzungsänderungen wird zunächst das Gesamtkonzept im Vordergrund stehen. Leistungsverzeichnisse von Handwerkern und Werkpläne werden dem Antrag vielleicht noch nicht sofort beiliegen müssen und erst zur Feinabstimmung der Gewerke abgefragt, wofür in der Genehmigung die entsprechenden Auflagen zu formulieren sind. Der Zeitpunkt der Detailprüfung hängt davon ab, inwiefern sich die Details und Teilmaßnahmen auf die Genehmigungsfähigkeit des Gesamtvorhabens auswirken würden.

Welche **Unterlagen zur Beteiligung des Fachamts** (je nach Landesgesetz für die Anhörung, das Benehmen oder das Einvernehmen, und für vorhergehende Beratungen) gebraucht werden, hängt wieder vom Einzelfall und vom Zeitpunkt der Beteiligung ab. Damit das Fachamt zielgerichtet beraten und konkrete Fragen der Denkmalschutzbehörde beantworten oder auf Lösungswege hinweisen kann, muss es anhand der übermittelten Unterlagen, der Erläuterungen der Denkmalschutzbehörde und gegebenenfalls durch Eindrücke gemeinsamer Ortstermine ebenfalls den Sachverhalt einschätzen können. Sind die Unterlagen des Antragstellers eingegangen, oder hat die Denkmalschutzbehörde schon eigene Fotos gemacht oder auf andere zweckmäßige Weise den Bestand erfasst, kann sie die aussagekräftigen Unterlagen und Informationen filtern.

Da die Denkmalschutzbehörde für sich selbst die eingangs angesprochenen Fragen klären muss, was unter Schutz steht, was die Denkmaleigenschaft ausmacht, was beantragt ist, inwiefern sich das beantragte Vorhaben auf die Denkmaleigenschaft auswirkt, ob Belange des Denkmalschutzes entgegenstehen und ob das Vorhaben durch Auflagen denkmalgerecht gelenkt werden kann, kann sie diese Informationen auch dem Fachamt mitteilen und sich zu kniffligen Punkten gezielt beraten lassen. Das Fachamt muss nachvollziehen können, wie die Denkmalschutzbehörde zu ihrer Einschätzung gefunden hat. Zu diesen qualifizierten Einschätzungen, die mit den aussagekräftigen Unterlagen unterfüttert werden, kann das Fachamt konstruktiv Stellung nehmen.

Die Stellungnahmen des Fachamts wertet die Denkmalschutzbehörde aus, um Rückfragen zu stellen und Einverständnis oder Widerspruch begründen zu können. Wenn die Denkmalschutzbehörde sich in der dargestellten Weise sachgerecht mit dem Antrag auseinandersetzt und die wesentlichen Punkte klären kann, dadurch für die Normalfälle Routine entwickelt und die Beratungsleistung des Fachamts insbesondere für die Problemfälle beanspruchen kann, bringt den Antragstellern den Vorteil, dass die Denkmalschutzbehörde vor Ort Lösungswege aufzeigen und Verfahren beschleunigen kann.

Das Genehmigungsverfahren sollte informell durch **Beratung** schon beginnen, bevor der Antrag gestellt wird. Erkundigen sich die Antragsteller frühzeitig, wie sie zu einer denkmalrechtlichen Genehmigung kommen, kann die Denkmalschutzbehörde vorab erläutern, welche Maßnahmen auf welche Weise denkmalgerecht und genehmigungsfähig sind, und welche Unterlagen dem Antrag auf Genehmigung beiliegen müssen.

Denkmalpflegerische Beratung sollte sich nicht darauf beschränken, den Beteiligten nur aufzuzeigen, was sie dürfen und was nicht, weil auf diese Weise einseitig die

Einschränkungen des Denkmalschutzes im Sinne der Ordnungsbehörde betont würden. Dann wäre den Beteiligten nur insoweit geholfen, dass sie nicht aus Unkenntnis denkmalwidrig handelten (was sie am Nicht-Denkmal aber vielleicht dürften).

Die Denkmalschutzbehörde fragt nicht nur ihren eigenen Bedarf zur Sachverhaltsermittlung ab, sondern unterstützt die Antragsteller, Planer und Handwerker dabei, die dringend benötigten Informationen zu gewinnen, um weiterarbeiten zu können und prüffähige Unterlagen vorzulegen. Zur Beratung können auch gute Fragen gehören, mit denen die Denkmalschutzbehörde die Antragsteller auf Unstimmigkeiten und fehlende Planungsgrundlagen aufmerksam macht oder bei der Konkretisierung des Bauvorhabens hilft.

Kleinere Maßnahmen können idealerweise vorab in den wesentlichen Punkten abgestimmt werden, sodass die Denkmalschutzbehörde nur noch die Genehmigung erteilen und vielleicht Auflagen formulieren muss. Wenn das Bauvorhaben komplex oder zu bearbeitende Teile des Denkmals schwer zugänglich sind, kann es sinnvoll sein, die Baustellenorganisation und Baustelleneinrichtung abzufragen, um zu klären, wie sperrige Geräte auf das Gelände, in den Innenhof oder in ein Gebäude gebracht werden, um zu erkennen, ob dafür Bauteile zurückgebaut oder Außenanlagen verändert werden müssten. Heißt es von Seite der Antragsteller: „Das haben wir an anderen Denkmälern schon so gemacht", oder „das geht nicht anders", können auch Referenzen und Vergleichsbeispielen abgefragt werden. Es empfiehlt sich, möglichst viel vor der Erteilung der Genehmigung geklärt zu haben, um den Antragstellern zu größerer Planungssicherheit zu verhelfen und während der Ausführung der Maßnahme unter weniger Zeitdruck zu geraten.

Manche Vorhaben können anhand von Fotos vom Schreibtisch aus beurteilt werden. Für andere Vorhaben ist ein **Ortstermin (Ortsbesichtigung)** dringend erforderlich, auf dem der Sachbearbeiter (gegebenenfalls zusammen mit dem Fachamt) einen Eindruck der Bausubstanz und der räumlichen Zusammenhänge gewinnt und voraussichtlich benötigte Fotos selbst macht oder eine grundlegende Bestandsaufnahme durchführt, um den Eintragungstext zu ergänzen und um einzuschätzen, welche Gewerke und welche Spezialisten für wissenschaftliche Voruntersuchungen, für die Statik, für Restaurierungen oder zur Schädlingsbekämpfung beteiligt werden müssen (Abb. 6.4a).

Der Ortstermin dient der Klärung offener Fragen und zur Gewinnung bislang fehlender Informationen sowohl auf der Seite der Behörde als auch der des Antragstellers. Ortstermine können zur Beratung vor dem Antrag, zur Prüfung des Antrags, zur Abstimmung oder zur Kontrolle während laufender Maßnahmen und zur Abnahme der Maßnahme nach Fertigstellung stattfinden. Bei Gefahr im Verzug und unerlaubten Baumaßnahmen sind je nach gesetzlicher Regelung auch unangekündigte Besichtigungen gerechtfertigt.

Wie der Termin vorbereitet werden muss, zu welchem Zeitpunkt er zweckmäßig ist und welches Arbeitsgerät von der Behörde gebraucht wird, hängt von der vorhandenen Kenntnis des Denkmals, dem Änderungsvorhaben und den sich daraus ergebenden Fragen ab. Mehrere Ortstermine können notwendig sein, wenn schrittweise ein erster

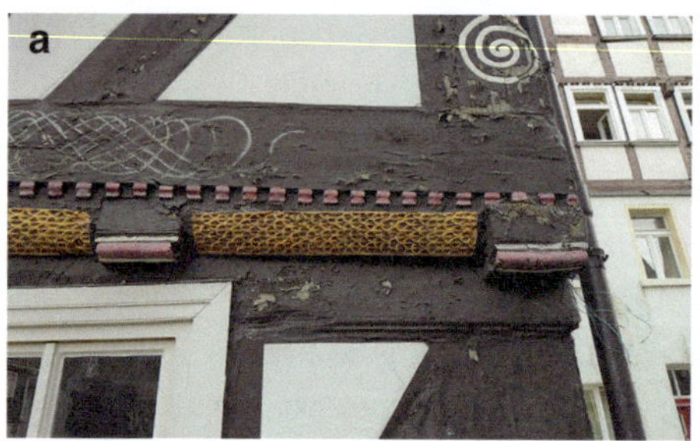

Abb. 6.4 **a** Die Erbauer haben das Fachwerkhaus aufwändig verziert. Die heutigen Farbtöne können auf historische Zustände zurückgehen. Anstrich löst sich von den Hölzern. Vor Ort können Schadstellen oft besser eingeschätzt, nach Ursachen geforscht und Maßnahmen besprochen werden als anhand von Fotos **b** Bei Baumaßnahmen mit Eingriffen ins Erdreich muss in Altstädten mit archäologischen Funden gerechnet werden. Mit der Bodendenkmalpflege wird geklärt, ob vorab Untersuchungen stattfinden sollen, oder ob Auflagen in der Genehmigung die Untersuchungen während der Baumaßnahme sicherstellen müssen

Eindruck gewonnen, das Sanierungskonzept erörtert und besonders sensible Details im laufenden Bauprozess abgestimmt werden müssen. Hilfreich sind Grundrisse des Bestands aus der Denkmal- oder Bauakte, oder vom Antragsteller, um den aktuellen Zustand abzugleichen und Notizen der Bestandsaufnahme auf dem Klemmbrett oder Tablet[16] einzutragen. Detailzeichnungen oder Werkpläne können vor Ort überprüft, besprochen und mit Korrekturen versehen werden. Geht es um Musterflächen für die Reinigung und Sanierung von Fassaden oder um restauratorische Maßnahmen, sollten die zu erprobenden Techniken und Testflächen vorab besprochen worden sein, um beim Ortstermin die Ergebnisse beurteilen und die geeignetste Methode für die weitere Ausführung auswählen zu können.

Ein Anlass für einen kurzfristigen Ortstermin kann ein unerwarteter bauhistorischer oder technischer Befund am Gebäude sein: Beim Rückbau jüngerer Verkleidungen sind bis dahin verborgene Bauschäden oder eine Stuckdecke freigelegt worden, die auf ihren Zustand und Möglichkeiten zur Instandsetzung untersucht werden müssen.

Anlässe für **Ortstermine in der Bodendenkmalpflege** sind geplante oder laufende Baumaßnahmen und Ausgrabungen sowie unerwartete oder erwartete Funde von Bodendenkmälern. Erwartete Funde wurden aufgrund früherer archäologischer Forschungen und Bodenerkundungen, oder weil sie in einem alten Ortskern neben anderen Fundstellen oder im Verlauf bekannter Reststücke der Stadtmauer liegen, bereits erkannt oder vorhergesehen worden. Wenn das Bodendenkmal längst bekannt oder zu erwarten war, ist die Bodendenkmalpflege schon in der Vorbereitung der Planungs- oder Baumaßnahme (Planfeststellungs-, Bauantrags- oder Bauleitplanverfahren) zu beteiligen. Sie muss die Auswirkungen auf das Bodendenkmal einschätzen und nötige Vorkehrungen oder begleitende archäologische Untersuchungen vorausplanen können. Plötzliche Funde können eine Unterbrechung laufender Baumaßnahmen erfordern, die in den Boden eingreifen, um den Archäologen Untersuchungen oder Rettungsgrabungen zu ermöglichen (Abb. 6.4b).

In einem **Protokoll des Ortstermins** können der vorgefundene Zustand, bauhistorische und archäologische Befunde, die erhaltene historische und die jüngere Ausstattung – auch Ordnungswidrigkeiten – beschrieben sowie die weiteren Arbeitsschritte und offenen Fragen für die Akte, für den Antragsteller und für die Abstimmung mit dem Fachamt festgehalten werden. Grundsätzlich helfen Arbeitsfotos als Gedächtnisstütze, als Beweismittel und zur Dokumentation der Abstimmungen und Ergebnisse. Egal, ob die Denkmalschutzbehörde, das Fachamt, der Antragsteller oder die Firmen Fotos machen, geht es um eine aussagekräftige Auswahl der Motive und die Erkennbarkeit der Abbildungen, um die wichtigen Informationen übersichtlich, kurz und bündig aufzuzeichnen. Die dokumentierten Abstimmungen vor und während einer Maßnahme sollen deren denkmalgerechte Ausführung gewährleisten, sammeln Informationen für kommende Maßnahmen und ergeben Nachweise als Beurteilungsgrundlage für eine etwaige spätere steuerliche Bescheinigung.[17]

Darüber hinausgehend sollten Denkmalschutzbehörden **Hinweise zu rechtlichen sowie bautechnischen Fragen und zu Fördermöglichkeiten** geben können. Technisch sollten Denkmalschutzbehörden Risiken und Chancen sowohl für denkmalpflegerische Methoden (Konservierung, Restaurierung usw.) als auch für Sanierungen, Modernisierungen und energetische Ertüchtigungen aufzeigen und erläutern, um mit den Beteiligten geeignete Lösungen zu entwickeln. Dazu gehört beispielsweise, Alternativen zu erfahrungsgemäß Folgeschäden provozierenden Materialanwendungen zu erörtern, bereits aufgetretene Schäden zu deuten, mögliche Schadensursachen aufzuzeigen und vorauszuahnen, welche Fachleute hinzugezogen werden müssen, die bestimmte Probleme sachgerecht beurteilen und lösen können. Hilfreich ist dabei, Positivbeispiele ähnlicher Vorhaben zu referenzieren, die ganz oder teilweise in der Vorgehensweise oder bei den eingesetzten Technologien auf das aktuelle Vorhaben übertragbar sind.

Um das zu finanzieren, können Eigentümer – neben der steuerlichen Vergünstigung – unter Umständen aus verschiedensten Fördertöpfen Gelder beantragen, die entweder für die Denkmalpflege eingerichtet worden sind, oder der Altstadtsanierung oder Wohnumfeldverbesserung, der energetischen Ertüchtigung oder speziell gemeinnützigen Zwecken und ehrenamtlichen Kümmerern dienen sollen.

6.5 Überwiegendes öffentliches Interesse?

Denkmalschutz ist eines von mehreren öffentlichen Interessen, die im Genehmigungsverfahren und in Planungsverfahren gegeneinander abgewogen werden, wenn andere öffentliche Interessen mit dem Interesse Denkmalschutz konkurrieren. Es gilt zu überprüfen, ob sowohl dem einen als auch dem anderen Interesse vollumfänglich oder teilweise Genüge getan werden kann, ob ein denkmalgerechter Kompromiss erzielt werden kann, oder ob und in welchem Ausmaß ein überwiegendes öffentliches Interesse die vorgesehene Änderungsmaßnahme am Denkmal verlangt (Abb. 6.5).

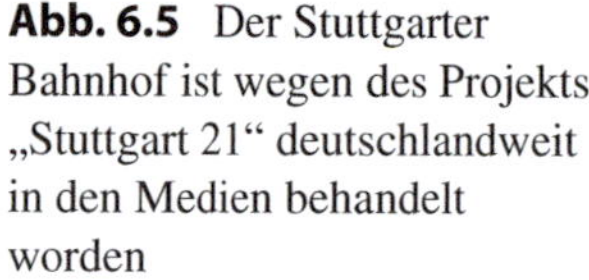

Abb. 6.5 Der Stuttgarter Bahnhof ist wegen des Projekts „Stuttgart 21" deutschlandweit in den Medien behandelt worden

Ein öffentliches Interesse überwiegt nicht pauschal die anderen, auch wenn sich durch gesellschaftliche und politische Entwicklungen oder deutsche Gesetze und europäische Richtlinien sowie darauf bezogene Rechtsprechung die Gewichtungen verändern. Von einem den Denkmalschutz überwiegenden öffentlichen Interesse muss die Denkmalschutzbehörde ausgehen, wenn die Ziele des konkurrierenden Interesses **dem Denkmalschutz mindestens gleichrangig sind und alternativlos** nur durch Maßnahmen am fraglichen Denkmal und nicht durch anderweitige Maßnahmen erreicht werden können.[18]

Die Herausforderung bei Denkmälern ergibt sich daraus, dass jeder Verlust historisch wertvoller Bausubstanz die Authentizität des Denkmals mindert, das Denkmal eines Stückes Aussagekraft über Geschichte beraubt. Daraus ergibt sich dann nicht, dass am Denkmal gar nichts geändert werden dürfte, sondern die Frage, wie etwas für Klimaschutz, Naturschutz, Artenschutz, Brandschutz, Verkehrswende, Wasserrahmenrichtlinie, Hochwasserschutz[19], öffentliche Sicherheit, Wohnungsnot, Altenpflegeplätze, Barrierefreiheit, Sicherstellung der Energieversorgung oder Rohstoffgewinnung getan werden kann, ohne die aussagekräftige historische Denkmalsubstanz zu opfern, oder wenigstens möglichst wenig davon.

Für Denkmäler gibt es in § 105 des GebäudeEnergieGesetzes und z. B. in § 69 der BauO NRW (Stand: März 2023) **Ausnahmeregelungen,** um die Anforderungen bei einzelnen Baumaßnahmen nur so weit erfüllen zu müssen, wie sie die Substanz und das Erscheinungsbild des Denkmals nicht beeinträchtigen. Trotzdem bereiten gerade Brandschutz, Barrierefreiheit und Energieeffizienz (energetische Ertüchtigung) der Denkmalpflege einige Mühe, weil Denkmäler (und andere Altbauten) die heute geltenden Anforderungen häufig nicht oder nur teilweise erfüllen.

Geht es um die Frage, ob eine Maßnahme unbedingt an dem Denkmal stattfinden und wie die aussehen muss, lassen sich die Belange wahrscheinlich erst anhand der konkreten Ziele, der möglichen Mittel und der Planung des Bauvorhabens abklären. Soll der Brandschutz des Denkmals verbessert oder soll es barrierefrei werden, geht es um das konkrete Denkmal. Die Barrierefreiheit des einen Hauses macht das andere Haus nicht auch barrierefrei. Es mag aber **mehrere Lösungen** geben, ein Denkmal barrierefrei zu erschließen, wobei diejenigen zu bevorzugen sind, die den Zeugniswert des Denkmals nicht erheblich beeinträchtigen.

Ansätze zur Energieeinsparung durch Verminderung der Wärmeverluste beziehen sich ebenfalls auf das einzelne Objekt. Sie können zum Klimaschutz beitragen. Ebenso eine optimierte Energieerzeugung. Die ist aber selten an den Standort des Denkmals gebunden. Energie kann mit verschiedenen Energieträgern an unterschiedlichen Standorten erzeugt und mehr oder weniger effizient an die Verbraucher verteilt werden. Die Energieerzeugung kann ganz ohne Eingriff ins Denkmal verbessert werden.

Im Bauplanungsrecht gibt es mehrere Verweise darauf, die Belange des Denkmalschutzes und der Denkmalpflege zu berücksichtigen. Nach Denkmalschutzgesetz sind die Belange des Denkmalschutzes und der Denkmalpflege in **öffentlichen Planungen** in der Regel angemessen zu berücksichtigen. Daher nützt es der Gemeinde, den Eigentümern und der Denkmalpflege, die Ziele und Anforderungen der öffentlichen Belange in der Raumordnung, Bauleitplanung oder in informellen Planungen (Master- oder Rahmenplänen, Denkmalpflegeplänen, integrierten Stadt- oder Quartiersentwicklungskonzepten) frühzeitig zu diskutieren und zu ermitteln, wie alle relevanten Belange unter einen Hut gebracht werden können. Raumbedeutsame Vorhaben wie größere Maßnahmen an Bahnbrücken, die auch unter Denkmalschutz oder in der Umgebung von Denkmälern stehen können, werden durch ein Planfeststellungsverfahren festgelegt.[20]

Proaktive Ansätze wie Denkmalpflegepläne, integrierte Quartiersentwicklungskonzepte und Gestaltungsratgeber können der Politik und den Eigentümern aufzeigen, wofür sie Denkmalpflege betreiben, wie verschiedene öffentliche Interessen denkmalgerecht umgesetzt werden könnten und wie Eigentümer möglichst einfach an Genehmigungen kommen, weil ihre geplanten Maßnahmen von vornherein denkmalgerecht konzipiert würden. Solche Konzepte wären der nachhaltigen Stadt- und Quartiersentwicklung dienlich. Und Denkmalpflege könnte im öffentlichen Bewusstsein mehr als Mitgestalter denn als Verhinderer wahrgenommen werden. Die Denkmalschutzbehörde kann durch ein verwaltungsinternes Netzwerk auf sowas hinarbeiten. Da die Aufgabe der Denkmalschutzbehörde in der Gefahrenabwehr (Verhinderung von schädlichen Veränderungen) und nicht in der positiven Stadtbildgestaltung liegt, die über Bebauungspläne (Bauplanungsrecht) und Gestaltungssatzungen (Bauordnungsrecht) gesteuert werden kann, zielt die angesprochene Rolle der Denkmalschutzbehörde als Mitgestalter nur darauf, denkmalgerechte bzw. genehmigungsfähige Lösungen aufzuzeigen, um der Beeinträchtigung der Denkmäler vorzubeugen. Der Stellenplan, die Erarbeitung und Umsetzung solcher Konzepte wie auch die Anerkennung von Satzungen oder Rahmenplänen setzen aber auch den politischen Willen dazu voraus.

6.6   Umgebungsschutz nach Denkmalschutzgesetz

Laut Charta von Venedig ist ein Denkmal mit der Umgebung verbunden, zu der es gehört, weshalb *„die Bewahrung eines seinem Maßstab entsprechenden Rahmens"* ihrem Anliegen entspricht. Baumaßnahmen in der Umgebung von Denkmälern setzen die Genehmigung der Denkmalschutzbehörde voraus, damit die Maßnahmen das Erscheinungsbild der Denkmäler nicht erheblich beeinträchtigen.

Ob eine Maßnahme das Erscheinungsbild des Denkmals beeinträchtigt, kann die Denkmalschutzbehörde erst sagen, nachdem sie es überprüft hat. Daher sind praktisch alle äußeren Maßnahmen in der Umgebung von Denkmälern genehmigungspflichtig. Beeinträchtigungen können u. a. von der Kubatur, der Anordnung, der Fassade, Farbigkeit und Materialität von baulichen Anlagen allgemein und von Aufbauten wie Solaranlagen oder Funkantennen ausgehen.

In vielen Fällen lässt sich bereits anhand von Vorentwürfen abklären, ob überhaupt eine Beeinträchtigung zu erwarten ist, oder ob die Denkmalschutzbehörde mitteilen kann, dass mit dem geplanten Vorentwurf bedenkenlos weitergearbeitet werden kann und bei Veränderungen des Volumens oder anderer Merkmale vor dem Bauantrag nochmal darüber gesprochen werden soll.

Im Umgebungsschutz nimmt die Denkmalschutzbehörde nur so viel Einfluss auf die Architektur und Gestaltung der Umgebung und dortiger Bauvorhaben wie es zur Abwehr erheblicher Beeinträchtigungen des Denkmals oder des Denkmalbereichs unbedingt erforderlich ist (Abb. 6.6a). Eine vorausschauende Ortsgestaltung, wie sie die Gemeinde mit einer Gestaltungssatzung beeinflussen könnte, gehört nicht zu den Aufgaben der Denkmalschutzbehörde. Aber sie kann an Satzungen mitwirken, was sich besonders dann rentiert, wenn im Geltungsbereich der Satzung Baudenkmäler anzutreffen sind, denen die Vorschriften in der Satzung keine Probleme bereiten sollen.

Nach dem Oberverwaltungsgericht NRW ist **nicht der bloße ungestörte Anblick** des Denkmals geschützt, weil dieser alleine Eingriffe in die Eigentumsrechte Dritter nicht rechtfertigen würde: *„Das denkmalrechtliche Erscheinungsbild ist vielmehr als der von außen sichtbare Teil eines Denkmals zu verstehen, an dem jedenfalls der sachkundige Betrachter den Denkmalwert, der dem Denkmal innewohnt, abzulesen vermag. Da das Erscheinungsbild des Denkmals mit Blick auf Maßnahmen in seiner Umgebung geschützt wird, muss die Beziehung des Denkmals zu seiner Umgebung außerdem für den Denkmalwert von Bedeutung sein. Für die Bestimmung des Erscheinungsbildes eines Denkmals kommt es folglich zunächst darauf an, welche Teile der denkmalgeschützten Sache und/oder welche Landschaftsteile dem Denkmalschutz unterliegen und welches die Gründe für die Unterschutzstellung sind. Zudem ist zu untersuchen, ob die Beziehung des Denkmals zu seiner Umgebung für den Denkmalwert relevant ist".*[21] Je konkreter die Beeinträchtigung des Denkmals anhand der Denkmalbegründung begreifbar wird und anschaulich vermittelt werden kann, desto eher wird ihre Ablehnung durch die Denkmalschutzbehörde einer gerichtlichen Überprüfung standhalten.

Abb. 6.6 **a** Im Maßstab eingepasste, deutlich vom Bestand unterscheidbare neue Bebauung in Bad Hersfeld. Eine Gestaltungssatzung hätte womöglich gestalterisch angepasste Fassaden verlangt **b** Postmodernes Gebäude zwischen älteren in einem Straßenzug von Ladenburg **c** Das jüngere Gebäude mit seiner modernen Kubatur ist der historischen Sternwarte in Mannheim (rechts) und der Kirche im Hintergrund untergeordnet **d** Als jünger erkennbare Architektur mit hohen Fensterformaten und Satteldach im historischen Kontext von Heidelberg. Die Fassaden in der Altstadt sind vielfarbig. Der eingepasste Bau zeigt sich in gedecktem Rot

Das Verwaltungsgericht Aachen führt hierzu weiter aus: *„Als erhebliche Beeinträchtigung ist nicht nur die Schaffung eines hässlichen, unästhetischen Zustands im Sinne eines Unlust erregenden Kontrastes zwischen dem Vorhaben und dem Denkmal zu verstehen, sondern auch die Tatsache, dass die Wirkung des Denkmals als Kunstwerk, als Zeuge der Geschichte oder als bestimmendes städtebauliches Element geschmälert wird. Neue Bauten müssen sich zwar weder völlig an vorhandene Baudenkmäler anpassen, noch unterbleiben, wenn eine Anpassung nicht möglich ist. Aber sie müssen sich an dem*

Denkmal messen lassen, dürfen es nicht erdrücken, verdrängen oder die gebotene Achtung gegenüber den im Denkmal verkörperten Werten vermissen lassen".[22] Neubauten oder Aufstockungen müssen sich also nicht zwangsläufig den Denkmälern unterordnen, wohl aber auf sie eingehen und Rücksicht auf sie nehmen (Abb. 6.6b).

Wie weit oder worauf sich die engere Umgebung erstreckt, hängt vom Denkmal oder Denkmalbereich ab, die in einem bestimmten Kontext stehen, der vielleicht nur die direkten Nachbarn oder den Straßenzug umfasst, aber auch weit darüber hinausreichen kann. Mit diesem Kontext steht das Denkmal in einer bestimmten Wechselwirkung, die (theoretisch) im Eintragungstext erläutert sein sollte. Da die Ausstrahlungswirkung eines Denkmals wesentlich von der Gestaltung seiner Umgebung abhängen kann, muss die Denkmalschutzbehörde beim Denkmal einzelfallbezogen und beim Denkmalbereich bereichsbezogen prüfen.[23]

Anhaltspunkte liefern in erster Linie die städtebaulichen Gründe für die Erhaltung, weil die sich explizit auf die Stellung des Denkmals in seinem Kontext beziehen. Auch die anderen Denkmalwert-Kriterien können Argumente beitragen. Ein Problem: Eigentlich soll die Inventarisation schon für die Unterschutzstellung die Wirkung des Denkmals in seinem Kontext beurteilen, um die erhaltenswerten Charakteristika zu begründen.

Denkmalpfleger mussten das erst lernen, wobei die Verwaltungsgerichte nachgeholfen haben. Da die ältesten Eintragungstexte unter Zeitdruck und mit weniger verwaltungsrechtlicher Erfahrung entstanden sind, gehen alte Texte auf sowas meist nur oberflächlich ein und konnten bis heute kaum aufgearbeitet werden. Ein Bauantrag oder eine Voranfrage für eine Maßnahme in der Umgebung kann daher Beeinträchtigungen des Denkmals wie auch Qualitäten des Denkmals aufzeigen, die bei der Inventarisation zuvor gar nicht so wahrgenommen oder nicht überprüft wurden. Der Sachbearbeiter muss bei einer Anfrage nun kurzfristig, gegebenenfalls in Rücksprache mit der Inventarisation, beurteilen, in welcher erhaltenswerten Wechselwirkung das Denkmal mit seiner Umgebung steht.

Einschlägige Hilfestellungen dazu bieten das „Handbuch Städtebauliche Denkmalpflege" und das Arbeitsblatt 51 „Raumwirkung von Denkmälern und Denkmalensembles" der Vereinigung der Denkmalfachämter in den Ländern.[24] Soll etwa der geplante Neubau auf eine Fläche gestellt werden, die in einem historischen funktionalen Zusammenhang mit dem Denkmal steht, greift es vielleicht die Kubatur eines verlorenen alten Wirtschaftsgebäudes auf, oder verstellt es eine wichtige Ansicht oder Blickbeziehung, in der das Denkmal im Kontext der Kulturlandschaft erst verständlich oder besonders aussagekräftig ist? Wirkt sich eine Biogasanlage anders auf das Denkmal aus als ein Wohnhaus oder eine Fahrzeughalle? Kann die geplante Solaranlage auf der nicht denkmalgeschützten Scheune neben dem Denkmal gestalterisch unauffällig an die Dachfläche angepasst werden (und unterstützt die Rechtsprechung das)?

„Neu zu errichtende Projekte sollen sich mit Selbstverständlichkeit in das bauliche und geschichtliche Umfeld einordnen, ohne dabei die heutige Zeit zu verleugnen", wird der Architekt Gottfried Böhm zitiert.[25] Dieser Ansatz verträgt sich gut mit dem denkmalpflegerischen Anliegen, dass bauliche Maßnahmen in der engeren Umgebung des Denk-

mals dessen Erscheinungsbild nicht beeinträchtigen sollen. Er ist sowohl auf Baumaßnahmen in der Umgebung des einzelnen Denkmals als auch in der Umgebung oder
innerhalb eines Denkmalbereiches anwendbar. Böhms Ansatz kann so allgemein verstanden werden, dass Architekten bei der Suche nach der selbstverständlich ins Umfeld
passenden Lösung reichlich Raum zur eigenen Entfaltung haben. Sie können der Herausforderung des vorgefundenen Kontextes auf ihre persönliche Weise begegnen, müssen
sich aber auch auf den Kontext einlassen.

Die Denkmalschutzbehörde muss, wenn nötig, Leitplanken setzen, um den Entwurf
in denkmalgerechte Bahnen zu lenken oder um eine architektonische und städtebauliche
Auseinandersetzung mit dem Kontext herbeizuführen (Abb. 6.6c und 6.6d). Denn hinter
dem Architekten stehen die Bauherren, die regelmäßig die Maximierung der Baumasse
und der verwertbaren Nutzfläche verfolgen. Der Architekt steht in erster Linie in der
Bringschuld gegenüber den Bauherren, sodass die Denkmalschutzbehörde oft genug Entwürfe abwehren muss, die den Charakter oder Maßstab des Straßenzugs oder des Quartiers neu definieren und das Denkmal erniedrigen. Planungsrechtlich ist es dagegen selten ein Problem, wenn der Neubau größer wird. Durch die Beratung der Denkmalschutzbehörde sollte die Chance eröffnet werden, dass die Bauherren ihr Ziel (Baumasse und
Mietfläche) auf eine Weise erreichen, die sich wie selbstverständlich in den vorhandenen
Kontext einfügt und weder als Fremdkörper heraussticht, noch das Denkmal marginali-
siert.

Im **gründerzeitlichen Baublock** haben die Häuser gleiche oder ähnliche, in der
Zwischenkriegs- oder Nachkriegszeit häufiger einheitlich durchgeplante Trauf- und
Firsthöhen, sodass diese Höhenlinien charakteristisch für den Häuserblock oder den
Straßenzug sind und den städtebaulichen Maßstab wenigstens visuell bestimmen. Mas-
sige Aufstockungen, die diese Linie durchbrechen, können erheblich stören, weil sie
dominant herausstechen und die Wechselwirkung der Denkmäler mit ihrer Umgebung
neu definieren können. Wenn eine Aufstockung über die ganze Parzellenbreite schädlich wirkt, kann das Zurücksetzen der Aufstockung zu einem Dachhaus oder einer Gaube
hinter der weiterhin durchlaufenden Traufe, oder eine Verschmälerung der Aufstockung
zu einem Zwerchhaus zwischen Traufen, die an die Nachbarn angrenzen, schon viel Lin-
derung bewirken. Ist die Blockrandbebauung heterogen, etwa, weil ältere kleinere Häuser zwischen größeren stehen, bieten die Aufstockung oder ein Neubau in einer Baulücke
die Chance, zwischen den unterschiedlichen Häusern zu vermitteln, in dem die neue
Traufe zwischen den Traufhöhen der Nachbarn liegt, oder indem die Architektur ganz
bewusst an die Nachbarn anknüpft.

Vergleichbare Situationen trifft man in Dörfern und Siedlungen an. Umgebungsschutz in und um **Siedlungen** hängt stark von dem erlebbaren historischen städtebaulichen Konzept oder dem städtebaulichen Entwurf ab, der mit Haustypen und Freiflächen umgesetzt wurde, die in einer bestimmten Anordnung und Wechselwirkung zueinander, zur Topographie oder zu herausgehobenen Bezugspunkten wie Kirche oder
Fabrikantenvilla stehen. Ein Fremdkörper im Siedlungsgefüge kanndie städtebauliche
Komposition sprengen.

Eine denkmalgeschützte Siedlung und eine denkmalgeschützte Schule der 1950er Jahre liegen idealtypisch für diese Zeit an einem Grünzug. Der trennt die Siedlung von anderen Baugebieten des Stadtteils und ist gleichzeitig ein begrünter Schulweg, der an einer Kirche und anderen Häusern vorbei zur Schule führt, die am Endpunkt des Grünzugs steht. Der Grünzug, die Kirche und die anderen Baugebiete stehen jedoch nicht unter Denkmalschutz, aber der städtebauliche Zusammenhang ist in den Denkmalwertbegründungen der Siedlung und der Schule angesprochen. Es gibt auch keine Denkmalbereichssatzung für dieses Gebiet. Würde der Grünzug bebaut werden, wäre das Konzept des grünen Schulwegs und die Einbettung der Schule ins Grün nicht mehr so anschaulich erlebbar, während die Erlebbarkeit der Siedlung als eigener Abschnitt in der historischen Ortsentwicklung gemindert würde. Die Denkmalschutzbehörde würde sich bemühen, die Bebauung des Grünzugs im Falle eines Bauantrags oder eines Bebauungsplans abzuwenden, um die städtebauliche Situation mit der Raumwirkung der städtebaulichen Komponenten untereinander zu bewahren. Je nach der gefestigten Rechtsprechung und der Abwägung mit konkurrierenden öffentlichen Interessen wie dem Wohnungsbau, hat die Denkmalschutzbehörde mehr oder weniger große Erfolgsaussichten.

Selbst die ungestörte **Aussicht** aus einer Grünanlage, die von Bäumen umgrenzt wird, über denen nur der Himmel zu sehen ist, weil zur Entstehungszeit Erholung durch Naturnähe und Stadtferne das Konzept für die Grünanlage bestimmten, kann die Denkmalschutzbehörde dazu veranlassen, dass sie Hochhäuser jenseits der Baumkronen um einige Geschosse reduziert sehen will, damit die Hochhäuser den Ausblick in den Himmel nicht stören. Je abstrakter die Zusammenhänge werden, oder je weniger anschaulich das Gericht die Einwände der Denkmalschutzbehörde nachvollziehen kann, desto schwieriger kann die Behörde sie im Alltag und vor Gericht durchzusetzen.

Der Ausblick aus einem Denkmal heraus gehört nicht prinzipiell zum Schutzgegenstand. Ein schützenswerter Ausblick ist nur dann anzunehmen, wenn die *„Blickbeziehung aus dem Denkmal heraus in die Umgebung zur denkmalrechtlich geschützten künstlerischen Wirkung dieses Denkmals gehört“*, wovon die Denkmalschutzbehörde dann ausgehen kann, wenn das Denkmal bewusst in eine bestimmte Landschaft komponiert ist, oder wenn *„seine Umgebung so gestaltet wurde, dass sie sich ihrerseits auf das Denkmal bezieht. Gleiches gilt, wenn die Innenwirkung der Räume eines Denkmals mit dessen Außenwirkung zu einem Gesamteindruck verschmelzen“*.[26]

Die Stadt Köln legt großen Wert auf das Rheinpanorama: die **Ansicht der Altstadt** vom Rhein und der anderen Rheinseite aus, da hier der berühmte Dom und einige Kirchtürme sowie weitere stadtbildprägende Bauten die Rheinfront und die **Silhouette** der Altstadt kennzeichnen. Im Bergischen Land eröffnet das Bensberger Schloss eine Blickachse hinunter zum Dom und auf einigen Autobahnabschnitten fährt man (planmäßig oder zufällig?) geradewegs auf die Domtürme zu, oder sieht sie aus der Ferne aufragen. Auch innerstädtisch führen Straßen auf die großen Kirchen zu, deren Silhouetten in bestimmten Situationen besonders zur Geltung kommen. Oder sie wurden durch gezielte Staffelung der Nachbargebäude in der Nachkriegszeit bewusst überhöht und in Szene gesetzt. Solche Beispiele für die **ortsbildprägende Raumwirkung großer Soli-**

täre, seien es Kirchen, Burgen, Schlösser, Stadttore, Schornsteine, öffentliche Bauten, Fabrikantenvillen u.v. a. lassen sich in vielen Städten und Dörfern erkennen, wo sie als Orientierungspunkte weit in die umgebende Landschaft ausstrahlen.

Durch hoch aufragende Masten, Hochhäuser und andere große Baukörper werden das charakteristische Ortsbild und der Wiederkennungswert der Silhouette aufs Spiel gesetzt, weshalb die **Standorte für solche zusätzlichen Hochpunkte** nicht nur planungsrechtlich, auch denkmalpflegerisch sorgfältig ausgesucht werden müssen. Aber auch hier gilt: je konkreter die Beeinträchtigung anhand der Schutzgründe erklärt werden kann, desto eher kann die erwartete Beeinträchtigung abgewehrt werden – oder desto eher läge überhaupt eine Beeinträchtigung vor.

6.7 Umgebungsschutz durch § 34 und § 35 Baugesetzbuch?

Der Denkmalwert erwächst nach den Denkmalschutzgesetzen aus dem Aussagewert über historische Entwicklungen, weshalb der Denkmalschutz nach Landesrecht Denkmäler zur Dokumentation dieser Entwicklungen bewahren soll. Städtebauliche Erhaltungsgründe aus denkmalpflegerischer Sicht beziehen sich insbesondere auf die räumliche Wechselwirkung des Denkmals mit seiner Umgebung als Vermittler historischer Zeugniswerte. Das Bodenrecht bzw. die Regelung der Bodennutzung durch die Stadtplanung nach Städtebaurecht bezieht sich auf die Gegenwart und berücksichtigt erhaltenswerte bauliche Anlagen für die nachhaltige städtebauliche Entwicklung der Gemeinde. Für das Baugesetzbuch (Städtebaurecht, Bauplanungsrecht) haben Denkmäler – und darüber hinaus Ortsbilder[27], die nicht nach Denkmalschutzgesetz geschützt sind – aufgrund ihrer historisch gewachsenen städtebaulichen Qualität einen stadträumlich-ästhetischen oder auch funktionalen Wert in der Gegenwart und Zukunft.

Der Umgebungsschutz nach Denkmalschutzgesetz einerseits und andererseits sowohl die planungsrechtliche Einfügung in die nähere Umgebung als auch die mögliche Beeinträchtigung des Ortsbilds nach **§ 34 Baugesetzbuch** sind separat zu prüfen. Sich als Denkmalschutzbehörde im Genehmigungsverfahren auf § 34 BauGB zu berufen, um – zusätzlich zu den Regelungen des Denkmalschutzgesetzes – ein Argument gegen denkmalrechtlich beeinträchtigende Baumaßnahmen einzuwenden, ist selten zielführend.

Nach § 34 BauGB gilt ein Vorhaben als zulässig, wenn es sich nach Art und Maß der baulichen Nutzung, der Bauweise und der Grundstücksfläche, die überbaut werden soll, in die Eigenart[28] der näheren Umgebung einfügt und die Erschließung gesichert ist. Die Eigenart entspricht also zum einen einer Nutzungsart nach Baunutzungsverordnung, zum anderen (v. a. äußerlich wahrnehmbaren) Maßfaktoren wie der Größe und Bauhöhe, offener oder geschlossener (oder gemischter) Bauweise, Baufluchten und den überbauten Flächen.

Hiernach nicht relevant ist die architektonische Gestaltung, Dachformen, Materialien oder Farben, weil die keine bodenrechtlichen Bezugsgrößen darstellen, sondern bauordnungsrechtliche oder denkmalpflegerische Kriterien. In einer uneinheitlich bebauten

Umgebung reicht unter Umständen ein großer Ausreißer als Referenzobjekt, der sich in den oben genannten Maßfaktoren mit dem Vorhaben vergleichen lässt, damit das neue Vorhaben ebenfalls ausreißen kann. Größer geht fast immer, solange das Vorhaben keine sogenannten bodenrechtlichen Spannungen auslöst – z. B. eine bauplanungsrechtlich erhebliche Verschlechterung darstellt oder einen Bebauungsplan nötig macht.

Die Umgebung nach Denkmalschutzgesetz (die vom Denkmal ausgeht) und die nähere Umgebung nach BauGB (die vom Vorhaben ausgeht) meinen nicht dasselbe, können aber inhaltlich und geografisch Überschneidungen aufweisen. Die nähere Umgebung bestimmt sich nicht willkürlich als Umkreis per Zirkelschlag um den Bauplatz, sondern muss nach der jeweiligen städtebaulichen Situation auf den Bereich bezogen sein, auf den sich das beantragte Vorhaben auswirkt. Dabei kann davon ausgegangen werden, dass eine größere Nähe eine stärkere Prägung bewirkt. Die Nachbarbauten in der gleichen Straße sind für die Beurteilung wichtiger als Bauten, die weiter entfernt und womöglich in einem anderen städtebaulichen Zusammenhang stehen. Zur Beurteilung des Einfügens nach dem Maß der baulichen Nutzung ist die wahrnehmbare Erscheinung im Verhältnis zur umgebenden Bebauung maßgeblich.[29]

Wenn etwas städtebaulich vertretbar ist, kann vom baurechtlichen Einfügungsgebot abgewichen werden. Erfahrungsgemäß legen Denkmalpfleger strenger oder „architektonischer" und mit stärkerem Geschichtsbezug als Stadtplaner aus, was die nähere Umgebung sei, was das Ortsbild ausmacht, was es beeinträchtigen würde und was hinsichtlich der Einfügung städtebaulich vertretbar sei. Das liegt am bodenrechtlichen Bezug der Stadtplanung und des Baugesetzbuchs, der in den Denkmalschutzgesetzen keinen Niederschlag findet.

Ebenfalls nach § 34 BauGB darf das **Ortsbild** nicht beeinträchtigt werden, aber auch nur dann nicht, wenn es eine erhaltenswerte Qualität aufweist, deren Kriterien baurechtlich nicht genau definiert sind.[30] Da der Bezugsrahmen für das Ortsbild aber weiter ausgedehnt sein kann als die Einfügung in die nähere Umgebung nach Art und Maß der baulichen Nutzung, wird der Sachbearbeiter wahrscheinlich auf eine so große (städte) bauliche Vielfalt und fremdartige Elemente stoßen, dass er keinen besonderen Charakter mehr feststellen kann, der ein charakteristisches Ortsbild im Sinne des BauGB begründen könnte. § 34 BauGB kann das Ortsbild ohnehin nur insoweit vor Beeinträchtigungen schützen, wie das auch durch planerische Festsetzungen in einem Bebauungsplan möglich wäre (siehe Einfügung oben), weil § 34 BauGB planersetzende (einen fehlenden Plan kompensierende) Funktion hat. Die Beeinträchtigung des Ortsbilds muss dementsprechend städtebauliche bzw. bodenrechtliche Relevanz besitzen. Gerichte erkennen die möglichen Inhalte des Bebauungsplans nach § 9 Abs. 1 BauGB an.[31] Gestaltungsfragen wie die Dachform gehören zum Bauordnungsrecht und stellen selbst dann keine bundesrechtlichen städtebaulichen Merkmale dar, wenn sie in einen Bebauungsplan aufgenommen wurden, weil der Dachform keine bodenrechtliche Relevanz beigemessen wird.

Wenn das Ortsbild die geforderte Qualität aufweist, kann es juristisch im Zweifelsfall nur durch einen **Denkmalbereich** nach Denkmalschutzgesetz, durch **Erhaltungssatzung** nach § 172 BauGB, durch **Bebauungsplan** nach BauGB oder durch **Ge-**

Abb. 6.7 Größer als das links direkt benachbarte Fachwerkhaus oder die Kemenate im Hintergrund, aber fügt sich wohl planungsrechtlich und nach Gestaltungssatzung für die Altstadt Melsungen in die Umgebung ein. Die Dachform greift traditionelle Motive auf und die mindestens visuelle Teilung des Hauses (durch Giebel, Fassadengliederung, Regenfallrohr) macht es ähnlich kleinteilig wie den Kontext

staltungssatzung nach Bauordnung vor den gröbsten Beeinträchtigungen bewahrt werden (Abb. 6.7). Diese Satzungen erfordern den entsprechenden politischen Beschluss des Gemeinderates. Das Baurecht und planungsrechtliche Erhaltungs- oder bauordnungsrechtliche Gestaltungssatzungen können zwar denkmalpflegerische Anliegen unterstützen, dürfen aber denkmalrechtliche Instrumente wie den Denkmalbereich und das Genehmigungsverfahren nicht ersetzen, denn *„die Gemeinden dürfen keinen Denkmalschutz im Gewande des Bauplanungsrechts verfolgen"*.[32]

Im Einzelfall nützt es, wenn die Denkmalschutzbehörde sich im Baugenehmigungsverfahren mit dem Hinweis äußert, sie bezweifle aus konkret erläuterten planungsrechtlichen Gründen, ob sich ein Bauvorhaben einfügt oder das Ortsbild beeinträchtigt. Dann kann die Bauaufsicht prüfen, ob die Zweifel berechtigt sind. Umgekehrt legitimiert ein Einfügungsnachweis nach § 34 BauGB keine Baumaßnahme, die nach Denkmalrecht abgelehnt werden muss. Das hängt von den erhaltenswerten Merkmalen des Denkmals und den Schutzgründen ab.

Im **Außenbereich (§ 35 BauGB)** bereiten der Denkmalpflege privilegierte Vorhaben wie Windkraft- oder Biogasanlagen und landwirtschaftliche Großbauten Kopfzerbrechen, da die der Kulturlandschaft einen neuen Charakter geben oder irritierend in der Ansicht oder in schützenswerten Blickachsen von Denkmälern aufragen können, die eigentlich die Kulturlandschaft in der Wechselwirkung mit den Ackerflächen, Wiesen, Forsten, Gewässern und der Topographie prägen sollten. Sollen Windkraftkonzentrationszonen festgelegt werden, muss die Denkmalpflege darauf hinwirken, dass die Zonen dort festgesetzt werden, wo sie Denkmäler nicht beeinträchtigen (siehe auch: Kapitel über erneuerbare Energien). Nach jüngster Rechtsprechung (Stand 2023) hat Denkmalschutz im Außenbereich gegenüber privilegierten erneuerbaren Energien beschränkte Durchsetzungskraft.

Typische Baudenkmäler im Außenbereich schließen historische Bauernhöfe, Mühlen, Klöster, Burgruinen, Forsthäuser, Industriestandorte und Kleindenkmäler wie

Wegekreuze an Pilgerwegen und Wegestundensteine an alten Fernstraßen ein. Sie entstanden im Zusammenhang mit der umgebenden Kulturlandschaft und sind dementsprechend mit ihr verflochten. Das **Bild der Kulturlandschaft prägende Bauten** nach § 35 Abs. 4 Nr. 4 BauGB stehen nicht immer unter Denkmalschutz, aber in ähnlicher Wechselwirkung mit der Landschaft wie Denkmäler im Außenbereich. Deshalb liefern Publikationen und Gutachten zu kulturlandschaftsprägenden[33] Bauten und Charakteristika von Kulturlandschaften auch Anhaltspunkte für die Denkmalpflege.

Der Außenbereich soll nach § 35 BauGB weitgehend von Bebauung freigehalten werden, die nicht zu den privilegierten Vorhaben zählt, weil der Außenbereich für Nutzungen reserviert ist, die nur dort sinnvoll realisiert werden können. Nach Absatz 3 sollen Belange unter anderem des Denkmalschutzes nicht beeinträchtigt und das Orts- und Landschaftsbild nicht verunstaltet werden. Nicht privilegierte Nutzungsänderungen und Baumaßnahmen sind trotzdem eingeschränkt möglich, um erhaltenswerte Bauten oder den Gestaltwert kulturlandschaftsprägender Bauten zu erhalten, zu denen Denkmäler häufig zählen.

Dass im Außenbereich regelmäßig nur privilegierte Vorhaben errichtet und Splittersiedlungen vermieden werden sollen, kann sowohl von Vorteil als auch von Nachteil für das Denkmal sein. Das Denkmal, das für seine Erhaltung genutzt werden soll, kann Anker für eine bauliche Nutzung im Außenbereich sein, die sonst nicht mehr zulässig wäre. Dadurch begründet es aber keinen Anspruch auf eine Splittersiedlung oder prinzipielle Ausweitung der Bebauung.

Ist das **Denkmal Bestandteil einer privilegierten Nutzung im Außenbereich,** üblicherweise eines land- oder forstwirtschaftlichen Betriebs, muss mit der Erneuerung oder Erweiterung der Betriebsgebäude oder dem Bau einer Betriebswohnung gerechnet werden. Ob solche Vorhaben überhaupt zulässig sind, gehört zu den planungsrechtlichen Fragen. Erst wenn das Vorhaben grundsätzlich planungsrechtlich zulässig ist, lohnt es unter denkmalpflegerischen Gesichtspunkten konkret zu überlegen, wie die Erweiterung baulich so eingefügt werden könnte, dass die Substanz und das Erscheinungsbild des Denkmals in seiner Wechselwirkung mit der umgebenden Landschaft nicht beeinträchtigt werden.

Nach § 35 Abs. 3 Satz 1 Nr. 5 BauGB liegt eine Beeinträchtigung öffentlicher Belange insbesondere vor, wenn das Vorhaben *„Belange des Naturschutzes und der Landschaftspflege, des Bodenschutzes, des Denkmalschutzes oder die natürliche Eigenart der Landschaft und ihren Erholungswert beeinträchtigt oder das Orts- und Landschaftsbild verunstaltet“.*[34] Die Regelung hat, zusätzlich zum Denkmalschutzgesetz des Landes, eine schützende Wirkung für Denkmäler, weil das BauGB nicht bloß auf das Landesrecht verweist. Es formuliert eine bundesrechtlich eigenständige Anforderung, die nicht deckungsgleich mit dem Landesrecht ist, und gewährleistet so einen Bundes-Denkmalschutz, dem jedoch nur eine Auffangfunktion zukommt. Damit hiernach eine Beeinträchtigung vorliegt, muss nach städtebaulichen Gesichtspunkten eine besondere Beeinträchtigung des Denkmals vorliegen. Dann können die Anforderungen des bundesrechtlichen Denkmalschutzes auch einem privilegierten Vorhaben im Außenbereich entgegenstehen, obwohl die Schutzgründe, die im Denkmallisten-Eintrag nach Landesrecht formuliert sind, diesen städtebaulichen Aspekt nicht abdecken.[35]

6.8   Beispiele für Genehmigungsverfahren

Soll die **Fassade einen neuen Anstrich erhalten,** kommt es bei der Sachverhaltsermittlung auf den Malgrund[36] und die älteren Anstrichsysteme an, um das geeignete Reinigungssystem und das Anstrichsystem für den neuen Anstrich auszuwählen (Abb. 6.8). Weist der Malgrund Schadstellen auf, müssen deren Ursachen geklärt und sowohl die Schäden als auch die Ursachen mit ebenfalls auf den Bestand abgestimmten Mitteln behoben werden, ehe der Neuanstrich erfolgen kann. Bilden mehrere Häuser oder Fassaden zusammen ein Ensemble können auch die Farben aufeinander abgestimmt gewesen sein. Historische Farbfassungen oder helle und dunkle Fassadenelemente lassen sich auf historischen Fotos erahnen oder durch Farbbefunduntersuchungen ermitteln. Die Untersuchungen ergeben Sinn, wenn die genauen Farbtöne zur Denkmaleigenschaft beitragen oder wichtige Erkenntnisse über die Fassadengestaltung versprechen und wenn nicht damit zu rechnen ist, dass (die ältesten) Farbschichten nur mit großem Aufwand oder gar nicht mehr nachzuweisen sind. Mitunter muss bei der Farbgebung nur darauf geachtet werden, dass keine beeinträchtigenden Farbtöne ausgewählt werden.

Um die Vorabstimmungen verbindlich zu machen, liegen dem Antrag Fotos des Bestandes und ein entsprechendes Angebot des Malers oder Restaurators bei, auf das sich die Genehmigung direkt als Beurteilungsgrundlage beziehen kann. Einzelne Korrekturen am Angebot oder die Abstimmung offener Fragen, die nicht vorab geklärt werden konnten – sondern evtl. erst, wenn das Gerüst steht und die Fassade mitsamt etwaiger Schäden hautnah begutachtet werden kann –, können meistens mit Auflagen geregelt werden. Soweit erforderlich, kann die Farbgebung erst nach Reinigung der Fassade und gegebenenfalls nach einer Befunduntersuchung festgelegt oder eine erforderliche Risssanierung erst nach Untersuchung der Schäden und Schadensursachen vom Gerüst aus

Abb. 6.8 Vorgeblendete
Stuckfassade an einem
Gebäude in Warendorf

bestimmt werden. Das Fachamt kann schon bei der Sachverhaltsermittlung beteiligt werden, um etwa die angemessenen Anteile von Renovierung und Restaurierung zu erörtern. Das das Fachamt wird beteiligt, wenn der prüffähige Antrag vorliegt, der mit der Einschätzung, der Entscheidungsabsicht und den vorgesehenen Auflagen zur Beteiligung ans Fachamt geschickt werden kann. Die Kontrolle der Ausführung und etwaige Feinabstimmungen werden von der Denkmalschutzbehörde durchgeführt, die das Fachamt nötigenfalls bei neu auftretenden Fragen oder zu vereinbarten Anlässen wie einer Detailuntersuchung auf dem stehenden Gerüst hinzuzieht.

Werden **mehrere Gewerke** bearbeitet **oder eine Generalsanierung** durchgeführt, kann der Eigentümer von einem Planer oder Bauleiter profitieren, um in einem Gesamtkonzept alle relevanten Rechtsvorschriften berücksichtigen und die Baumaßnahmen koordinieren zu lassen. Je nach Vorhaben wird bauordnungsrechtlich ein Bauvorlageberechtigter, etwa Architekt, Innenarchitekt oder Bauingenieur, das Projekt planen müssen. Für die Denkmalschutzbehörde kann es komplex oder bloß eine Anhäufung von Einzel-Genehmigungen werden. Die energetische Ertüchtigung ist eine komplexe Aufgabe, wenn nicht nur das Heizsystem modernisiert, sondern auch Flächenheizung, Wärmedämmung und neue Fenster eingebaut werden sollen. Dabei kommen mehrere Gewerke zusammen und die bauphysikalischen Wechselwirkungen sind zu berücksichtigen. Wahrscheinlich wird für eine Gesamtmaßnahme eine Genehmigung oder eine Baugenehmigung mit Auflagen zur Feinabstimmung erteilt.

Wenn **mehrere Maßnahmen unabhängig voneinander** stattfinden können, oder auch von Dritten abhängen und sie dadurch zeitlich auseinanderfallen, kann es zweckmäßig sein, jede Teilmaßnahme in getrennten Verfahren abzuwickeln. In Miethäusern oder Wohneigentumsgemeinschaften kommt es vor, dass die gemeinsame Fassade, das Treppenhaus und der Heizkessel insgesamt und die einzelnen Wohnungen nacheinander renoviert werden sollen, wenn Mieter- oder Eigentümerwechsel stattfinden. Die Fassade wird unabhängig vom Heizkessel oder dem Treppenhaus bearbeitet werden können. Daraus können sich drei Genehmigungen oder eine ergeben, wenn sowieso demnächst alles auf einmal und nicht irgendwann schrittweise passieren soll und die genaue Maßnahmenbeschreibung, das Leistungsverzeichnis oder die Handwerker-Angebote schon vorliegen. Hat eine Brandschau stattgefunden, die Mängel am Treppenhaus festgestellt hat, die bis zu einer Frist behoben werden müssen, muss die Maßnahme im Treppenhaus wahrscheinlich vorgezogen werden. Soll jährlich eine Wohnung renoviert werden, kann es auf jährliche Genehmigungsverfahren hinauslaufen.

Zum Aufgabenspektrum der Denkmalschutzbehörde gehört der **Rettungseinsatz:** Der Eigentümer oder die Handwerker haben am Denkmal schon mal angefangen und plötzlich fällt jemandem auf, dass es unter Denkmalschutz steht. Oder die Denkmalschutzbehörde kriegt selbst mit, dass Maßnahmen ohne Genehmigung stattfinden, sodass sie entweder die Baustelle stilllegen oder kurzfristig eine Lösung finden muss, die sowohl das Denkmal als auch in Teilen die steuerliche Bescheinigungsfähigkeit rettet. Da die Maßnahme vielleicht schon begonnen hat oder ein Gerüst steht, das für seine Standzeit Kosten verursacht, soll aus Bauherrensicht nun alles ganz schnell gehen. Wie schnell es geht, ist keine Frage des Denkmalrechts, sondern der Kulanz (oder dem Ermessen) der Denkmalschutzbehörde, die keine Schuld daran trägt, dass die Bauherren ordnungswidrig gehandelt haben. Manchmal handeln Denkmaleigentümer in Unkenntnis des Denkmalstatus oder der rechtlichen Rahmenbedingungen. Die Denkmalschutzbehörde kann kurzfristig Maßnahmen abstimmen und eine Genehmigung erteilen, oder bestimmte Maßnahmen weiterlaufen lassen. Das hängt davon ab, inwiefern die Baumaßnahme erhaltenswerte Substanz des Denkmals überhaupt betrifft oder beeinträchtigen würde, und welche Feinabstimmungen oder Planänderungen dadurch nötig werden.

6.9   Genehmigungsfähigkeit von Maßnahmen an Fenstern

Unter welchen Umständen die Denkmalschutzbehörde welche Kriterien an Maßnahmen zur Erhaltung und Erneuerung von Fenstern anlegen darf, haben die Verwaltungsgerichte in den Bundesländern nicht einheitlich beurteilt. Die denkmalpflegerischen Idealvorstellungen durch die gemeinsamen Lehrbücher und Grundsatzpapiere gleichen sich in allen Bundesländern im Wesentlichen, wogegen sich die denkmalrechtlichen Rahmenbedingungen durch die Denkmalschutzgesetze der Länder unterscheiden. Tendenziell legen die Gerichte in Nordrhein-Westfalen die Ansprüche an denkmalrechtliche angemessene Fenster anscheinend enger an dem Eintragungstext zur Unterschutzstellung und dem Zustand zu eben jenem Zeitpunkt der konstitutiven Unterschutzstellung aus, worauf sie die Erhaltungspflicht des Denkmaleigentümers vordringlich beziehen.

Im Folgenden werden die typischen Streitpunkte um Maßnahmen an Fenstern mit dem Schwerpunkt auf Nordrhein-Westfalen und Vergleichen zu anderen Bundesländern erläutert. Diese beispielhafte Orientierungshilfe ist daher zur konkreten Anwendung je nach Bundesland anhand des jeweiligen Denkmalschutzgesetzes in dessen neuester Fassung und der jüngsten Rechtsprechung zu überprüfen.

Grundsätzlich muss die Beurteilung, wie mit den Fenstern – und anderen Bauteilen – umzugehen ist, anhand der Begründung des Denkmalwerts und des Baubestands auf den Einzelfall bezogen sein (Abb. 6.9).[37] Bei knappen alten Eintragungstexten muss die Begründung im Laufe des Erlaubnisverfahrens oder eines Gerichtsverfahrens näher erläutert werden. Aus der Begründung soll herzuleiten sein, welche Relevanz die Fenster für die Denkmaleigenschaft haben, um zu beurteilen, ob die beantragte Änderung der Fenster eine erhebliche Beeinträchtigung der Denkmaleigenschaft darstellen würde und daher abzulehnen oder mit aus der Denkmalwertbegründung hergeleiteten Auflagen zu korrigieren wäre.

Fenster als Ausbau-Elemente werden offenbar als reversible Bauteile angesehen, sodass heute nötigenfalls Bausünden in Form beeinträchtigender Fenster durch denkmalgerechte Fenster korrigiert werden könnten, wenn der Eigentümer ohnehin die Erneuerung der Fenster beabsichtigt. Fenster aus modernen Materialien, die nicht zur Epoche des Denkmals passen, sind juristisch nicht prinzipiell ausgeschlossen, sondern zulässig, wenn sie die Denkmaleigenschaft nicht wesentlich beeinträchtigen.

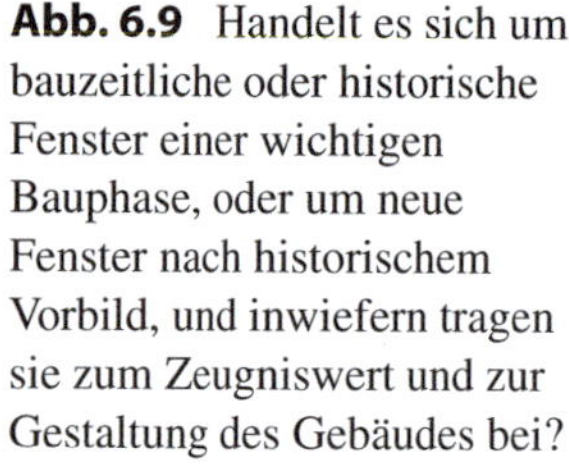

Abb. 6.9 Handelt es sich um bauzeitliche oder historische Fenster einer wichtigen Bauphase, oder um neue Fenster nach historischem Vorbild, und inwiefern tragen sie zum Zeugniswert und zur Gestaltung des Gebäudes bei?

Die Denkmalschutzbehörde hat kein Ermessen bei der Frage, welche Fenster sie erlauben darf, sondern hat ihre Entscheidung anhand des festgestellten Zustands des Denkmals, der Schutzgründe und der Zumutbarkeit zu treffen. Die klarsten Regeln gibt es bei tatsächlich historischen, denkmalwerten Fenstern und im Falle von Ordnungswidrigkeiten: Im Sonderfall der Wiederherstellungsanordnung nach DSchG NRW darf nur der Zustand gefordert werden, der vor der Ordnungswidrigkeit bzw. zum Zeitpunkt der Unterschutzstellung bestanden hat. Dabei wird nur die konkrete Ordnungswidrigkeit korrigiert, keine Bausünde von vor der Unterschutzstellung.

Zentrales Kriterium für das Schicksal denkmalwerter Fenster ist ihr tatsächlicher Zustand und damit ihre Erhaltungsfähigkeit.[38] Können denkmalwerte Fenster erhalten werden, hat das Priorität und zählt zur Kernaufgabe der Erhaltungspflicht (z. B. nach § 7 DSchG NRW). Hierfür sind alle erdenklichen Methoden zur Instandsetzung und (energetischen) Ertüchtigung zu prüfen. Erst wenn die Fenster nicht erhaltungsfähig sind, oder nur durch unverhältnismäßigen Aufwand erhalten werden könnten, sollen sie aufgegeben werden. Durch die Ausnahmeregelungen für Denkmäler hinsichtlich der Energieeinsparung und des Wärmeschutzes veranlassen solche Energie-Belange nicht die Erneuerung denkmalwerter Fenster. Auch Klimaschutz überwiegt als öffentlicher Belang den Denkmalschutz nicht pauschal.[39]

Historische Fenster dürfen nicht deshalb entsorgt werden, weil durch den Austausch mancher Fenster keine exakte Einheitlichkeit aller Fenster gegeben wäre und das dem Bauherrn nicht gefällt. Ein vorübergehendes Nebeneinander von historischen Fenstern oder stilgerechten Fenstern nach den Auflagen der Denkmalschutzbehörde und (noch) nicht passend erneuerten Fenstern ist denkmalpflegerisch akzeptabel, um langfristig – was Jahrzehnte dauern kann – die harmonische Gesamtgestaltung wieder zu erreichen, wenn auch die noch unpassenden Fenster stilgerecht erneuert würden.[40]

Deutsche Verwaltungsgerichte befürworteten in den 1990er Jahren noch stärker die Haltung der Denkmalpflege, was die material- und werkgerechte Erneuerung von Fenstern anging. Sie sahen die materialgerechte Erneuerung als Chance an, durch stilgerechte Fenster nach Befund Bausünden zu korrigieren, da sie bereits erneuerte Fenster als erneut austauschbare Elemente erachteten, die bei einer Erneuerung auch wieder gestalterisch angepasst werden könnten. in den 2000er und 2010er Jahren bis heute nahmen die Gerichte einen kritischeren Standpunkt ein, wie unten näher erläutert wird. Manche Gerichte erkennen die Kritik an Kunststofffenstern an, dass deren Glätte und Undifferenziertheit im Vergleich zu Holzfenstern einen verfremdenden optischen Eindruck erwekchen würden, auch wenn sie eine Holzoptik vortäuschten. Auch das im Vergleich mit Holz abweichende Alterungsverhalten von Kunststofffenstern wird kritisch gesehen, da Holzfenster wie alle historischen Materialien der Fassade einen ähnlichen (oder zumindest von Kunststofffenstern abweichenden) Alterungsprozess durchliefen, sodass die Einzelteile der Fassade optisch zueinander fänden, wogegen die Kunststofffenster als Fremdkörper wahrzunehmen seien. Entsprechend optisch unterscheidbar wären Holzfenster und Kunststofffenster.[41]

Bei der Erneuerung von Fenstern, die zum Zeitpunkt der Unterschutzstellung schon nicht mehr stilgerecht und nicht materialgerecht (dem historischen Material gleich) waren, ist der Eigentümer laut OVG NRW nach § 7 DSchG NRW (alte Fassung) nicht verpflichtet (gewesen), einen Zustand wiederherzustellen, wie er vor der Unterschutzstellung mutmaßlich bestanden hat. Aber das OVG NRW schließt nicht vollständig aus, die Fenster doch stilgerecht zu erneuern: Bei einer ohnehin erforderlichen Erneuerung können auch Auflagen für das Erscheinungsbild des Denkmals gemacht werden. Das OVG NRW erkennt aber allgemeine denkmalpflegerische Standards wie Material- und Werkgerechtigkeit (nach der alten Fassung des DSchG NRW) nicht einfach an, sondern setzt eine auf den Einzelfall bezogene denkmalrechtliche Begründung der Denkmalschutzbehörde voraus, warum die material- und werkgerechte Wiederherstellung erforderlich sei, dagegen eine Abweichung eine erhebliche Beeinträchtigung darstellen würde, obwohl das Gebäude auch ohne denkmalgerechte Fenster unter Denkmalschutz gestellt geworden ist.[42]

Das Oberverwaltungsgericht Berlin-Brandenburg schlussfolgerte 2008 unter Berufung (unter anderem) auf den Verwaltungsgerichtshof Baden-Württemberg, *„dass der aus dem Erhaltungsinteresse abgeleitete Grundsatz der Materialgerechtigkeit zumindest in zweifacher Hinsicht einer Einschränkung bedarf: Zum einen setzt er voraus, dass dem Material überhaupt eine ausschlaggebende Bedeutung für den Denkmalwert zukommt, was zwar im Bereich der künstlerischen Bedeutungskategorie wegen der gesteigerten ästhetischen oder gestalterischen Qualität regelmäßig vorausgesetzt werden kann, bei lediglich geschichtlicher, wissenschaftlicher oder städtebaulichen Bedeutung im Sinne des § 2 Abs. 2 DSchG Bln [Denkmalschutzgesetz Berlin, der Verfasser] im Einzelfall jedoch näherer Prüfung bedarf, weil der ‚Zeugniswert‘ des Denkmals durch eine Änderung des Materials bei Austausch eines Bauteils nicht zwingend beeinträchtigt wird"*, und weil aus dem Berliner Gesetz auch *„nicht das Ziel einer Rückführung zu einem vor der Unterschutzstellung des Denkmals bestehenden Originalzustand hergeleitet werden"* kann.[43]

Es scheint juristisch so zu sein: Je künstlerischer das Denkmal oder die Fassade sich darstellen, oder je größeren Anteil die Fenster am Erscheinungsbild des Denkmals haben, desto eher sind stilgerechte Fenster gerechtfertigt. Die Sichtweise klingt schlecht für Häuser, die zeit- und funktionstypisch auch oder ausschließlich wenige kleine Fenster hatten. Die denkmalpflegerische Sicht berücksichtigt, dass die Nutzungsstruktur, eine Hierarchie der Innenräume, das Repräsentationsbedürfnis oder zeitgenössische Sachlichkeit wichtige Einflüsse für die Anordnung und Gestaltung der Fenster darstellten.[44] Diese Differenzierung nach dem Rang der Räume und Fassaden soll beibehalten werden und ablesbar bleiben. Das historische Raumprogramm zu vermitteln kann auch durch neue Fenster gefördert werden, die nach historischem Vorbild differenziert werden. Auch ein schlichtes Haus kann durch passende Fenster authentischer wirken. Wann ein Gebäude künstlerisch genug ist, um passende Fenster zu fordern, und ob die Forderung ausdrücklich künstlerische Gründe (künstlerische Bedeutung) im Eintragungstext voraussetzt, oder ob auch entsprechend erläuterte wissenschaftliche oder andere Bedeutung stilgerechte Fenster rechtfertigen können, haben die Gerichte nicht abschließend geklärt.[45]

Ein denkmalpflegerisch und denkmalrechtlich zuverlässigeres Kriterium für die Erneuerung von Fenstern – und anderer Bauteile – nach historischem Vorbild ist die Befundlage: Gibt es noch historische Fenster oder Spuren des früheren Einbauzustands am Denkmal, können die (zumindest für gleichartige Fensteröffnungen) als Vorlagen dienen. Gibt es zusätzlich oder stattdessen gut erkennbare Fotos oder andere Quellen, aus denen die Grobteilung oder auch Details der Fenster abgelesen werden können, belegen fundierte Indizien oder Beweise die historische Situation, die wiederhergestellt werden soll. Durch die präzise oder näherungsweise Rekonstruktion einzelner Bauteile wird die Gesamterscheinung restauriert. Eine gute Befundlage kann bei der denkmalrechtlichen Argumentation für die Wiederherstellung nach historischem Vorbild helfen und wird juristisch eher anerkannt, als es bei Analogschlüssen von vergleichbaren Denkmälern der Fall wäre. Gar nicht statthaft sind pauschale Anpassungen an die Nachbarhäuser.

Für die Erneuerung sowohl denkmalgerechter als auch denkmalwidriger Fenster in form- und materialgerechter Weise werden idealerweise folgende Kriterien erfüllt: Der Eintragungstext liefert dringende und plausible Gründe oder Ansätze, die eine Forderung nach stilgerechten Fenstern rechtfertigen und es gibt Befunde dafür, wie die Fenster beschaffen waren und wie das Haus damit einst gewirkt hat und wie es dadurch wieder wirken würde.

Je wichtiger die Fenster für die Gestaltung und das (künstlerische) Erscheinungsbild des Denkmals sind, desto zwingender wird eine originalgetreue Fertigung.[46] Dabei kann nach Gebäudeteilen oder Fassaden differenziert werden. Die Relevanz der Fenster sollte aber nicht allein auf die äußere Wirkung bezogen sein. Tragen die Fenster zur künstlerischen Gestaltung von Innenräumen bei, sollte sich die Originaltreue dort möglichst bis auf die inneren Details wie Beschläge erstrecken. Je nach Wichtigkeit der Fenster und je nach Befundlage kann die Originaltreue entweder sehr präzise ausfallen oder reduziert sein. Eine stilgerechte Grobteilung könnte im Vordergrund stehen, bei Material oder Details würden aber Abstriche hingenommen werden müssen. Welche Fenster an Nicht-Denkmälern im Denkmalbereich gefordert werden können, hängt von der Begründung des Denkmalbereichs ab und welche Wichtigkeit die Fenster darin haben. Je nachdem, welcher Detailgrad bei der Fensterinstandsetzung oder Fenstererneuerung abgestimmt werden muss, kann sich die Denkmalschutzbehörde neben dem Angebot oder Leistungsverzeichnis auch Detailzeichnungen vom Restaurator, Schreiner oder Fensterbauer vorlegen lassen, um eine denkmalgerechte Ausführung sicherzustellen.

In diesen Zusammenhängen ist zu beachten, dass die Fenstererneuerung verhältnismäßig bleiben muss, also die denkmalpflegerischen Ziele der Erhaltung und sinnvollen Nutzung nicht mit einfacheren Mitteln (z. B. Kunststofffenstern) erreicht werden können. Unzumutbar würden Anforderungen und Auflagen des Denkmalschutzes nicht schon durch Mehrkosten, sondern erst dann, wenn sie eine dauerhaft rentable Nutzung des Denkmals unterbinden würden. Denkmalfördermittel können denkmalbedingte Mehrkosten abmildern, die für viele Eigentümer ein reales Hindernis bei der Erneuerung von Fenstern sind.

Anmerkungen

1. Mit Fokus NRW: Davydov et al. 2018, S. 174–216. – Ollenik/Heimeshoff 2005, S. 101–106 schildern die „Idealkonstruktion eines Erlaubnisverfahrens" inkl. Beratung, Schadensaufnahme und Dokumentation. – Krause 2011, S. 125–126: Erlaubnis, Erlaubnispflichttatbestände, Erlaubnisvorbehalt, Ermessen.
2. Der denkmalrechtlichen Erlaubnis entspricht die denkmalrechtliche Genehmigung in anderen Bundesländern.
3. OVG NRW, Urt. v. 23.09.2013 – 10 A 971/12. – VG Köln, Urt. v. 07.03.2019 – 4 K 10823/17.
4. OVG NRW Urt. v. 30.11.2021 – 10 A 3503/20 (lag analog vor) unter Bezugnahme auf OVG NRW, Urt. v. 03.09.1996–10 A 1453/92 und Urt. v. 27.07.2000 – 8 A 4631/97 und Urt. v. 03.09.1996 – 10 A 1453/92 und Urt. v. 08.03.2012 – 10 A 2037/11 und Urt. vom 30.07.1993 – 7 A 1038/92.
5. Ebenda.
6. Ebenda.
7. Ebenda.
8. Der Bescheid muss eine Rechtsbehelfsbelehrung enthalten, die den Empfänger darüber informiert, wie und innerhalb welcher Frist er gegen die Entscheidung der Denkmalbehörde vorgehen kann.
9. In NRW § 9 Abs. 4 DSchG NRW. Vgl. zur alten Fassung des Gesetzes: OVG NRW, Urt. v. 08.03.2012 – 10 A 2037/11: *„Die Belange des Denkmalschutzes, die von der Bauaufsichtsbehörde in angemessener Weise zu berücksichtigen sind, entsprechen den Belangen, die von der Unteren Denkmalschutzbehörde zu prüfen wären, wenn*

*sie gesondert über die Erlaubnisbedürftigkeit beziehungsweise -fähigkeit der Maß-
nahme nach § 9 Abs. 1 DSchG NRW zu befinden hätte."* – vgl. § 12 Abs. 3 Säch-
sisches DSchG: *„Bedarf ein Vorhaben der Baugenehmigung oder bauordnungs-
rechtlichen Zustimmung, tritt an die Stelle der Genehmigung nach diesem Gesetz
die Zustimmung der Denkmalschutzbehörde gegenüber der Bauaufsichtsbehörde."*
– vgl. DSchG Brandenburg § 20 Abs. 1: *„Die bauordnungsrechtliche Genehmigung
schließt die Erlaubnis nach § 9 ein. Die Bauaufsichtsbehörde entscheidet im Benehmen mit der Denkmalschutzbehörde."*

10. Z. B. gemäß § 62 BauO NRW (Stand: März 2023). Vergleiche § 61 Sächsische
    BauO, Stand 2022: u. a. Gebäude der Klassen 1 und 3, Garagen, kleine Werbe-
    anlagen, bestimmte Einfriedungen, haustechnische Anlagen, Antennen.

11. In NRW, Stand März 2023: §§ 3, 11 und 12 der BauO NRW.

12. Nach § 4 DSchG NW in der Neufassung von 2022 steht eine Sache vorläufig und
    befristet unter Schutz, wenn die Denkmalbehörde die Absicht eines Unterschutz-
    stellungsverfahrens mitteilt (konstitutives System, vgl. Unterschutzstellung).

13. Davydov et al. 2018, S. 133. – Krause 2011, S: 122 – Kiesow 1982, S. 48. – Rabe-
    ling 2012, S. 6.

14. Hierzu haben Fachämter Merkblätter zusammengestellt.

15. Ist das Objekt im Denkmalbereich ein den Denkmalbereich konstituierendes Ele-
    ment oder nicht? Ist es zwar nicht konstituierend, aber trotzdem ein isoliertes Denk-
    mal? Welche Vorschriften macht die Denkmalbereichssatzung?

16. Dadurch eingeschränkt, dass elektrische Geräte z. B. durch Baustellenstaub Schaden
    nehmen können.

17. OVG NRW, Urt. v. 28.05.2018 – 10 A 279/16: *„Eine Abstimmung, die sich mit kon-
    kreten Einzelheiten der in Aussicht genommenen baulichen Ausgestaltung befassen
    muss, kann deshalb nur solche Baumaßnahmen zum Gegenstand haben, die der
    Bauherr bereits hinreichend konkretisiert hat."*

18. VG Düsseldorf, Urt. v. 28.01.2021 – 28 K 8208/19 unter Bezugnahme auf OVG
    NRW, Urt. v. 18.05.1984 – 11 A 1776/83.

19. Nach § 73 Wasserhaushaltsgesetz sind Hochwasserrisiken zu bewerten und dabei
    auch Risiken für das Kulturerbe zu berücksichtigen.

20. Z. B. nach §§ 72–78 VwVfG NRW. – Rabeling 2012.

21. OVG NRW, Urt. v. 08.03.2012 – 10 A 2037/11.

22. VG Aachen, Beschluss vom 28.05.2020 – 6 L 1399/19, unter Bezugnahme auf:
    OVG Lüneburg, Urteil v. 16.02.2017 – 12 LC 54/15, BayVGH, Beschluss v.
    21.11.2015 – 22 ZB 15.1095 und Urt. v. 24.01.2013 – 2 BV 11.1631 und Urt. v.
    25.06.2013 – 22 ZB 11.701, VG Ansbach, Urt. v. 12.03.2015 – AN 11 K 14.01479.

23. Krause 2011, S. 332–333: Umgebungsschutz.

24. Arbeitsblatt online verfügbar auf www.vdl-denkmalpflege.de (zuletzt besucht am
    06.02.2022). – Pufke 2022: Leitfaden für Bauen im historischen Kontext.

25. Spital-Frenking 2000, S. 58.

26. VG Aachen, Beschluss vom 28.05.2020 – 6 L 1399/19, unter Verweis auf BayVGH, Beschluss v. 21. September 2015–22 ZB 15.1095.

27. Hönes 2015, S. 310–320: Orts- und Landschaftsbild. – Schulte 2019, S. 85–86, 104–105, 108–110. – Spannowsky/Uechtritz 2009, S. 35–36. – Viebrock 2018, S. 16–18: Denkmalschutz im Verhältnis zu §§ 34 und 35 BauGB.

28. Spannowsky/Uechtritz 2009, S. 558–562: Eigenart und Einfügen.

29. Bayerischer VGH, Urt. v. 12.12.2013 – 2 B 13.1995.

30. OVG NRW, Urt. v. 12.09.2013 – 20 A 380/12. – Bayerischer VGH, Urt. v. 18.07.2013 – 14 B 11.1238 und Urt. v. 08.05.2008 – 2 B 08.212. – VG Würzburg, Urt. v. 13.11.2014 – W 5 K 13.18 sowie Urt. v. 17.06.2010 – W 5 K 09.1110: Als starkes Indiz für die städtebauliche Wertigkeit wird der Denkmalschutz, z. B. ein Denkmalbereich, anerkannt: *„Eine optisch als beeinträchtigend empfundene Veränderung eines ganzen Denkmalensembles, die nicht zugleich auch das Ortsbild beeinträchtigte, ist kaum denkbar".* – Schulte 2019: *„Unter Ortsbild kann die bauliche Ansicht eines Ortes oder Ortsteils bei einer Betrachtung sowohl von innen als auch von außen unter Einbeziehung der Fernwirkung des Ortsumrisses verstanden werden."*

31. Z. B. VGH Baden-Württemberg, Urt. v. 29.01.1992 – 3 S. 2842/91 und VG Karlsruhe, Urt. v. 17.04.2020 – 5 K 4575/18 sowie Bayerischer VGH, Urt. v. 18.07.2013 – 14 B 11.1238.

32. Stellhorn 2016, S. 52. – vgl.: Spannowsky/Uechtritz 2009, S. 35.

33. Hönes 2015, S. 503–510.

34. BauGB: https://www.gesetze-im-internet.de/bbaug/__35.html (zuletzt besucht am 17.12.2022)

35. VG Aachen, Beschluss v. 28.05.2020–6 L 1399/19, unter Verweis auf BVerwG, Beschluss v. 26. Juni 2014 – 4 B 47.13 und Urt. v. 21.04.2009 – 4 C 3.08, OVG Niedersachsen., Urt. v. 16.02.2017 – 12 LC 54/15, BayVGH, Urt. v. 18.07.2013 – 22 B 12.1741 sowie OVG NRW, Urteile v. 16.08.2019 – 7 D 5/18.NE u. v. 19.01.2020 – 7 D 80/17.NE.

36. Kalk- oder zementhaltiger Putz, Komposition aus Putzflächen und Ziegel- oder Natursteinverzierungen, differenzierte Oberflächenstrukturen, womöglich Stuck, Inschriften, Metallteile oder gar Blattgold-Elemente.

37. Schöndeling 2018: Unter Bezugnahme auf zahlreiche Urteile aus NRW und anderen Bundesländern bis 2017. – Insbesondere folgende und in den weiteren Endnoten zu berücksichtigende Urteile und Beschlüsse des OVG NRW, Urt. vom 23.04.1992 – 7 A 936/90, Beschluss v. 02.10.2002 – 8 A 5546/00, Urt. v. 15.08.1997 – 7 A 133/95, Urt. v. 21.07.1999–7 A 3387/98, Beschluss v. 19.04.2018 – 10 A 1292/17 zu VG Köln 4 K 4855/16, Urt. v. 30.11.2021 – 10 A 3503/20. – Davydov et al. 2018, S. 157.

38. OVG NRW Urt. v. 30.11.2021 – 10 A 3503/20 unter Bezugnahme auf OVG NRW, Urt. v. 03.09.1996 – 10 A 1453/92 und Urt. v. 27.07.2000 – 8 A 4631/97 und Urt. v. 03.09.1996 – 10 A 1453/92 und Urt. v. 08.03.2012 – 10 A 2037/11.

39. Das hängt insbesondere davon ab, welche Belange in der Landesverfassung verankert sind (Klimaschutz und Denkmalschutz, oder nur einer davon?). Siehe auch: Kapitel über das Sonderthema Klimaschutz.

40. Siehe auch Schöndeling 2018, S. 42–43, 46 unter Bezugnahme auf HessVGH, Urt. v. 20.10.2006 – 2 UE 1628/06.

41. Schöndeling 2018, S. 35–42 unter Bezugnahme auf Niedersächsisches OVG, Urt. v. 26.11.1992 – 6 L 1992 und v. 14.09.1994, BayVGH, Urt. v. 09.08.1996 – 2 B 94.3022, VG Berlin, Urt. 09.09.2010–16 A 9.08. Das niedersächsische Oberverwaltungsgericht befürwortete eine entsprechende Ausführung nach denkmalpflegerischem Grundsatz, dem laut Bayerischem Verwaltungsgerichtshof Kunststofffenster widersprechen würden. Schöndeling warnt: Man dürfe sich aber nicht zu dem Trugschluss verleiten lassen, dass ein neues denkmalgerechtes Fenster, das zur Fassade passt, den Verlust eines echten historischen Fensters ausgleichen könnte.

42. OVG NRW, Urt. v. 02.03.2018 – 10 A 2580/16 unter Bezugnahme auf OVG NRW, Urt. v. 23.04.1992 – 7 A 936/90: Die *„gesetzlich geforderte sinnvolle Nutzung von Baudenkmälern kann auch die Verwendung solcher [moderner, d. Verf.] Materialien [wie Kunststofffenster, d. Verf.] jedenfalls dann gestatten, wenn ihr Einsatz für den jeweiligen Denkmalwert keine besondere Bedeutung hat und die konkrete Ausführung auf das Erscheinungsbild des Denkmals angemessen Rücksicht nimmt“.*

43. OVG Berlin-Brandenburg, Urt. v. 21.02.2008 – OVG 2 B 12.06 unter Bezugnahme auf VGH Mannheim, Urt. v. 27.06.2005, OVG NRW, Urt. v. 23.04.1992 und Beschluss v. 02.10.2002.

44. Ähnlich erläutert Stellhorn 2016, S. 21–22.

45. Es scheint so, als würde der konkrete Substanzerhalt vor allem mit wissenschaftlichen Gründen (wissenschaftlicher Bedeutung) verknüpft, ein (wiederherstellbares) Erscheinungsbild mit künstlerischer Bedeutung.

46. Aufgeschlossene Eigentümer, die sich für die Architektur begeistern (oder das historische Flair vermarkten wollen), lassen sich auch gerne beraten, welche Fenster zu ihrem Haus passen würden.

Zusammenfassung

Dieses besonders breit aufgestellte Kapitel reißt viele Themen kurz an, die im Arbeitsalltag von Denkmalschutzbehörden immer wieder auf dem Schreibtisch landen oder auch politisch diskutiert und von Interessenverbänden propagiert werden. Ziel des Kapitels ist es, für diese Themen im Denkmalkontext zu sensibilisieren und Grundkenntnisse zu vermitteln. Tiefergehendes Spezialwissen ist in der Fachliteratur, darunter einschlägige Publikationen der Denkmalpflegefachämter und anderer Forschungsinstitute, zu finden.

7.1 Absturzsicherung, Brüstungen, Geländer, Umwehrungen

Je nach Absturzhöhe müssen Geländer und Brüstungen (Umwehrungen) eine bestimmte Höhe haben, die Abstände von Geländerstäben dürfen ein bestimmtes Maß nicht überschreiten und Geländer sollen von Kindern nicht leicht überklettert werden können, damit niemand darüber kippt und kein Kleinkinderkopf zwischen den Stäben hindurch passt (Abb. 7.1).[1] Bei bestehenden Anlagen kann die Bauaufsichtsbehörde – sowohl bei Umwehrungen als auch bei anderen Gefahrensituationen – eine Anpassung des Bestands an die Vorschriften der aktuellen Landesbauordnung fordern, wenn das im Einzelfall zur Abwehr von Gefahren für Leib und Leben erforderlich ist. Wenn eingreifende Veränderungen den Aussagewert des Denkmals beeinträchtigen würden, kann die Denkmalschutzbehörde die Abweichungsregelungen der Bauordnung einwenden. Im Einzelfall kann an Arbeitsstätten eine ausreichend tiefe Brüstung eine etwas zu niedrige Brüstungshöhe kompensieren, wenn dadurch ein gleichwertiger Schutz erreicht wird. In der Theorie stürzen die Nutzer schneller ab als in der Praxis. Wenn aber die Versicherung nur bei

Abb. 7.1 Ist wie hier in Marburg die Brüstung zu niedrig und die Absturzhöhe draußen zu groß, können schlichte Geländerstäbe in die Laibung eingepasst werden

Einhaltung aktueller Vorschriften versichern will, bleibt womöglich keine andere Wahl, als vom theoretisch schlimmsten Fall auszugehen.

Wenn sich die Anforderungen nicht anders als durch Veränderungen kompensieren lassen, sind ergänzende Maßnahmen konservatorisch optimal, damit die historische Substanz fast gar nicht verändert wird, und die hinzugefügten Teile vielleicht eines Tages möglichst schadlos wieder entfernt werden können, wenn eine bessere technische Lösung zur Hand ist oder andere Bauvorschriften eine erneute Änderung verlangen. Hierzu kann beispielsweise ein zweites Geländer in der historischen Massivtreppe verankert werden und die nötige Brüstungshöhe und Handläufe hinzufügen. Sind die Abstände des historischen Geländers klein genug, ergänzt die neue Konstruktion nur so viele Stäbe wie nötig, um die Handläufe zu tragen.

Bei Metallgeländern kann ein schlichter, in unauffälliger Farbe beschichteter Handlauf aufgesetzt und an den Stäben ein dünnes Drahtnetz mit Klemmen ergänzt werden. Bei Holzgeländern wird ähnlich vorgegangen, aber schlanke (meist dunkle Metall-) Stäbe zwischen den historischen Geländerstäben eingesetzt, wenn unvermeidlich. Sie sollten aber den Rhythmus des Geländers nicht störend verändern. Wenn die Treppenwange und der Handlauf weit über die Stäbe vorstehen, kann vielleicht auch eine Plexiglasscheibe eingepasst werden. Gestalterisch können die Lösungen nur bedingt überzeugen.

Neben der Substanzerhaltung kommt auch oft die Frage danach auf, welche Lösung das Erscheinungsbild des Geländers oder den gesamten erhaltenswerten Raumeindruck weniger beeinträchtigt. Vielleicht erzwingen die Umstände sogar, das Geländer am Fußbereich zu kappen (der gerade bei einem Außengeländer vielleicht auch sanierungsbedürftig ist) und ein Element unten einzuschieben, wodurch das ganze Geländer erhöht wird. Das kommt eher bei Metall infrage, ist aber meist zweite Wahl. Konservatorisch sinnvoll kann das sein, wenn ein jüngerer Fußbodenaufbau auf dem Balkon oder Altan so dick aufträgt, dass sich Schmutz und Feuchte am Geländer stauen, der Bodenaufbau aber nicht schadlos wieder verringert werden kann.

7.2 Barrierefreiheit

Barrierefreiheit oder in kompromissbereiter Form „Barrierearmut" hat, in größerem Maße seit dem Behindertengleichstellungsgesetz von 2002 und der UN-Behindertenrechtskonvention von 2006, in jüngeren Fassungen der Landesbauordnungen und in Denkmalschutzgesetzen eine herausgehobene, aber nicht pauschal vorrangige Bedeutung zugeschrieben bekommen, sodass Umbauvorhaben zur Herstellung von Barrierefreiheit unterstützenswert sind. Barrierefreiheit betrifft sowohl Gebäude als auch Außenanlagen, sowohl private als auch öffentliche Räume. Menschen sollen ihr gewohntes Lebensumfeld aufgrund ihrer eingeschränkten Mobilität nicht verlassen müssen. Öffentlich zugängliche bauliche Anlagen sollen barrierefrei sein, soweit das aufgrund schwieriger Geländeverhältnisse oder ungünstiger Bebauung nicht nur durch einen unverhältnismäßigen Aufwand zu verwirklichen wäre.[2] Hintergrund ist, möglichst auch den nicht mehr oder noch nicht so mobilen Bevölkerungsteilen – dauerhaft oder vorübergehend Behinderte, Senioren, Kindern – ein selbstbestimmteres Leben, den Zugang zu öffentlichen Einrichtungen und die Teilhabe am öffentlichen Leben zu ermöglichen.

Daher stehen öffentliche Gebäude unter besonderen Veränderungsdruck, da z. B. im Rathaus Funktionen gebündelt sind, die für alle Bevölkerungsgruppen zugänglich sein müssen, um Behördengänge zu erledigen oder am demokratischen Prozess teilzunehmen.

Barrierefreiheit umfasst Aspekte wie die Oberfläche von Verkehrswegen, gut erkennbare und überwindbare Übergänge von Fußwegen zu Straßen oder von Wegen in Gebäude, Aufzüge, Hublifte[3], Rampen und Leitspuren an Bahnsteigen oder in Gebäuden, um Höhenunterschiede zu überbrücken, Wendeflächen für Rollstühle, ausreichend breite Türen mit gut erkennbaren Bedienfeldern, Behindertenparkplätze mit ausreichender Rangierfläche in der Nähe barrierefreier Zugänge (Abb. 7.2a bis 7.2f). Ein und dieselbe Maßnahme eignet sich nicht für alle Gruppen eingeschränkter Menschen gleich gut. So kann beispielsweise ein Wechsel im Material oder der Farbigkeit des Gehwegs eine Orientierungshilfe, andererseits für Menschen mit Gehilfen eine Erschwernis sein. Kann Barrierefreiheit hergestellt werden, ohne andere Verkehrsteilnehmer zu beeinträchtigen? Gibt es temporäre Zwischenlösungen für den Fall, dass keine dauerhaften baulichen Veränderungen denkmalgerecht möglich sind?

Bei Denkmälern, zu deren Erbauungszeit es die Anforderung der Barrierefreiheit nicht gab, die zu Verteidigungszwecken bewusst den Zugang erschweren sollten, bei denen das Übertreten einer Schwelle zur spirituellen Erfahrung gehört, oder die als Ausgrabungsstätte schwierig zu erschließen sind, ist es besonders aufwendig, die Anforderungen zu erfüllen, wenn andere Vorschriften hier eingreifende Baumaßnahmen fordern. Je nach Gebäude können unauffällige Rampen oder Aufzüge ergänzt werden, wo wenig in die historische Substanz eingegriffen werden muss. Weitere Hindernisse ergeben sich auch aus Halbgeschossen, Innenstufen, für Rollstühle zu engen Türen oder zu schmalen Verkehrsräumen, die keine ausreichenden Wendemöglichkeiten bieten. Sol-

AMTSGERICHT

◄ **Abb. 7.2 a** Glattere Bodenbeläge, die optisch nicht herausstechen, aber nötigenfalls einen Kontrast als Orientierungshilfe bilden, können leichter begehbar und befahrbar sein, ohne historische Freiflächengestaltungen zu verunstalten **b** Vor den Stadtmauern von Homberg (Efze) sind weitläufige Rampen angelegt worden, um den Höhenunterschied zwischen Stadt- und Feldseite zu überwinden. Die Mauern ähneln den Stadtmauern vage und fügen sich optisch ein, ohne Stadtmauern zu imitieren **c** Rollstuhlaufzug am Dom zu Worms, um zwischen zwei Ebenen der Außenanlagen zu vermitteln. Eingriffe ins Gebäude sind minimiert. Kabel der Bedienelemente (rechts) könnten mitunter in Fugen versteckt werden **d** Plattformlifte wie an der Rückseite des Amtsgerichts Warburg nützen insbesondere in Situationen, in denen eine Rampe zu lang werden würde, um ins Hochparterre zu gelangen. Solche Fälle können Eingriffe in Brüstungen oder Ergänzungen zu vorhandenen Treppenanlagen erfordern **e** Einer Villa in Karlsruhe wurde dieser Aufzugsturm in modernen Formen und optisch ähnlichem Material hinzugefügt, um das Hochparterre und das erste Obergeschoss barrierefrei zu erreichen. Dafür wurden die Brüstungen bzw. Balustraden der Eingangsloggia und des Freisitzes darüber abgebrochen. Wahrscheinlich waren die Substanzverluste so viel geringer als wenn der Aufzug innen und mit extra in die Wand zu brechender Öffnung nach außen eingebaut worden wäre. Je nach Gelände und Architektur kann der barrierefreie Eingang einfacher im Untergeschoss hergestellt werden **f** Bei geringem Höhenunterschied reichen kleine Rampen aus, oder das Gelände kann so genutzt werden, dass es nahezu waagerecht an den Eingang herangeführt werden kann. Wie an St. Laurentius in Bergisch Gladbach können automatische Türen mit Obentürschließer/-öffner mit Annäherungssensor, oder an der Wand oder an freistehender Stele montiertem Türöffner verbunden werden. Bedienelemente und Kabel sollen die historischen Gestaltungselemente nicht beschädigen

che Gebäude bieten unter Umständen keine realistische Aussicht auf Barrierefreiheit, erlauben vielleicht eine barrierearme Erschließung als Kompromiss.

Auch bei der Barrierefreiheit lautet die Herangehensweise der Denkmalpflege, nach Lösungen zu suchen, neue Nutzungsanforderungen auf solche Art in das Denkmal zu integrieren, dass der Zeugniswert erhalten bleibt. Neben allgemeinen Ratgebern zur Barrierefreiheit in Bestandsgebäuden hat es Tagungen zur Barrierefreiheit in historischen Ortskernen und speziell zu Denkmälern gegeben, aus denen denkmalpflegerische Leitfäden und Erfahrungsberichte hervorgegangen sind.[4]

Welche Variationen der Standardlösungen oder Alternativen kommen infrage, die sich gestalterisch in den historischen Kontext einfügen und nötigenfalls durch Abweichungsregelungen in der Landesbauordnung legitimiert werden, um die Beeinträchtigung des Denkmals oder des Denkmalbereichs zu vermeiden und gleichzeitig etwas für die Barrierefreiheit zu tun? Anhand der konkreten Erfordernisse, das Denkmal barrierefrei oder barrierearm zu machen, und unter Berücksichtigung sowohl der wesentlichen Merkmale, die die Denkmaleigenschaft ausmachen, als auch der Probleme und Chancen des Geländes, lassen sich im Optimalfall Lösungen finden, die den Zeugniswert des Denkmals nicht beeinträchtigen.

7.3 Bauleitplanung und Umlegung

Städtebaurecht umfasst im Wesentlichen Bauleitplanung, Bodenordnung und den rechtlichen Rahmen für städtebauliche Entwicklungs- und Fördermaßnahmen.[5] Das verlangt nach Sachverstand im Spezialgebiet des städtebaulichen Denkmalschutzes und der städtebaulichen Denkmalpflege. Bauleitplanung kann bei der Ordnung der Bodennutzung mit den nach Baugesetzbuch möglichen Festsetzungen die Weichen stellen, um die städtebaulichen Qualitäten von Denkmälern, Denkmalbereichen und anderer erhaltenswerter Ortsteile zu bewahren. BeiBauleitplänen (Flächennutzungsplan und Bebauungsplan) müssen Denkmalpfleger darauf achten, dass keine Darstellungen und Festsetzungen getroffen werden, welche die Erhaltung der Denkmäler und ihrer Raumwirkung wesentlich erschweren oder gar unmöglich machen würden. *„Eine denkmal- und erhaltungsfreundliche Strategie ist umso erfolgreicher, weil konfliktärmer, je frühzeitiger sie sich in die Bauleitplanung einzufinden vermag"*.[6]

Wenn das Denkmalpflegefachamt und die Denkmalschutzbehörde als **Träger öffentlicher Belange** oder in Vorgesprächen an der Entwicklung oder Fortschreibung von **Bebauungsplänen und Flächennutzungsplänen** beteiligt werden, heißt die Aufgabe auch hier, Gefahren und Beeinträchtigungen für Denkmäler, Denkmalbereiche und denkmalwerte Kulturlandschaften abzuwehren oder abzumildern und Wege aufzuzeigen, wie die Stadt und die Landschaft denkmalgerecht weiterentwickelt werden können (Abb. 7.3).

Die vielen Belange abzuwägen, die Stadt räumlich zu ordnen, das städtebauliche Entwicklungskonzept aufzustellen und für den Gemeinderat beschlussreif auszuarbeiten, gehört zur Domäne der Stadtplanung[7]. Stadtplaner betrachten Denkmalpflege als einen zu beachtenden Belang unter vielen. Die Denkmalpflege bringt ihre Spezialkenntnisse und die denkmalpflegerischen Belange in die Gesamtplanung ein, damit die Kulturgüter in der Umweltprüfung und im Planungsverfahren angemessen berücksichtigt werden.

Leitfäden, wie Bebauungspläne und Flächennutzungspläne systematisch geprüft werden können, hat die VdL herausgegeben.[8] Die Denkmalschutzbehörde muss Denkmäler im Plangebiet, ihre städtebauliche Einbindung und Raumwirkung kennen, um die Folgen des Plans darauf einzuschätzen. Sie muss ermitteln, welche Aussagen der Plan zum Bestand enthält, welche Festsetzungen er trifft, ob und wie denkmalpflegerische Belange in der Umweltprüfung und im Erläuterungsbericht des Plans berücksichtigt werden, ob die

Abb. 7.3 Panoramaansicht von Warburg. Bauleitplanung nimmt z. B. Einfluss auf die Baudichte, Bauhöhe und Nutzungsmöglichkeiten

Denkmäler im Bebauungsplan nachrichtlich verzeichnet sind, und wie sich die Planungsziele und die konkreten Festsetzungen auf die Denkmäler auswirken würden. Dann kann die Denkmalschutzbehörde in ihrer Stellungnahme die denkmalpflegerischen Belange vertreten, nötigenfalls Anregungen geben und Auswege vorschlagen.

Das **Baugesetzbuch** geht in mehreren Paragraphen auf Denkmalschutz, Baukultur, Orts- und Landschaftsbild ein, spricht jedoch aufgrund seines bodenrechtlichen Bezugs andere Zusammenhänge an als das Denkmalschutzgesetz des Bundeslandes.[9]

§ 1 Abs. 5 BauGB gibt der Bauleitplanung die Aufgaben, die natürlichen Lebensgrundlagen zu schützen, Klimaschutz und Klimaanpassung auch in der Stadtentwicklungsplanung zu fördern, *„sowie die städtebauliche Gestalt und das Orts- und Landschaftsbild baukulturell zu erhalten und zu entwickeln“*.[10] Nach Abs. 6 sind bei der Aufstellung der Bauleitpläne insbesondere zu berücksichtigen: *„die Erhaltung, Erneuerung, Fortentwicklung, Anpassung und der Umbau vorhandener Ortsteile sowie die Erhaltung und Entwicklung zentraler Versorgungsbereiche“*. In diese Entwicklungsplanung bringen sich sich die Denkmalschutzbehörden und Denkmalfachämter als Träger öffentlicher Belange (gem. § 4 BauGB) ein, wenn denkmalpflegerische Belange betroffen sein könnten.[11]

Konkreter wird es für die Denkmalpflege in § 1 Abs. 5 BauGB, wenn es darum geht, Belange der Baukultur, des Denkmalschutzes, erhaltenswerte Ortsteile, Straßen und Plätze und die Gestaltung des Orts- und Landschaftsbildes in der Bauleitplanung zu berücksichtigen. Das BauGB spricht Denkmalschutz und Denkmalpflege klar als Aufgabe und relevanten Belang an, ohne jedoch dem Landesrecht vorzugreifen, was genau darunter zu verstehen oder worauf zu achten ist. Diese Information müssen die Denkmalpfleger liefern. Bei den Belangen des Umwelt- und Naturschutzes und bei der Landschaftspflege müssen auch umweltbezogene Auswirkungen auf Kulturgüter berücksichtigt werden. Die ausreichende Versorgung mit Grün- und Freiflächen kann denkmalpflegerische Interessen bei der Erhaltung und Sicherung statt Versiegelung von Hausgärten, Grünanlagen von Siedlungen, Parks und Landschaftsgärten stützen. In Abs. 7 folgt das Abwägungsgebot, wonach bei der Aufstellung der Bauleitpläne die öffentlichen und privaten Belange gegeneinander und untereinander gerecht abzuwägen sind.

Darüber hinaus werden immer wieder Belange angesprochen und Forderungen gestellt, die im Einzelfall denkmalpflegerische Interessen unterstützen oder torpedieren oder gar nicht berühren können. Bei den Festsetzungen und Inhalten des Bebauungsplans nach § 9 BauGB haben Relevanz für den Substanzschutz und öfter für den Umgebungsschutz beispielsweise die Festsetzungen für Art und Maß der baulichen Nutzung, die Bauweise und nicht überbaubare Grundstücksflächen, die von Bebauung freizuhaltenden Flächen[12], oder auch die Festsetzung von Grünflächen. Über Bebauungspläne forcieren Gemeinden außerdem den Ausbau von Solaranlagen.

Da der bebaute Innenbereich vielerorts nachverdichtet werden soll, können Festsetzungen für ein erhöhtes Maß der baulichen Nutzung, die den Weg für Aufstockungen bereiten würden, einen schädlichen Veränderungsdruck auf Denkmäler auslösen. Baugrenzen und Baulinien sollten nicht durch denkmalgeschützte Gebäude verlaufen und nicht die historische städtebauliche Struktur aufbrechen. Besteht ein Straßenzug von Denkmälern beispielsweise aus einer geschlossenen Reihe von Wohnhäusern in offener Bauweise entlang einer einheitlichen Bauflucht, verschiebt aber der Bebauungsplan die Baugrenze nach vorne und erlaubt eine höhere Ausnutzung des Bodens, könnte als Erweiterungsbau oder nach Schadensfall ein Ersatzbau drohen, der die Reihe aufbricht und als herausstechender Solitär den Straßenzug dominiert.

Werden historische Quartiere, etwa Häfen und Industrie- oder Gewerbegebiete in andere Nutzungsgebiete konvertiert, kann durch die festgesetzte Nutzung nach Baunutzungsverordnung (z. B. Wohngebiet) ein Änderungsdruck einwirken, der weitgehende bauliche Eingriffe verlangen könnte, um die bislang vorhandene in eine in Zukunft zulässige Nutzung ändern zu können. Andere Festsetzungen verordnen Solaranlagen oder Gründächer auf Dachflächen. Das Bebauungsplanverfahren ist zwar noch kein denkmalrechtliches Genehmigungsverfahren und nicht mit der konkreten baulichen Änderung gleichzusetzen. Wenn aber schon der Bebauungsplan eine Entwicklungsrichtung vorgibt, die negative Auswirkungen auf das Denkmal vorbereitet, kann sowas die Denkmalschutzbehörde im Genehmigungsverfahren unter Druck setzen.

Umlegung und Neuparzellierung: Die Erschließung, die Nutzbarkeit und Erreichbarkeit des Denkmals für die Feuerwehr müssen bei einer Neuparzellierung oder Veränderung des Grundstückszuschnitts gesichert bleiben. Ein weiteres Thema kann die Wirtschaftlichkeit des Denkmals sein, sollte dessen Grundstück geteilt werden und absehbar sein, dass das Denkmal mit dem verbliebenen Rest des Grundstücks allein unrentabel würde, oder wenn der Eigentümer sich später bei einer angeblichen Unzumutbarkeit der Denkmalerhaltung darauf beruft, das Grundstück des Denkmals sei unrentabel, obwohl er es hat teilen lassen.

7.4   Brandschutz

Vorrangiges Ziel des Brandschutzes[13] ist der Schutz des Lebens und der Gesundheit von Menschen und Tieren. Brandschutz geschieht vorbeugend über bauliche und technische Maßnahmen (Fluchtwege, Brandabschnitte, Materialqualitäten, Brandmeldeanlagen usw.), durch statisch-konstruktive Eignung der Bauteile, und abwehrend (Feuerwehr, Feuerlöscher, Rettungskonzepte). Oft müssen neue gesetzliche Anforderungen über bauliche Veränderungen erfüllt werden (Abb. 7.4).

Ziel des Denkmalschutzes ist die Erhaltung der denkmalwerten Bausubstanz und des Erscheinungsbildes, weshalb der Denkmalschutz von dem vorhandenen Baubestand abhängt. Die Ziele der Landesbauordnung können nötigenfalls über die Abweichungsregelungen kompensiert werden, um denkmalgerechte Lösungen zur Rettung von Menschenleben zu schaffen. Ob die Mindestanforderungen an den Brandschutz ein-

Abb. 7.4 Herabgleitende Käfigleiter an St. Bernhard in Speyer

gehalten werden und inwiefern abgewichen werden kann, prüft die Bauaufsichtsbehörde. Denkmalgerechte Lösungen in Aussicht stellt der Ansatz, die Entscheidungen und Maßnahmen nicht allein an den Standardlösungen, sondern an den Zielen des Brandschutzes zu orientieren, die auch die Erhaltung von Kulturgut umfassen und auf verschiedene Weise erreicht werden können. Auch beim Brandschutz hat die Denkmalschutzbehörde die Aufgabe, so zu beraten, dass die Lösungen angestrebt werden, bei denen sowohl die Brandschutzziele erreicht als auch die Bauteile mit Zeugniswert erhalten bleiben. Je nach Komplexität der baulichen Anlage wird ein Brandschutzsachverständiger hinzugezogen, der die Denkmalschutzziele in seinem Brandschutzkonzept so weit wie möglich berücksichtigen soll, ohne unverhältnismäßige Kosten zu verursachen.

Anlässe für Brandschutzsanierungen können geplante Umbaumaßnahmen und Nutzungsänderungen oder Brandschauen der Feuerwehr sein, die gegebenenfalls zu behebende Mängel feststellt und die Bauaufsicht informiert. Die zieht die Denkmalschutzbehörde hinzu, um die Belange des Denkmalschutzes abzufragen und die baurechtlichen Brandschutzanforderungen auf eine Weise zu erreichen, die auf die besonderen Eigenarten des Denkmals eingeht, sodass möglichst viel denkmalwerte Substanz und Raumgestaltung erhalten bleiben. Dabei wäre auch abzufragen, inwiefern sich auf einen baurechtlichen Bestandsschutz[14] berufen werden kann, solange nichts geändert wird. Die Anforderungen des Brandschutzes hängen von der Größe (Gebäudeklasse) und Nutzung sowie von der Zugänglichkeit der Gebäude ab, wenn etwa größere Personenzahlen in baulichen Höhen oder in einer Blockinnenbebauung zusammenkommen, die durch normale Leitern nicht mehr oder nur über Umwege erreichbar sind, wodurch es schwieriger wird, die Personen rechtzeitig zu retten.

Typischerweise gefährdet baulicher Brandschutz historische Bauteile wie Treppen und Türen am Treppenhaus, weil aus Sicht des Brandschutzes verhindert werden muss, dass giftiger Rauch in die notwendigen Treppenhäuser und Flure (Flucht-/Rettungswege) eindringt, sodass zu prüfen ist, inwiefern hier reversibel oder mit möglichst geringer Veränderung ertüchtigt und ergänzt werden kann, ohne die historischen Bauteile erneuern zu müssen: Dichtungsbänder, Hartholzrahmen an Oberlichtern, Obentürschließer, zweite Tür-Ebene hinter der historischen Tür, Gipskarton unter Treppenläufen, Brandabschluss im Keller usw.? In der Blockinnenbebauung können Fluchtleitern oder Fluchttreppen und Baulasten aufgrund von Abstandsflächen (nach Landesbauordnung) erforderlich sein. Damit die Feuerwehr im Brandfall z. B. durch Durchfahrten oder über das Nachbargrundstück in den Hinterhof eindringen kann, müssen im Einzelfall Schlüsseltresore an einem für die Feuerwehr zugänglichen Ort eingebaut werden. Fehlt in legalen Dachgeschosswohnungen der zweite Rettungsweg, muss ein geeignetes Fenster oder ein geeigneter Austritt geschaffen werden, wobei ein entstellender Fluchtbalkon tunlichst zu vermeiden wäre. Je nach Größe und Nutzungsgliederung des Gebäudes können auch zusätzliche Treppenhäuser erforderlich werden, die mit möglichst geringem Substanzeingriff und möglichst geringer Zerstörung von Befunden an das Gebäude angeschlossen werden sollen.

7.5　Dach- und Fassadenbegrünung

Dach- oder Fassadenbegrünungen[15] werden in jüngerer Zeit gehäuft angefragt, weil die Gemeinde oder Eigentümer sich dadurch einen Beitrag zum Klimaschutz und ein gemäßigteres Mikroklima durch geringere Aufheizung der Fassaden versprechen. Dachbegrünung kann auch eingesetzt werden, um zur Regenrückhaltung vor Abfluss in die Kanalisation beizutragen. Eine Dachbegrünung auf Flachdächern von Denkmälern soll hier nicht grundsätzlich ausgeschlossen werden, da bei einem ungestalteten Dach aus Bitumenpappe, das gestalterisch untergeordnet nur der Regenabwehr dient, vielleicht keine ausreichenden Belange des Denkmalschutzes der Dachbegrünung entgegenstehen. Bei einer Betrachtung des Denkmals aus dem öffentlichen Raum steht die Wahrnehmung der Fassaden, des Baukörpers und der Traufe bzw. des Dachrandes im Vordergrund, selbst wenn die Dachaufsicht die Bautechnik der Entstehungszeit widerspiegelt. Knackpunkte: Welche Eingriffe wären für das Gründach erforderlich? Ist die Dachkonstruktion überhaupt für sowas geeignet und trägt sie ein Gründach auch? Wird das Gründach gepflegt, damit es nicht zu Folgeschäden kommt?

　　Die Pflege spielt auch bei der Fassadenbegrünung eine wichtige Rolle, denn bleibt die Pflege aus, können Pflanzen hinter Regenfallrohre oder in Fugen wachsen und Schäden verursachen (Abb. 7.5). Fassadenbegrünungen eignen sich nur dort, wo sie weder wichtige Architekturgliederungen verdecken noch wo Haftwurzeln die Oberfläche oder das Mauerwerksgefüge schädigen würden. In manchen Siedlungen der 1920er Jahren hat es beispielsweise bewusste Fassadenbegrünungen gegeben, die aber heute nicht mehr vorhanden sind, weil sich wahrscheinlich die oben genannten Probleme aufgetan haben. In den 1950er und 1960er und anderen Jahren haben Gartenplaner Randbepflanzungen

Abb. 7.5 Bewuchs mit Rankhilfen an einem Regenfallrohr. Die Pflanzen dürfen nicht das Rohr wegdrücken oder in Fugen wachsen, damit sie keine Folgeschäden provozieren

mit Sträuchern an den Grundstücksgrenzen und Pflanzstreifen vor Balkonen ausprobiert, woran heute auch angeknüpft werden könnte, sofern die Pflanzen die Trocknung der Bauteile nicht behindern und die Wurzeln nicht die Sockel und Fundamente beeinträchtigen. Das kann auch bei der Fassadenbegrünung zum Problem werden.

Dach- und Fassadenbegrünung können die Versiegelung denkmalwerter Gartenflächen nicht kompensieren. Ausgleichsflächen für Denkmalzerstörung gibt es nicht. Und ein überwiegendes öffentliches Interesse, Dächer speziell von Denkmälern zu begrünen, kann auch nicht gegeben sein, solange noch reichlich Dachflächen von Nicht-Denkmälern kahl sind.

7.6 Dachgeschoss-Ausbau

Durch den Ausbau des Dachgeschosses wollen Eigentümer die Rentabilität ihrer Immobilie optimieren, oder sie benötigen mehr Platz, wenn die Familie Zuwachs bekommen hat. Im Einzelfall kann der Ausbau des Dachgeschosses für eine rentable Nutzung des Baudenkmals sogar notwendig sein. Für die Erweiterung der Nutzfläche über den historischen Bestand gibt es aber normalerweise keine steuerliche Bescheinigung. Seit 1991 gibt es das VdL-Arbeitsblatt 7 „Ausbau von Dachräumen in historischen Gebäuden" einschließlich Ratgeber zur Entscheidungsfindung, weil Wohnraummangel schon lange Veränderungsdruck auf den Baubestand ausübt, historische Befunde zu zerstören droht oder Folgeschäden am Gebäude provoziert.

Für die Nutzungsänderung des leeren oder als Speicher genutzten Dachraumes zu einem Aufenthaltsraum wird regelmäßig eine Baugenehmigung vorausgesetzt. Denn mit dem Dachgeschossausbau sind einige baurechtliche Anforderungen wie Statik, Zugänglichkeit und Gliederung von Nutzungseinheiten, Rettungswege und Belichtung verknüpft. Da die im Regelfall strengeren Anforderungen bauliche Eingriffe in das Denkmal verlangen, die seine Substanz und sein Erscheinungsbild beeinträchtigen können, müssen die Auswirken eines Dachgeschossausbaus auf den Bestand und die denkmalwerten

Merkmale möglichst früh geklärt werden. Das gilt sowohl für den Dachgeschossausbau eines Denkmals als auch für die nicht-denkmalwerten Nachbargebäude, bei denen äußerlich wirksame Maßnahmen das Erscheinungsbild des Denkmals beeinträchtigen können.

Bauphysikalisch stehen die Fragen nach der Wärmedämmung neuer Aufenthaltsräume und deren Auswirkungen auf die Dachkonstruktion im Vordergrund. Welche Konstruktionen für die Dachdämmung kommen in Frage, wie greifen die in das Dachwerk ein und welche Risiken durch Tauwasser in den Konstruktionshölzern bestehen insbesondere an kritischen Anschlussstellen wie Kehlbalken oder Auflagerpunkten?

Eingreifende Anforderungen stellt der Brandschutz. Mit dem Ausbau des Dachgeschosses zu Aufenthaltsräumen auf einer größeren Höhe über der Geländeoberkante oder mit mehr Nutzungseinheiten kann die Gebäudeklasse steigen und diese strengere Anforderungen an das Gebäude stellen. Welche Gebäudeklasse würde das Denkmal bekommen, welche Anforderungen dadurch hervorgerufen und wie würden die sich auf den Bestand auswirken? Wie gelangt die Feuerwehr zum Rettungseinsatz und zu den Personen im Dachgeschoss? Was sind die gemäß Brandschutz notwendigen Flure bzw. Treppenhäuser und welche Anforderungen richten sich an die Treppe, die Wände und Wohnungsabschlüsse des Treppenhauses sowie Geschossdecken? Wenn diese historischen Bauteile ersetzt oder erheblich verändert werden sollen, steht der Wunsch des Dachgeschossausbaus mit den Belangen des Denkmalschutzes in deutlichem Konflikt. Wie kann außerdem ein zweiter Rettungsweg sichergestellt werden? Würden dafür Ausstiegsfenster, Trittroste auf der Dachfläche oder Rettungsbalkone notwendig? Diese würden das Erscheinungsbild des Denkmals umso wahrscheinlicher beeinträchtigen, je auffälliger sie als Fremdkörper auffallen würden, oder je größere bauliche Eingriffe dafür erforderlich würden.

Wie viel Fensterfläche müsste für eine ausreichende Belichtung neu geschaffen werden und wie würde sich das auf das Erscheinungsbild der Dachflächen und auf die Dachkonstruktion auswirken (Abb. 7.6)? Welche baurechtlichen Abweichungen können den Ausbau des Daches gegebenenfalls denkmalverträglich machen? Tragen die vorhandenen Konstruktionen die zusätzlichen Lasten überhaupt, und wären die lichten Höhen zwischen Fußboden und Kehlbalken oder Sparren am Ende groß genug, oder müsste das Dachwerk umgebaut werden?

Wie bei den anderen Themen gilt auch hier, Lösungswege für einen langfristig schadensfreien, reparaturfähigen und auch gestalterisch denkmalgerechten Dachgeschossausbau aufzuzeigen, was oftmals nicht möglich ist. Um sicherzugehen, dass die Dachkonstruktion frei ist von Schädlingen oder gesundheitsschädlicher Schadstoffkontamination (z. B. Hylotox oder Xylamol aus Holzschutzmitteln), empfiehlt sich für die Eigentümer und Architekten ein Holzschutzgutachten während der Grundlagenermittlung für die Planung.

Abb. 7.6 Das barocke Kapitelhaus des Stifts Haug in Würzburg war im Zweiten Weltkrieg ausgebrannt. Es hat in jüngerer Zeit viele neue Gauben erhalten, um den ausgebauten Dachraum zu belichten. Durch die dunkle Farbe und die schlanken Wangen fallen sie vor dem dunklen Dach und der hellen Fassade wenig auf. Historische Dachkonstruktionen sind bei einem Dachausbau zu schonen. Rettungswege konnten abseits der historischen Fassade hergestellt werden

7.7 Energetische Ertüchtigung

Steigende Heizkosten sind zum ernsten Problem für Nutzer von Gebäuden geworden, die daher ihren Wohn-, Arbeits- oder Veranstaltungsraum energetisch ertüchtigen möchten, um Heizkosten zu sparen, mitunter auch mittelbar das Klima oder die Umwelt (die natürlichen Lebensgrundlagen) zu schützen. Diese Vorhaben konfrontieren die Nutzer mit komplexen und veränderlichen gesetzlichen Regelungen.

Der Schutz der natürlichen Lebensgrundlagen und der Schutz von Denkmälern sind gleichrangige Staatsziele in Nordrhein-Westfalen und in anderen Bundesländern, jedoch nicht in allen. Bauordnungen lassen Abweichungen bei Denkmälern zu und das GebäudeEnergieGesetz erlaubt in § 105 Ausnahmen für Denkmäler. Maßnahmen zur energetischen Ertüchtigung müssen sich der Erhaltung der Denkmaleigenschaft unterordnen, die der denkmalwerten Substanz und dem Erscheinungsbild innewohnt.

Die in der Altbausubstanz gebundene Herstellungsenergie wird „graue Energie" genannt.[16] Hier wird auf den Lebenszyklus der Bauten und Baustoffe verwiesen und den langlebigen Konstruktionen eine gute Energiebilanz durch geringen Energieaufwand bei der damaligen Herstellung, der heutigen Reparatur und beim substanzschonenden Umbau zugesprochen. Unter diesen Gesichtspunkten sind Denkmäler, die handwerklich mit regionalen Baustoffen und kurzen Transportwegen hergestellt wurden und repariert werden können, umwelt- und klimafreundlich. Sie können als Beiträge zum ökologischen Bauen gezählt werden.

Abb. 7.7　**a** Bei erheblichen Lüftungswärmeverlusten durch Türspalte können Dichtungsbänder in die Falze eimgefräst und eine Absenkdichtung in die Unterseite des Türblattes eingesetzt werden, die sich beim Schließen der Tür gegen den Boden drückt. Manchmal reduziert schon ein untergeklemmter oder vorgelegter Zugluftstopper den Luftwechsel erheblich, ohne die Bausubstanz anzutasten. Oberlichter können mit einer zweiten Fensterebene ertüchtigt werden, welche die thermische Isolierung übernimmt. In der Folge darf sich Tauwasser nicht in dem Zwischenraum stauen. Die zweite Fensterebene kann die künstlerische Wirkung von Buntglas und Zierformen zum Innenraum mindern **b** Restaurierte historische Metallfenster an einem umgenutzten Industriegebäude mit ergänzten Flügeln zum Lüften. Dahinter ein modernes Fenster, das den eigentlichen Wärmeschutz leistet. Es kann mit einer nachträglichen Innendämmung in einer Ebene (Wandschicht) angeordnet werden **c** Eine Außendämmung würde die gestaltprägenden Fassadengliederungen verdecken, die betonten Fenstergewände beeinträchtigen und, wenn sie in die Laibungen gezogen würde, die Fensteröffnungen verkleinern. Im Einzelfall kommt bei solchen Gebäuden stattdessen eine Innendämmung in Frage. Bei einer Dachdämmung sollen die Dachränder nicht klobig werden und die Gauben nicht versinken oder durch Dämmung viel größer werden. Der nachträglich angebrachte Sonnenschutz im Obergeschoss ist in die Fenstergewände und farblich in die Fassade eingepasst

Dem werden die energieintensiven und umweltschädlichen Bauprozesse der Gegenwart gegenübergestellt. So wird bei Neubauten oder bei einer aufwendigen energetischen Modernisierung die Frage aufgeworfen, ob der Herstellungs- und Entsorgungsaufwand für eine große energetische Verbesserungsmaßnahme[17] mit modernen Baustoffen energieeffizienter ist als der Betrieb eines Altbaus, der nur mit kleinen Maßnahmen energetisch ein Bisschen verbessert wird.[18] Sind die Altbauten zudem gestalterisch wertvoll, ortsbildprägend, haben historischen Aussagewert oder funktionieren als Identitätsanker, spricht die Bundesstiftung Baukultur sogar von „goldener Energie".[19] Wenn die Heizkosten steigen oder die Wohnung unbehaglich wirkt, hilft die graue Energie den Bewohnern bei ihrem privaten Belang, ihre persönlichen Betriebskosten zu reduzieren, allerdings nicht. Herangehensweisen, die graue Energie beachten und Altbauten sensibel modernisieren (Abb. 7.7a und 7.7b), bezeugen eine klimafreundliche Gesellschaft.

Grundsätzlich zeigt sich die Denkmalpflege offen für Ansätze, die Energieeffizienz von Denkmälern in denkmalgerechter Weise zu verbessern bzw. den Eigentümern Einsparungen bei den Heizkosten zu ermöglichen. In die Irre führt, die Mittel als Ziel zu verstehen: nicht Wärmedämmung ist das Ziel, sondern Behaglichkeit bei geringerem Energieaufwand, oder Klimaschutz, oder alles zusammen. Das kann durch mehrere und vielleicht zu kombinierende Mittel wie Dämmung und Heizungserneuerung erreicht werden.

Gerade bei Denkmalbereichen oder flächigen Denkmälern wie Siedlungen oder Altstädten sind Lösungen herbeizuführen, die auch die Mehrzahl der Objekte, das ganze Quartier oder die Potenziale der Stadtteile untereinander berücksichtigt. Auch bei Klimaschutz und Energieeffizienz gilt die Maßgabe, so viel zum Klimaschutz beizutragen, wie es denkmalgerecht möglich ist. Die Frage folgt nicht nur aus dem Erscheinungsbild, sondern aus der Schadensverhütung, wenn Denkmalschutzbehörden ungeeignete Materialien abwehren müssen, um Folgeschäden vorzubeugen.

Wie kann man die energetische Veränderung mit dem Denkmalschutz in Einklang bringen? Die Denkmalschutzbehörde muss darauf achten, dass nur energetische Maßnahmen eingesetzt werden, bei denen die historische Bausubstanz der Baudenkmäler und ihr Erscheinungsbild nicht erheblich beeinträchtigt und der Zeugniswert nicht herabgesetzt werden.[20]

Zu dem Themenkomplex der energetischen Optimierung von Baudenkmälern, Energieeffizienz und Klimaschutz mit Denkmalschutz hat es in den letzten Jahrzehnten besonders häufig Tagungen und Publikationen von Hochschulen und Denkmalpflegeämtern gegeben und wird es auch weiterhin geben, um die denkmalgerechte Anwendung neuer technischer Möglichkeiten auf Denkmäler zu diskutieren. Nach „Energieeinsparung bei Baudenkmälern" vom Deutschen Nationalkomitee für Denkmalschutz sind z. B. die Hochschul-Tagungsreihe „Denkmal und Energie" der TU Dresden und Sanierungsratgeber von weiteren Autoren erschienen. Das LVR-Amt für Denkmalpflege im Rheinland hat dazu 2014 den Leitfaden „Energetische Optimierung von Baudenkmälern" herausgegeben. Weitere Anregungen geben über die Landesgrenzen hinaus Ratgeber der anderen Landesämter für Denkmalpflege, von Gemeinden wie der Leitfaden „Energetisches Sanieren denkmalgeschützter Gebäude in Wiesbaden" (2. Auflage 2019) oder „Maßnahmen zum Klimaschutz im historischen Quartier" des Bundesministeriums für Verkehr, Bau und Stadtentwicklung (2013).

Bei der energetischen Ertüchtigung empfehlen sich Gesamtkonzepte, die alle thermischen und bauphysikalischen Faktoren und Auswirkungen im Blick halten, selbst wenn nur einzelne Bauteile verändert werden. Veraltete Heizkessel gegen effizientere auszutauschen, ist eine einfach umzusetzende Lösung, Energie zu sparen und das Klima zu schützen, ohne das Haus umbauen zu müssen. Trotzdem muss die Leistungsfähigkeit der Heizung auf das Haus abgestimmt sein. Dabei spielt die Reihenfolge der Maßnahmen eine Rolle, da die Bemessung der Heizung von den energetischen Eigenschaften des Gebäudes abhängt. Würde die Erneuerung der Heizung auf den ungedämmten Bestand abgestimmt, später aber das Dach gedämmt oder eine Innendämmung[21] der Außenwände eingebaut und würden dadurch die Wärmeverluste rechnerisch sinken, könnte die Heizung für das gedämmte Haus unwirtschaftlich dimensioniert sein. Die Steuerungstechnik erweist sich dabei als weiterer beachtenswerter Faktor. Damit die Heizung und andere Haustechnik effizient betrieben werden kann, sollten Nutzer selbst aufwendige Steuerungselemente intuitiv bedienen können.

Diskutiert wird auch die Eignung von Wärmepumpen und Niedertemperaturheizungen für Denkmäler. Während die einen Architekten und Ingenieure solche Heizungen für ungedämmte Altbauten ausschließen, plädieren andere für Flächenheizungen wie Fußbodenheizungen, Wandheizungen oder große Niedertemperaturheizkörper, um mit der niedrigen Vorlauftemperatur durch Wärmeleitung und Strahlungswärme die Hüllflächen zu temperieren. Ergänzend kann es helfen, die Heiz- und Wasserleitungen zu dämmen oder die gegebenenfalls vorhandene Dämmung der Leitungen zu verbessern, damit die Rohre die Wärme nicht unkontrolliert an die Wände abgeben, sondern gezielt durch die gewollten Heizflächen. Je nachdem, wo die Rohre verlaufen, müssen Wände geöffnet und anschließend neu verkleidet bzw. verputzt werden. Das geht nur, wo keine erhaltenswerte historische Gestaltung oder Ausstattung beeinträchtigt wird. Wenigstens das System der Wärmeabgabe muss auf den Baubestand angepasst sein und sollte auch das System der Wärmeerzeugung sowie die denkmalgerechten Möglichkeiten zur thermischen Anpassung der Gebäudehülle berücksichtigen.

Da Wärmedämmung das äußere Erscheinungsbild aus Materialien, Zierformen, Proportionen und weiteren erdenklichen Gestaltungsmerkmalen beeinträchtigen oder völlig zerstören würde, kommt eine Außendämmung nie oder äußerst selten in Betracht. Haben bestimmte Bauteile Spannungsrisse durch Wärmeausdehnung erlitten oder gibt es schädliche Wärmebrücken, kann die Dämmung solcher Bereiche für den Substanzschutz sinnvoll sein. Gibt es im Innern keine historische Raumgestaltung oder andere gefährdete Bauteile, kann die Innenseite der Außenwände gedämmt werden, wenn die bauphysikalische Betrachtung – etwa der einbindenden Decken, Wände, Balkone und anderer Schwachstellen und Wärmebrücken – keine Folgeschäden erwarten lässt.[22]

Entsprechende Fragen stellen sich bei der Dachdämmung: auf, zwischen oder unter den Sparren? Große Dächer können eventuell eine dünne Aufsparrendämmung vertragen, ohne die Proportionen zu verbiegen, die Ortgänge zu verunstalten oder Gauben versinken zu lassen. Die Untersparrendämmung bereitet die Schwierigkeiten, dass Anschlüsse der Dachkonstruktion wie der Kehlbalken oder Windrispen der Dämmung oder der (feuchteadaptiven) Dampfbremse oder Dampfsperre im Wege sind und auch mechanisch kaum dauerhaft dicht zu verschließende Lücken lassen. Die alternative und denkmalpflegerisch harmlose Dämmung der obersten Geschossdecke stößt bei Bauherren auf wenig Gegenliebe, wenn sie die Dämmung auch gerne mit dem Ausbau des Dachbodens verbinden wollen. Die Dämmung der Kellerdecke ist bei Flachdecken effizient, wenn im Keller ausreichende Raumhöhe bleibt, um stehen zu können, und wenn die Kellerdecke keinen wesentlichen Anteil am Zeugniswert des Denkmals hat.

Besondere Herausforderungen stellen historische Kirchenräume, die ursprünglich nicht beheizt waren und an deren großen Fenstern Fallwinde entstehen, weil die Raumluft an den kalten Gläsern abkühlt und absinkt. Oft ließen die Kirchengemeinden in der zweiten Hälfte des 20. Jahrhunderts Luftheizungen in den Boden einbauen. Jüngere Ansätze verwenden Sockeltemperierungen, Heizelemente unter oder in den Fensternischen gegen die kühlen Fallwinde am Fenster. Andere Ansätze beheizen Kirchenbänke durch Heizelemente, oder erwärmen Personen durch Heizkissen. Da die Kirchenheizung Auswirkungen auf die Ausstattung wie Altäre, Heiligenfiguren und Orgeln hat, muss das Heiz- bzw. Klimakonzept die raumklimatischen Folgen wie Raumluftfeuchte, Kondensation und Schimmel berücksichtigen und Kompensationen wie gezielte Lüftung einplanen.

Sonnenschutz wirft eine weitere Frage der gestalterischen Einfügung auf, während die Substanzeingriffe eher geringe Auswirkungen haben (Abb. 7.7c). Zeittypische Sonnenschutzvorrichtungen können auch als Ergänzungen in die engere Auswahl gezogen werden. Historische Schlagläden dienten sowohl dem Einbruchs- und Wärme- als auch dem Blend- und Sonnenschutz. Waren die nachweislich vorhanden, können sie wiederhergestellt werden. In der ersten Hälfte des 20. Jahrhunderts waren beispielsweise Fallarmmarkisen verbreitet. Vielleicht erweisen sich aber auch innen montierte Rollladenkästen, von denen außen nur die Führungsschienen zu sehen sind (und die heruntergelassenen Lamellen) als akzeptabel. Außen montierte Aufsatzrollladenkästen verunstalten fast immer das Erscheinungsbild. Manche Fassaden eignen sich gar nicht für zusätzliche, äußerlich sichtbare Elemente. Andere Fassaden können auch äußerliche Ergänzungen vertragen, wenn sie dominierende vertikale Akzente wie Kolossalpilaster oder Stahlbetonstützenraster aufweisen, zwischen denen möglichst schlanke, materiell und farblich angepasste Sonnenschutzelemente ergänzt werden können, ohne die Fassadengliederung aufzuheben.

7.8   Erneuerbare Energien

Gemessen am gesamten Baubestand wurden bislang wenige Gebäude im Land auf erneuerbare Energien umgestellt, obwohl nur ein geringer Prozentsatz aller Gebäude unter Denkmalschutz steht, der häufig als Hemmnis vorgeschoben wird. Als Gründe für die langsame Energiewende werden gemeinhin angeführt, dass die Energiewende von der Politik und Wirtschaft spät und zögerlich forciert wurde, und weil es nicht genügend Installateure für eine schnelle Modernisierung der Energieerzeuger, Speicher und Netze gäbe.[23]

Erneuerbare Energien gelten als Schlüsseltechnologien, mit denen der Wissenschafts- und Wirtschaftsstandort Deutschland technikfreundlich dem Klimawandel und Staaten begegnen will, aus denen fossile Brennstoffe und Solarzellen importiert werden.[24] Wie uns die Architekturgeschichte über den fortschrittgläubigen Optimismus der 1960er Jahre gelehrt hat, kann High Tech von heute Sondermüll der Zukunft und schneller veraltet sein als erwartet. Hoffen wir, dass Dämmung und neue Energietechnik in Zukunft auch gut wiederverwendet bzw. deren Wertstoffe effizient und schadstoffarm weiterverwertet werden können. Der Frage nach dem Verhältnis der öffentlichen Interessen

Klimaschutz und Denkmalschutz zueinander wird im Kapitel über diese öffentlichen Interessen nachgegangen. Im Folgenden soll die Implementation erneuerbarer Energien an Denkmälern und in deren engerer Umgebung besprochen werden.[25]

Solarparks und **Agrar-Solaranlagen** verändern die Erscheinung von Landschaftsbildern und können in denkmalgeschützte historische Kulturlandschaftsbereiche nur schwierig integriert werden. **Solaranlagen** aus zusammenhanglos aufgesattelten, blau funkelnde Solarzellen mit hellen Alu-Rahmen entstellen historische Dächer ganz besonders. Weniger beeinträchtigend sind parallel zur Dachhaut verlegte, schwarze bzw. farblich an die Dachhaut angepasste randlose Solarmodule, deren glatte Glanzflächen aber immer noch die kleinteilige Textur historischer Dacheindeckungen verdecken. Dachintegrierte Anlagen fallen weniger als Fremdkörper auf, weil sie keine zweite Dachebene aufsetzen. Sie erfordern aber größere Eingriffe. Solarfolie auf Bitumenpappe von Flachdächern fällt nur in der Ansicht aus erhöhten Standorten auf. Marktreife und in der Entwicklung befindliche Solarziegel, die es aber noch nicht in allen Ziegelformen und Farben gibt, versprechen gestalterisch unauffälliges Anpassungsvermögen.

Das Problem: Noch haben die gestalterisch anspruchsvolleren und die denkmalgerechteren Lösungen einen geringeren Wirkungsgrad und erhöhte Kosten, was den Einsatz visuell angepasster Solaranlagen hemmt.

Denkmalpflegerische Überlegungen zu Solaranlagen betreffen neben der Gestaltung auch technische Aspekte. Das Gewicht der Module soll keine Umbauten an der Dachkonstruktion erforderlich machen und es soll im Brandfall, der auch durch Fehlfunktionen der Solaranlage ausgelöst werden kann, nicht zum vorzeitigen Einsturz des Daches führen. Bei sehr großen Solaranlagen könnte bei Bränden der Zwischenraum zwischen Modul und Dachhaut durch einen Kamineffekt den Brand beschleunigen, der bei unter Strom stehender Photovoltaik von der Feuerwehr nur unter erhöhten Vorsichtsmaßnahmen gelöscht werden kann. Aufdach-Solaranlagen mit Zwischenraum zur Dachhaut könnten zu erhöhten Windlasten führen. Die Sparrenhaken und Montagefüße zur Befestigung von Modulen werden als Schwachstelle der Dachhaut angesehen, durch die Wasser eindringen und Folgeschäden eintreten könnten. Schadstoffe wie Cadmium und Blei, wenn sie im Schadensfall austreten, könnten die Nutzer und die Nutzung der Denkmäler beeinträchtigen. Abgesehen von der denkmalschädlichen Veränderung der Dachkonstruktion, haben die anderen Bedenken in der Debatte an Gewicht verloren, können aber im Einzelfall noch relevant sein und wären auszuräumen. Stets sind von den Bauherren auch andere Rechtsvorschriften wie die Abstandsflächen-Regeln der Bauordnung zu beachten.

Denkmalschutzbehörden suchen nach Standorten bzw. Montagestellen, an denen die Solaranlagen und andere Geräte möglichst risikofrei ohne zusätzliche Brandlast und Ertüchtigung der historischen Konstruktion angebracht werden können, und wo sie unauffällig wirken und keine wichtigen Merkmale der Denkmäler verdecken. Juristisch geht es meist um die Einsehbarkeit, die aber nicht das Denkmal selbst als Sender von Informationen und Ästhetik begreift, sondern vorwiegend vom Empfänger ausgeht, dessen Wahrnehmung von Blick-Hindernissen und Aussichtspunkten in der Umgebung beein-

7.8 a Erneuerbare Energien sollten an Standorten errichtet werden, wo sie Denkmäler nicht verfremden, damit die Denkmäler weiterhin ihre Funktion erfüllen können, historische kulturelle Entwicklungen und die Architektur als Spiegel der historischen Gesellschaft zu vergegenwärtigen **b** Sind die Gebäude und in deren Umgebung gar keine Denkmäler, stehen Belange des Denkmalschutzes der Solaranlage nicht entgegen. Trotzdem gibt es im Jahr 2023 noch auf den allerwenigsten Dächern Solaranlagen, selbst wenn weit und breit kein Denkmal steht **c** Solche Solarschirme bzw. drehbare Masten können über Parkplätzen und anderen Freiflächen errichtet und nach der Sonne ausgerichtet werden **d** Das Kaiser-Wilhelm-Denkmal bei Hohensyburg, ein gewolltes und gewordenes Denkmal, ist auf weite Sichtbarkeit ausgelegt, sodass seine Fernwirkung durch Windenergieanlagen gestört werden könnte **e** Blick auf Dillenburg vom Schlossberg. Im Hintergrund gibt es außerhalb des Stadtkerns einige Flachdächer, die (je nach Tragkraft) für Solaranlagen geeignet sein können

flusst wird. Die Tallage in bergiger Landschaft wird dadurch problematischer als Flachland. Als besonders kritisch erweisen sich gut einsehbare Dachflächen oder Dachlandschaften, die in historischem Zusammenhang mit dem Aussichtspunkt steht, was z. B. bei einem historischen Ortskern unterhalb einer beherrschenden Burg zutrifft.[26] Gute Beispiele für denkmalgerechte Solaranlagen sind kaum zu fotografieren, weil sie wenigstens aus dem öffentlichen Straßenraum nicht auffallen würden.

Jedoch kann das eine Denkmal allseits gleichwertig gestaltet, das andere klar in Schauseite und billige Rückseite differenziert sein, die aber immer noch wichtige bauhistorische und kulturgeschichtliche Befunde aufweisen kann. Nebengebäude wie Garagen, wenn sie nicht unter Denkmalschutz stehen, sondern nur unter den Umgebungsschutz fallen, bieten sich daher als Solar-Standorte an.[27]Denkmalpflegerisch wären Alternativstandorte abseits der Denkmäler optimal (Abb. 7.8a bis 7.8c).

Trotzdem ergibt eine gestalterische Anpassung Sinn. In den Garagen, Denkmal oder nicht, können Wallboxen installiert werden, um den Bewohnern Elektromobilität durch Ladestellen am Wohnhaus zu erleichtern. Äußerlich sichtbar am Denkmal können sich Wallboxen oder Ladesäulen auch einfügen, wenn sie unauffällig positioniert und Kabelführung oder Bohrungen nicht erheblich in gestalterisch wichtige Elemente eingreifen.

Unauffällig im Keller aufstellbar, aber teuer sind die Speichergeräte, die den tagsüber gewonnenen Solarstrom nachts wieder abgeben.

Wenn Flachdächer oberhalb des Dachrandes kein wichtiges Gestaltungsmerkmal des Denkmals darstellen, können flach geneigte oder parallel zur Dachhaut angeordnete Module oder Folien unauffällig aufgebracht werden. Kann die Dachhaut von Sheddächern, die allein der Witterungsabwehr dient, nur von oben betrachtet werden, eignen sich vielleicht darauf abgestimmte Solaranlagen in Teilflächen der Dächer. Bei Steildächern wird es darauf ankommen, welche Produkte für Solarziegel oder Solarschiefer auf dem Markt verfügbar sind, oder wie Module unauffällig integriert werden können.

Bei Solaranlagen und anderer Gebäudetechnik auf Dächern ist immer zu berücksichtigen, dass die Anlagen gewartet werden und die Wartungstechniker die Anlagen sicher erreichen können müssen. Je nach Situation kann, um die Arbeitssicherheit herzustellen, eine Persönliche Schutzausrüstung (PSA) mit Ankerpunkten für die Befestigung der Seile ausreichen, die einen Absturz abfangen. Würden sogar Geländer gefordert, müssten die so montiert werden, wenn sie das ganze Vorhaben nicht ohnehin denkmalwidrig machen, dass die Geländer die Kontur des Dachrandes und damit das Erscheinungsbild nicht beeinträchtigen.

Luftwärmepumpen und **Geothermie** können in vielen Fällen so auf dem Grundstück oder im Keller aufgestellt werden, dass sie das Denkmal nicht beeinträchtigen – aber nur dann, wenn sich das Grundstück überhaupt dafür eignet. Vor Erdarbeiten müssen Antragsteller und Denkmalschutzbehörde klären, ob ein Bodendenkmal, eine Verdachtsfläche oder ein Grabungsschutzgebiet vorliegt.

Wärmepumpen entziehen der Umgebung Wärme, um damit die Heizung zu betreiben oder in einem gemischten Heizkonzept die Gastherme als Hybridwärmepumpe zu unterstützen. Sie können mit der Wärmerückgewinnung aus der Abluft einer Lüftungsanlage verbunden werden.[28] Bei sogenannten Split-Geräten, steht ein Teil der Anlage im Gebäude und der andere Teil draußen. Erdwärmepumpen als Erdsonden nutzen senkrecht nach unten ins Erdreich getriebene Schächte, die Wärme aus der Tiefe ziehen. Das Grundwasser und die Grundwasserströmung müssen hierfür geeignet sein. Flach- oder Flächenkollektoren werden dagegen jenseits der Frosteindringtiefe unter der Oberfläche verlegt. Ob sich die Investition lohnt, hängt auch vom Erdreich ab und wie effizient daraus Energie gewonnen werden kann.

Bei der oberflächennahen Geothermie stellen sich, neben der denkmalpflegerischen Eignung, vor allem zwei Fragen: Ist der Standort geothermisch ergiebig? Und ist die Errichtung geothermischer Anlagen rechtlich zulässig? In Wasserschutzgebieten darf Geothermie regelmäßig nicht errichtet werden, weil das Grundwasser bei mangelhafter Bauausführung gefährdet würde. In der Wasserschutzzone 3 können Bohrungen für Erdsonden unter Auflagen genehmigungsfähig sein. Die geologischen Dienste der Bundesländer, etwa www.geothermie.nrw und www.geothermie.nrw.de, bieten online Informationen und Karten an, um wegen dieser Fragen vorzufühlen. Die Bundesländer bzw. deren zuständige Ministerien, Landesämter oder Energieagenturen haben Merkblätter und Leitfäden zu den Arten und zur Genehmigung geothermischer Anlagen herausgegeben. Sicherheitshalber sollte (vom Antragsteller) eine Erkundigung bei der unteren Wasser(schutz)behörde eingeholt werden, ob eine Anzeige des Vorhabens ausreicht, oder ob eine wasserrechtliche Genehmigung beantragt werden muss. Bei tiefen Erdsonden können auch bergrechtliche Belange betroffen sein. Tiefe Geothermie (hydrothermale Geothermie), deren Erdsonden über 400 m tief reichen, sind als Geothermiekraftwerke Ausnahmeprojekte.

Unter Freiflächen tiefer Parzellen im Blockinneren ohne historische Gartengestaltung, unter großflächigen Hausgärten oder unter Gärten von Gartenstadtsiedlungen mit wenig oder ohne Baumbestand können Flachkollektoren denkmalpflegerisch infrage kommen, wenn die Gärten keine historische Gestaltung (mehr) aufweisen oder die historische Nutzung als Nutzgarten nicht mehr vorhanden ist oder nicht beeinträchtigt wird. Auch die Grasnarbe darf durch die Flachkollektoren nicht geschädigt werden. In Landschaftsparks, Schlossparks, Villengärten oder anderen Lustgärten, selbst in Nutzgärten, werden Flachkollektoren denkmalpflegerisch zu hinterfragen sein, weil der Kollektor und die Pflanzen sich gegenseitig gefährden können. Wirtschaftlich sind solche Standorte zweifelhaft, weil die Kollektoren unter Umständen weit von dem mit Wärme zu versorgenden Gebäude entfernt und zugleich abseits von Bäumen verlegt werden müssen, damit die Erdoberfläche genügend Sonne abbekommt. In Gärten und Parks, die bereits veränderte Bereiche aufweisen, oder unter Wegen können Flachkollektoren vielleicht ohne wesentliche Eingriffe in die Gartengestaltung und ohne Gefährdung der Pflanzen wirtschaftlich betrieben werden. Solche Fragen sollten bei der Planung frühzeitig thematisiert werden.

Schäden an Gebäuden und Mauern oder an Pflanzen durch Kondenswasser oder Vereisungen und andere Umweltschäden oder Effizienzeinbußen durch zu große Wärmeentnahme müssen durch den Planer ausgeschlossen werden. Sicherheitsabstände, die Geräusche und das Gewicht der Anlagen sind zu berücksichtigen. Direkt an Gebäuden ist mit größeren gestalterischen und technischen Problemen (Gewicht, Lärm, Kondensat) zu rechnen. In der Regel sollten durch eine fachgerechte Planung und bedarfsgerechte Dimensionierung geeignete Standorte und Anlagengrößen ermittelt werden können. Selbst wenn die Wärmepumpen, die es in verschiedenen Farben gibt, gestalterisch nicht angepasst werden könnten, können sie noch durch Einhausungen kaschiert werden.

Bei **Windenergieanlagen**[29] und **Biogasanlagen** versuchen Denkmalpfleger zu klären, ob die Anlagen an ihren geplanten Standorten die Erlebbarkeit und die Ausstrahlung von Denkmälern beeinträchtigen, die meistens auch noch kulturlandschaftsprägend wirken. Die Pauschale Ablehnung von Windenergieanlagen in einem Umkreis x um ein Denkmal kann fachlich kaum begründet werden. Denkmalpfleger messen Windkraftanlagen nicht bloß an ihrer Sichtbarkeit, selbst wenn eine größere Anlage auch aus größerer Entfernung Denkmäler beeinträchtigen könnte.[30] Windenergieanlagen müssten eine Störung der geschichtlich zu begründenden Wechselwirkung des Denkmals mit der Landschaft (oder der Silhouette des Denkmals vor dem freien Himmel) bewirken, damit ihnen Belange des Denkmalschutzes entgegenstehen könnten.[31] Siehe hierzu auch die Kapitel über Umgebungsschutz.

Wenn in der Sichtachse einer barocken Anlage oder in der Blickbeziehung zwischen zwei verfeindeten Burgen, die als Herrschaftszeichen und aus wehrtechnischen Gründen an strategisch wichtiger Stelle errichtet wurden, ein Windrad rotieren würde, wird die Denkmalpflege auf andere Standorte drängen. Mit der Burgenromantik im 19. Jahrhundert wurden Burgen oder Burgruinen nach Idealvorstellungen zu malerischen Ansichten gestaltet, sodass eine vor oder hinter der malerischen Burg rotierende Windkraftanlage, aus denkmalpflegerischer Sicht, die historische Inszenierung stört.

Dass die bloße Gegenwart einer Windenergieanlage im weiteren Umfeld eines Denkmals dasselbe beeinträchtigen würde, wird vor allem dann anzunehmen (und zu begründen) sein, wenn das Denkmal in die Landschaft hinein komponiert oder als Landmarke errichtet wurde (Abb. 7.8d), eventuell konkrete Bezugspunkte und Sichtachsen benannt werden können, oder wenn die Kulturlandschaft als Teil eines Denkmalbereiches selbst Denkmalqualitäten aufweist.

Solange die Baumaßnahmen für die Windenergieanlage aber nicht die Bausubstanz des Denkmals beeinträchtigen, wird sich der Denkmalschutz nur schwierig durchsetzen können. Hier dürfen Bodendenkmäler nicht vergessen werden. Wie schon bei der Geothermie angesprochen, wird spätestens vor den Erdarbeiten für die Fundamente, sinnigerweise frühzeitig in der Planungsphase, ein Verdacht auf etwaige Bodendenkmäler zu klären sein.

Bei der Planung von Windkraftkonzentrationszonen beteiligten Verfahrensträger die Denkmalpflege als Träger öffentlicher Belange. Damit Windkraftanlagen ertragreich arbeiten, müssen unter energetischen Aspekten zunächst Standorte gefunden werden, an denen der Wind ausreichend stark und regelmäßig weht. Stärkere Winde gibt es meist an den Küsten oder in Höhenlagen, wogegen Täler und Regionen im Windschatten schlechte Voraussetzungen für Windenergieanlagen bieten. Erst wenn in der Nähe der erlesenen Windenergiestandorte Denkmäler oder denkmalwerte Kulturlandschaften existieren (oder Bodendenkmäler vermutet werden), kann es überhaupt einen Konflikt mit dem Denkmalschutz geben.

Viel häufiger als Denkmalschutz stehen Belange des Baurechts, des Artenschutzes oder gleich eine Mehrzahl von Gründen Windenergieanlagen entgegen. Weitere Hinderungsgründe ergeben sich aus der Flugsicherung und dem Schutz der Wälder, die für die großen Fundamente der Windenergieanlagen und für die Baustellenzufahrten großflächig abgeholzt werden müssen. Ferner können örtliche Besonderheiten wie Seismologie oder militärische Belange gegen Windenergieprojekte sprechen.[32]

Wasserkraft hat, verglichen mit Solar- und Windenergieanlagen, in der Debatte um Klimaschutz und erneuerbare Energien wenig Berührungspunkte mit Denkmalschutz. Es stehen Wassermühlen, Wasserwerke, Wasserkraftwerke, Talsperren und ähnliche Denkmäler der Industrie- und Technik unter Schutz. Wenn noch denkmalwerte historische Technik erhalten ist, wird die Denkmalpflege sich bemühen, dass die weiterhin erhalten bleibt. Manchmal bestehen solche Anlagen noch als Museen fort, die zeigen, wie Wasserkraft früher nutzbar gemacht wurde. Wassertechnische Bauten, die immer noch genutzt werden, haben einerseits durch die Nutzung gute Chancen, als Gesamtstruktur erhalten zu bleiben, aber andererseits unterliegt ihre technische Ausrüstung einem stärkeren Modernisierungsdruck. Neu geplante Wasserkraftwerke und Talsperren mit den einhergehenden Stauseen, die erhaltenswerte Kulturlandschaftsteile oder gar dort befindlichen Denkmäler überfluten und das Landschaftsbild (Umgebung) verändern, stehen im Widerspruch zum Denkmalschutz.

Blockheizkraftwerke (BHKW) und Mini-Blockheizkraftwerke zählen nicht direkt zu den erneuerbaren Energien. Sie kommen oft in Müllverwertungs- und Kläranlagen zum Einsatz, um aus Grünabfällen und Sedimenten durch Verbrennung und über Kraft-Wärme-Kopplung sowohl Strom als auch Heizenergie zu gewinnen. Im Einzelfall kommen sie auch für Häuser, Baugruppen, Siedlungen und Quartiere infrage, wenn sie gestalterisch eingefügt und der Betrieb in der Nähe von Wohn- und Arbeitsplätzen mit geringen Immissionen gewährleistet werden kann. BHKWs können auch konventioneller über Gasmotoren im Keller des Wohnblocks betrieben werden. **Pellet-Heizungen** mit vorproduzierten Holzpellets (oder Heizungen mit Holzhackschnitzeln) werden zwar noch vorwiegend aus den Arbeitsresten holzverarbeitender Betriebe hergestellt, stellen also eine gute Resteverwertung dar, aber der gestiegene Brennholzbedarf, das Baumsterben hierzulande und der Holz-Import aus dem Ausland wecken Zweifel an der Nachhaltigkeit des Systems.

In allen Fällen **erneuerbarer Energien** kommt es darauf an, inwiefern die neuen Teile in die erhaltenswerte Bausubstanz eingreifen und ob sie das Erscheinungsbild des Denkmals erheblich beeinträchtigen. Das Denkmal muss noch als historische Quelle und als Medium funktionieren, das historische Architektur, Technologie und deren kulturelle Hintergründe anschaulich vermitteln kann. Die Entwicklung gestalterisch hochwertiger Energieeffizienz würde der Baukultur einen echten Dienst erweisen und den Wissenschafts- und Produktionsstandort stärken, statt die Ortsbilder für entstellende Produkte zu opfern. Da bisher nur in seltenen Fällen ästhetische Solardächer realisiert werden, wäre wünschenswert, statt möglichst viele Solarmodule rund um die Dachflächenfenster konzeptlos auf das Dach zu packen, die Integration von Anlagen zur Gewinnung erneuerbarer Energien als Gestaltungs- oder Entwurfsaufgabe zu verstehen. Darüber könnte sich auch der heimische Tourismus freuen.

Energetische Quartierslösungen zur Versorgung einer Mehrzahl von Gebäuden statt bloß isolierter Betrachtung einzelner Häuser gewinnen an Bedeutung (Abb. 7.8e). Sie können die Häuser effizienter an Fernwärmenetze anschließen oder in Rahmen eines **kommunalen Wärmeplans** die Abwärme von Betrieben zur Wärmeversorgung anderer Gebäude nutzen. Die energetische Ertüchtigung planende oder beurteilende Gemeinden sollten über die einzelne Wohneinheit hinaus auch auf die Nachbarn, die Straße, die Siedlung und den Stadtteil schauen. Geht es um eine Siedlung, einen Stadtteil oder eine ganze Gemeinde, spricht man von **energetischer Stadt- oder Quartiersentwicklung,** die aufgrund ihrer Vielschichtigkeit und der Vielzahl betroffener Akteure, Menschen und Gebäude oft längerfristig geplant wird, um nachhaltig wirksam zu werden, oder um überhaupt einen gemeinsamen Nenner der Betroffenen zu finden. Zu den Akteuren zählen beispielsweise Bewohner, Eigentümer, Energieversorger und die Stadt- oder Kreisverwaltung mitsamt der Denkmalschutzbehörde.

Die energetische Stadtentwicklung oder Stadtsanierung im historischen Quartier zielt darauf ab, eine bessere Energieeffizienz mit geringerem CO_2-Ausstoß zu erreichen und dabei das historische Stadtbild und die historische Bausubstanz zu erhalten. Dafür überlegen Planer, in welchen Bereichen des Stadtteils oder der Siedlung welche energetischen Maßnahmen wirkungsvoll erscheinen oder welche Mängel behoben werden können. Neben der Energieeinsparung können die Wärme- und Stromversorgung, erneuerbare Energien, Verkehr und Mobilität, technische Infrastruktur, die ganzheitliche Betrachtung und Verknüpfung vorgenannter Sektoren (Sektorenkopplung), Grünanlagen, nachhaltige Baustoffe oder das Nutzerverhalten der Bewohner thematisiert werden.

Bei einem „virtuellen Kraftwerk" bzw. einer Energiegemeinschaft aus dezentralen vernetzten Energieerzeugern und Energiespeichern wie Solaranlagen und Akkus, die vom Stromversorger oder einer Genossenschaft betrieben und gewartet werden, speichern die einzelnen Anlagen überschüssigen erzeugten Strom und speisen ihn bei Bedarf ins Netz ein. Dadurch kann ein Stadtviertel oder eine Gemeinde, deren Häuser aus denkmalgeschützten und nicht-denkmalgeschützten Häusern besteht, durch die Solaranlagen auf den nicht-denkmalgeschützten Gebäuden als Netzwerk zum Klimaschutz beitragen und idealerweise sich selbst permanent oder in bestimmten Verbrauchsphasen versorgen, ohne das Erscheinungsbild der Denkmäler zu beeinträchtigen. Die typischen Dachflächen für Solaranlagen finden sich auf Industrie-, Gewerbe- und Sporthallen. Wenn nicht jedes einzelne Haus über einen eigenen Energieerzeuger verfügt, sodass die Energie erst zu den Verbrauchern geleitet werden muss, steigen die Transportverluste durch buchstäblich lange Leitungen. Dann muss mehr Energie ins Netz eingespeist werden, damit am Ende der Leitung die gleiche Energiemenge herauskommt. Aber der Netzwerk-Ansatz eröffnet Hauseigentümern mit ungeeigneten Dächern die Gelegenheit, gemeinsam mit anderen auf besser geeigneten Dächern oder an anderen Standorten zu investieren. Das setzt voraus, dass die Hauseigentümer über das eigene Dach hinausblicken und sich mit einem Betreiber und der Denkmalschutzbehörde abstimmen, um das gemeinsame Energie-Netzwerk auf die Beine zu stellen.

7.9 Fachwerk

Fachwerk[33] besteht sowohl aus der tragenden Holzkonstruktion als auch aus den Ausfachungen, die die geschlossene Wand bilden oder mit Fenstern und Türen ausgefüllt sind. Beide Komponenten gehören aufeinander abgestimmt, damit die Materialien im Gefach genug Elastizität aufweisen, um die natürlichen Bewegungen des Holzes mitzumachen. Steife und wassersperrende Zementmörtel und Putze gehen da kaum mit und halten Wasser, wenn es erst einmal eingedrungen ist, in der Konstruktion fest. Schutz vor Wasser und damit vor Fäule, Pilzen und anderen Schädlingen spielt bei der Erhaltung

Abb. 7.9 Fachwerkhaus in Limburg mit noch nicht wieder verputzten Gefachen, daher sichtbaren Lehmziegeln. Einige Hölzer wurden mit Ersatzteilen ausgebessert (hellere Bereiche) und das Gesims unten mit einem passend profilierten Stück zum Teil erneuert

von Fachwerk eine zentrale Rolle. Holzschutzgutachter helfen bei der Beurteilung von Schäden, Schädlingen, Schadstoffen und Sanierungsmöglichkeiten.

Die Konstruktionshölzer der Außenwände bestehen meist aus Eiche, seit dem 19. Jahrhundert oft aus dünneren Hölzern aus Nadelholz, nachdem man die alten Eichenwälder abgeholzt hatte.[34] Ersatzteile sollen im gleichen Material und mit traditionellen Zimmermannstechniken eingebaut werden, die der Konstruktionsart und dem Material gerecht werden (Abb. 7.9). Anstriche sollen diffusionsoffen ausgeführt werden, damit die Hölzer trocknen können. Im 20. Jahrhundert oft eingesetzte Kunstharz- und Teeranstriche, von denen man meinte, sie würden das Wasser abhalten, erwiesen sich als schädlich, weil sie spröde wurden, das eingedrungene Wasser im Holz einsperrten und Fäulnis beschleunigten. Restauratoren empfehlen oft Anstriche auf Leinölbasis, die allerdings eine längere Trocknungszeit und eine aufwendigere Anstrichprozedur verlangen. Wie im Kapitel über Anstriche erläutert, sind filmbildende feuchtesperrende Anstriche zu vermeiden.

Die Materialien der Ausfachung unterscheiden regional, können z. B. Lehmstaken oder Feldbrandsteine (Backsteine), mit Kalkputz bekleidet oder ziegelsichtig sein. Bei Reparaturen des 20. Jahrhunderts wurden oft Kalksand- oder Porenbetonsteine und zementhaltiger Putz verwendet, der zu dicht und steif für die Fachwerkkonstruktion sein kann. Idealerweise werden die historisch nachweisbaren Gefachkonstruktionen wiederhergestellt, wenn noch welche davon erhalten sind. Statt Staken (Staaken) werden heute oft Lehmsteine eingebaut, außen mit Kalkputz abgedeckt und mit mineralischer Farbe gestrichen. Der Putz muss an den Untergrund angepasst sein, darf nicht wesentlich härter als jener werden, und wird einen längeren Abbinde-Prozess sowie Nacharbeiten benötigen, bevor der Anstrich ausgeführt werden kann.

Sowohl die Hölzer als auch die Gefache können Ornamente und Bemalung aufweisen, oder die Holzkonstruktion ist selbst das Ornament. Gibt es noch alte Oberflächen – vielleicht unter jüngeren Anstrichen erhalten –, kann die alte Farbgestaltung am Befund festgestellt und rekonstruiert werden.

Neue Öffnungen für Fenster oder Türen im Fachwerk herzustellen kann für eine zeitgemäße Nutzung wie ausreichende Belichtung oder Brandschutzanforderungen erforderlich werden. Die Hölzer sind dabei dringend zu erhalten, weil sie zur Gestaltung des Hauses beitragen und für seine Statik wichtig sein können. Eher werden Ausfachungen und nötigenfalls doch einzelne Riegel geopfert, wenn dort keine wesentlichen Befunde zu finden und wenn sie statisch keine Rolle spielen. Müssen neue Bäder oder Küchen eingebaut werden und gibt es einen massiven Anbau im Bestand oder die Möglichkeit, einen anzufügen, kann es sinnvoll sein, diese Räume, in denen viel Feuchte erzeugt wird, in den Anbau auszulagern, um die Holzkonstruktion oder empfindliche Decken und Wandflächen gar nicht erst der Feuchte auszusetzen.

Manchmal war oder ist Fachwerk flächig verputzt (gewesen), um das Fachwerk zu verstecken, weil massiv wirkende Bauten mehr Wohlstand ausdrückten oder weil historische Brandschutzvorschriften danach verlangten. Schutz vor Regen kann ein weiterer Grund sein. Bekanntheit für bestimmte Regionen erlangt haben typische Schieferfassaden, Holzschindeln oder Holzbohlen. So kommt es heute noch als konservatorische Maßnahme vor, die besonders gefährdete Schlagregenseite mit einer Schutzschicht aus Schiefer oder einer Holzschale zu verkleiden, um den Regen abzuhalten. Abhängig von der Eignung des Untergrunds und den Maßverhältnissen zum Dachüberstand wird die Maßnahme mit einer Wärmedämmung kombiniert.

Fachwerkhäuser mit Wärmedämmung zu versehen muss gründlich geplant werden, um Folgeschäden zu vermeiden. Wieder geht es um Schutz vor Feuchte, die nicht in der Konstruktion oder an den in die Außenwand einbindenden Deckenbalken anfallen und das Holz schädigen darf. Typische Dämmmaßnahmen bei Fachwerkhäusern nutzen Innendämmungen, z. B. aus Holzfaserweichplatten oder Leichtlehm, auch kombiniert mit einer Wandheizung und einem Lehm- oder Kalkputz auf der Innenoberfläche. Auf der Wetterseite werden Fachwerkhäuser oft nachträglich mit Schiefer oder Holz verkleidet, um die historische Bausubstanz oder die Wärmedämmung zu schützen, die die Trocknung der beregneten Außenwand nach innen erschwert. Die Regenschutzverkleidung mit Hinterlüftung bietet im Einzelfall die Möglichkeit, das Fachwerk von außen zu dämmen, wo es durch die Verkleidung ohnehin versteckt würde.

Ein weiterer empfindlicher Bereich von Fachwerkhäusern ist der Sockel. Wieder geht es um die Abwehr von Feuchte. Um zu verhindern, dass durch die Poren des Mörtels im Sockelmauerwerk Feuchte zum Fachwerk hinaufzieht, werden heute Bitumenbahnen oder Klinker eingemauert oder Bleche nachträglich in die Fugen des Sockels eingetrieben. Die neue Horizontalsperre sollte nicht unmittelbar unter dem Holz liegen, damit sich darauf nicht am Holz Feuchte staut. Stattdessen empfehlen Fachbücher eine Schicht Backsteine als Abstand zwischen das Holz und die Sperrschicht einzubauen. Regenwasser darf sich nicht an der Schwelle oder den gegebenenfalls auf dem Sockel stehenden Ständern stauen. Wenn der Sockel weiter vorsteht als die Schwelle, wird bei konservatorischer Notwendigkeit eine Schräge unter dem Holz geputzt oder gemauert, damit Wasser vom Sockel runterläuft. Diese konstruktive Schutzmaßnahme lässt sich auch an vielen historischen Sockeln beobachten.

Staunässe kann durch ein Gefälle des anstehenden Erdbodens oder Bürgersteigs zum Haus hin eindringen. Das Wasser muss vom Haus wegfließen. Streusalz kann auch in den Sockel eindringen und eine hygroskopische Durchfeuchtung bewirken, indem der salzige Sockel Wasser saugt. Ein anderes Risiko geht von Betonfundamenten und -sockeln unter der Fachwerkschwelle aus. Dort darf sich keine Staunässe ansammeln.

Fällt Regen auf harten Bodenbelag vor dem Sockel, statt auf eine Spritzschutzbahn aus Kies, spritzt der Regen gegen den Sockel oder gegen das Holz. 30 cm oder mehr Abstand zwischen Geländeoberkante und Schwelle sind empfehlenswert, damit das Spritzwasser das Holz nicht erreicht. Zum Problem geworden ist das oft durch das in Jahrhunderten angestiegene Bodenniveau, wodurch sich das Gelände den Hölzern angenähert hat. In Einzelfällen stieg das Straßenniveau über den Sockel hinaus an und führte zu irreparablen Schäden an dem nun unter dem Straßenniveau liegenden Holz. Die bodennahen Bereiche des Fachwerks müssen massiv ersetzt werden, wenn sich anders eine Wiederholung des Schadens nicht verhindern lässt.

Kontrovers diskutiert wird, ob am Sockel harte zementhaltige Mörtel als Setz- und Fugenmörtel oder als Sockelputz eingesetzt werden sollten, die Wasser aussperren sollen, aber auch einsperren, wenn es durch Risse, Fugen oder aus dem Erdreich eindringt. Reine Kalkmörtel und -putze stehen in der Kritik, bei starker Belastung durch Nässe und Salze zu schnell zu verfallen. Kompromisse können Trasskalkmörtel und Sanierputze sein.

Fachwerkhäuser bestehen aus einem komplexen System und die geeignetsten Lösungen müssen abhängig von den jeweiligen Rahmenbedingungen ermittelt werden, damit das Fachwerkhaus bei regelmäßiger Wartung nochmal Jahrhunderte hält.

7.10 Fenster denkmalgerecht erneuern

Müssen bauzeitliche oder auch jüngere Fenster erneuert werden, soll das meistens stilgerecht und materialgerecht geschehen.[35] Wenn beschädigte historische Fenster vorhanden sind, existiert eine direkte Vorlage, deren Merkmale wie Material, Teilung, Profile, Zierteile, Beschläge und Mechanismen originalgetreu nachgebaut werden können. Kann die Originalsubstanz nicht erhalten werden, ist abzuklären, in welcher Form und Materialität erneuert werden soll (Abb. 7.10).

Zu beachten sind die Aufschlagrichtung und der Anschlag der Flügelrahmen an den Blendrahmen. Der erfolgt beim Gründerzeitfenster flächenbündig, sodass der ganze Flügelrahmen von innen an den Falz des Blendrahmens anschlägt. Nur die Wetterschenkel ragen über den äußeren Falz des Blendrahmens und darüber hinaus. Es gibt keine außen sichtbare Schattenfuge zwischen Flügel- und Blendrahmenprofil. Die Blendrahmen waren (fast) vollständig in der Blendnische der Außenwand verborgen. Selbst wenn die meisten Fenster erneuert werden müssen, sollen die erhaltungsfähigen historischen Fenster als Belegexemplare erhalten bleiben.

Abb. 7.10 Die Fenster dieser Häuser in Fritzlar mögen nicht durchweg Jahrhunderte alt sein, aber ihre Gliederung trägt zum kleinteiligen Erscheinungsbild der Fassaden bei, wogegen sprossenlose Fenster wie Löcher aussehen würden

Mit den Originalteilen gibt es Befunde zu den oben erwähnten Merkmalen, sodass die Entscheidung denkmalpflegerisch eindeutig zugunsten von Fenstern fallen muss, die dem historischen Vorbild möglichst nahekommen. Im musealen Kontext, in der öffentlichen Hand oder bei Liebhabern kommt die exakte Kopie vor. Auch bei einem gut erhaltenen Interieur, zu dessen Raumwirkung die Wirkung der Fenster-Innenseite beiträgt, kann so eine exakte Kopie oder ein Neubau unter Wiederverwendung der intakten historischen Beschläge unentbehrlich sein. Im Alltag herrscht die Nachbildung des Erscheinungsbildes in Material, Teilung und Profilen vor, um die gestalterische Integrität der Fassade zu bewahren. Die Beschläge sind dagegen moderne Standardbauteile, da heutige Nutzungsanforderungen nach modernen Bedienelementen rufen. Wie bei anderen Bauteilen müsste denkmalrechtlich die Nachbildung der historischen Beschläge als essenzielle Gestaltungsmerkmale aus der Denkmaleigenschaft heraus begründet werden, um den Mehrpreis der Sonderanfertigungen zu rechtfertigen.

Während bei historischen Fenstern diffusionsoffene Anstrichsysteme zur Auflage gemacht werden, damit das historische Holz keinen vermeidbaren Schaden nimmt, hat das das bei neuen (nicht denkmalwerten) Fenstern für die Behörde nachrangige Bedeutung. Aber je nachdem, wie deckend oder transparent das angebotene oder das bekannte historische Anstrichsystem wirkt, kann es denkmalpflegerisch sinnvoll sein, bei sichtbarer Holzmaserung die Holzart nach Befund oder nach heimischen Holzarten auszuwählen.

Sogenannte „Denkmalfenster", „Denkmalschutzfenster" oder „Stilfenster", die von diversen Herstellern angeboten werden, entpuppen sich als Marketingbegriffe für neue (Holz-)Fenster, die historischen Fenstern schematisch nachempfunden sein sollen. Die Bezeichnung „Denkmalfenster" suggeriert, solche Fenster wären prinzipiell erlaubnisfähig, was aber so allgemein nicht stimmt. Gibt es noch Originalfenster mit Zeugniswert am Gebäude, sollen die nach Möglichkeit erhalten werden. Zum anderen passt nicht jedes „Denkmalfenster" pauschal zu jedem Denkmal oder den Details vorhandener Fenster. „Denkmalfenster" ahmen die Teilung und Profile historischer Fenster ungefähr nach, aber besitzen wegen heutiger technischer Anforderungen der Isolierverglasung dickere Querschnitte für Rahmen, Stulp und Sprossen. Die historischen Querschnitte schlanker Rahmen werden heute selten mit Gewährleistung produziert, aber Wiener Sprossen mit ca. 24–26 mm Stärke und möglichst passendem Winkel sowie Stulpbreiten um

105–130 mm hergestellt. Die schmaleren Stulpbreiten gibt es meist nur gegen Aufpreis und Hinweisen, dass die Beschläge darauf nicht gut montiert werden könnten. Die Stulpbreiten von Gründerzeitfenstern mit ca. 125 mm können von Fensterbauern normalerweise problemlos hergestellt werden.

Wissenschaftlich sind „Denkmalschutzfenster" wertlos und nicht denkmalwert. Sie ergeben keinen gleichwertigen Ersatz für historische Fenster, weil sie uns nicht zeigen, wie Fenster in historischen Epochen gefertigt wurden. Der Nutzen der neuen Fenster nach historischem Vorbild (gegenüber stilfremden Fenstern) liegt darin, dass sie dem Erscheinungsbild des Denkmals helfen, einen stimmigen Eindruck von der historischen Gesamtgestaltung zu vermitteln. Verschiedene Hersteller können die „Denkmalschutzfenster" mehr oder weniger gut an das historische Original anpassen. Viele Hersteller bieten einen Katalog an, aus dem serienmäßig gefertigte Fantasieprofile für Rahmen, Sprossen, Kämpferprofile, Sohlbänke und Wetterschenkel (statt je nach Bauzeit fremdartiger Regenschutzschienen) sowie die Farbe der Stege zwischen den aufgelegten Sprossen ausgewählt werden können. Die wenigsten Fensterhersteller bauen das Original nach, weil zu wenige Kunden die handgefertigten Sonderlösungen gegen Aufpreis haben wollen, oder weil die Firma gar nicht die passenden Werkzeuge für individuelle Bauteile jenseits ihres Katalogs besitzt. Daher zielen „Denkmalschutzfenster" auf die in der Gesamterscheinung passende Teilung und auf die im Detail am wenigsten unpassende Lösung ab. Um zu überprüfen, wie nahe die neuen Fenster den historischen kommen, ist es empfehlenswert, sich im Genehmigungsverfahren Ansichten und Detailzeichnungen der Fenster vorlegen zu lassen.

Wenn die neuen Fenster oder aufgerüstete Fenster luftdichter gemacht werden, muss von den Bewohnern aufmerksamer auf die Lüftung geachtet werden. Feuchte Raumluft muss raus. Die entwich früher durch die weniger dichten Fugen der Fenster. Kondensierte Luftfeuchte auf der Einfachverglasung, wusste man, dass die Raumluft zu feucht war. Jetzt kondensiert sie womöglich zuerst an anderen Stellen wie der Fensterlaibung und begünstigt Schimmel. Dem soll regelmäßiges Stoßlüften Abhilfe schaffen. Bei neuen Fenstern wird manchmal auch eine Fensterfalzlüftung eingebaut.[36]

7.11 Fenster restaurieren und ertüchtigen

Das Denkmal besitzt noch historische denkmalwerte Fenster.[37] Die Fenster sind erhaltenswert, weil sie Aussagewert über den gestalterischen Willen und das bautechnische Können ihrer Entstehungszeit besitzen und weil sie durch ihre Gliederung, Materialität und Profilierung wesentlichen Anteil am Erscheinungsbild des Denkmals haben. Denkmalpflegerische und denkmalrechtliche Priorität hat die Erhaltung dieser historischen Bauteile und nötigenfalls die Reparatur durch Austausch einzelner schadhafter Teile nach Befund. Historische Dichtungstechniken wie Karniesfalz oder Wolfsrachen würden mit dem Verlust der historischen Fenster als Forschungs- und Anschauungsgegenstand verloren gehen und in Vergessenheit geraten. Für den Wärme- und den Klimaschutz möchten die Eigentümer die Fenster zudem energetisch ertüchtigen.

Historische Fenster bestehen – je nach Epoche – meistens aus Holz, können aber auch aus Metall wie Eisen, Stahl oder Aluminium sein. Wie Aluminium wird Kunststoff mit der Unterschutzstellung jüngerer Gebäude aus dem späten 20. Jahrhundert zu den historischen Baumaterialien gezählt. Als materialgerecht gelten aber nur Materialien, die als Befund am Denkmal nachgewiesen oder wenigstens zur Entstehungszeit des Denkmals für Fenster verwendet wurden. Merkmale wie die Konstruktion, Holz- und Metallverbindungen, Beschläge, Verschlüsse, Innenfensterbänke usw. verweisen auf die Entstehungszeit der Fenster. Im funktionalen Zusammenhang mit dem Fenster steht der Sonnenschutz wie Schlagladen, Fallarmmarkise, Rollladen oder Raffstore aus jüngerer Zeit, innen die Fensterbank. Zum historischen Fenster gehören auch die historischen Gläser. Sie weisen oft eingeschlossene Bläschen und Unebenheiten auf, die die historische Herstellungstechnik kennzeichnen, wogegen die heutige Glasproduktion sich erst in jüngerer Zeit verbreitet hat und reinere Gläser mit anderen Reflexionseigenschaften anbietet. Nicht nur Kirchenfenster, sondern auch Fenster in Wohnhäusern, können mit Bleiruten und Buntglas, manchmal sogar mit Motiven gestaltet sein. Alte mundgeblasene Gläser sind Raritäten geworden. Je nach Epoche waren Gläser mit Fensterkitt in die Rahmen gesetzt, sodass der entweder instandgesetzt oder wiederholt werden kann. Fensterkitt aus dem fortgeschrittenen 20. Jahrhundert kann mit Asbest belastet sein und würde durch eine andere Verkittung ersetzt.

Viele historische Fenster sehen kaputter aus als sie wirklich sind. Typischerweise weist der untere Teil wie etwa der Wetterschenkel die stärksten Schäden auf, weil das Regenwasser von den Scheiben runter läuft und vom Wetterschenkel auf die Fensterbank abgeleitet wird. Oft können diese Teile von Schreinern für Holzfenster oder Schlossern für Metallfenster bzw. von Restauratoren ausgetauscht werden. Sie können auch die historischen Beschläge wieder richten, Getriebe wieder gangbar machen und zu dicke/viele Anstriche herunterlösen, die die Passgenauigkeit der Bauteile verschlechtern, und einen neuen diffusionsoffenen Anstrich auftragen, der die Fenster trocknen lässt, wenn sie beregnet werden. Metallfenster können, je nach Zustand, mit nicht das Metall abreibendem Strahlgut vorsichtig entrostet, ihr bisheriger Rostschutz (u. U. noch intakte Beschichtung mit Bleimennige) nötigenfalls entfernt und ein neuer Rostschutz malermäßig aufgetragen werden.

Gängige Lösungen, den Wärmeschutz von historischen Fenstern zu verbessern, sind das Einfräsen von Dichtungsbändern an den Falzen gegen Luftwärmeverluste, das Einfräsen von dünnen Isolier- oder Vakuumglasscheiben anstelle der vorhandenen Einfachverglasung, das Ergänzen innen auf den Rahmen gesetzter Vorsatzscheiben oder der Einbau einer zweiten Fensterebene mit Isolierverglasung innen hinter dem historischen Fenster. Bei der Ertüchtigung der historischen Fenster kann das zusätzliche Gewicht zusätzliche Fensterbänder erfordern, während die steiferen Gläser wiederum zur Stabilität der Gesamtkonstruktion beitragen. Beim Einfräsen in profilierte Teile der Rahmen gehen schmückende Details verloren, was im Vergleich mit dem Verlust des gesamten Fensters

Abb. 7.11 Beim historischen oder nachträglich hergestellten Kastenfenster gibt es zwei Fensterebenen. Historische Fenster überliefern die Konstruktionsweise. Die äußere Fensterebene trägt zum Erscheinungsbild des Hauses bei. Eine nachträgliche innere Fensterebene für den Wärmeschutz sollte möglichst unauffällig sein

durch eine Erneuerung aber das kleinere Übel darstellt, wenn das Fenster wesentlichen Anteil am Zeugniswert des Denkmals hat. Die innenliegende Fensterebene kann in ihrer Lage auf eine etwaige Innendämmung der Außenwände abgestimmt werden. Innenvorsatzscheiben oder die Kastenfensterlösung[38] (Abb. 7.11) drängen sich insbesondere dann auf, wenn Buntgläser oder Glasgestaltung in den Originalfenstern erhalten werden müssen, oder wenn bauphysikalische Probleme auftreten würden. Die kommen beispielsweise vor, wenn Isoliergläser in historische Metallfenster eingesetzt werden sollen und zu Kondensat an den Metallteilen führen könnten, was aber von Ingenieuren nicht immer als ernstes Problem bewertet wird und im Einzelfall zu betrachten wäre.

7.12 Keller

Historische Kellerräume[39] waren kühle Lagerräume, in der Regel nicht zur Wohnnutzung vorgesehen, unbeheizt und nicht (nach heutigen Maßstäben) gegen die Feuchte des Erdreiches abgedichtet. Mitunter können noch Abdichtungen aus Lehm oder Ton nachgewiesen werden. Erst in jüngerer Zeit haben Ingenieure Kellerkonstruktionen so verfeinert, dass Kellerwände und Böden weitgehend wasserdicht sind. Historische Keller sind daher regelmäßig feucht. Je nach Tiefe des Kellers und dem anstehenden Erdreich kann man sogar Wasser aus der Wand laufen sehen. Die historische Normalität wird zum Problem gemacht, wenn die untergeordnete Lagerraumnutzung des Kellers mit seinem konstanten feuchtkühlen Raumklima und ständiger passiver Entlüftung durch Kellerfenster oder Schächte eines Tages für anspruchsvolle Nutzungen auf den Kopf gestellt werden sollen.

Im historischen Normalfall drang Feuchte in die Außenwände und in den Boden ein, verdunstete an der Innenoberfläche und verließ den Keller durch Lüftungsöffnungen wieder. Die ausreichende Entlüftung muss gewährleistet sein. Vielleicht sind auch nur die unteren Wandbereiche feucht, seit der Boden abgedichtet wurde und das Wasser in die Wände ausgewichen ist, statt auch durch den Boden zu verdunsten. Eine andere Feuchteursache kann im Sommer und den Übergangsmonaten warme Außenluft sein, die viel Luftfeuchte aufnimmt, in den Keller zieht und dort an den kalten Oberflächen kondensiert. Als weitere Ursache kommt vor, dass Außenflächen am Haus asphaltiert oder betoniert wurden, sodass Regen nicht in der Fläche versickert, sondern das Wasser gegen die Hauswand fließt und in sie eindringt. Oder ein Abflussrohr hat einen Schaden und durchfeuchtet einen eng begrenzten Bereich des Kellers. An solchen Stellen könnten sogar auffallend viele Algen wachsen, die sonst nirgends auftreten.

Indem zuerst die feuchten Bereiche lokalisiert und die Ursachen der Feuchte geklärt werden, können geeignete Sanierungsmaßnahmen für die Art und Dicke der Kellerwände und -böden ausgewählt und kombiniert werden. Die Nutzungsgeschichte des Kellers kann Hinweise auf Schadensursachen wie eine erhöhte Salzbelastung durch frühere Stallnutzung liefern. Falls der Keller schützenswerte Bodenbeläge aufweist, müssen die darauf überprüft werden, ob sie schonend ausgebaut und gegebenenfalls nach der Ertüchtigung wiederverwendet werden können. Ist bekannt, ob es schon mal Abdichtungsversuche gegeben hat, die fehlgeschlagen oder mittlerweile unwirksam geworden sind? Gibt es Schäden an den Kellerwänden oder Böden, müssen zuerst die Schäden beseitigt werden, ehe abgedichtet werden kann. Je nach Ursache und vorgefundener Konstruktion kommen gegen die Feuchte z. B. Vertikalsperren, Schleierinjektion, ein Gefälle der Geländeoberfläche weg vom Haus, Klimafühler und Luftentfeuchter oder Lüftungsanlagen, oder die kontrollierte Lüftung je nach Jahreszeit in Frage. Vielleicht reicht es auch, einen sperrenden Wandputz oder Anstrich zu entfernen, um die Trocknung zu erleichtern. Sollen die Kellerwände neu verputzt werden, bieten sich Sanierputze bis oberhalb der (ehemals) feuchten Stellen an.

Nachträgliche Horizontalsperren in der Kelleraußenwand können erzeugt werden durch Bohrkerne, die mit Mörtel verfüllt werden, und durch Injektionsverfahren mit Paraffin oder Silikonharzlösung, die sich mehr oder weniger gleichmäßig kapillar in der Mauerwerksschicht verteilen. Alternativ können Folien und Edelstahlbleche mit Zementmörtel eingebracht werden, wenn das Mauerwerk sich dafür als geeignet erweist. Es wird per Mauersägeverfahren in die Mauer geschnitten, um das Blech und den Mörtel einzubringen. Bei geraden durchgehenden Lagerfugen können die Bleche eingetrieben werden. Stark geschädigtes Mauerwerk könnte ausgetauscht werden müssen. Die Ersatzteile sind entweder ähnliches, vielleicht dichteres Material, oder Beton. Ohne bauliche Eingriffe kommen elektrophysikalische Verfahren wie die Elektroosmose aus, aber deren Wirksamkeit wird angezweifelt.

Bei der Abdichtung des Kellerfußbodens besteht das Risiko, dass die im Erdreich vorhandene Feuchte, die zuvor durch den Boden in den Kellerraum verdunstete, durch die Abdichtung aber ausgesperrt wird, sich andere Wege sucht und daher von unten und von der Seite in die Kellerwände eindringt und dort weiter aufsteigt als zuvor. Die Veränderung der Feuchtigkeit kann obendrein zu Salzausblühungen führen. Wenn die Kellerkonstruktion gleichzeitig gestalterische Qualitäten aufweist, oder wenn es um die Wände und Säulen einer Krypta geht, keine eine Horizontalsperre nur schwierig (vielleicht nur eine Injektion in die Fundamente) durchführbar sein. Grundsätzlich dürfen die Keller nicht zu tief ausgehoben werden, um keinen Grundbruch zu riskieren, bei dem die tragenden Wände oder Fundamente ihre Standsicherheit verlören und mit dem einbrechenden Boden absacken würden.

Keller können meist nur bei jüngeren Bauten ohne großen Aufwand zu Wohnzwecken ausgebaut werden, wenn die Bauten von vorneherein konstruktiv dazu geeignet oder auf diese Möglichkeit ausgelegt waren, indem sie schon ausreichend große Fenster oder Außentüren für Belichtung, Lüftung und Fluchtwege boten, die bei historischen Kellern und Sockelgeschossen erst hergestellt werden müssten.

7.13 Kirchen

Kirchengebäude und ihre Ausstattung zeichnen eine **besondere Dichte historischer Zusammenhänge** und künstlerischer Qualitäten aus, da Kirchen als herausgehobene Versammlungs- und Kultstätten von zentraler Bedeutung für die historische Gesellschaft waren, die in den Kirchen konditioniert wurde. Pfarrkirchen wurden gebaut, wenn ein neuer Pfarrbezirk gegründet wurde oder ein Dorf oder Stadtteil entstand, oder umgebaut und erweitert wurde, wenn die Bevölkerung gewachsen war. Die das Umfeld überragenden Kirchen stellten bewusste bauliche Dominanten und Bezugspunkte dar. Die Kirchen waren konzipiert, um den verehrten Gott zu verherrlichen, um die Gläubigen zu beeindrucken und in die richtige Stimmung zu versetzen. Hierzu trug die oft künstlerisch aufwendige Ausstattung bei, der bestimmte liturgische Funktionen zugewiesen waren. Aus diesen vielen Einzelaspekten, die in einem Gesamtkonzept stehen oder schrittweise kumulierten, lassen sich geschichtliche Informationen wie die Bauzeit und Bauphasen, die Bedeutung für die Ortsgeschichte, die Konfessionen der Erbauer und Stifter, kunsthandwerkliche Fähigkeiten sowie religiöse und politische Hintergründe ablesen. Vergleichbare Zusammenhänge lassen sich auch bei anderen Stätten des Kultes und der Ideologievermittlung feststellen.

Durch ihre Größe und Sondernutzung für einen großen Besucherkreis zu geplanten Zeiten wie den Gottesdiensten, sind Kirchenräume und ihre empfindliche Ausstattung **außergewöhnlichen Nutzungsanforderungen und physikalischen Belastungen** ausgesetzt. Die wenigsten historischen Kirchen sind beispielsweise für heutige Anforderungen wie Beheizung oder barrierefreie Erschließung ausgelegt worden. Neben der Denkmalschutzbehörde und dem Fachamt wirken **kirchliche Bauämter** als Bauherren oder über ihre Bauberatung an Vorhaben an Kirchen (und anderen kirchlichen Liegenschaften und Renditeobjekten) mit. Einige kirchliche Bauämter und Dombauhütten haben dafür Spezialisten für Denkmalpflege und Restaurierung historischer

Kulturgüter eingestellt. In den Kirchenverwaltungen werden für alle oder manche Kirchen Inventare geführt, um über die künstlerische Ausstattung Buch zu führen. Diese Inventare dürfen nicht mit der Denkmalliste oder der denkmalrechtlichen Unterschutzstellung verwechselt werden.

Dass Kirchen entweder als Institution allgemein oder speziell bei Bauwerken, die gottesdienstlichen Zwecken dienen, im Vergleich zu anderen Denkmaleigentümern **Privilegien** genießen, oder liturgische Anforderungen in den Entscheidungen der Denkmalschutzbehörde zu beachten sind, hat mit historischen politischen Verträgen und der großen gesellschaftlichen Bedeutung zu tun, die Kirchen und Religionsgemeinschaften politisch zugebilligt wird.

Die **Beheizung und Lüftung von Kirchenräumen** muss auf viele bauphysikalische und raumklimatische Parameter Rücksicht nehmen, weshalb gerade bei künstlerisch wertvoller Ausstattung ein Gesamtkonzept hilft, die raumklimatischen Folgen einer Veränderung vorherzusehen und zu kompensieren. Im 20. Jahrhunderts haben viele Kirchengemeinden (auch nachträglich) Luftheizungen einbauen lassen, die unter hohem Energieaufwand eine starke Luftzirkulation bewirken. Diese wirbelt Staub auf, der sich auf dem Altar oder in der Orgel ablagert, während die Füße der Kirchgänger und schlecht belüftete Ecken nicht warm werden. Wenn Luftfeuchte an kalten Oberflächen kondensiert, drohen an diesen Stellen Feuchteschäden und Schimmel. Luftzüge durch Fallwinde an großen Fenstern, bei der gezielten Entlüftung oder wenn Menschen durch das Portal treten, können durch plötzlich veränderte Temperatur und Luftfeuchtigkeit empfindliche Materialoberflächen von Farbfassungen, Wandbildern, Heiligenstatuen, Retabeln, Orgeln usw. mit Feuchte belasten oder in schädliche thermische Spannung versetzen, sodass feine Risse entstehen, chemische Reaktionen ausgelöst und andere Verfallsprozesse beschleunigt werden.

Um gezielt die **Kirchgänger zu wärmen,** kommen, je nach Eignung des Gestühls, Heizungen der Kirchenbänke oder Heizkissen infrage. Fußbodenheizungen versprechen warme Füße, aber wenn dafür der historische Fußboden herausgerissen oder mitsamt der Sockelgestaltung angehoben werden müsste, ist das denkmalpflegerisch und preislich fragwürdig. Unter dem Fußboden können an alten Kirchenstandorten außerdem Gräber oder andere archäologische Fundstätten wie die Vorgängerkirche liegen, die zu schonen und archäologisch zu erforschen wären. Schlecht beheizte oder durch Bodenfeuchte belastete Bereiche können durch Temperiersysteme gewärmt werden. Stellen Fallwinde, die durch Abkühlung der Raumluft an den kalten Fensterflächen entstehen, ein Problem dar, kann das im Einzelfall durch gestalterisch und technisch angepasste Heizelemente in den Fensterlaibungen abgemildert werden.

Um **Zugluft** abzuwehren, werden die Zugangsmöglichkeiten zum Kirchenraum geregelt und Windfänge eingebaut, die – wie andere Eingriffe – nur dann geeignet sind, wenn dafür keine wesentliche Substanz zurückgebaut werden müsste, oder wenn die Windfänge einen so großen Beitrag zur Erhaltung der historischen Ausstattung leisten, dass das Opfer gerechtfertigt wäre. Die kontrollierte allgemeine Lüftung oder der Luftwechsel zielen darauf ab, ein beständiges und materialschonendes und für die Nutzung

Abb. 7.12 Bei diesem Kirchenfenster ist eine äußere Fenster-Ebene als Schutzverglasung (gegen Vandalismus, Witterung u. a. Einwirkungen) eingebaut worden. Die zu schützenden Buntgläser bleiben entweder an der ursprünglichen Stelle oder an ihrer Stelle werden die Schutzgläser eingebaut und die Buntgläser nach innen hinter die Schutzgläser versetzt. Durch die spiegelnden neuen Scheiben sind die Buntgläser äußerlich kaum zu erkennen, aber sie tragen weiterhin zur Atmosphäre des Innenraums bei

geeignetes Raumklima zu gewährleisten. **Klimafühler** innen und außen können das Raumklima messen, dokumentieren und der Kirchengemeinde, den maschinell zu öffnenden Fenstern oder raumlufttechnischen Anlagen signalisieren, wann im Innenraum zu hohe Luftfeuchte herrscht, die durch trockenere Außenluft (meistens früh morgens) ausgeglichen werden kann. Aus den Einzelmaßnahmen, von denen hier einige beispielhaft aufgezählt wurden, können nach einer Untersuchung der Nutzungsanforderungen und der physikalischen Zusammenhänge in einem substanzschonenden Gesamtkonzept die geeigneten Maßnahmen kombiniert werden.

Aus Wärmeschutzgründen, oder um historische Glasmalereien vor Witterung und Vandalismus zu schützen, kommen auch Schutzverglasungen zum Einsatz, die anstelle der historischen Fenster in die Laibung eingesetzt werden (Abb. 7.12). Das historische Fenster wird dann mit Abstand und luftumspült auf der Innenseite angebracht, sodass es weniger Belastungen ausgesetzt ist, aber in der Kirche erhalten bleibt und seine Farben und seine Motive noch in den Kirchenraum[40] wirken.

Weitere Schutzmaßnahmen in Kirchen oder anderen **Denkmälern mit empfindlicher Ausstattung** sind bei Veranstaltungen oder Baumaßnahmen zu ergreifen. So kommen Absperrungen zur Lenkung von Besucherströmen vor, oder um Berührungen oder anderweitige Beschädigung anfälliger Ausstattung abzuwehren. Baugerüste müssen so gestellt werden, dass empfindliche historische Bauteile nicht zu stark punktuell belastet werden. Bei Baumaßnahmen, die Schadstoffe oder auch Staub in den Kirchenraum streuen, müssen Gegenmaßnahmen ergriffen werden, um die Ausstattung zu schützen, damit sich die schädigenden Stoffe und Ablagerungen nicht auf der Malerei, Polstern oder in der Orgelpfeife festsetzen. Je nach Art, Umfang und Dauer der Maßnahme und der beeinträchtigen

Kulturgüter kommen unterschiedliche vorübergehende Schutzmaßnahmen wie Auslagerung oder örtliche Umhüllung der gefährdeten Teile mit geeigneten Verpackungen oder die Abschirmung des Arbeitsbereichs gegen den Kirchenraum in Frage. Transportwege für Material und Baustellenbetrieb können abgesperrt, Wände und Türen gegen Stöße gesichert und Fußböden abgedeckt werden. Fachämter und kirchliche Denkmalpflege haben hierzu Handreichungen, Leitfäden bzw. Ratgeber herausgegeben oder können Erfahrungen aus vergleichbaren Projekten vermitteln.

Aufgrund der über Jahrzehnte geschwundenen Bedeutung der Institution Kirche und der kirchlichen Veranstaltungen lastet auf den Gebäuden der Druck, dass Kirchen entwidmet und anders genutzt oder abgebrochen werden sollen. An Kirchen begegnen einander das Erhaltungsziel des Denkmalschutzes, das (verlorene) Nutzungsinteresse der Kirchengemeinde vor Ort und das Interesse konkurrierender Religionsgemeinschaften an der Nachnutzung. Daher hat es bereits zahlreiche Tagungen und Publikationen zur **Umnutzung und Wandel von Kirchen** gegeben.[41] Vieldiskutierte denkmalpflegerische Themen betreffen die baulichen Eingriffe und den Umgang mit der Ausstattung, insbesondere wenn das liturgische Gerät und die religionsspezifischen Kunstwerke als Bestandteile des Denkmals nicht entfernt werden können, ohne das inhaltliche Zusammenwirken der Einzelteile unverständlich zu machen.

7.14 Klimaschutz, Landschafts- und Naturschutz

Artenschutz[42] nach § 39 Bundesnaturschutzgesetz soll wildlebende Tier- und Pflanzenarten schützen, nötigenfalls Kompensation für Nistplätze und Lebensräume gewährleisten (Abb. 7.13a), die durch Baumaßnahmen oder Nutzungsänderungen an Denkmälern oder anderen baulichen Anlagen gefährdet oder zerstört würden. Im Außenbereich entfaltet der Artenschutz strengere Anforderungen als im Innenbereich (§§ 34 und 35 BauGB). Als Konfliktherd mit dem Denkmalschutz erweist sich folgendes Problem: Das Denkmal soll durch Nutzung erhalten und außerdem instandgesetzt werden, aber in den Schadstellen oder in neu entstandenen Biotopen verwilderter Gärten, Parks und Ruinen können Tiere und Pflanzen gedeihen, deren Lebensraum durch die Instandsetzung des Denkmals gefährdet würden. Da die Denkmäler erhalten bleiben sollen, kann es ein Kompromiss sein, die notwendige Instandsetzung außerhalb der Brutzeiten durchzuführen, um der nächsten Generation der Tierarten eine Lebenschance einzuräumen.

Viele Facetten der Problematik behandelt der „Leitfaden zur naturverträglichen Instandhaltung von Mauerwerk in der Denkmalpflege", der – hier stark verkürzt dargestellt – dazu rät, schonende Restaurierungen statt Großsanierungen von Mauerwerk vorzunehmen. Der Leitfaden toleriert Bewuchs mit Kleinpflanzen, Flechten u. a. sowie Tiere als weitgehend unschädlich, warnt aber vor holzenden Pflanzen, die mit ihren Stämmen und Wurzeln das Mauerwerk sprengen können.[43]

Abb. 7.13 **a** Eine Fischaufstiegsanlage (Fischtreppe) am Wassergraben der Burg Steinfurt dient dem Artenschutz. Die Funktion des Wassergrabens muss ablesbar bleiben **b** In Farbe und Form zurückhaltende Fahrradständer fügen sich tendenziell in die Umgebungen ein.

Klimaschutz[44] gehört zu den am stärksten diskutierten öffentlichen Interessen, da Erderwärmung, Klimawandel und Naturkatastrophen je nach Klientel mehr oder weniger als Handlungsdefizit aufgefasst oder geleugnet wird. Folgen des Klimawandels wirken sich auch auf Denkmäler schädlich aus, wenn etwa veränderliche Grundwasserspiegel zu Fundamentschäden führen oder die Pflanzen von Gartendenkmälern von der Witterung oder von Schädlingen angegriffen werden. Denkmalschutz begrüßt Konzepte für den Klimaschutz, die auch Denkmäler schützen.

Die Erhaltung der Denkmäler und der natürlichen Lebensgrundlagen, die nach Art. 18 und 29a der Landesverfassung NRW geschützt werden müssen, sind in Nordrhein-Westfalen – aber nicht in allen Bundesländern – gleichrangige Staatszielbestimmungen, sodass das eine Staatsziel nicht pauschal das andere überwiegt.[45] Je nach Bundesland kann dem Klimaschutz ein überwiegendes Gewicht zugesprochen worden sein. Ein langfristiges Energiekonzept für Deutschland bleibt trotzdem abzuwarten, da je nach dem politischen Klima spontan auch die Klima- und Energiepolitik angepasst wird.

Gebäude stehen bei Betrachtungen von Klimabilanzen im Mittelpunkt, weil Menschen darin wohnen und wirtschaften. Der Fokus der Diskussionen liegt auf der Betriebsenergie für Heizung, Strom und Produktionsabläufe. Als Lösungsansatz herrscht die Modernisierung des Bestands vor. Teilaspekte des Klimaschutzes durch Modernisierung sind die energetische Ertüchtigung von Altbauten, energetisch optimierte Neubauten und der Ausbau erneuerbarer Energien sowie mittelbar die angestrebte Verkehrswende[46], die den Ausstoß von Kohlendioxid reduzieren sollen (Abb. 7.13b). Neben den Gebäuden (sowohl Betrieb als auch Neubau und Sanierung des Baubestands) haben Verkehr und Produktion großen Anteil am Energieverbrauch. Stadtmauern, Alleen, Gärten, Statuen, Grabsteine und Wegekreuze benötigen gar keine Betriebsenergie. Ansätze für eine klimaneutrale Kreislaufwirtschaft, bei der die Reparaturfähigkeit und der Lebenszyklus von Baumaterialien eine größere Rolle spielen würden, während nur so viel Energie aufgewendet werden soll wie nachhaltig produziert werden kann, haben bislang weniger Beachtung gefunden. Denn von der etablierten Wirtschaftsform hängen Unternehmensbilanzen und viele Arbeitsplätze ab.

Eines muss man im Hinterkopf behalten, wenn Klimaschutz und Denkmalschutz diskutiert werden: Der geringe Anteil der Denkmäler am gesamten Bauvolumen wird für die Energiewende nicht entscheidend sein. Die Denkmal-Modernisierung verpufft in der Gesamtklimabilanz Deutschlands und der Welt wie der Tropfen auf dem heißen Stein.

Das wird umso deutlicher vor dem Hintergrund, dass es für den Klimaschutz noch enormes Verbesserungspotenzial im Baubestand gibt, der in überwältigender Mehrheit nicht unter Denkmalschutz und nicht mal in der engeren Umgebung von Denkmälern steht. Der Bestand umfasst nicht nur Gebäude. Versiegelte Freiflächen wie Parkplätze oder pflegeleicht asphaltierte Schulhöfe, heizen sich durch Sonneneinstrahlung auf und lassen Regenwasser nicht versickern, das dann geballt in die Kanalisationen geleitet werden muss und aus dem Gully quillt. Entsiegelte Flächen, Gründächer und mehr Pflanzen sollen das Mikroklima verbessern und Regenwasser besser aufnehmen. Bei historischen Parks, Gartenstadtsiedlungen oder Friedhöfen gehören wasseraufnahmefähige Grünflächen schon dazu. Ein Blick auf Dachflächen aus dem Straßenraum oder im Luftbild offenbart, dass die allerwenigsten Dächer Solaranlagen tragen und bei Weitem kein Mangel an geeigneten Dachflächen herrscht. Folgerichtig kann kein pauschal den Denkmalschutz überwiegendes öffentliches Interesse am Klimaschutz nachvollziehbar dargelegt werden, solange der Großteil des Baubestands[47] nicht angegangen wird oder sogar dem Klimaschutz zuwiderlaufende Maßnahmen wie Schottergärten mit abdichtender Folie darunter geduldet werden.

Klimaschutz deckt sich nicht umfassend mit Umweltschutz. Maßnahmen für den Klimaschutz können in Konflikt mit anderen öffentlichen Interessen wie dem Umweltschutz oder dem Artenschutz geraten. Viele für den Klimaschutz – zur energetischen Ertüchtigung und für erneuerbare Energien – verwendete Baustoffe belasten durch ihre Herstellung, während ihrer Lebensdauer und nach ihrer Entsorgung als Sondermüll die Umwelt. Wenn für den Artenschutz streitende Naturschutzgruppen die Verbreitung von Windenergieanlagen einschränken, weil die Anlagen in die Lebensräume bestimmter Tierarten eingreifen, können auch Natur- und Klimaschützer zu Rivalen werden. Als entscheidend entpuppt sich, welche Interessengruppe am erfolgreichsten der Politik vermittelt, ihre Wünsche in Gesetze zu gießen. Das spielt sowohl in der Bundes- und Landespolitik eine Rolle als auch in der Kommunalpolitik, wenn Lobbyisten in kommunalen Klimaräten sitzen und die Verwaltungsentscheidungen und die Marktsituation beeinflussen. Stellen Lobbyisten tatsachenferne Behauptungen auf, hat die faktenbasiert arbeitende Denkmalschutzbehörde Mühe, die gleiche Aufmerksamkeit zu erlangen.

Wenn Denkmaleigentümer eine angestrebte energetische Optimierung ihres singulär betrachteten Denkmals nicht auf denkmalwidrige Weise durchsetzen können, bringen sie Klimaschutz gelegentlich als ergänzendes Argument ein, um Druck auf die Denkmalschutzbehörde aufzubauen. Auch Immobilien- und Dienstleistungsunternehmen wie die

Kirchen führen die „Bewahrung der Schöpfung" als Handlungsmotiv an, um die Optimierung ihrer Liegenschaften (oder den Zugriff auf die Einspeisevergütung für Solarenergie) zu begründen, während die Denkmalschutzbehörde die nachgewiesene Schöpfung historischer Baumeister bewahren muss. Selbst religiös motivierte Maßnahmen zur energetischen Ertüchtigung oder für Solaranlagen gehören nicht zu den Belangen, die der Religionsausübung oder gottesdienstlichen Zwecken dienen und von den Denkmalschutzbehörden je nach Gesetzeslage zu beachten wären.

Öffentliche und private Interessen müssen getrennt betrachtet werden. Häufig tragen Eigentümer Argumente wie Klimaschutz, Umweltschutz usw. vor, um am Denkmal Maßnahmen durchzusetzen, die Denkmalpfleger als problematisch ansehen. So argumentieren Eigentümer von denkmalgeschützten Gebäuden mit Klimaschutz, wenn sie die Gebäude außen dämmen, Solaranlagen anbringen oder historische Fenster durch moderne Isolierglasfenster ersetzen wollen, um die Behaglichkeit zu erhöhen, oder um die Betriebskosten ihres Gebäudes aus wirtschaftlichen Gründen zu verbessern. Das öffentliche Interesse soll argumentativ das private Interesse stützen oder wird gleichgesetzt. Zuschüsse und Fördermittel für energetische Ertüchtigungen, die nicht auf Denkmäler angepasst sind und den oben genannten Beitrag der Denkmäler zum Klima- und Umweltschutz (graue Energie und Reparaturfähigkeit) nicht berücksichtigen, säen zusätzliche Motivationen für eine sachfremde Argumentation.

Bei der Prüfung, ob eine Baumaßnahme erlaubt werden muss, obwohl sie nicht denkmalgerecht ist, sind die öffentlichen und privaten Interessen getrennt zu betrachten. Im Einzelfall kann es vorkommen, dass eine Maßnahme sowohl aufgrund eines überwiegenden öffentlichen Interesses als auch wegen eines berechtigten privaten Interesses (Zumutbarkeit) erlaubt werden muss, obwohl die Maßnahme den Zeugniswert mindert.

Wie oben (im Kapitel „Überwiegendes öffentliches Interesse?") schon angeklungen, werden Klimaschutzmaßnahmen am Denkmal nicht prinzipiell abgelehnt. Die vorgesehenen Maßnahmen werden daran gemessen, wie stark sie den Zeugniswert des Denkmals beeinträchtigen und welche gestalterischen Anpassungen an das Denkmal möglich sind, ob die Maßnahme am Denkmal stattfinden muss oder andernorts möglich ist, oder mit welchen Alternativen etwas für den Klimaschutz getan werden kann, ohne den Zeugniswert des Denkmals zu beeinträchtigen.

Landschafts-, Natur- und Umweltschutz: Nach Landesnaturschutzgesetz oder Bundesnaturschutzgesetz geschützte Teile von Natur und Landschaft können in Konkurrenz zu Denkmälern treten. Das kann eintreten, wenn etwa das Denkmal einen Park, Landschaftsgarten, Bachlauf oder Kanal einschließt, der wasserbautechnisch oder gärtnerisch gepflegt und instandgesetzt werden soll. Ist aber ein Villengarten nach Leerstand der Villa verwildert und zum Lebensraum für bestimmte Tiere und Pflanzen geworden, kann die Situation eintreten, dass er aus Gründen des Naturschutzes gar nicht mehr gepflegt werden soll. Hier widersprechen sich Denkmal- und Naturschutz direkt. Wird ein landschaftspflegerischer Begleitplan aufgestellt, müssen Denkmalschutzbehörde und Denkmalfachamt sich dafür einsetzen, dass die Merkmale der Grünanlage als Baudenkmal erhalten bleiben, nicht zur Renaturierung vorgesehen werden und auch keine

Schutzvorkehrungen für die Landschaft das Baudenkmal beeinträchtigen. Idealerweise werden sowohl die Ziele des Denkmalschutzes als auch die des Natur- und Landschaftsschutzes mit dem Plan erreicht oder verfolgt.

Im Zusammenhang mit der **Wasserrahmenrichtlinie** (WRRL[48]) zur Renaturierung und zur Verbesserung der Gewässerstruktur oder bei wasserrechtlichen Genehmigungen fordert die Untere Wasserbehörde die betroffenen Ämter inklusive Denkmalschutzbehörde zur Stellungnahme auf. Die Denkmalschutzbehörde muss prüfen, welche Denkmäler im betroffenen Bereich liegen und inwiefern sie dadurch beeinträchtigt werden könnten. Veränderungen des (Grund-)Wasserspiegels könnten historische Pfahlgründungen gefährden. Durch (Re-)Naturierung von denkmalgeschützten Gewässern wie Burg- oder Mühlengräben würde deren Zeugniswert über historischen Wasserbau zur Verteidigung oder zur Nutzung der Wasserkraft beeinträchtigt. Andere Maßnahmen können z. B. Grundwasserbrunnen, Regenwasserrückhaltung oder Bauwerksabdichtungen gegen Gewässer sein. Die Denkmalschutzbehörde hat die Aufgabe, direkte Denkmalverluste, Folgeschäden und Beeinträchtigungen des Erscheinungsbildes abzuwenden und denkmalgerechte Alternativlösungen zu erörtern, um sowohl das Denkmal zu erhalten als auch die Gewässer zu verbessern.

Synergien von Denkmalschutz, Klimaschutz und Wasserrückhaltung (Wasserrahmenrichtlinie) kann es bei der **Entsiegelung** bzw. beim Rückbau von Flächenversiegelungen und Schottergärten geben, die seit dem späten 20. Jahrhundert ein zunehmendes Problem geworden sind, weil die Eigentümer sich einen geringeren Pflegeaufwand versprechen oder die Fläche als Parkplatz nutzen wollen. Das schnell in die (überlastete) Kanalisation oder unter dem Schotter auf einer sperrenden Folie abfließende Wasser begünstigt die Erhitzung der versiegelten Oberfläche und dadurch ein schlechtes Mikroklima. Die Musterbauordnung in § 8 und davon abgeleitete Landesbauordnungen fordern ohnehin, unbebaute Flächen bebauter Grundstücke wasseraufnahmefähig herzustellen und zu begrünen. Das kann gerade bei verunstalteten Gartenstadtsiedlungen oder Villengärten ein zusätzliches Argument sein, denkmalwidrige Versiegelungen abzuwehren oder zu revidieren. Manche Gemeinden haben auch Förderprogramme aufgelegt, um Flächen zu entsiegeln.

7.15 Mauerwerkssanierung, Hydrophobierung und Ruinensicherung

Schadensursachen von Rissen, schadhaften Steinen oder Mörteln sowohl an verputzten wie an steinsichtigen Mauern sind zu klären (Abb. 7.14). Feuchte dringt bei intakten Gebäuden, anders als bei Mauerkronen, nicht von oben, sondern vor allem von der Seite und von unten ins Mauerwerk ein, wird vielleicht durch Salzbelastung gefördert. Der Fugenmörtel soll Wasser nicht einsperren. Der ausgewaschene oder herausgebrochene Versatz- und der Fugenmörtel können unterschiedliche technische Eigenschaften haben,

Abb. 7.14 Riss-Monitor am Alten Rathaus in Karlsruhe-Rüppurr durch Kontrollstreifen auf einem Riss. Reißen oder verschieben sie sich während der Überwachungszeit, ist der Riss bzw. das Haus noch in Bewegung

die bei der Reparatur berücksichtigt werden müssen. Die Mörtel für die Reparatur müssen an den Bestand angepasst werden, damit sie eine ähnliche Festigkeit haben und sich durch Feuchte ungefähr so stark ausdehnen wie der Bestand. Damit die Wand homogen aussieht, nicht fleckig/vernarbt (sofern nicht bewusst die Reparatur kenntlich gemacht werden soll), sollte der neue Fugenmörtel dem historischen in Farbe und Körnung möglichst ähnlich sein. Darüber hinaus können die Fugen auch plastisch bearbeitet worden sein, damit sich ein bestimmtes Fugenbild ergab, das nicht verloren gehen darf. In speziellen Situationen wie Dachanschlüssen können Fugen mit eingehämmerter Bleiwolle verschlossen gewesen sein.

Das Mauerwerk ist meistens in einem bestimmten Verband gemauert, z. B. Block- oder Kreuzverband, der bei der punktuellen oder großflächigen Reparatur erhalten und wiederhergestellt werden muss. Dabei sind die passenden Gesteinsarten und Steinformate auszuwählen und unter Umständen zu bemustern, damit sie sich nicht zu fremd vom Bestand abheben.[49]

Anti-Graffiti-Beschichtungen und Hydrophobierungen sind Methoden, die in der Denkmalpflege nur in Ausnahmefällen akzeptiert werden, weil die negativen Erfahrungen damit vorherrschen. Die Oberflächen verändern sich, altern unansehnlicher als die unbehandelten Oberflächen, halten nicht ewig und können die Trocknung der Fassade behindern. Gerade Hydrophobierung hängt stark von dem zu behandelnden Material ab und wird historische Materialien nicht tiefgehend und dauerhaft, sondern nur oberflächlich feuchteabweisend machen. Dann tritt das gleiche Problem ein, wie bei den wasserdichten Farben, jedoch in schlimmerer Form: in der Eindringtiefe des Hydrophobierungsmittels bilden sich Schalen an der Oberfläche, die von dem feucht gewordenen Inneren abgelöst oder durch Frost abgesprengt werden. Der Stein geht kaputt. Heute müssen die Sanierungen, die mit Hydrophobierungen verbunden waren, mit erhöhtem Aufwand saniert werden. Im Gegensatz zur Anwendung an Natursteinen hat sich Hydrophobierung von Betonbauteilen im Bauwesen etabliert.

Selbst wenn eine Innendämmung vorgesehen wird und die Außenwand vor Regen geschützt werden müsste, weil die (idealerweise kapillaraktive) Innendämmung die Trocknung nach innen behindern würde, wird die Denkmalpflege zunächst auf eine Fassadensanierung mit der Instandsetzung der Fugen und Schadstellen setzen, bevor eine Hydrophobierung infrage käme. Dabei würde auch eine differenzierte Betrachtung der Fassaden angestrengt, um zu klären, welche Fassaden wie stark von Feuchte bedroht wären und ob nicht allenfalls die Wetterseite (Schlagregenseite) gefährdet wäre, ehe pauschal hydrophobiert würde. Und wenn nur bestimmte Seiten gefährdet sein sollten, mag es an dieser Stelle vielleicht reversible Alternativen geben (oder solche, die an historische Techniken oder Ausführungen anknüpfen), etwa eine Verschalung (z. B. mit Schiefer, Holz oder anderen Materialien).

Für die Ruinensicherung und Mauerkronenabdeckung sind eine genaue Befund- und Schadensaufnahme unter Berücksichtigung früherer Schäden und Sanierungen erforderlich, um nachzuvollziehen, wann und wie sich Verformungen und Risse entwickelt haben und ob sie noch fortschreiten. Durch eindringende Feuchte, besonders bei sperrenden Zementmörteln, wegen denen Wasser durch die durchlässigeren Steine austreten muss, können das Füllmauerwerk und die Steine in den Außenschalen erodiert sein, weil die Mineralien ausgespült wurden und die Steine ihre Festigkeit verloren haben. Das Mauerwerk wird durch Klopfen oder Sondagen auf Hohlstellen geprüft. Zementmörtel wird aus den Fugen gekratzt und durch (oft naturhydraulischen Kalk- oder Trasskalk-)Mörtel[50] ersetzt werden müssen, dessen Steifigkeit und Ausdehnungsverhalten an die Steine angepasst ist. Damit der neue Mörtel haftet, müssen die Steine vorher gereinigt werden.

Die Mauerkronen von Ruinen werden mit Steinplatten mit Gefälle abgedeckt oder mit Steinen und Mörtel geringfügig so hochgemauert und modelliert, dass Wasser abfließt und sich nicht staut, weil das Wasser durch spröde werdende Mörtelfugen eindringen würde. Mörtelfugen auf Mauerkronen müssen regelmäßig kontrolliert und von schädlichem Bewuchs befreit sowie alle paar Jahre instandgesetzt werden. Zementmörtel wird auch spröde und schließt Feuchte ein, kann auch die weicheren Natursteine schädigen, Salze[51] ins Mauerwerk eintragen unter Umständen mit anderen Bestandteilen vorhandener Mörtel chemisch reagieren. Mauerkronenbegrünung kann Temperaturspannungen bei Besonnung abmildern, aber Wurzeln dürfen nicht ins Mauerwerk eindringen. Blechabdeckungen wehren Regenwasser recht zuverlässig ab, widersprechen jedoch dem Ruinencharakter. In jüngerer Zeit wurden auch Mauerkronenabdeckungen mit Faserbeton erprobt, deren (langfristige) Eignung noch zu beurteilen sein wird. In allen Fällen wird eine dem Bestand angemessene Bestandsaufnahme und ein darauf abgestimmtes Konzept zur Konservierung angebracht sein, das die Chancen und Risiken der in Frage kommenden Methoden abwägt.[52]

Ruinöse und eingestürzte Bereiche, die als Ruinen erhalten werden, sollten nicht wie intaktes Mauerwerk sauber, sondern – unter Beachtung der oben erläuterten Ableitung des Regenwassers – als erkennbare Abbruchkanten ausgeführt werden, um nicht den irreführenden Eindruck zu erwecken, hier wäre historisch eine gemauerte Ecke oder ein Durchgang gewesen. Ausbrüche im Mauerwerk können auch auf historisch an dieser Stelle eingebunden gewesene Mauern und deren Verzahnung mit der noch erhaltenen Mauer hindeuten. Ein solcher Befund müsste erhalten werden. Um solche Befunde zu ermitteln oder Verdachtsmomente aufzuklären, ist nötigenfalls die Bauforschung oder Archäologie zu beteiligen.

Historische Mauern können von Wurzeln durchzogen sein, die den Mauerwerksverband gelockert haben. Je nach Tiefe der Wurzeln und Fehlstellen in Mörtel und Mauerwerksverband kann es sicherheitshalber anzuraten sein, Probeflächen für die Wurzelentfernung anzulegen, um die Auswirkungen auf das Mauerwerksgefüge und die Verkehrs- und Standsicherheit zu beobachten, und einen Statiker zu Rate zu ziehen. Würde eine konsequente Wurzelentfernung größere Probleme verursachen als zu nützen, kann das kleinere Übel sein, die Pflanzen und Wurzeln weitgehend zurückzuschneiden, aber die tiefsitzenden Stücke im Mauerwerk zu belassen.

7.16   Putze und Anstriche

Welche Anstriche geeignet sind, hängt vom Material und vom Zustand des Malgrundes ab. Eine ausführliche Erläuterung bietet beispielsweise das „Handbuch Putz und Stuck", demgegenüber hier nur eine stark vereinfachte Darstellung erfolgt.[53] Bei sehr alten Bauwerken, die noch mit Luftkalkmörteln oder vorwiegend kalkhaltigen Mörteln verfugt und verputzt sind oder damit repariert werden, ist ein mineralischer Anstrich oder gar eine Kalkfarbe geboten, durch die der Putz mit der Umgebungsluft in Kontakt bleibt und durch Karbonatisierung aushärten kann, statt mürbe zu werden. Jüngere zementhaltige Putze können auch modernere Anstrichsysteme besser vertragen. Mag das bisher geschriebene als Orientierung dienen, muss die Entscheidung am Einzelfall getroffen werden. Das liegt auch daran, welche Veränderungen und jüngeren Beschichtungen im Bestand beachtet werden müssen. Gibt es darüber hinaus besondere Gestaltungselemente wie Wandmalerei, Fresko oder Sgraffito zu bearbeiten, oder sollen Architekturfarbigkeiten und die Eigenfarbigkeit des Putzes durch Farbbefunduntersuchungen möglichst zuverlässig ermittelt werden, sollten Restauratoren beteiligt werden.

Auf historischen Putzoberflächen (Abb. 7.15) oder Schlämmen wird die Denkmalpflege im Regelfall Kunststoffdispersions-, Latex- und Acrylanstriche ablehnen, weil die einen dichten Film, also eine wasserdichte und dampfbremsende Oberfläche bilden, die irgendwann spröde und rissig wird. Regnet es darauf, dringt Wasser ein, kommt aber kaum wieder heraus. Stattdessen wird die Denkmalschutzbehörde aus mehreren Gründen Mineralfarben (Kalk- und Silikatfarben) zur Auflage machen: Die mineralischen Bindemittel und Pigmente sind natürlich-matt (nicht wie Kunststoff glänzend) und sehr

Abb. 7.15 Schmuckfassaden
in der Augsburger
Maximilianstraße

witterungsbeständig. Solange das alkalische Milieu, die schnelle Trocknung und die Nährstofffreiheit der Mineralfarben fortbestehen, wachsen Schimmel und Algen auf ihnen schlecht. Da sich die Mineralfarbe nicht statisch auflädt, zieht sie Staubpartikel weniger an.

Der wichtigste Grund jedoch: Der mineralische Anstrich kann Wasser aufnehmen und erleichtert durch seine Diffusionsoffenheit die Trocknung der Fassade. Gibt es etwa feine Risse in Anstrich oder Putz und dringt dadurch Wasser ein, verteilt es sich an oder unter der Oberfläche. Es verdunstet bei einem dampfdichten Anstrich kaum, bei einem diffusionsoffenen Anstrich umso leichter. Im Fall eines sehr reinen mineralischen Anstrichs auf kalkhaltigem Malgrund (eines Bauwerks aus meist vorindustrieller Zeit) würde die Oberfläche sogar Regenwasser aufnehmen, oberflächlich verteilen und in dem dadurch günstigen Verhältnis großer Oberfläche zu kleinem Volumen schneller trocknen als etwa wasserdichte Anstriche, auf denen Wassertropfen hängen bleiben, an denen wiederum Staubpartikel aus der Luft an der Fassade kleben bleiben würden.

Viele Malerbetriebe haben sich auf die Mineralfarben an Denkmälern eingestellt. Mineralfarben sind für mineralische Malgründe gedacht. Da Rückstände älterer Anstriche, die ein Abbinden (Verkieselung) des mineralischen Anstrichs auf dem Untergrund behindern, nicht immer ausgeschlossen werden können, setzen Malerbetriebe auch Dispersionssilikatfarben ein. Die bestehen aus einem Gemisch von mineralischen und organischen Bindemitteln mit unterschiedlich hohem Kunststoffanteil, damit der Anstrich auf besonders problematischen Oberflächen besser haftet. Wegen des Kunststoffanteils sind diese Anstriche wasserabweisender. Ein ebenfalls wasserabweisendes, aber rein mineralisches Anstrichsystem ist die Sol-Silikatfarbe, die neben dem Silikat auch Kieselsolen als Bindemittel enthält und besser als die Silikatfarben auf nicht mehr rein mineralischen Untergründen haftet. Sol-Silikatfarben auf dem Markt können auch Bestandteile wie zusätzliche Acrylatbindemittel enthalten, die sich, wie geschildert, negativ auf die Trocknung und andere Eigenschaften auswirken können. Geeignete Sol-Silikatfarben haben üblicherweise maximal 5 % organische Anteile. Da nicht alle Produkte mit der Bezeichnung „Mineralfarbe" auch die oben geschilderten technischen Eigenschaften aufweisen, etwa zu große Anteile organischer Bindemittel beinhalten, sollten Sachbearbeiter darauf achten, ob es sich bei den Produkten um einschlägig etablierte Marken handelt und die technischen Produktdatenblätter sichten.

Vor dem Neuanstrich muss der Malgrund schonend gereinigt werden. Schonend heißt vor allem, dass die Reinigungsmethode nicht die Oberflächen, die Oberflächengestaltung und Stuckteile oder gliedernde Kanten von Putzen oder die widerstandsfähigen Oberflächen von Ziegeln (Sinterschicht, Brennhaut) abreiben darf. Durch den Abrieb würde die Gestaltung beschädigt und Folgeschäden durch eindringende Feuchte würden provoziert. Sandstrahlen scheidet in aller Regel aus und kommt nur in Ausnahmefällen oder mit wenig abreibender Härte an Metalloberflächen zum Einsatz, die entrostet und neu beschichtet bzw. neu lackiert werden müssen. Ziel der Reinigung ist, neben der Vorbereitung des Malgrundes auch die Vorbereitung gegebenenfalls nötiger Fassadensanierungen, Neuverfugung usw., aber nicht die porentiefe Reinheit. Mit der Patina darf man dem historischen Bauwerk sein Alter ansehen.

Als potenziell geeignete Reinigungsverfahren steht ein breites Spektrum zur Verfügung, das von der Wurzelbürste über Wasserstrahl- und Heißdampf, Mischungen davon und Trockeneisstrahlen bis zu Strahlverfahren mit hartem oder weichem Strahlgut reicht. Mit dem Heißdampf wird versucht, biogenen Bewuchs (z. B. Algen) abzutöten. Strahlgut wird als Sondermüll entsorgt werden müssen. All diesen mehr oder weniger abrasiven (abreibenden) Strahlverfahren ist gemein, dass sie Schadensrisiken bergen. Selbst bei niedrig eingestelltem Strahldruck können ein zu kleiner Abstand der Düse von der zu reinigen Oberfläche und der Auftreffwinkel zu Schädigung oder Schwächung des Baumaterials führen. Weitere menschliche Faktoren bestehen aus der Ausbildung, Erfahrung und Behutsamkeit der Fachfirma oder des Restaurators.

Bei hartnäckigen Verschmutzungen wie tief ins Material einwirkendem Graffiti kommt die chemische Keule zum Einsatz. Aber auch da gilt: Wenn das Graffiti nur durch Zerstörung der historischen Untergründe entfernt werden könnte, tut ein verblasstes Graffiti weniger weh als der Substanzverlust des Reinigungsschadens. Je nach Farbkonzept und Eignung der Fassade könnten das Erdgeschoss und der Sockel dunkler gestrichen werden, um einen für Graffiti visuell unattraktiveren Malgrund zu schaffen.

Auch in Innenräumen kommt es auf den Untergrund an, auf dem gestrichen werden soll. Während jüngere Gebäude nach der Industrialisierung öfter zementhaltige Innenputze haben, waren bei älteren Gebäuden kalk- oder lehmhaltige Putze verbreitet. Die können aber auch bei heutigen Renovierungen wieder vorkommen, wenn die Bauherren über die Wandoberflächen das Raumklima beeinflussen oder ökologisch bauen wollen. Auch in den Innenräumen treffen Denkmalpfleger künstlerische Raumausstattungen wie Wandbilder oder Stuckdecken aus Gips, Kalk und Lehm an, die mit den passenden Reinigungsmethoden, Anstrichen oder Retuschen und Festigern aufgearbeitet werden. Stuckdecken tragen oft Anstriche aus Leimfarben. Welche Farbschichten aber wirklich vorliegen und wie die gut zu konservieren oder zu restaurieren sind, können, insbesondere bei künstlerischer Ausstattung, Restauratoren am besten beurteilen.

7.17 Siedlungen

Wohnsiedlungen[54] (Abb. 7.16) sind von einem oder wenigen Bauherren (Siedlungs-träger) nach einem einheitlichen Konzept oder in mehreren Bauabschnitten mit gleichen oder abweichenden Konzepten errichtete Wohnanlagen. Wohnungsbaugesellschaften, Genossenschaften, Unternehmen oder andere Akteure errichteten Wohnsiedlungen meist für eine bestimmte Klientel: als Werkssiedlungen für Fabrikarbeiter oder Bergbaubeamte in der Nähe des Betriebs, als Siedlung für Ostvertriebene oder für Sozialwohnungen. In Kriegen oder kurz danach wurden Siedlungen als Behelfsheime oder als Wohnungen von Besatzungsstreitkräften errichtet, aus ideologischen Gründen zur Kolonisierung, oder für die motorisierte Bevölkerung als durchgeplantes Neubaugebiet am Stadtrand. Mitunter werden Zwangsarbeiterunterkünfte zu Siedlungen gezählt. Siedlungen stehen für stadt-baugeschichtliche und gesellschaftliche Entwicklungen wie Industrialisierung, Land-flucht, Gartenstadtbewegung, sozialen Wohnungsbau und können ganze Quartiere oder Stadtbilder prägen. Neben einem oder mehreren Typen von Wohnhäusern können Ge-meinschaftshäuser, Kirchen, Spielplätze, Gaststätten, Geschäftsgebäude, Waschhäuser, Kunstwerke, Garagen und andere bauliche Anlagen der Nahversorgung zur Siedlung gehören. Durch ihre Anordnung an Hauptachsen, Plätzen oder Grünanlagen, tragen sie zur städtebaulichen Ordnung bei, bilden öffentliche und private Räume, oder mit der Wechselwirkung ihrer Baumassen, Gestaltungsaufwand, Höhen und Freiflächen unter-einander Hierarchien. Sie können konzeptionell an die angrenzenden Stadtviertel an-gebunden oder wie eine Insel abgegrenzt sein. Das Thema Siedlungen steht der städte-baulichen Denkmalpflege nah.

Bei Genehmigungsverfahren in Siedlungen oder anderen Gruppen baulicher Anlagen muss die Denkmalschutzbehörde klären, ob die Sachen als Denkmal oder als Denkmal-bereich (Denkmalzone, Gesamtanlage…) unter Schutz stehen, und ob es einzelne Denk-mäler innerhalb eines Denkmalbereiches gibt, und was zum Denkmal und seiner enge-ren Umgebung dazu gehört. Vielleicht bilden auch mehrere Einzeldenkmäler durch ihre

Abb. 7.16 Die Baumgartensiedlung in Karlsruhe wurde nach einem Gesamtkonzept entworfen, dem sich die städtebauliche Struktur und die Baudetails unterordnen

Wechselwirkung – etwa, weil sie maßstäblich oder gestalterisch aufeinander Bezug nehmen – eine Baugruppe.

Siedlungen bereiten der Denkmalschutzbehörde Schwierigkeiten, wenn der Bestand
schon vor der Unterschutzstellung divers verändert wurde, wenn etwa eine Genossen-
schaftssiedlung privatisiert und an viele Einzeleigentümer verkauft worden ist. Der Sachbearbeiter muss dann erklären, wieso eine bestimmte Maßnahme nicht erlaubt werden
kann, obwohl die Nachbarn im baugleichen Haus doch schon sowas ähnliches haben wie
es nun beantragt werden soll. Das könnte ein Anbau, eine Gaube, Fenster oder ein Wand-
durchbruch sein, der das einzelne Gebäude beeinträchtigt, während das Ensemble trotz
der Beeinträchtigung noch gut genug erhalten blieb. Würde sich die Beeinträchtigung
häufen, würde das Ensemble leiden. Dann kann die Denkmalschutzbehörde keine weiteren störenden Veränderungen erlauben. Die alten Beeinträchtigungen bleiben, weil sie
– älter als die Unterschutzstellung (im konstitutiven System) – Bestandsschutz genießen,
solange sie nicht ersetzt werden.

Für Siedlungen sind denkmalpflegerische Zielstellungen, Pflegekonzepte und Gestaltungsfibeln oder Vorlagen-Sammlungen sinnvoll, mit denen sich die Denkmalschutzbehörde selbst klarmacht, was sie hier auf welche Weise schützen muss. Damit kann sie
den Eigentümern die Qualitäten der Siedlungen, die einhergehenden Schutzziele und geeignete Maßnahmen vermitteln. Da es meist einen oder mehrere Haustypen gibt, gleichen sich die Ziele und geeigneten Maßnahmen bei den einzelnen Häusern und Außenanlagen desselben Haustyps im Wesentlichen. Einen gangbaren Weg über all die Hürden
und Fallen für die ganze Siedlung zu finden, ist die Herausforderung.

7.18 Werbeanlagen und Info-Tafeln

Werbeanlagen[55] können an der Stätte der Leistung, z. B. als Firmenschild, oder als allgemeine Plakatwerbung oder als Wegweiser errichtet werden. Je nach Größe setzt die
Bauordnung eine Baugenehmigung voraus. Die Gemeinde kann auch über Satzungen Einfluss auf bauliche Werbeanlagen nehmen, etwa über Sondernutzungssatzungen
Werbeaufsteller („Kundenstopper") einschränken oder steuern, wo diese aufgestellt werden dürfen. Bei Werbeanlagen, die wie Möbel nur vorübergehend aufgestellt werden und
nicht in die Bausubstanz eingreifen, werden Gründe des Denkmalschutzes regelmäßig
nicht entgegenstehen. Werbeanlagen in der Umgebung des Denkmals können dessen
Erscheinungsbild und die Verständlichkeit seines Kontextes beeinträchtigen.[56] Litfaß-
säulen, Schaukästen usw. sollten nicht ausgerechnet vor das Denkmal oder in die Blickbeziehung zwischen zwei Denkmälern, beispielsweise zwischen Kirche und Pfarrhaus,
gestellt werden. Kritisch zu prüfen sind insbesondere Werbeanlagen, die direkt am Denkmal montiert werden sollen.

Ein Leitbild für Werbeanlagen an Denkmälern zielt auf die Anpassung der Werbung
an die gestalterische Eigenart des Denkmals und die Einfügung in die architektonischen
Gliederungen, ohne Geschichtlichkeit vorzutäuschen (Abb. 7.17a). Wenn es schon ein

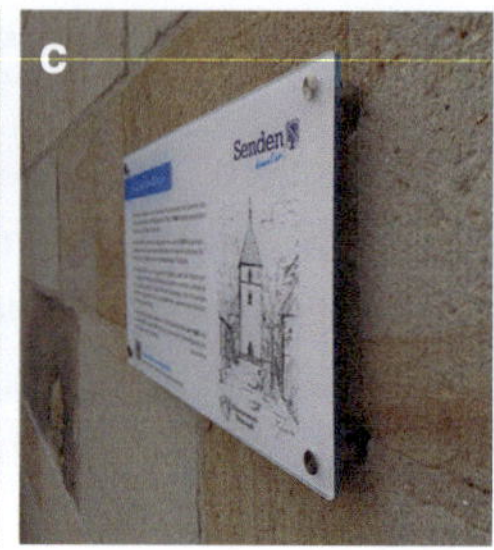

Abb. 7.17 **a** Solche Werbeanlagen in Coburg fügen sich in die Architektur und die Fassadengliederung ein, ohne historische Stilformen vorzugaukeln **b** Schlichte Ausleger, von denen Firmenschilder herabhängen und die durch Lampen an den seitlichen Armen in warmem weiß beleuchtet werden können, fügen sich in Altstädten optisch ein **c** Die Info-Tafel in Bösensell ist mit Abstandhaltern in den Fugen befestigt, soweit die Steinformate das zuließen

historisches Putzfeld gibt, auf das einst Werbung aufgepinselt war, könnte es wieder dafür benutzt werden. Manchmal ist allerdings auch noch die bauzeitliche Werbeschrift vorhanden, die Zeugnis über die historische Nutzung oder ortsgeschichtlich wichtige Personen ablegen kann. Historische Werbeanlagen mit Zeugniswert sind möglichst zu erhalten. Ist die Fassade durch Gesimse oder Lisenen gegliedert, sollte die Werbung diese Gestaltungselemente nicht überdecken, sondern dazwischen eingepasst werden. Dezent selbstleuchtende oder hinterleuchtete Schriftzüge, Einzelbuchstaben oder hinterleuchtete Tafeln mit ausgeschnittenen Schriftzügen können mit dem Denkmal harmonieren. Kunststoff-Leuchtkästen tun das in der Regel nicht (außer bei den jüngsten Denkmälern des späteren 20. Jahrhunderts). Andere Wege zur Beleuchtung können auskragende Lampen sein, die die Schrift oder das Schild anstrahlen. Sie können auch in Kombination mit Auslegern vorkommen, die von der Fassade abstehen (Abb. 7.17b). Eine historisierende Gestaltung, die am Gründerzeithaus so täte als ob die neue Werbung aus der Gründerzeit wäre, meint die empfohlene Anpassung an die Eigenart des Denkmals nicht. Es gibt auch moderne Werbeanlagen und Leuchten, die sich mit sachlich-schlichter Form und Farbe zurückhaltend in das Gesamtbild einfügen.

Info-Tafeln an Denkmälern bieten die Gelegenheit, unmittelbar am Objekt Informationen zu vermitteln, aber auch die Gefahr, dass sie die Blicke auf sich ziehen und vom eigentlichen Denkmal ablenken. Es kommt sehr auf den Standort, die Größe, die Gestaltung und die Inhalte (evtl. für eine bestimmte Zielgruppe) an, damit Denkmal und Info-Tafel harmonieren, die Tafel erkennbar und zugänglich ist, aber nicht als Fremdkörper ins Auge sticht. Wie Werbeanlagen werden auch Info-Tafeln dem Denkmal gestalterisch untergeordnet, weil das Denkmal im Vordergrund steht. Die Tafel soll die Erlebbarkeit des Denkmals nicht einschränken, keine Architekturgliederungen verdecken, und sie sollte farblich angepasst sein. Eine Häufung von Info-Tafeln am Denkmal sollte vermieden werden, selbst wenn mehrere (vielleicht rivalisierende) Vereine oder Stifter Tafeln (mit jeweiligem corporate design) anbringen wollen. Weniger ist hierbei mehr. Nämlich mehr erlebbares Denkmal. Dafür sollten auch Falschinformationen über das Denkmal durch eine inhaltliche Überprüfung möglichst ausgeschlossen werden (auch wenn diese die Bausubstanz oder das Erscheinungsbild nicht direkt beeinträchtigen).

Weit verbreitet sind Plexiglasscheiben, die Text, Karten und historischen Abbildungen zeigen, einen voll oder teilweise transparenten Hintergrund haben, um die Lesbarkeit nötigenfalls zu erleichtern, während das Material der Wand durchschimmert (Abb. 7.17c). Bei Sichtmauerwerk sollten die Scheiben idealerweise (das geht nur bei passendem Fugenraster) mit Abstandhaltern in den Fugen befestigt werden, ohne die Ziegel oder Steine zu beschädigen. Wird die Tafel wieder entfernt oder ersetzt, lässt sich die Fuge leichter ausbessern als der Stein.

Info-Tafeln müssen nicht direkt am Denkmal befestigt sein. Bei Bodendenkmälern gelänge das ohnehin nur bei den oberirdisch aufragenden Teilen. Beispielsweise kann es sinnvoll sein, die Info-Tafel mit Abstand zum Denkmal aufzustellen. Das geschieht, um das Bodendenkmal oder einen historischen Zustand als zeichnerische Rekonstruktion zu visualisieren, das Denkmal in einen Kontext einzuordnen oder um das Denkmal und eine vergleichende oder historische Abbildung gleichzeitig nebeneinander sichtbar zu machen. Die Tafel soll dann aber keine Blickachsen oder wichtige Ansichten versperren. Diese Lösung wird gerne gewählt, wenn das Denkmal an einer Wanderroute, einem Lehrpfad oder Rundgang steht und wenn der Aufsteller die Berechtigung besitzt, auf dem vielleicht fremden oder öffentlichen Grundstück die Tafel aufzustellen. Farblich zurückhaltende Stelen aus senkrechten Platten oder pultförmige Schautafeln, von denen der Regen abläuft, haben sich hierfür bewährt.

Sowohl Werbeanlagen als auch Info-Tafeln müssen regelmäßig gepflegt werden, damit sie nicht verwahrlosen. Metallteile rosten, Kunststoffteile und Beschichtungen bleichen aus, vergilben, beschlagen oder verwittern auf andere Weise, und in Zwischenräumen sammelt sich Schmutz, Laub oder anderer Unrat. Zum denkmalpflegerischen Belang wird das dann, wenn eine Beeinträchtigung des Denkmals hiervon ausgeht.

Vielleicht werden aber materielle Medien, die im oder am Denkmal montiert würden, durch virtuelle Realität verdrängt, indem etwa digital abrufbare historische Abbildungen und Dokumente, Simulationen historischer Zustände und Erklärungen bauhistorischer Befunde über Apps auf dem Handy-Bildschirm die analogen Text- und Bildtafeln ablösen, sodass das real existierende und anfassbare Denkmal um die elektronisch visualisierte Erläuterung ergänzt wird. Für Besucherführungen oder „Sight Running" kommen auch Apps oder Telefonnummern als Audioguides zum Einsatz. Digitale Vermittlungswerkzeuge, wie beispielsweise Internetanwendungen, können allerdings illegal manipuliert werden (Clickbait-QR-Codes), um den Nutzern irreführende Inhalte zu senden oder sie auf Betrugswebseiten umzuleiten (Phishing).

7.19 Werkstoffe, Metall, Beton

An dieser Stelle soll kursorisch in historische Werkstoffe und in den Umgang mit selbigen eingeführt werden. Die in der Denkmalpflege anzutreffenden Werkstoffe schließen sowohl Baustoffe als auch Materialien historischer Ausstattung, von Gebrauchsgegenständen, Geräten und von Bodenfunden ein. Denn die Werkstoffe sind nicht nur für Gebäude verwendet worden, sondern auch für Gartenzäune, Kunstwerke, Möbel, Geschirr, Werkzeuge, Waffen, Uhren, Kleidung, Bücher, Dampflokomotiven und allerlei andere Kulturerzeugnisse, die als Bau-, Boden-, Garten- oder bewegliches Denkmal und im Denkmalbereich angetroffen werden können.

Je nach historischer **Epoche und Region** waren unterschiedliche Werkstoffe beliebt, durch verfügbare Werkzeuge zu bearbeiten, gut zugänglich oder überhaupt bekannt. Wo es viel Wald gab, entstanden viele Holzkonstruktionen. In Mittelgebirgsregionen stand tendenziell eher Naturstein zur Verfügung als im Flachland, wo Backsteine gebrannt wurden. Metallverarbeitung mag Jahrtausende alt sein, verbreitete und entwickelte sich aber einst allmählich in Europa. Günstige Transportwege brachten Werkstoffe oder fertige Waren über längere Strecken zu den Abnehmern. Durch die Industrialisierung mit neuen Produktionsmethoden und Verkehrsinfrastrukturen relativierten sich solche Unterschiede in den industrialisierten Regionen. Immer tiefere naturwissenschaftliche und technische Kenntnisse führten zu neuen Werkstoffen und Anwendungsmöglichkeiten, die neue Baukonstruktionen und Designs ermöglichten.

Zu den ältesten **Werkstoffen** gehören Haare, Knochen, Tierhäute, Pflanzen und Pflanzenfasern, darunter Holz, außerdem Naturstein, Lehm, Kalk und Backstein. Dabei darf Keramik nicht unerwähnt bleiben, die im Haus als Fliese, als Ofenkachel oder bei Gebrauchsgegenständen als Töpferware vorkommt. Fußböden bestehen aus gestampftem Lehm, Natur- oder Kunststeinbodenplatten, Flusskieseln, Terrazzo, Holzdielen, seit dem fortgeschrittenen 19. Jahrhundert oftmals aus Linoleum, später Laminat oder Polyvinylchlorid (PVC) und anderen Materialien. Mörtel, Putz und Stuck werden, je nach Anwendungszweck und -ort aus Kalk, Zement oder Lehm hergestellt und können mit Tierhaaren stabilisiert sein. Metalle, Edelmetalle, Legierungen können zu tausend Jahre alten Ringankern, zu Stahlbeton- oder Gusseisenstützen, zu geschmiedeten Nägeln, Türbeschlägen, Fenstern, Kronleuchtern, Halsketten oder Besteck verarbeitet worden sein, oder als Galvanoplastik auf dem Marktplatz stehen. Glas kennt man hauptsächlich von Fenstern und Spiegeln, kommt – wie viele andere Werkstoffe – auch als Geschirr oder in Kunstwerken vor. Kunststoff kann nicht nur als Bodenbelag, Bindemittel in Anstrichen, Dichtungsband oder Kunststofffenster auftauchen, sondern auch als Bakelit-Türgriff oder sogar als Fassadenelement oder als Werkstoff für die Kunst. Selbiges gilt für Beton, der nicht nur Stütze oder Decke bildet, sondern auch als Betonfertigteile mit Buntglas durchsichtige Treppenhauswände der Nachkriegszeit bildet oder als gegossene Plastik den öffentlichen Raum schmückt. Die Anwendungsbeispiele für Werkstoffe, auch für Kombinationen von Werkstoffen, ließen sich mit langer Liste fortsetzen.

Mit jüngeren Bau- oder Restaurierungsmaßnahmen können **in alte Objekte auch neue Materialien** oder Substanzen wie Holzschutzmittel eingebracht worden sein, die dort ansonsten nicht zu erwarten wären. Im weiteren Sinne können hier auch Anstriche genannt werden. Schadstoffe können in alten Werkstoffen (z. B. Blei in Rohren, Arsen in Farben) und vor allem in jüngeren (z. B. Asbest, Weichmacher) enthalten sein. Dann stellt sich die Frage, ob die jüngeren baulichen Veränderungen oder die chemischen Mittel Risiken für die historische Substanz oder für Menschen bergen. Dann wäre zu prüfen, ob und wie die fehlgeleiteten „Sanierungen" denkmalgerecht korrigiert werden können.

Werkstoffe besitzen unterschiedliche **Materialeigenschaften** wie Haltbarkeit, Härte, Biegsamkeit, Empfindlichkeiten gegen Witterung, Feuchtigkeit (Quellen, Schwinden, Fäule) und Hitze (Wärmeausdehnung) sowie gegen chemische und mechanische Einflüsse oder gar Lichteinfall und Luftverschmutzung. Materialien mit sehr unterschiedlichen Eigenschaften können füreinander Schadensrisiken bergen. Selbst vermeintlich robuste Metallteile können einander durch Kontaktkorrosion beschädigen.

Die Materialeigenschaften müssen bei Änderungsvorhaben, seien es Baumaßnahmen oder Restaurierungen von Kunstgegenständen, beachtet werden, um Folgeschäden vorzubeugen und auf Erhaltung der historischen Substanz hinzuwirken. Das trifft selbst auf die vermeintlich einfache **Reinigung**[57] zu, bei der nur Schmutz oder bestimmte obere Farbschichten entfernt werden sollen, ohne jedoch den historischen Werkstoff, historische Farbfassungen oder Patina zu beschädigen. Je empfindlicher der Werkstoff und je künstlerischer das Werkstück, desto dringender sollte die Denkmalschutzbehörde Restauratoren hinzuziehen.

Aufgrund ständiger technischer Entwicklungen begegnet die Denkmalschutzbehörde immer wieder neuen Materialien, Verarbeitungsmethoden und Restaurierungstechniken, die mehr oder weniger erprobt oder für Denkmäler geeignet sind. Gelegentlich erscheinen, neben **Publikationen** der Denkmalpflegefachämter und Museen, spezialisierte Fachbücher und Überblickwerke zu historischen Werkstoffen, historischen künstlerischen Techniken, zu heutigen Reinigungs- und Restaurierungstechniken.

In Ergänzung zu den in anderen Sonderthemen behandelten Putzen, Fachwerk und anderen Konstruktionen, sollen hier noch kurze Hinweise zum alltäglichen Umgang mit Metallen und Beton gegeben werden. Beton hat besonders mit den Unterschutzstellungen von Denkmälern der 1950er bis 1970er Jahre an Relevanz für die Denkmalpflege gewonnen. Aus dem gleichen Grund ist mit gehäuften Publikationen zur Erhaltung und Restaurierung synthetischer Kunststoffe zu rechnen.

Historische Metallbauteile (Abb. 7.18a) werden z. B. durch Witterung oder Schadensfälle wie Wasserrohrbrüche (Rost) geschädigt oder durch Brand bzw. Hitze deformiert. Die Art der Reparatur hängt vom Schadensgrad und der historischen Verarbeitung ab. Bei genieteten Geländern kann es beispielsweise zweckmäßig sein, Teile zu demontieren, um an alle Roststellen zu gelangen, nötigenfalls verrostete Teilstücke materialgerecht zu erneuern, und das Geländer wieder zu nieten (nicht werkfremd zu schweißen).

 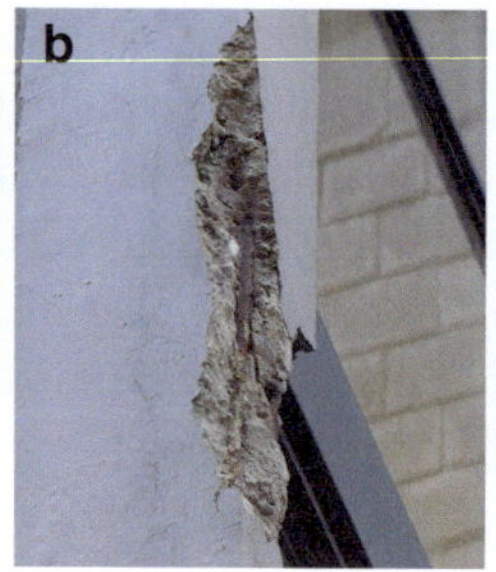 

Abb. 7.18 **a** Einfriedung aus genieteten Bauteilen auf massivem Sockel, vielleicht nur oberflächlich gerostet. Bewuchs kann die Bauteile verbiegen **b** Abgeplatzter Beton und freiliegende Armierung an einem Gebäude der Nachkriegszeit. Was sind die Ursachen? Reicht es, den Stahl mit neuem Rostschutz zu versehen und die Fehlstelle und angrenzende Betonbereiche auszubessern, vielleicht den Beton zu Beschichten? **c** Schlanke Betonstützenraster der gekurvten Fassade wie an diesem Gebäude in Münster sollten in den 1950er Jahren Unbeschwertheit ausdrücken

Als Rostschutz für Metallteile wie Stahlträger von Brücken, Zäune, Geländer und Fenster aus Stahl oder Eisen kann giftige Bleimennige verwendet worden sein, die heute, je nach der Nähe zu Innenräumen und deren Nutzung, nicht beibehalten oder nicht erneut verwendet werden darf, um Gefährdungen auszuschließen. Um Rost oder nötigenfalls auch Bleimennige ohne Gesundheitsgefahr zu entfernen, werden Druckluft-Nadel-Entroster, abtragende Partikelstrahlverfahren oder Stahlbürsten in geschützten Räumen eingesetzt. Als Ersatz für den alten Rostschutz werden, je nach Kontext, normierte Beschichtungen vorgesehen. Feuerverzinkungen entsprechen, außer bei jüngeren Denkmälern, nicht der historischen Eigenart. Statt Bleimennige und normierten Beschichtungen können Eisenmennige und andere handwerkliche aufzutragende Beschichtungen auf Ölbasis infrage kommen. Die Beschichtungen müssen auf den Untergrund abgestimmt sein, damit sie nicht selbst Korrosion provozieren.

Die Geschichte des **Betons** konnten Forscher bis in die Antike zurückverfolgen. Moderner Beton geht auf Entwicklungen seit dem 18. und dem 19. Jahrhundert zurück. Abgesehen von einzelnen Ausnahmen wie römischen Bauten in Deutschland, spielte Beton als historischer Baustoff meistens erst als Eisenbetondecken in Gründerzeitbauten und in zunehmendem Maße an Bauten des 20. Jahrhunderts eine Rolle. Seitdem ist er, neben Stahl oder in Kombination mit Stahl, der wohl wichtigste industrielle Baustoff geworden. Beton hat, wie industriell produzierter Stahl, neue Wege in Konstruktion und Gestaltung eröffnet. Architekten und Ingenieure benutzten (und benutzen immer noch) Beton für vielfältigste Bauaufgaben von Brücken über Bunker, Tragkonstruktionen und Stützenrasterfassaden bis hin zu Fassadenfertigteilen, für auskragende Dächer und Balkone. Selbst Fußbodenplatten, Fensterelemente und Kirchenaltäre können aus Beton sein. Die Materialoberflächen können durch die Schalung, in die der Beton gegossen wurde, strukturiert und gemasert und dadurch bis ins Detail prägendes Gestaltungsmerkmal sein. Zuschläge und Zusatzstoffe beeinflussen die Materialeigenschaften wie Druckfestigkeit,

Abbindezeit, Körnung und Farbe. Beton hält hohem Druck stand, verkraftet aber Zug und Biegung nur schlecht. Das kompensiert der Stahl im Stahlbeton. In ältere Konstruktionen können Beton und Stahlbeton nachträglich als Abstützung, Fundament, Plombe oder tückischer Feuchteschutz eingebaut worden sein und zu Folgeproblemen geführt haben.

Stahlbetonkonstruktionen weisen mit zunehmendem Alter typische Mängel und Schäden auf, die oft auf Umwelteinflüsse wie Witterung, besonders Feuchte, und auf Luftverschmutzung zurückgehen (Abb. 7.18b). Folglich zeigen Fassaden aus Beton eher Schäden, während der Beton im Gebäudeinnern sich als tadellos erweist. Ursächlich ist die chemische Reaktion der Carbonatisierung: Feuchtigkeit und Kohlendioxid reagieren mit dem Beton und heben dadurch das alkalische Milieu auf, das bis dahin den Stahl im Beton vor Korrosion geschützt hat. Der Stahl kann dann leichter rosten und der Rost sprengt die Betonüberdeckung ab, sodass der Stahl noch weiter exponiert wird. Die Konstruktion verliert allmählich ihre Festigkeit.

Bei der Betonsanierung geht es daher oft darum, nicht nur die beschädigten Betonbereiche – unter großem Substanzverlust – abzutragen und technisch wie gestalterisch angepasst zu erneuern, dabei den Stahl zu prüfen, zu entrosten und mit Rostschutz zu beschichten, nötigenfalls auch zu ergänzen, sondern auch erneute Carbonatisierung zu verhindern oder zu bremsen. Dafür schlagen Bauingenieure – unter Berufung auf Richtlinien wie die Technische Regel Instandhaltung – Beschichtungen gegen das Eindringen von Kohlendioxid und die Hydrophobierung des Betons, oder zusätzliche Betonüberdeckung vor, um statische Probleme zu verhüten. Im ersten Fall wird die Oberfläche des Betons verändert, was die Gestaltung zunichtemachen kann. Im zweiten Fall würde das Bauteil durch die zusätzliche Betonschicht außerdem dicker. Einen Unterschied macht, ob das geschädigte Betonteil konstruktiv (tragend) oder dekorativ (z. B. vorgehängt) ist. Das vorgehängte Bauteil lässt sich vielleicht abnehmen, restaurieren und wieder anbringen, oder es könnte so nachgebaut werden, dass es sich in die Gestaltung einfügt, aber nach neuen technischen Anforderungen haltbarer gemacht würde.

Als besonders herausfordernd haben sich die Konstruktionen der 1950er Jahre erwiesen, die durch schlanke Bauteile wie Stahlbetonstützen, -fachwerk und -wabenfenster Leichtigkeit ausdrücken und Material sparen sollten (Abb. 7.18c). Wegen der geringen Betonüberdeckung gelangen Feuchtigkeit und Kohlendioxid verhältnismäßig schnell zur Stahlarmierung und verursachen Schäden. Zusätzliche Betonüberdeckung würde die vormals schlanken Betonteile klobig machen, das Proportionsverhältnis zu anderen Fassadenelementen verzerren und womöglich die Erneuerung von Elementen, etwa Fenstern, zwischen den Betonteilen provozieren. Lässt sich das mit einer Beschichtung vermeiden, erweist sie sich als das kleinere Übel. Lässt sich die Betonüberdeckung nicht generell abwenden, dann vielleicht in Teilbereichen. Da die Betonüberdeckung die Oberflächengestaltung verderben kann, hilft die Bemusterung der neuen Oberflächen, sie an die überdeckten Oberflächen anzupassen, damit die historische Materialästhetik beibehalten wird.

Betonkonstruktionen aus bestimmten Bauphasen, oft der Siebziger Jahre, weisen gesundheitsgefährdende Schadstoffe wie Asbest oder Beschichtungen und Fugendichtungen mit Polychlorierten Biphenylen (PCB) auf. Zur Beseitigung oder Eindämmung der Schadstoffe werden deren kompletter Austausch oder einschließende Beschichtungen zu den Innenräumen vorgeschlagen. Im zweiten Fall soll kein Nagel mehr in die Wand geschlagen werden, weil selbiger die Beschichtung durchdringen würde und Schadstoffe freisetzen könnte. Denkmalpflegerisches Ziel wäre, die historischen Bauteile als Dokumente damaliger Gestaltung, Konstruktion und Bautechnik zu bewahren, was angesichts der Schadstoffproblematik besondere Schwierigkeiten aufwirft.

7.20 Wohnraummangel

Bei Wohnraummangel oder auch allgemeiner Wohnungsnot fehlt in Gemeinden Wohnraum – oder bezahlbarer Wohnraum. Der Mangel grassiert besonders in wirtschaftlich prosperierenden Regionen, Städten und Gemeinden mit guter Infrastruktur. Dorthin ziehen Menschen aus strukturschwachen Gegenden, in denen deshalb Wohnungen leer stehen und verfallen.

Ähnlich wie der Klimaschutz wird Wohnungsnot von der verantwortlichen Politik und von Investoren als Argument vorgetragen, überwältigende Baukörper, Aufstockungen und optimierte Flächenausbeute zu begründen. Das soll bevorzugt durch Nachverdichtung und Aufstockung in Innenstädten passieren, wo die städtischen Funktionen konzentriert und die Grundstückswerte hoch sind (Abb. 7.19). Wohnungsnot erteilt aber keine Blankovollmacht für Kulturgutzerstörung. Auch begründet Wohnungsmangel kein

Abb. 7.19 Dachlandschaft von Kaufbeuren aus Südwesten. Aufstockungen oder zusätzliche Dachausbauten mit mehr Fenstern und Fluchtwegen würden die Bausubstanz und das historische Ortsbild, das nicht nur aus engen Gassen heraus zu erleben ist, stark verändern. Dagegen können Baugebiete aus dem fortgeschrittenen 20. Jahrhundert, wegen der Bauweisen und baurechtlichen Anforderungen zur Bauzeit, meistens einfacher aufgestockt und nachverdichtet und schließlich auch leichter mit Infrastruktur versorgt werden

pauschal überwiegendes öffentliches Interesse, sondern die Denkmalschutzbehörde kann darauf verweisen, dass entsprechende Interessen z. B. im Rahmen der Bauleitplanung einzubringen und abzuwägen und im Innenbereich nach § 34 BauGB im Rahmen des Baugenehmigungs- oder denkmalrechtlichen Genehmigungsverfahrens abzuwägen wären. Nachverdichtung bestehender Quartiere kann einen Rattenschwanz an Infrastrukturproblemen nach sich ziehen und soziale Brennpunkte mitverursachen, weshalb Nachverdichtung nicht planlos ablaufen sollte.

Das Erfordernis, allgemeine Wohnungsnot durch Anbauten, Aufstockungen oder Dachgeschossausbauten an Denkmälern zu beheben, besteht regelmäßig nicht, denn baulich, städtebaulich und wohnungspolitisch gibt es zahlreiche effizientere Alternativen. Die Großstadt als Migrationsziel isoliert zu betrachten, führt nicht zu den nachhaltigsten Lösungen. In den verlassenen Gemeinden sind Wohnungen weniger nachgefragt worden, weniger teuer, aber wegen der Vernachlässigung auch sanierungsbedürftig. Hier gibt es Potenziale sowohl für den Wohnungsbau als auch für die energetische Ertüchtigung. Weitere Verdichtungspotenziale finden sich in den jüngeren Vororten und Trabantenstädten. Die stehen nur selten – gegebenenfalls wegen ihres Werts für die Stadtbau- und Siedlungsgeschichte – unter Denkmalschutz. In zahlreichen Stadterweiterungen der Nachkriegszeit steht weit und breit kein Denkmal, das beeinträchtigt werden könnte, sodass nicht mal der Umgebungsschutz zu beachten wäre. Folglich wird Wohnraummangel bzw. Wohnungsbau in den seltensten Fällen als ein den Denkmalschutz überwiegendes öffentliches Interesse zu akzeptieren sein. Den Denkmalschutz bedrängende Interessen können durch entsprechende Landes- und Bundesgesetze aber mit Nachdruck forciert werden.

Eine Wohnraumerweiterung aus privatem Interesse von Eigentümern ist im Falle entgegenstehender Belange des Denkmalschutzes ausnahmsweise trotzdem zu genehmigen, wenn ein zwingendes Bedürfnis an der Wohnraumerweiterung besteht, weil die Nutzfläche *„weit hinter den modernen Anforderungen für eine dem Baudenkmal adäquate Nutzung zurückbleibt oder weil anders eine Erhaltung des Baudenkmals aus wirtschaftlichen Gründen nicht möglich wäre“.*[58]

Anmerkungen

1. Z. B.: §§ 38 und 59 Bauordnung NRW; DIN 18065. – Weitere Ansätze für Abweichungen wegen unverhältnismäßigem Aufwand zur Anpassung der Höhen bietet die Arbeitsstättenrichtlinie (ASR) Nr. A5 Nr. 5. Zwischen Füllstäben kann der Abstand bis 18 cm betragen. Allerdings gelten bei Gebäuden, in denen mit häufiger Anwesenheit von unbeaufsichtigten (Klein)Kindern zu rechnen ist (insb. Kitas und Schulen) strengere Anforderungen: bis 12 cm (Stand 2021). – Herbert Gottschalk erläutert in einer Präsentation vom 17.01.2019, dass die Kleinkinder-Regelung inkl. der lichten Breite bis 12 cm zwischen Geländerstäben nur bis zu einer Höhe von 70 cm gelte (www.tuev-sued.de, zuletzt besucht am 29.01.2022).

2. Davydov et al. 2018, S. 46.

3. Einen weiteren Aspekt, der kein vordergründig denkmalpflegerisches Problem ist, sollte man im Hinterkopf behalten: Mechanische Teile wie Hub-/Plattformlifte im öffentlichen Raum sind Vandalismus und Sabotage ausgesetzt, die ihre Haltbarkeit und Einsatzbereitschaft beeinträchtigen.

4. Z. B. Fritzsche/Heimeshoff 2006. – Kohlbecker 2011. – Landesdenkmalamt Berlin 2015. – Faltblatt des DNK mit dem Freistaat Sachsen: „Neue Wege zum Denkmal. Barrierefreiheit im Baudenkmal". – Broschüre des LAfD Baden-Württemberg: „Barrierearmes Kulturdenkmal". – Das bayerische Landesamt für Denkmalpflege hat bspw. als Sonderheft der Zeitschrift Denkmalpflege Informationen die Sonderinfo 3/2018 herausgegeben: Barrierefreiheit für Baudenkmäler und Bestandsbauten.

5. VdL 1995. – VdL 2019, S. 223–225: Baugesetzbuch u. a. – Pufke 2016a. – Rabeling 2012.

6. Viebrock 2018, S. 10. Auf S. 13–16: Die Literatur ginge von einem Optimierungsgebot zugunsten des Denkmalschutzes aus. Bauleitplanung darf die unersetzbaren Denkmäler nur aufgrund überwiegender öffentlicher Interessen gefährden oder gar die Beseitigung von Denkmälern verlangen. Bauleitpläne, die älter als das Denkmalschutzgesetz sind, müssen kritisch geprüft werden. Bebauungspläne genießen keinen prinzipiellen Vorrang gegenüber denkmalrechtlichen Einzelfallentscheidungen.

7. Albers/Wékel 2008: Zu Aufgaben, Recht, Arbeitsweise und Geschichte der Stadtplanung.

8. VdL-Arbeitsblätter 17 und 18, Denkmalpflegerische Prüfung von Bebauungsplänen/ Flächennutzungsplänen im Rahmen der Beteiligung als Träger öffentlicher Belange.

9. Siehe, neben den Darstellungen oben, auch Kapitel über Städtebauliche Denkmalpflege, und Umgebungsschutz nach § 34 und § 35 BauGB.

10. BauGB: https://www.gesetze-im-internet.de/bbaug/__1.html (zuletzt besucht am 17.12.2022).

11. Martin/Krautzberger 2006, S. 427–447. – Vgl.: Rabeling 2012, S. 37–44. – Stellhorn 2016, S. 47–52.

12. Z. B. wegen erhaltenswerter Blickbeziehungen oder Blickachsen, historischer Gärten, Wehrgräben, Bodendenkmälern usw.

13. Geburtig 2009. – Geburtig 2011. – Kabat 2017. – Zusammenhänge und Beispiele erläutert das VdL-Arbeitsheft Nr. 13: „Brandschutz im Baudenkmal".

14. Stellhorn 2016, S. 46–47: Bestandsschutz kann auch bedeuten, Änderungen zu erlauben, die dazu beitragen, die bestehende legale Nutzung fortzuführen. *„Unbestimmte Rechtsbegriffe und Ermessen sind verfassungsorientiert so auszulegen, dass das Vertrauen des Eigentümers auf den Bestand des legal geschaffenen und genutzten Eigentums angemessen berücksichtigt wird."*

15. Köhler 2022.

16. Z. B.: stiftung-baukulturerbe.de/was-ist-graue-energie-nachhaltigkeit-bei-gebaeuden (zuletzt besucht am 26.11.2022). – Die Denkmalpflege, Ausgabe 2022/1, ist dem

Thema „Denkmal als Ressource" in ökologischer, wirtschaftlicher und kultureller Hinsicht gewidmet.

17. Schulte 2019, S. 23: Ein mit Neubauten vergleichbarer Standard kann bei Bestandsgebäuden nur mit großem Aufwand erreicht werden.

18. Im Bestand zu bauen, spart einerseits die Herstellungsenergie für Abbruch und Neubau ein, andererseits birgt die Altbausanierung ein großes Kostenrisiko, weil es nicht so einfach ist, Gebäude an die heutigen Vorschriften anzupassen (insb. Energieeinsparung, Raumlufttechnik, Brandschutz, Barrierefreiheit). In großen Gebäuden können z. B. komplexe Gebäudetechnik und Anforderungen des Brandschutzes die Kosten so hochtreiben, dass neben der Kosten- auch die Energieeffizienz sowie die Nachhaltigkeit der Altbausanierung in Zweifel stehen.

19. Bundesstiftung Baukultur 2021.

20. Vgl. Schulte 2019, S. 23–24: Erläutert die Gefahr für die charakteristische Baugestalt historischer Gebäude und deren Wert für die städtebauliche Gestaltung und das Ortsbild, unter besonderer Berücksichtigung *„einer völligen Neugestaltung des Daches oder der Außenwandflächen"* durch Wärmedämmung und Solaranlagen.

21. Z. B.: Arbeitsheft der VdL: Innendämmung im Baudenkmal. – Beispielhafte Untersuchung an Gründerzeithäusern: Oswald et al. 2011.

22. Der Einfluss von Wärmebrücken steigt mit zunehmender Stärke der Innendämmung.

23. Z. B. auch in Skudelny 2022, S. 236–237: *„Während die Entwicklung erneuerbarer Energien auf breiter Fläche durch politische Versäumnisse stark unterentwickelt ist, sollen nun die hochkomplexen Flächen von 1,5 % der denkmalgeschützten Bauten als Feigenblatt dienen."*

24. Die EU-Verordnung 2022/2577 zur Festlegung eines Rahmens für einen beschleunigten Ausbau der Nutzung erneuerbarer Energien als Reaktion auf den russischen Angriffskrieg gegen die Ukraine enthält in Artikel 4 Abs. 2 eine Ausnahmeregelung für „Gebiete oder Strukturen aus Gründen des Schutzes kulturellen oder historischen Erbes".

25. Einige Anregungen und weiterführende Informationen bietet bspw. die 2022 aktualisierte Broschüre „Denkmalpflege und erneuerbare Energien" des Landesamts für Denkmalpflege Baden-Württemberg. – Auf www.umweltbundesamt.de/themen/klima-energie (zuletzt besucht am 26.11.2022) können Informationen des Bundesministeriums für Umwelt, Naturschutz, nukleare Sicherheit und Verbraucherschutz abgerufen werden. Die Denkmalpflegefachämter und Landesministerien arbeiten an Erlassen und Leitfäden zum Umgang mit Solaranlagen auf Denkmälern. Die Landesregierung NRW hat im November 2022 „Entscheidungsleitlinien für Solaranlagen auf Denkmälern" herausgegeben. Das LAfD Hessen veröffentlichte 2022 die Handreichung zur Richtlinie an UDBn: „Solaranlagen auf denkmalgeschützten Gebäuden".

26. VG Gießen, Urt. v. 22.06.2010–1 K 185/09.GI, bzgl. Münzenberg, mit der Dachfläche eines Hauses innerhalb einer denkmalgeschützten Gesamtanlage.

27. Diskutiert werden Solaranlagen auf Gewerbehallen, über Parkplätzen, an Schallschutzwänden.
28. Ertragreicher als am Einfamilienhaus, und meist ohne denkmalschädliche Eingriffe möglich: Wärmerückgewinnung bei Abwärme von Industrie, Produktionsbetrieben und Rechenzentren.
29. Kleinwindenergieanlagenwerfen ähnliche Fragen auf wie Solaranlagen und Luftwärmepumpen an Denkmälern. Hierzu können vorläufig auch jüngere Entwicklungen wie die (bislang nur wenige Meter hohen) Bladeless-Windenergieanlagen gezählt werden. Ohne die auffällige Bewegung der Rotorblätter oder anderer beweglicher Teile stellen sie vielleicht eine geringere Beeinträchtigung des Erscheinungsbildes von Denkmälern und von Kulturlandschaften dar.
30. VG Düsseldorf, Urt. v. 07.06.2018 – 28 K 3438/17 unter Bezugnahme auf Literatur.
31. Vgl. VG Düsseldorf, Urt. v.14.01.2021 – 28 K 16493/17: *„Ob Windenergieanlagen die Wirkung eines Baudenkmals schmälern, indem sie dieses optisch dominieren oder schutzwürdige Sichtbezüge zerstören, hängt von der Eigenart und der Lage des konkreten Denkmals ab. […] Eine bloße Wahrnehmbarkeit des Denkmals bzw. seiner konstitutiven Elemente zusammen mit neuzeitlichen Veränderungen begründet daher noch keine erhebliche Beeinträchtigung des Schutzgutes.“* – Strobl et al. 2019, S. 102. – Viebrock 2018, S. 18.
32. Argumentationsversuch eines Energieunternehmens zur Einschränkung des Denkmalschutzes, mit Diagramm: https://www.enbw.com/unternehmen/eco-journal/windenergie-und-denkmalschutz.html, zuletzt besucht am 14.05.2023.
33. Böttcher 2008, S. 117–135. – Gerner 2007. – Krause 2011, S. 136–138. – Lenze 2002. – Mönck 2005. – Ollenik/Heimeshoff 2005, S. 158–160. – VdL 2004.
34. In historischen Territorien können auch schon früher Regelungen zur Holzverwendung erlassen worden sein. In Süddeutschland sind auch Nadelhölzer für Außenwände schon früher üblich gewesen.
35. Pufke 2018. – Pufke 2020. – Schrader 2015a.
36. Oder das Haus wird mit einer Lüftungsanlage mit Wärmerückgewinnung ausgestattet (die gewartet werden muss).
37. Fischer 1991. – Huckfeldt/Wenk 2009/2012. – Meier 2001. – Pufke 2018. – Pufke 2020. – Schrader 2015a. – Arbeitsheft der VdL: Holzfenster im Baudenkmal. – Weitere Online-Hinweise, z. B.: Werner Eicke-Hennig, Energieinstitut Hessen: Historischer Wärmeschutz: Fenster (https://www.nei-dt.de/Downloads/Historische%20Fenster-Eicke-Hennig-2017.pdf, zuletzt besucht am 11.11.2022).
38. Das historische Fenster wird erhalten und ein zusätzliches Fenster wird in derselben Laibung innen hinter das historische Fenster gesetzt. Das neue Fenster übernimmt den Wärmeschutz. Es kann mit einer Innendämmung kombiniert werden.
39. Frössel 2011.
40. Für die Wahrnehmung des Kirchenraumes ist neben der angemessenen Beleuchtung wichtig, dass die Lampen unauffällig sind und nicht zum Blickfang werden.

41. Z. B. Ministerium für Bauen und Verkehr NRW 2010, DNK 2011a, www.zukunft-kirchen-raeume.de (zuletzt besucht am 16.12.2022) uvm.
42. Stellhorn 2016, S. 52–53.
43. Beierkuhnlein et al. 2011.
44. Im Frühjahr 2022 hat die VdL die Broschüre „Denkmalschutz ist Klimaschutz. Acht Vorschläge für eine zukunftsorientierte Nutzung des baukulturellen Erbes und seines klimaschützenden Potenzials" herausgegeben.
45. Z. B. OVG NRW, Beschluss v. 27.04.2012 – 10 A 597/11. Hierauf beziehen sich z. B. auch: OVG NRW, Beschluss v. 08.01.2020–10 A 921/19 und VG Düsseldorf, Urt. v. 28.01.2021 – 28 K 8208/19.
46. In dem Zusammenhang wurden in jüngerer Zeit u. a. medial thematisiert: Energieerzeugung unter Einsatz seltener Rohstoffe mit länderspezifischen Arbeitsbedingungen, Ernährung, Landwirtschaft und Düngemittel, Flächenversiegelung, Waldrodung, Meeresverschmutzung, Streamingdienste und Konsum allgemein, Sport-Großveranstaltungen und dafür nötige Bauvorhaben, Industrieprozesse, Baustoff- und Betonproduktion (und Ansätze zur klimaschonenden Zementherstellung), zuverlässigere öffentliche Verkehrsmittel in einem dichteren Netz und Radwege als Alternativen zum Auto, Tempolimit auf Autobahnen (eine allgemeingültige Regelung käme sogar ohne zusätzliche Verkehrsschilder aus), energiesparende Antriebe; als extrem energieintensive Hobbies: z. B. Superyachten und Privatflugzeuge.
47. Ausnahmeregelungen in Klimaschutz- und Energiesparvorschriften für nicht denkmalgeschützte Gebäude, etwa im GebäudeEnergieGesetz, sprechen für die Ansicht, dass Klimaschutz nicht zwingend am Denkmal durchgesetzt werden muss.
48. VdL 2019, S. 520–522.
49. Bingenheimer 1997. – Böttcher 2008, S. – Goretzki 2016. – Möller 1991. – Schrader 2015, S. 156–238.
50. Neuer Fugenmörtel sollte bei Ruinen hinter die Steinkanten zurückspringen bzw. deren Fronten unverdeckt lassen, um den Eindruck des Bruchsteinmauerwerks zu bewahren, wenn das historisch auch so war. Mörtel-Spritzverfahren können leicht dazu führen, dass das Mauerwerk größtenteils hinter dem Mörtel verschwindet und ein Zustand herbeigeführt würde, der weder dem Befund entsprechen, noch nach historischem Mauerwerk aussehen würde.
51. Bei Verdacht auf schädliche Salzbelastung besonders alter, gestalteter oder empfindlicher Mauern sollten die Restaurierungswerkstätten des Fachamts zu Rate gezogen werden, um zu klären, wie im Einzelfall die Salzbelastung z. B. durch Baustoffproben oder andere Methoden geklärt werden kann. Bei Gipsbelastung im Mauerwerks muss ein neuer Mörtel bei einer Instandsetzung wahrscheinlich sulfatbeständig eingestellt werden.
52. Bingenheimer 1997. – Stanzl 2010. – Petzet/Mader 1993, S. 71. – Schmidt 2008, S. 116–121. – Hinweise von Joachim Zeune 2021.
53. Frössel 2003: Die ersten Kapitel behandeln Baustofftechnologie und Sanierungsfragen, die Kap. 6 und 7 „Historische Putze und Handwerkstechniken in der Bau-

denkmalpflege" und „Fassadenstuck und Fassadendekoration". – Darmstadt 1984: Über Architekturfarbigkeit.

54. VdL 2019, S. 441–443, 528–529, 533–536: Definitionen und grundlegende Erläuterungen zu Siedlungen *(„Oberbegriff für dauerhafte menschlichen Niederlassungen jeder Art")*, Werksiedlungen, Wohngebieten und Wohnsiedlungen. Zum Siedlungsbau sind zahlreiche Publikationen in den Fachgebieten Architekturgeschichte, Städtebau und Denkmalpflege erschienen.

55. Siehe auch: Ollenik/Heimeshoff 2005, S. 205–207.

56. Das VG Gelsenkirchen hat im Urt. v. 18.04.2013–5 K 3268/11 eine Beeinträchtigung von Denkmälern durch Werbeanlagen in deren Umgebung erkannt, in der sie zusammen mit den Denkmälern in einem Sichtfeld wahrzunehmen gewesen wären. Die städtebauliche Bedeutung mindestens eines der Denkmäler war im Eintragungstext (rechtliche Beurteilungsgrundlage) ausdrücklich genannt. Die Werbeanlagen waren geeignet, *„Aufmerksamkeit von den Denkmälern abzulenken, was an sich bereits eine Beeinträchtigung des Erscheinungsbildes darstellt"* und standen *den „auch in einem erkennbaren gestalterischen Widerspruch zur geschützten Umgebung."* Die konkrete Ausgestaltung der Werbeanlagen ist zu beachten.

57. Eipper 2018.

58. OVG NRW, Beschluss v. 08.06.2020 – 10 A 1660/19.

Hilfsmittel

8

Zusammenfassung

Sachbearbeiter in Denkmalschutzbehörden können und sollten sich einer breiten Palette von Hilfsmitteln bedienen. Manche davon, etwa Sicherheitsschuhe und Schutzhelm, sind für Baustellen obligatorisch. Andere vereinfachen die Arbeit oder dienen als wichtige Informationsquellen. Daher findet sich hier ein Überblick über die gängigen Hilfsmittel und Informationsquellen sowie ihren Nutzen und ihre Tücken.

8.1 Analoge und Digitale Werkzeuge

Die **analoge Arbeitsausrüstung** von Sachbearbeitern umfasst sowohl büro- als auch baustellentaugliche Kleidung und Schuhwerk sowie Werkzeug. Für die Baustelle sind das ein Schutzhelm für Baustellenbesuche und Sicherheitsschuhe. Taschenlampe, Zollstock und Notizblock oder Klemmbrett (oder Tablet, Kamera) helfen bei der Bestandsaufnahme vor Ort. Waren in der Bauakte Pläne zu finden oder sind bauseits welche zur Verfügung gestellt worden, können Notizen und Befunde gleich darin eingetragen werden. Gibt es an Gebäuden im Zuständigkeitsgebiet viele profilierte Gesimse oder ähnliche Gliederungen, kann ein Profilkamm (Profillehre) helfen, die Profile abzugreifen und in einer Zeichnung zu dokumentieren. Im Büro hilft eine Lupe, alte kleinformatige Fotos, Karten oder Schriften zu lesen. Im Büro stehen auch die Bücher des Handapparates (siehe: Literatur)

Zur **Hardware-Ausstattung** gehört neben einem ausreichend leistungsfähigen Desktop-PC oder Laptop/Notebook mit Docking Station (mobile Arbeit in Büro, auf Baustelle, in Archiv oder im Home Office; ggf. Telearbeit) eine Digitalkamera (mit passender Schnittstelle zum Computer: USB-Kabel oder Kartenlesegerät), damit die Denkmalschutzbehörde bei Ortsbesichtigungen den vorgefundenen Bestand dokumentieren kann.

Von Vorteil sind mehrere Bildschirme, um Pläne oder Fotos in gut lesbarer Darstellungsgröße durchgehen, vergleichen, auswerten und die Erkenntnisse sofort in der gleichzeitig geöffneten Textverarbeitung oder E-Mail notieren zu können. In Anbetracht des Onlinezugangsgesetzes und anderer Ansätze, Verwaltungsvorgänge zu digitalisieren, benötigen Sachbearbeiter ausreichend große Bildschirme, um digitale Pläne prüfen zu können.

Manche Denkmalschutzbehörden, Planungsbüros und Handwerksbetriebe haben Tablets besorgt, mit denen die Sachbearbeiter vor Ort Fotos machen und diese gleich mit Notizen versehen können. Scanner und Drucker dürften zentral vorhanden sein. Ein Handy, das auch bei schlechten Lichtverhältnissen scharfe Fotos aufnimmt, kann Dienstkameras manchmal kompensieren. Apps zur Pflanzenerkennung helfen bei vorläufigen Einschätzungen in der Gartendenkmalpflege, ersetzen aber nicht den Gartendenkmalpfleger.

Zur **Software-Ausstattung** gehören mindestens gängige Programme zur Textverarbeitung (Genehmigungen, Stellungnahmen usw.), Tabellenkalkulation (für Rechnungslisten von Anträgen auf steuerliche Bescheinigung), zur Bildbearbeitung (Zuschneiden und Beschriften von Fotos, Kartierung des Denkmalumfangs u. ä.), PDF-Leseprogramme (für Pläne, Anträge, Rundschreiben), E-Mail-Programm, Kalender, Browser für Internet und Intranet, und zur Präsentation (für Vorträge vor Dezernat, Rat, Vereinen oder Öffentlichkeit; oder als Hilfsmittel für grafische Darstellungen).

Kommunalverwaltungen sind heute mit einem **Geoinformationssystem (GIS)** ausgestattet, in dem Katasterdaten wie Flurstücke und Eigentümer, Bebauungspläne und andere Satzungen, aktuelle und historische Luftbilder, Straßen-Panoramafotos und weitere für die Stadtentwicklung relevante Informationen abgerufen werden können. Hier können auch Standorte und vielleicht auch der Umfang von Bau- und Bodendenkmälern verzeichnet sein. Die Denkmalschutzbehörden können als Benutzer über den Browser darin Informationen abrufen, aber üblicherweise wird das System von einer anderen Abteilung oder Amt zentral verwaltet und gefüttert. Bei den Denkmalpflegefachämtern kann es vergleichbare Fachinformationssysteme geben, zu denen Untere Denkmalschutzbehörden unter Umständen Benutzerzugang erhalten. Idealerweise lassen sich hier Informationen über das gerade zu bearbeitende Denkmal in seinem städtebaulichen Kontext abrufen und Luftbilder, historische Karten Bebauungspläne hinzuschalten, in deren Geltungsbereich das Denkmal steht. Im Falle von Um- oder Neubaumaßnahmen von Nicht- Denkmälern lässt sich auf der Kartengrundlage schnell überblicken, ob der Bauplatz in der engeren Umgebung von Baudenkmälern steht und ob es in einer räumlichen Wechselwirkung mit ihnen steht. Je nach Funktionsumfang kann der Denkmalumfang auch im GIS kartiert werden statt in einem Bildbearbeitungsprogramm. Das GIS ist eine Hilfestellung, kann mit zweidimensionalen Darstellungen die räumliche Wahrnehmung bei einer Ortsbesichtigung nicht gleichwertig ersetzen.

Infolge der Corona-Kontaktbeschränkungen haben **Videokonferenzen** auch in der Verwaltung größere Verbreitung gefunden. Sie können in bestimmten Fällen nicht nur bei Kontaktbeschränkungen, sondern auch dann, wenn die Besprechungsteilnehmer – z. B. Architekturbüro, Behörde und Eigentümer – in verschiedenen Städten sitzen und eine längere Anreise erspart bliebe, eine effiziente Abstimmung ermöglichen. Das können Präsentationen eines Planungsstands für ein Gebäude oder ein Quartier sein, oder die Diskussion bestimmter Problempunkte, zu denen mehrere Teilnehmer etwas beizutragen haben. Videokonferenzen stoßen schnell an ihre Grenzen, wenn am Denkmal Befunde erhoben, Materialmuster verglichen oder die räumlichen Zusammenhänge hautnah und unverfälscht erlebt werden müssen. Eine technische Hürde für Videokonferenzen ist die Frage, welche Konferenzprogramme von den Sicherheitssystemen unterstützt und welche blockiert werden.

Building Information Modeling (BIM) wird schon Jahrzehnte entwickelt und könnte (als Historic/Heritage Building Information Modeling, HBIM) auch in der Denkmalpflege größere Beachtung finden. Auf der Stufe des individuellen Denkmals, als Bestandteil oder als Variante der digitalen Denkmal-Akte, könnte BIM langfristig helfen, alle Informationen über das eine Objekt und auch auf die Bauteile bezogen zu bündeln. Es könnten beispielsweise für bestimmte Baukörper, Wände oder Decken die Materialien, Wandgestaltung, Befunde, Schäden und Reparaturen, Zeitangeben usw. eingegeben werden. Wie bei der digitalen Akte müsste auch hier genügend Personal vorhanden sein, um diese Daten einzugeben und konsequent zu pflegen. Daher wird sowas vielleicht nur bei besonders komplexen Anlagen zweckmäßig sein. Und vielleicht wird es auch nur bei öffentlichen Denkmälern anwendbar sein, wenn etwa das Land, die Gemeinde oder der Landkreis gleichzeitig Eigentümer von Schule oder Rathaus und Denkmalschutzbehörde ist, sodass Gebäudewirtschaft und Denkmalschutzbehörde auf das gleiche System zugreifen. Weitere potenzielle Anwender sind Wohnungsbaugesellschaften, andere Eigentümer mit eigener Bauabteilung, oder Hausverwaltungen.

8.2   Archivalien

Es gibt viele verschiedene Archivalien und Archive.[1] Archivalien können z. B. Unterlagen über historische Planungsverfahren, Wettbewerbe, alte Bauakten, Architektennachlässe, historische Fotos, Karten, Urkunden, Briefe, Zeitungsartikel, fiskalische Unterlagen wie Kataster, Güterverzeichnisse und Flurkarten, wie auch andere Schriftquellen sein. Besonders Schriftquellen sind möglichst danach zu bewerten, welchem Zweck sie dienten und wer sie verfasste: Dienten der Text oder auch Abbildungen (auch Literatur, Presseerklärungen und Planbegründungen außerhalb von Archiven) der positiven Selbstdarstellung mit geschönten Fakten oder der Beeinflussung der öffentlichen Meinung? Haben die Autoren von Zeitungsartikeln die wesentlichen Informationen erfasst und sachlich dargestellt? Stellen die Archivalien historische Zustände oder angestrebte Ziele dar? Historische Fotos und Karten zählen zu den für Denkmalpfleger effiziente Quellen, weil sie einfach auszuwertende Informationen bereithalten, wenn der dargestellte Zustand mit dem heutigen Zustand verglichen werden kann. Historische Rechnungen und Buchhaltung für Baumaßnahmen und von Lieferanten liefern Hinweise auf die am Bau Beteiligten, die Materialien und deren Herkunft.

Archivalien werden im Gemeindearchiv, Kreisarchiv, Landesarchiv, Bundesarchiv oder in besonderen öffentlichen, kirchlichen oder privaten Archiven aufbewahrt. Archivalien und Akten können durch Schäden, Schimmel, Kriegseinwirkung oder andere Einflüsse verloren gegangen oder nur noch eingeschränkt benutzbar sein.

Archivalien besitzen vor allem in der Geschichtsforschung, Stadtforschung, Bauforschung und Inventarisation Bedeutung, können aber auch bei der Bestandsaufnahme helfen. Die meisten dieser Tätigkeiten werden von den Fachämtern mit Spezialabteilungen, von Hochschulen oder freiberuflichen Bauforschern, Historikern und Vereinen geleistet, mit denen die Archivare vernetzt sind. Für eigene Archivrecherchen haben Sachbearbeiter in der Denkmalschutzbehörde selten Zeit oder Gelegenheit, sollten aber bei den aussichtsreichen Archiven anfragen, ob es Unterlagen zum konkreten Objekt, zum Bauherrn, dem Stadtteil oder aus der Stadtgeschichte in der zum Denkmal passenden Epoche gibt. Wird die Anfrage zeitlich und thematisch eingegrenzt oder das Rechercheziel aufschlussreich erläutert, können die Archivmitarbeiter gezielter suchen. Denkmalpfleger können unter Zeitdruck oft nur die publizierten Forschungsergebnisse auswerten und sich von Archivaren zu deren Beständen und potenziellen Quellen beraten lassen.

Größere Kommunalarchive forschen und publizieren selbst, wobei bauhistorische Themen weniger Beachtung finden als etwa historische Persönlichkeiten, Schul-, Religions- oder Wirtschaftsgeschichte. Baugeschichte ist nur ein Thema von vielen. Die anderen Themen können der historischen baulichen Anlage Kontext geben, indem sie über historische Entstehungsbedingungen aufklären. Kleinere Kommunalarchive sind mit der nötigsten Ablage, Aufbewahrung und Bereitstellung des Archivguts ausgelastet. Wie viel Wert dem Archiv (wie der Denkmalschutzbehörde) beigemessen wird, unterscheidet sich von Gemeinde zu Gemeinde oder Landkreis.

In Nordrhein-Westfalen widmet sich das Baukunstarchiv in NRW der Sammlung und Erforschung von Nachlässen dortiger Architekten und Ingenieure. Architekturmuseen wie das der TU Berlin oder der TU München haben viele Digitalisate im Internet bereitgestellt. Das Europäische Burgeninstitut hat zahlreiche Pläne von Burgen für Online-Recherchen bereitgestellt. Die Deutsche Digitale Bibliothek stellt z. B. einige historische Karten online zur Verfügung.

Die Denkmalpflegefachämter bemühen sich, Zeichnungen, Karten, Fotos, Befunde, Dokumentationen zu sammeln, die zur Erforschung der Denkmäler relevant erscheinen. An Hochschulen mit einschlägigen Fachgebieten können (nicht veröffentlichte) Hochschulschriften zu Denkmälern, deren Entstehungszusammenhang oder Architekten und Künstlern vorliegen, aber auch Schutzfristen unterliegen, um die Daten und Leistungsnachweise der Prüflinge zu schützen. Auf Nachfrage und unter Wahrung relevanter Rechtsvorschriften stellen sie die Unterlagen vielleicht zur Verfügung.

Je nach Entstehungszeit des zu prüfenden Objekts können die Schöpfer noch leben, ihre Firmen fortbestehen oder Zeitzeugen Auskunft geben. Solche Personen können nach Hinweisen auf weiterführende Informationen befragt werden.

8.3   Bauakten, Planungsakten, Denkmal-Akten

Akten zu lesen und in anderen Beständen zu recherchieren gehört zur Sachverhaltsermittlung (Untersuchungsgrundsatz nach jeweils geltendem Verwaltungsverfahrensgesetz), um die Grundlagen für denkmalpflegerische und denkmalrechtliche Entscheidungen zu erarbeiten. Steht eine Sache noch nicht unter Denkmalschutz, gibt es entweder noch keine Denkmal-Akte, oder schon mit dem Prüfvorgang oder der Anhörung der Eigentümer oder des Fachamtes wurde eine Akte angelegt. Unterlagen aus der Zeit davor gibt es in anderen Quellen wie Archivalien, Bauakten oder Katasterkarten.

Akten zu führen und zu pflegen, ist rechtlich relevant, um zu dokumentieren, welche Entscheidungen aus welchen Gründen getroffen worden sind, sodass die Verwaltung ihre Entscheidungen nachweisen und nachvollziehen kann. Im Sinne rechtsstaatlicher Transparenz sollen auch die Betroffenen (z. B. Antragsteller), Gerichte und sonstige Kontrollinstanzen die Entscheidungen und entscheidungserheblichen Bearbeitungsschritte überprüfen können. Nach Informationsfreiheitsgesetz können Privatleute ein Anrecht auf bestimmte Informationen geltend machen. Die Denkmalpflegefachämter haben durch ihren gesetzlichen Auftrag ein berechtigtes Interesse an der Akteneinsicht. Ähnlich wie Archivalien können Akten verloren gegangen sein.

Wenn eine Baumaßnahme oder Nutzungsänderung einer Baugenehmigung bedurfte, gibt es wahrscheinlich[2] bei der Bauaufsichtsbehörde oder einem Aktendepot eine Bauakte, die Antragsunterlagen inklusive Pläne und Baubeschreibung enthält. Sofern die Bauakten nicht zerstört oder entsorgt wurden, reichen Baugenehmigungen in Bauakten oft bis zum Anfang des 20. Jahrhunderts zurück, manchmal bis zu früh eingeführten Bauordnungen (des jeweiligen Regierungsbezirks) im mittleren 19. Jahrhundert. Ältere Bauunterlagen können archiviert worden sein.

Antragsunterlagen und gegebenenfalls andere Dokumenten enthalten Informationen wie Bauherr, Architekt[3], Baujahr (Antragsdatum, Genehmigungsdatum, Fertigstellung) und andere Beteiligte. Die Bauantragspläne zeigen die geplanten Grundrisse, Fassadengestaltung, Nutzungen usw., die aber eine Absichtserklärung darstellen und vielleicht gar nicht gebaut oder später wiederum verändert wurden. Bestandspläne zeigen, was zu ihrem Zeitpunkt vorhanden war, hängen aber auch von dem Zweck der Bestandsaufnahme ab und stellen vielleicht nur die Informationen dar, die für einen bestimmten Zweck erforderlich waren. Sollte nichts umgebaut, sondern nur z. B. ein Ladenlokal im Erdgeschoss eine andere Nutzung bekommen, könnte nur der betroffene Bereich in einem Bestandsplan dargestellt oder markiert sein. Der Plan liefert trotzdem Anhaltspunkte über die Bau- und Nutzungsgeschichte. Die zeichnerischen und schriftlichen Darstellungen werden mit dem tatsächlichen Bestand abgeglichen werden müssen. Dann wird ersichtlich, ob die Darstellungen (noch) der Realität entsprechen. Die Zeichnungen und Baubeschreibung liefern auch Indizien für bauliche Details oder Ausstattungselemente wie Fenstergliederung oder Bodenfliesen und deren jeweiliges Material. Solange die aber im Bestand nicht mehr existieren oder nicht baurechtlich relevant waren

(z. B. für Fluchtwege, Gestaltungssatzung), liefert die Akte allein keinen Beweis, dass diese Bauteile überhaupt jemals eingebaut gewesen waren. Aktenrecherchen liefern Indizien, die mit dem Bestand und anderen Quellen (z. B. historischen Fotos) möglichst zu überprüfen sind. Zu beachten ist auch, dass die historischen Pläne, wenn überhaupt gegeben, historischen Bauordnungen entsprechen mussten, die mit der heutigen Landesbauordnung mehr oder weniger viele Gemeinsamkeiten aufwiesen.

Das Stadtplanungsamt führt Akten zur Bauleitplanung und anderen Planungsvorhaben oder auch Erhaltungssatzungen. Alte städtebauliche Pläne wie Fluchtlinienpläne und Bebauungspläne aus dem 19. oder 20. Jh. nach dem preußischen Fluchtliniengesetz, Wirtschaftspläne, Leitpläne, Durchführungspläne, Pläne für öffentliche gärtnerische Anlagen und Plätze usw. können noch bei der Stadtplanung, Grünflächenamt, Tiefbauamt oder anderen kommunalen Ämtern und in Archiven vorliegen. Ob die Pläne vom Rat beschlossen wurden, sollte in Ratsprotokollen und durch Unterschriften auf den Plänen zu ermitteln sein. Auch städtebauliche Pläne wurden nicht zwangsläufig oder vollständig umgesetzt, können nach wenigen Jahren schon wieder geändert worden sein, oder es wurden Abweichungen zugelassen. Andere Pläne können eher als städtebauliches Konzept, ähnlich heutiger Rahmen- oder Masterpläne aufgefasst werden, um eine Idee von der Entwicklung der Gemeinde zu formulieren. An (jüngeren) Planungsverfahren sollten (gegebenenfalls nach Denkmalschutzgesetz) die Denkmalschutzbehörde und das Denkmalpflegefachamt als Träger öffentlicher Belange beteiligt worden sein. Dann sind der Schriftverkehr und Beteiligungsunterlagen in der Planungsakte oder bei den beteiligten Ämtern abgelegt.

Die Denkmalschutzbehörde führt die Denkmal-Akten mit allen denkmalrechtlich und denkmalpflegerisch relevanten Informationen, die sie gesammelt und für aktenrelevant erachtet hat. Das betrifft insbesondere Genehmigungsverfahren, Ordnungsverfahren und steuerliche Bescheinigungen. Führt die Denkmalschutzbehörde (und nicht das Fachamt) die Denkmalliste, hat sie auch die Akten bzw. Unterlagen zur Unterschutzstellung. Da Unterschutzstellung und Genehmigung für Veränderungen getrennte Verfahren sind, kann es zwei getrennte Akten für dasselbe Denkmal geben. Mindestens enthalten sein sollten Umfang und Gründe der Unterschutzstellung. Enthält die Akte nicht mehr als den Eintragungsvorgang, ist entweder nichts weiter passiert, oder Maßnahmen sind nicht aktenkundig. In jüngerer Zeit hat durch digitalen Datentransfer und E-Mails die Menge an Schriftverkehr und potenziell aktenrelevanten Dokumenten zugenommen. Das erfordert mitunter, auch formlose Auskünfte in der Akte abzulegen, um Beratungsvorgänge und Äußerungen später nachweisen zu können. Es kann sein, dass auch eine dicke Denkmal-Akte nicht die gerade gesuchte Information enthält, die Recherche darin aber viel Zeit beansprucht. Auch hier gilt zu bedenken: eine genehmigte Maßnahme könnte trotzdem nicht ausgeführt worden sein.

In Denkmal-Akten können, neben Verwaltungsvorgängen und Protokollen, auch Pläne und Fotos enthalten sein, sofern die Denkmalschutzbehörde sie hat sammeln können. Oder diese entstanden im Zusammenhang mit denkmalpflegerischen Bauaufnahmen oder Ortsbesichtigungen. Analoge Fotos aus der Akte oder aus dem Fotoarchiv der Denkmalschutzbehörde oder des Stadtarchivs zu digitalisieren ist für die kurzfristige Verfügbarkeit dringend zu empfehlen. Das hilft nicht nur bei der Antragsbearbeitung, sondern auch bei telefonischen Anfragen, weil die Digitalisate vom PC-Arbeitsplatz abgerufen werden können.

Die Denkmalschutzbehörde äußert sich nicht nur zu Denkmälern, sondern auch zu Nicht-Denkmälern in der engeren Umgebung von Denkmälern, oder in Bauleitplanverfahren und anderen Verfahren. Hierzu sollten Akten oder Ordner für den Umgebungsschutz bzw. Ordnerstrukturen auf dem Server nach Straßen auch mit jenen Adressen angelegt sein, an denen keine Denkmäler stehen.

8.4   Digitale Akte und digitale Denkmalliste

Informationen über Denkmäler sollen digital aufbereitet und als digitale Denkmalliste zur Verfügung gestellt werden. Forderungen dazu stellt in Nordrhein-Westfalen die Denkmalverordnung von 2022 (zuvor die Verordnung über die Führung der Denkmalliste aus dem Jahr 2015), die auf die INSPIRE-Richtlinie von 2007 folgte (INfrastructure for SPatial InfoRmation in Europe). Dazu haben Denkmalfachämter und zum Teil Untere Denkmalschutzbehörden mit den digitalen Denkmallisten und Portalen Ansätze erdacht, die Öffentlichkeit besser zu informieren. Die erleichterte Zugänglichkeit von Denkmalwissen bietet zudem Chancen für die Denkmalvermittlung.

Parallel dazu sollen die Akten und Verfahrensabläufe digitalisiert werden. Zweck der digitalen Aktenführung soll es sein, Arbeitsprozesse zu beschleunigen, indem Anträge und die Anhänge wie Pläne digital zwischen den Antragstellern und Behörden ausgetauscht und bearbeitet werden können. Idealerweise werden die Lösungen Schnittstellen aufweisen, durch die etwa Amt A, Gemeinde B, Kreisverwaltung C, Bezirksregierung D, Landesministerium E und Verwaltungsgericht F effizient Informationen austauschen können.

Da viele Behörden, Gemeinden, Landkreise, Fachämter usw. ihre eigenen Konzepte für die Digitalisierung der Akte und der Denkmalliste verfolgen, weil sie unterschiedliche Vorstellungen davon haben, wie solche Systeme funktionieren (und wie viel sie kosten) sollen und welche Informationen am wichtigsten sind, ist der Entwicklungsstand der kommunalen Digitalisierung sehr unterschiedlich fortgeschritten.

8.5   Fotos, Zeichnungen, Luftbilder und Karten

Historische Fotos zeigen einen früheren Zustand des Denkmals, von Bauwerken, Straßenzügen oder Ortsansichten. Wenn die Denkmalschutzbehörde sie nicht selbst vorliegen hat, dann findet sie historische Abbildungen oft in der Literatur, in Archiven oder auch bei Geschichtsvereinen. Sie helfen im Arbeitsalltag, soweit vorhanden, den aktuellen mit dem fotografierten früheren Zustand zu vergleichen und Anhaltspunkte für vielleicht nicht mehr erhaltene Bauteile, veränderte Öffnungen oder die Farbgestaltung (oder bei Schwarz-Weiß-Fotos: Helligkeitsabstufung) zu erlangen. Zum Zeitpunkt der Unterschutzstellung gemachte Fotos sind mittlerweile auch „historisch". Auch Fotos aus jüngster Vergangenheit helfen, wenn es darum geht, Ordnungswidrigkeiten wie unerlaubte bauliche Veränderungen festzustellen und den Zeitpunkt einzugrenzen. Oft geht es darum, Anhaltspunkte für bevorstehende Instandsetzungen oder Restaurierungen zu sammeln, wenn z. B. die Fassade gestrichen oder eine Fehlstelle im Deckenstuck ergänzt werden soll. Die Fotos können mit dem Befund vor Ort abgeglichen werden.

Neben den Bauantragsplänen und Bauaufmaßen gibt es noch einige andere bildhafte Darstellungsformen, die als Hilfsmittel herangezogen werden können: Zeichnungen, Skizzen, Malerei, Modelle, Abgüsse usw. Hier ist zwischen wissenschaftlichen, technischen, handwerklichen und künstlerischen Darstellungen zu unterscheiden. Die ersten drei sollen das Objekt möglichst originalgetreu und maßstäblich darstellen, weil die korrekte Bauausführung davon abhing. Trotzdem müssen die Darstellungen nicht der Realität entsprochen haben, weil sie vielleicht nur Entwürfe waren oder nie ausgeführt wurden. Historische wissenschaftliche Darstellungen sind wahrscheinlich historische Bauaufnahmen. Aber selbst die zeigen nur das, was die Bauforscher damals als wichtig oder vordringlich erachtet haben.

Bei künstlerischen Darstellungen steht dagegen die Stimmung im Vordergrund und mit künstlerischer Freiheit wird der Künstler die seinerzeit beobachtete Realität nach den eigenen Vorlieben oder denen des Auftraggebers interpretiert, idealisiert oder verfälscht haben. Historische Darstellungen geben dennoch Hinweise, sei es durch die Darstellung des mehr oder weniger realen Baubestandes zum Zeitpunkt als das Kunstwerk geschaffen wurde, oder durch die Häufung (bekannter) künstlerischer Darstellungen bestimmter Haus- oder Stadtansichten, weil die ein Indiz dafür sind, welchen Stellenwert die Bauwerke als Attraktionen oder Symbole in der historischen Wahrnehmung des Stadtbildes gespielt haben könnten. Die Indizien aus den historischen Darstellungen kann man mit zuverlässigeren Quellen abgleichen.

Luftbilder und Karten zeigen den Zustand der Stadt oder des Ortes zum Zeitpunkt ihrer Aufnahme. Je nachdem, wie präzise sie sind, lassen sich auch einzelne Gebäude und Grundstücke ausmachen. Wie Zeichnungen stellen Karten auch nur das dar, was für die Karte als wichtig erachtet wurde. Karten können beispielsweise reine Straßenkarten sein, Grundstücksgrenzen, Flächennutzungen, Sehenswürdigkeiten darstellen, das soziale Gefüge eines Stadtteils oder den Ausbau von Straßen uvm. erläutern. Informationen über den Baubestand, Parzellenstruktur und mitunter auch die Besitzernamen (und deren Berufe) sind in historischen Katasterkarten und den zuvor gefertigten (Ur-) Handrissen eingetragen. Neben anderen fiskalischen Unterlagen wie Güterverzeichnissen und Flurkarten dienten Kataster als Grundlage für die Besteuerung. Daher können in den Katasterkarten Wohn- und Wirtschaftsgebäude unterschiedlich dargestellt sein. Katasterkarten tragen normalerweise die Namen der Bearbeiter, Unterschrift und Datum. Datumsangaben können eine Erstbearbeitung angeben und um Berichtigungen ergänzt sein. So können beispielsweise in einem Kataster von 1840 mit Berichtigung von 1900 jüngere Anbauten oder Neubauten, die zwischenzeitlich errichtet wurden, hervorgehoben sein. Durch die Abfolge und den Vergleich historischer Luftbilder und Karten mit aktuelleren Exemplaren kann die städtebauliche Entwicklung nachvollzogen werden, weil etwa Straßen und Viertel erst nach und nach auf jüngeren Luftbildern abgebildet werden, oder weil ein mehrflügeliges Gebäude in einer Gartenanlage in mehreren Bauphasen errichtet wurde, nachträglich Gauben aufgesetzt bekam, oder weil Flügel, Höfe und Grünflächen wieder verschwunden sind. Schrägluftbilder können einen guten Eindruck von baulichen Anlagen in ihrem räumlichen Verhältnis zueinander, von Gebäudehöhen und Dachformen vermitteln.

8.6 Internet

Im Internet treten viele öffentliche und private Akteure auf. Fachleute und Laien diskutieren in Foren und jüngeren sozialen Medien über Sanierungstechniken. Es finden sich Video-Anleitungen zum selber machen, sachliche Produktinformationen, aber auch Verkaufsseiten, die einseitige Informationen anbieten. Hier lässt sich viel Nützliches wie auch Irreführendes finden. So wie Ärzte seufzen, wenn der Patient anhand von Internet-Informationen seine eigene Diagnose für sich erstellt hat, kann die oft widersprüchliche Informationsvielfalt im Netz zu Bau-Wünschen führen, die technisch oder rechtlich nicht ohne weiteres umsetzbar sind.

Da Gesetze heute regelmäßig auch im Internet veröffentlich werden, ermöglichen Seiten wie gesetze-im-internet.de, landesrecht.brandenburg.de oder recht.nrw.de Einblick in die Gesetze des Bundes und der Bundesländer – für jeden mit Internetzugang. Auch die Denkmalschutzgesetze sind online zu finden. Die Gemeinden veröffentlichen Ortsrecht, städtebauliche Sanierungsgebiete und aktuelle Planungsprojekte, für die eine Öffentlichkeitsbeteiligung vorgeschrieben ist, auf ihrer Internetpräsenz. Besondere Regelungen und Informationen können ebenfalls auf den Seiten der Gemeindeverwaltungen, der Kreisverwaltungen, Bezirksregierungen, der Denkmalpflegefachämter usw. abgerufen werden.

Öffentliche Kartendienste wie tim-online.nrw.de oder geoportal.rlp.de liefern öffentlich einsehbare Kartengrundlagen, Grundstücks- und Verwaltungsgrenzen, Luftbilder, zum Teil auch Geländemodelle bzw. Schummerungen, die bei archäologischer Prospektion und bei Planungen helfen können. Bildarchive wie der Bildindex der Universität Marburg stellen zahlreiche historische Fotos und Darstellungen zur Nutzung (nicht unbedingt zur Weiterveröffentlichung) bereit, während manche Architekturmuseen historische Zeichnungen veröffentlich haben. Mehrere private Seiten bieten Denkmallisten mit Fotos an, die aber nicht die offiziellen, vollständigen und rechtlich verbindlichen (amtlichen) Listen wiedergeben müssen.

In Nordrhein-Westfalen fordert die Denkmalverordnung Verwaltungen auf, die Denkmallisten online zu veröffentlichen. Manche Gemeinden stellen eine reine Liste als PDF online, andere sind bemüht, die Denkmäler als Punkte oder mit Umrissen in Karten zu verorten. Bremen mit der Denkmaldatenbank, Sachsen mit der digitalen Denkmalliste bzw. Denkmalkarte Sachsen, Niedersachsen und Bayern mit dem jeweiligen Denkmal-

Atlas auf denkmalatlas.niedersachsen.de bzw. im geoportal.bayern.de beispielsweise verorten Denkmäler mit Umrissen in Karten und bieten die Möglichkeit, per Mausklick darauf auch Steckbriefe mit Baudaten und Kurzbeschreibungen aufzurufen. Ähnlich funktioniert kuladig.de, das – über Denkmäler hinaus breiter aufgestellt – Informationen über historische Kulturlandschaften digital anbietet.

Es gibt einige Fachpublikationen legal online einzusehen und herunterzuladen. Die Denkmalpflegefachämter, manche Denkmalschutzbehörden und die Vereinigung der Denkmalfachämter in den Ländern bieten Merkblätter und Positionspapiere zum Herunterladen an. Hier lohnt auch ein Blick ins Ausland, da beispielsweise das österreichische Bundesdenkmalamt seine „Standards der Baudenkmalpflege", die Eidgenössische Kommission für Denkmalpflege „Grundsatzdokumente und Leitsätze zur Denkmalpflege in der Schweiz" herausgegeben hat. Aus den analogen und online angebotenen Publikationen, Leitfäden und Ratgebern lassen sich Anregungen für den Umgang mit Denkmälern gewinnen. Dabei müssen die Leser und Anwender auf die Vereinbarkeit der Literatur mit dem Denkmalschutzgesetz des jeweiligen Bundeslandes achten. Hinweise und Ratgeber zu auf das Bauwesen bezogenen fachlichen und gesetzlichen Rahmenbedingungen bieten die Internetseiten der Architekten- und Ingenieurkammern der Länder.

Neben den allgemeinen Suchmaschinen gibt es auch zahlreiche Seiten mit Suchfunktionen und Verzeichnissen für Energieberater und Ingenieure, Archive, Bibliotheken, Suchmaschinen für Gerichtsurteile, Literatur (Online-Kataloge von Hochschulbibliotheken, Baufachinformation des Fraunhofer-Informationszentrums Raum und Bau, o. ä.), oder Webseiten von Berufsverbänden, etwa von Restauratoren, von Handwerker-Innungen oder von Architektenkammern. Die Projekt- und Referenzlisten der Betriebe und Planungsbüros vermitteln einen mehr oder weniger guten Eindruck, welche Leistungen und Erfahrungen sie bieten.

Wenn ein Handwerksbetrieb ein Produkt vorschlägt, das den Sachbearbeitern bislang unbekannt war, lassen sich Produktdaten und Abbildungen auf den Herstellerseiten finden. Ob das Produkt am fraglichen Denkmal sinnvoll einzusetzen ist, kann dadurch vielleicht schon geklärt werden, oder die Produktdaten ermöglichen, Unklarheiten anzusprechen.

Auf einigen Seiten, die für bestimmte Interessen oder Produkte eintreten und sie bewerben, auch auf Seiten von Tageszeitungen, sind Verweise auf Gerichtsurteile zu finden, die in dem dabei erwähnten Streitfall zu Gunsten der beworbenen Produktgruppe entschieden wurden. Unerwähnt bleiben dabei die gegenteiligen Urteile anderer Verfahren, die dem Anliegen der Lobbygruppe aber widersprechen würden. Ein anderer Grund kann sein, dass es sich um einen älteren Artikel handelt, der nicht den neuesten Stand wiedergibt. Als zuverlässiger erweisen sich die Kommentare zu den Denkmalschutzgesetzen (siehe Literatur), selbst wenn auch die nur die Urteile bis zur Drucklegung berücksichtigen. Deren grundsätzliche Überlegungen lassen sich auf die Einzelfälle auf dem Schreibtisch anwenden. Manche Verwaltungen bieten in ihrem Intranet Zugriff auf Datenbanken von Verlagen und damit der Denkmalschutzbehörde Zugang zu einschlägiger Literatur und Rechtsprechung.

8.7 Literatur

Jede Denkmalschutzbehörde sollte folgende Literatur zur Verfügung, am besten als Handapparat im Büro stehen oder, soweit online veröffentlicht, als Browserfavoriten gespeichert haben: Fachliteratur zur Denkmalpflege und einen möglichst aktuellen Kommentar zum Denkmalschutzgesetz (soweit es einen für das Bundesland gibt) sowie Links zum Denkmalschutzgesetz, der Landesbauordnung, dem Baugesetzbuch, dem Verwaltungsverfahrensgesetz und anderen Vorschriften. Zu bestimmten Themen wie Burgenforschung, Glas, Energie oder Steinkonservierung und zu entsprechenden Tagungen erscheinen immer wieder neue Bücher und Zeitschriftenbeiträge mit neueren Erkenntnissen und Anwendungsbeispielen. Wenn Denkmäler (oder andere bauliche und gärtnerische Anlagen sowie Kunst, Technik und historische Entwicklungen und Persönlichkeiten) im Zuständigkeitsbereich publiziert wurden, sollten die Publikationen möglichst beschafft werden oder bei Bedarf zugänglich sein, weil sie sowohl bei der Bewertung der Denkmaleigenschaft und von Baumaßnahmen als auch bei der Erforschung und Vermittlung helfen. Fragen Vereine oder Gemeinderat bei der Verwaltung Informationen ab, oder steht eine Baumaßnahme an, sind dadurch gleich Unterlagen zur Hand, welche die Akte ergänzen. Neben Informationen zur historischen Bedeutung, der Bau- und Nutzungsgeschichte können auch Fotos und Pläne enthalten oder Sanierungen beschrieben sein.

In den Gesetzeskommentaren werden die Paragraphen unter Berücksichtigung der Rechtsprechung ausgelegt, um zu erklären, was die Paragraphen meinen bzw. welche Intention der Gesetzgeber hatte und welche Rechte und Pflichten die Eigentümer und Behörden haben. Mit den Neuauflagen der Kommentare wird auch jüngere Rechtsprechung eingearbeitet und damit kann auch der Inhalt dieses Buches auf Aktualität überprüft werden.

Die Einführungen in die Denkmalpflege von Hubel und Schmidt eignen sich gut zum theoretischen Einstieg in die Disziplin. Das sehr umfangreiche Handbuch Denkmalschutz und Denkmalpflege richtet sich an beharrliche und erfahrenere Leser. Krauses Lexikon Denkmalschutz + Denkmalpflege und das Handbuch Städtebauliche Denkmalpflege sind als Nachschlagewerke zu empfehlen. Das 2020 von Thomas Will herausgegebene Buch „Kunst des Bewahrens" bietet eine Textsammlung zur theoretischen Fundierung des eigenen Handelns. Die an Architekten gerichteten Bücher von Spital-Frenking und Thomas sensibilisieren, trotz ihres Alters von über zwanzig Jahren, für die Bauaufnahme und das Weiterbauen am Denkmal und können gegenseitiges Verständnis zwischen Behörde und Freiberuflern fördern. Sie enthalten auch kompakte Einführungen in denkmalpflegerische Prinzipien, die anhand der illustrierten Beispiele diskutiert werden. Manche der in diesem Buch zitierten Literatur, etwa das hilfreiche Buch „Praktische Denkmalpflege" von Petzet und Mader oder die genannten Architektenbücher, sind vergriffen und nur noch im Antiquariat oder in Bibliotheken zugänglich.

In den Gesetzeskommentaren werden die Paragraphen unter Berücksichtigung der Rechtsprechung ausgelegt, um zu erklären, was die Paragraphen meinen bzw. welche Intention der Gesetzgeber hatte und welche Rechte und Pflichten die Eigentümer und Behörden haben. Mit den Neuauflagen der Kommentare wird auch jüngere Rechtsprechung eingearbeitet und damit kann auch der Inhalt dieses Buches auf Aktualität überprüft werden.

Nützliche Informationen finden sich außerdem in der Literatur zur Ortsgeschichte, über Bau- und Stadtbaugeschichte, Baustile, Konstruktionen und Sanierungstechniken (auch Produktinformationen), die im Zuständigkeitsbereich häufig vorkommen. Manchmal haben Archive oder Geschichtsvereine Bibliographien der orts- oder regionalgeschichtlichen Literatur zusammengestellt, was bei der Suche nach geeigneter Literatur hilft. Zu manchen Städten gibt es historische Adressbücher, die Hinweise zu früheren Bewohnern und Nutzungen liefern können. Hat die Denkmalschutzbehörde viele ländliche Fachwerkhäuser, Gründerzeithäuser oder Siedlungen zu betreuen, oder steht die Konversion einer historischen Fabrik zu einer neuen Nutzung an, gibt es dazu einschlägige Literatur und Vergleichsbeispiele. In Architekturzeitschriften und anderen thematisch einschlägigen Fachzeitschriften, manchmal auch in Zeitschriften von Geschichts- und Heimatvereinen oder in Kreisjahrbüchern usw., werden Sanierungen, Nutzungsänderungen und die Geschichte der Bauten und ihres Umfelds besprochen. Historische Ausgaben können Artikel und Fotos aus der damaligen Zeit beinhalten, in der das heutige Denkmal entworfen oder gerade fertiggestellt worden ist. In historischen Ausgaben von Fachzeitschriften sind auch Mitteilungen über ministerielle Richtlinien, Förderprogramme uvm. mehr zu finden. Über (meist berühmtere) Architekten gibt es Monographien oder Zeitschriftenartikel, die das potenzielle Denkmal bereits in das Gesamtwerk des Architekten kritisch eingeordnet haben können. Ein „Dehio" (Handbuch der deutschen Kunstdenkmäler) zu Bundesland oder Region kann durch das Einführungskapitel und die kurz vorgestellten Referenzbeispiele eine Orientierungshilfe sein.

Denkmalschutzbehörden an Hochschulstandorten mit einschlägigen Fachgebieten (Architektur, Kunstgeschichte, Stadtplanung, Geografie, Restaurierungswissenschaften, Kulturanthropologie usw.) oder in Reichweite der Denkmalpflegefachämter profitieren von den großen Bibliotheken und den Spezialbibliotheken. Ein Blick in die Literatur wird spätestens dann erforderlich, wenn Vergleichsobjekte aus anderen Gemeinden referenziert werden sollen und wenn das Internet nicht die gewünschten Informationen mit dem benötigten Tiefgang parat hält. Bei den zuständigen Denkmalschutzbehörden und Fachämtern lässt sich auch erfragen, ob die begehrten Vergleichsbeispiele schon erfasst worden sind.

8.8   Muster und Vergleichsbeispiele

Referenzen und Beispielfotos zu sammeln, um Denkmaleigentümern, Handwerkern oder Planern zu veranschaulichen, was man meint, oder welche Lösungen an anderen Denkmälern in derselben Gemeinde oder andernorts gewählt wurden und wie die aussehen, kann bei der Diskussion um geeignete Baumaßnahmen, um das Gesamterscheinungsbild und um Details helfen. Manche Denkmalschutzbehörden haben sich eine Skizzensammlung für einzelne Details wie Ortgänge, Traufen oder zur Ergänzung neuer Bauteile wie Gauben zusammengetragen, um zu erörtern, inwiefern eine solche Lösung auf das aktuell zu bearbeitende Denkmal anzuwenden sein kann. Die Beispielsammlungen dürfen aber nicht dazu verleiten, schematisch dieselben Details für verschiedene Denkmäler vorzuschreiben, weil man das immer schon so gemacht hätte, obwohl das Detail des einen Hauses an dem anderen Haus gar nicht nachgewiesen ist. Ideal bleibt die Reparatur nach Befund, was sich aber nicht immer verwirklichen lässt.

Um besser vorauszusehen, welche Auswirkungen Ersatzteile oder ganz neue Baustoffe auf den Bestand haben, helfen auch Muster von Baustoffen wie Fensterprofile, Bleche, Ziegel, Fliesen, Böden usw., da die echte Anschauung noch etwas anders wirkt als die Beispielfotos im Internet oder in Produktkatalogen. Solche Muster können aber auch mit einer Materialcollage bzw. einer Zusammenschau der vorgesehenen neuen Materialien im Vergleich mit den alten vorgelegt und besprochen werden. Farbtonkarten helfen beim Abgleich von Farbbefunden und bei der Auswahl geeigneter Farbtöne.

Neben Details und Mustern können auch wiederkehrende Auflagen gesammelt werden, die auf den Einzelfall umformuliert oder inhaltlich an den Einzelfall angepasst werden können. Passende Auflagen zu kopieren und einzufügen kann die Bearbeitung beschleunigen. Gerade bei Siedlungen, die aus wiederkehrenden Haustypen bestehen, können Standard-Auflagen, Skizzen und Muster gesammelt und wiederverwendet (oder in einer Gestaltungsfibel vermittelt) werden. Wenn man sie aber auf andere individuelle Gebäude abändern muss und ohnehin schon aus Routine auswendig weiß, wie die Auflagen ungefähr lauten würden, kann es auch zweckmäßiger sein, sie für den aktuellen Fall gleich neu zu schreiben.

Anmerkungen

1. Siehe beispielsweise auch Wild 2020: Quellen zur Architektur- und Stadtbaugeschichte in rheinischen Archiven.
2. Bei Landes-, Reichs- oder Bundesbauten könnte eine lokale Bauaufsichtsbehörde nicht zuständig gewesen sein. Unterlagen könnten im Bundesarchiv zu finden sein.
3. Sowohl für die Forschung als auch für lokale Vergleiche nützlich sind Architektenverzeichnisse mit Bau- und Planungsprojekten und Quellenangabe. Wann ein Sachbearbeiter bei Recherchen auf Informationen über Architekten stößt, können die In-

formationen oder der Hinweis auf die Quelle in dem selbst angelegten Verzeichnis gesammelt werden. Kommt z. B. bei der Sachverhaltsermittlung für die Prüfung des Denkmalswerts einer Sache die Frage auf, welche Projekte der Architekt noch bearbeitet hat, liefern die gesammelten Zufallsfunde ein paar Beispiele aus dem Werk des Architekten, oder Ansätze zur weiteren Bearbeitung.

Schlusswort 9

Zusammenfassung

Zum Schluss einige Anregungen zur Einarbeitung und zur Selbstorganisation in der Denkmalschutzbehörde.

9.1 Organisatorische Überlegungen

Wenn man als Sachbearbeiter weiß, was die denkmalpflegerisch ideale Lösung wäre, kann man unter den gegebenen Rahmenbedingungen der anstehenden Aufgabe und der Beteiligten ausloten, wie nah man der idealen Lösung kommen kann. Der Sachbearbeiter versucht, das Bestmögliche daraus zu machen.

Die Fachamt-Spezialisten für bestimmte Sanierungsmethoden bieten wertvollen Rat. Da der Sachbearbeiter der Denkmalschutzbehörde sozusagen Generalist für alle erdenklichen Baumaßnahmen im Zuständigkeitsbereich ist, wird es üblicherweise einen Experten geben, den man für die Spezialfälle hinzuziehen kann, wenn der persönliche Erfahrungsschatz und die eigene Ausbildung nicht zufällig das gerade gefragte Spezialgebiet abdecken (Abb. 9.1).

Die Herangehensweise kann sehr unterschiedlich sein und hängt natürlich auch von der Persönlichkeit und Arbeitsweise des Sachbearbeiters ab. Wenn unter Projektbeteiligten eine Vertrauensbasis aufgebaut werden kann oder schon bei anderen Projekten aufgebaut wurde, tut das der Lösungssuche in dem neuen Fall gut. Lief es beim letzten Mal nicht gut, gibt es Anhaltspunkte, was diesmal verbessert werden könnte. Als individuelle Komponenten tragen zur Arbeitsweise und Interaktion bei, ob der Sachbearbeiter eher Redner oder Schreiber ist, eher per E-Mail, per Telefon oder von Angesicht zu Angesicht kommunizieren möchte. Andere persönliche Faktoren sind die Prioritäten, die der einzelne Sachbearbeiter bei der Bearbeitung setzt, und wie weit er selbst in die

Abb. 9.1 Turm der römischen Stadtmauer von Köln. Die Grenzen von Bau- und Bodendenkmal sind fließend, denn mindestens die Fundamente historischer Stadtbefestigungen können als Bodendenkmal zählen und z.B. Mauerreste unterirdisch anschließen

Detailausarbeitung eingreifen will (oder darf) bzw. wie weit er die Planer und Handwerker selbständig die Lösung entwickeln lässt, zumal er bei der Änderung von Denkmälern selbst gar keine Planungsleistungen zu erbringen hat und nicht die Gewährleistung übernehmen wird.

Es gibt aber auch Rahmenbedingungen, auf die der Sachbearbeiter gar keinen oder kaum Einfluss hat. Welches Zeitbudget steht zur Verfügung und wie intensiv kann der Sachbearbeiter sich überhaupt mit den Denkmälern beschäftigen? Bleibt dabei etwas Luft, um sich in ein Objekt oder ein Thema einzuarbeiten und Vergleichsbeispiele zu recherchieren, oder für konzeptionelle Arbeiten wie Solar-Integration, Merkblätter und Öffentlichkeitsarbeit – oder frisst die Bearbeitung von Anträgen und Anfragen wie am Fließband die ganze Arbeitszeit auf?

Ein erheblicher Faktor sind die Menge und Verteilung der Denkmäler im Gemeinde- oder Kreisgebiet und die Anreisezeit dorthin. Kann man in fünf Minuten in die Altstadt gehen, wo drei Viertel aller Denkmäler der im Zweiten Weltkrieg kaum beschädigten Stadt stehen und muss nur gelegentlich einzelne Höfe im Außenbereich besuchen, gibt es viele Gelegenheiten, das zu bearbeitende Objekt zu besichtigen und mit den Antragstellern persönlich zu sprechen. Ist dagegen eine Retortenstadt bei einer kommunalen Gebietsreform aus zig Dörfern zusammengesetzt worden, oder liegen die Denkmäler im Zuständigkeitsgebiet der bei der Kreisverwaltung angesiedelten Denkmalschutzbehörde auf viele kleine Ortslagen verstreut, steht hoffentlich ein Dienstwagen vor dem Dienstgebäude. Sonst verlangt die „ökonomische" Sachbearbeitung nach aussagekräftigen Fotos, Telefon und E-Mails zwischen den eher anonymen Beteiligten. Ähnlich verhält sich das in der Großstadt und der ÖPNV-Anreise in die Vororte. Hier wird man sich aus Zeitgründen überlegen müssen, für welche Maßnahmen man zum Denkmal hinausfährt.

Ist man vor Ort, kommt eine weitere Gemengelage aus Persönlichkeit und Zeitbudget ins Spiel, die vielleicht auch noch durch die Unternehmenskultur oder rechtliche Erfahrung der Verwaltung beeinflusst wird: entscheidet man auf der Durchreise entlang der besichtigten Denkmäler jeweils vor Ort anhand der soeben erkannten Befundlage und macht dazu (hoffentlich) eine Aktennotiz mit Fotos, oder sammelt man Eindrücke und schickt eine durchdachte Stellungnahme anschließend per E-Mail an die Beteiligten? Mache Sachbearbeiter verstehen den Schreibprozess zugleich als Denkprozess, der im Abgleich mit Unterlagen zu einer wohlüberlegten Entscheidung führen kann. Nachfolger und Vertreter profitieren von einer schriftlichen Dokumentation.

Eine weitere Stellschraube bieten die Genehmigungen und die Auflagen, mit denen notwendige Ausführungen forciert oder Detailabstimmungen verlangt werden können. Je nachdem, welche Auflagen gemacht und wie die Abstimmungen vorgenommen werden, kann ein schwierig zu überblickender Arbeitsaufwand entstehen, der den Bauablauf des einen Projekts behindert und Arbeitszeit von anderen Projekte abzieht. Unvorhergesehene Probleme wie erst im Bauablauf erkannte Schäden meint der Hinweis nicht. Wie umfangreich die Auflagen sein müssen, um Problemen vorzubeugen, kann auch von den Beteiligten abhängen. Juristisch gesehen und im Hinblick auf die steuerliche Bescheinigung sind schriftliche Abstimmungen vorzuziehen. Das können aber auch die oben genannten Aktenvermerke sein.

Bei umfangreicheren Generalsanierungen ergibt es Sinn, digitale Dokumentationen bzw. Abstimmungslisten anzulegen, in denen man hinter Spiegelstrichen und nach Gebäudeflügel sortiert alle Abstimmungen einträgt, damit das ein Nachfolger bei der nächsten Sanierung oder ein Stellvertreter nachvollziehen kann und einem selbst auf die Sprünge hilft, wenn ein Thema nach mehreren Monaten wieder auf dem Tisch liegt. Sind für eine Genehmigung viele Vorabstimmungen nötig, oder mussten bei einer Baugenehmigung viele Auflagen gemacht werden, kann die Liste der Auflagen auch als Masterplan oder Roadmap verstanden werden, die abgearbeitet, vielleicht nach und nach abgehakt oder bei veränderten Umständen fortgeschrieben wird. Dabei lassen sich mit dem Planer oder Bauleiter auch Prioritäten nach Dringlichkeit setzen.

Die Arbeitsweise der meisten Sachbearbeiter mag irgendwo dazwischen schweben und kann je nach schwankendem Arbeitsaufkommen oder nach aktuellem Auf- oder Abschwung in einer bestimmten Ortslage auch angepasst werden. Auf einer neuen Stelle wird man einschätzen müssen, wann man wofür wie viel Zeit aufwenden kann und bei welchen Projekten man wie genau aufpassen muss (oder kann). Früher oder später werden Prioritäten gesetzt werden müssen. Der Lerneffekt beim Tun besteht dann einerseits darin, besser zu wissen, worauf zu achten ist und welche Methoden anzuwenden sind, andererseits darin, bei welchen Maßnahmen und bei welchen Baubeteiligten man weniger aufmerksam sein darf. Dort kann man Zeit sparen, die in kompliziertere Fälle gesteckt werden kann, oder um mit dem gegebenen Zeitbudget überhaupt auszukommen.

Eigentlich sollte es zu jedem Projekt eine Bauabnahme geben, um zu überprüfen, ob alle Auflagen beachtet wurden. Oftmals bleibt nur Zeit, ein paar Fotos zu überfliegen, die vielleicht erst mit einem Antrag auf steuerliche Bescheinigung kommen. Nach komplexeren Projekten nochmal zum Denkmal zu gehen, um sich das Ergebnis anzusehen, kann dem Sachbearbeiter zeigen, dass sich die Mühen für die Bauherren, für die Öffentlichkeit und für sich selbst gelohnt haben.

9.2   Checkliste für die Einarbeitung

Die Einarbeitung wird einige Wochen oder eher Monate dauern, in denen Sie das Zuständigkeitsgebiet und die Verwaltungsabläufe kennen lernen. Selbst nach Jahren können Sie auf neue Gebäude oder neue fachliche Anforderungen stoßen, mit denen Sie bis dahin nicht konfrontiert waren. Die folgende Liste soll bei der Orientierung auf der neuen Stelle helfen. Vielleicht hilft sie auch bei der Bewerbung.

Ortskenntnis

- Was für Denkmäler gibt es im Zuständigkeitsbereich?
- Wie haben sich Landschaft, Siedlungsstruktur und Bebauung historisch entwickelt?
- Wie gelange ich vom Dienstsitz effizient zu den Denkmälern?
- Gibt es örtliche oder regionale Heimat-/Geschichtsvereine oder andere potenzielle Partner?

Fachkenntnis

- Welche denkmalpflegerischen (und denkmalrechtlichen) Vorkenntnisse habe ich?
- Muss ich grundlegende Kenntnisse erwerben oder mich eher hinsichtlich der Denkmäler oder bevorstehenden Aufgaben fortbilden?
- Welche Fortbildungsmöglichkeiten gibt es und inwiefern unterstützt der Arbeitgeber die Fortbildung? Welche Leitfäden hat das Landesamt für Denkmalpflege herausgegeben?

Rechtskenntnis

- Das Denkmalschutzgesetz des Landes und seine Vorschriften kennen lernen. Gibt es einen Kommentar zum Denkmalschutzgesetz, der jünger ist als die letzte Gesetzesnovelle?
- Wie ist der Behördenaufbau im Bundesland? Wer ist die übergeordnete Denkmalschutzbehörde und wer sind die Ansprechpartner beim Fachamt?
- In welcher Form (Anhörung, Benehmen, Einvernehmen) wird das Fachamt beteiligt und welche Anforderungen stellt die Beteiligungsform an die Denkmalschutzbehörde? Oder: Wie gestaltet sich üblicherweise die Zusammenarbeit?
- Gibt es eine Denkmalverordnung oder Durchführungsverordnung zum Denkmalschutzgesetz?
- Gibt es Bescheinigungsrichtlinien für steuerliche Zwecke?
- In welcher Wechselwirkung steht der Denkmalschutz zu anderen Rechtsvorschriften wie der Bauordnung? Wie wird die Denkmalschutzbehörde im Baugenehmigungs- und in Bauleitplanverfahren beteiligt? Gibt es Ausnahme-/Abweichungsregelungen für Denkmäler in anderen Gesetzen (wie im GEG)?

Verwaltungskenntnis

- Welche Aufgaben habe ich?
- Wie ist die kommunale Verwaltung aufgebaut und zu welchem Sachgebiet gehört die Denkmalschutzbehörde?
- Wer sind Ansprechpartner in der Kommunalverwaltung (z. B. bei der Stadtplanung, Bauaufsicht, Katasteramt, Archiv, Rechtsamt)?
- Welchen Wert misst die Verwaltungsspitze dem Denkmalschutz bei? Gibt es formelle oder informelle Richtlinien/Leitlinien der örtlichen Verwaltung, wie sich die Denkmalschutzbehörde verhalten soll?
- Gibt es persönliche Schutzausrüstung (für Baustellenbesuche) bzw. wo ist die zu bekommen?
- Welche weitere Ausstattung und Hilfsmittel (z. B. Kamera, Dienstwagen) hat die Denkmalschutzbehörde zur Verfügung?
- Bearbeitet die Verwaltung Projekte (z. B. in der Stadtentwicklungsplanung), an denen die Denkmalschutzbehörde mitwirken soll(te)?

Literatur

Albers, Gerd/Wékel, Julian: Stadtplanung. Eine illustrierte Einführung, Darmstadt 2008.

Beierkuhnlein, Carl/Drewello, Rainer/Snethlage, Rolf/Töpfer, Lutz (Hrsg.): Zwischen Denkmalschutz und Naturschutz. Leitfaden zur naturverträglichen Instandhaltung von Mauerwerk in der Denkmalpflege, Berlin 2011.

Bingenheimer, Klaus: Historisches Mauerwerk. Empfehlungen zur handwerklichen Sicherung (Praxisratgeber zur Denkmalpflege Nr. 3. Informationsschriften der Deutschen Burgenvereinigung e. V., hrsg. von der Deutschen Burgenvereinigung, Beirat für Denkmalpflege), Braubach 1997 (2. unveränderte Auflage).

Bodi, Ricarda: Ausbilden – Qualifizieren – Begeistern für die Denkmalpflege. Bericht zum digitalen 9. Westfälischen Tag für Denkmalpflege 2021, in: Denkmalpflege in Westfalen-Lippe, Heft 2022/1, S. 35–39.

Böhme, Christa/Preisler-Holl, Luise: Historisches Grün als Aufgabe des Denkmal- und Naturschutzes, Berlin 1996.

Böttcher, Detlef: Sanierung von Holz- und Steinkonstruktionen. Befund Beurteilung Maßnahmen Umbauten, Berlin 2008.

Bruschke, Andreas: Bauaufnahme, Teil 1 (Praxisratgeber zur Denkmalpflege Nr. 14. Informationsschriften der Deutschen Burgenvereinigung e. V., hrsg. von der Deutschen Burgenvereinigung, Beirat für Denkmalpflege), Braubach 2016.

Bundesarbeitskreis Altbauerneuerung e. V. (Hrsg.): Bauen im Bestand. Schäden, Maßnahmen und Bauteile – Katalog für die Altbauerneuerung, Köln 2009.

Bundesdenkmalamt Österreich (Hrsg.): Standards der Baudenkmalpflege, 2015 (2. Auflage) (www.bda.gv.at).

Bundesstiftung Baukultur/Nagel, Reiner: (Hrsg.): Mit Freude sanieren. Ein Handbuch zur Umbaukultur. Potsdam 2021 (auch online herunterzuladen).

Busen, Tobias/Knechtel, Miriam/Knobling, Clemens/Nagel, Elke/Schuller, Manfred/Todt, Birte: Bauaufnahme, München 2017 (2. Auflage).

Clausmeyer, Antje (2020): Können mehrere Gebäude ein Baudenkmal sein?, in: Denkmalpflege im Rheinland, Heft 1/2020, Pulheim-Brauweiler 2020, S. 39–40.

Clausmeyer, Antje (2020a): Nicht immer Leichtgewichte: Bewegliche Denkmäler in NRW, in: Denkmalpflege im Rheinland, Heft 2/2020, Pulheim-Brauweiler 2020, S. 27–29.

Cramer, Johannes: Handbuch der Bauaufnahme, Stuttgart 1984.

Darmstadt, Christel: Fassaden gestalten mit Farbe: Grundlagen und Hinweise für die Praxis, Bochum 1984.

Davydov, Dimitrij/Hönes, Ernst/Ringbeck, Birgitta/Stellhorn, Holger: Denkmalschutzgesetz Nordrhein-Westfalen: Kommentar, Wiesbaden 2018 (6. Auflage).

© Der/die Herausgeber bzw. der/die Autor(en), exklusiv lizenziert an Springer Fachmedien Wiesbaden GmbH, ein Teil von Springer Nature 2023

M. Wild, *Denkmalschutz-Kompendium,* https://doi.org/10.1007/978-3-658-42828-0

Deutsches Nationalkomitee für Denkmalschutz (DNK): Fragen und Antworten zur Bodendenkmalpflege. Ein Kursbuch, Bonn 2002.

Deutsches Nationalkomitee für Denkmalschutz (DNK 2002a): Energieeinsparung bei Baudenkmälern (Schriftenreihe des DNK Bd. 67), Bonn 2002.

Deutsches Nationalkomitee für Denkmalschutz (DNK): Denkmalschutz. Texte zum Denkmalschutz und zur Denkmalpflege (Schriftenreihe des DNK Bd. 52), Bonn 2007.

Deutsches Nationalkomitee für Denkmalschutz (DNK): Revitalisierung der Innenstadt – Denkmalpflege als Bestandteil der Stadtentwicklung, Bonn 2008.

Deutsches Nationalkomitee für Denkmalschutz (DNK): Kursbuch Denkmalschutz, Bonn 2011.

Deutsches Nationalkomitee für Denkmalschutz (DNK): Kirchen im Dorf lassen. Erhaltung und Nutzung von Kirchen im ländlichen Raum (Schriftenreine des Deutschen Nationalkomitees für Denkmalschutz, Band 81), Bonn 2011. (DNK 2011a)

Die Arbeitsgemeinschaft Historische Ortskerne in Nordrhein-Westfalen (Hrsg.): Dokumentation Historische Ortskerne in Nordrhein-Westfalen, Herdecke/Bedburg 1992.

Eckstein, Günter/Gromer, Johannes: Empfehlungen für Bauaufnahmen. Genauigkeitsstufen Planinhalte Kalkulationsrahmen (hrsg. vom Landesdenkmalamt Baden-Württemberg, Leinfelden-Echterdingen 1986.

Eipper, Paul-Bernhard (Hrsg.): Handbuch der Oberflächenreinigung (in 2 Bänden), München 2018.

Fischer, Konrad: Holzfenster. Sechzehn Argumente für die erhaltende Instandsetzung (Praxisratgeber zur Denkmalpflege Nr. 1. Informationsschriften der Deutschen Burgenvereinigung e. V., hrsg. von der Deutschen Burgenvereinigung, Beirat für Denkmalpflege), Braubach 1991 (unv. Nachdruck 1998).

Fritzsche, Susanne/Heimeshöff, Jörg (Hrsg.): Barrierefreiheit in historischen Stadt- und Ortskernen. Teilhabe für Alle! (Handbuch und Dokumentation der Fachtagung vom 17. August 2006 in Kempen; hrsg. von den Arbeitsgemeinschaften Historische Ortskerne und Historische Stadtkerne in Nordrhein-Westfalen), Lippstadt – Nideggen 2006.

Frössel, Frank: Handbuch Putz und Stuck. Herstellung, Beschichtung und Sanierung für Neu- und Altbau, München 2003.

Frössel, Frank: Mauerwerkstrockenlegung und Kellersanierung. Wenn das Haus nasse Füße hat, Stuttgart – Leest/Werder (Havel) 2011.

Gebeßler, August/Eberl, Wolfgang (Hrsg.): Schutz und Pflege von Baudenkmälern in der Bundesrepublik Deutschland. Ein Handbuch, Köln–Stuttgart–Berlin–Mainz 1980.

Geburtig, Gerd: Brandschutz im Baudenkmal. Grundlagen, Berlin – Wien- Zürich 2009.

Geburtig, Gerd: Brandschutz im Baudenkmal. Wohn- und Bürobauten, Berlin – Wien- Zürich 2011.

Goretzki, Lothar: Salze, Gips und Feuchte im Mauerwerk (Praxisratgeber zur Denkmalpflege Nr. 13. Informationsschriften der Deutschen Burgenvereinigung e. V., hrsg. von der Deutschen Burgenvereinigung, Beirat für Denkmalpflege), Braubach 2016 (unv. Nachdruck 1998)

Gerner, Manfred: Fachwerk. Entwicklung Instandsetzung Neubau, München 2007.

Großmann, G. Ulrich: Einführung in die historische und kunsthistorische Bauforschung, Darmstadt 2010.

Gruben, Gottfried: Klassische Bauforschung, München 2007.

Hennebo, Dieter: Gartendenkmalpflege. Grundlagen der Erhaltung historischer Gärten und Grünanlagen, Stuttgart 1985.

Hönes, Ernst-Rainer: Handbuch Städtebaulicher Denkmalschutz (in zwei Bänden), Hamburg 2015.

Horn, Kornelia: Bauwerksanalyse, Stuttgart 2020.

Hubel, Achim (Hrsg.): Ausbildung und Lehre in der Denkmalpflege. Ein Handbuch, Fulda 2001.

Hubel, Achim: Denkmalpflege. Geschichte – Themen – Aufgaben. Eine Einführung, Stuttgart 2006 (1. Auflage).

Huckfeld, Tobias/Wenk, Hans-Joachim: Holzfenster. Konstruktion, Schäden, Sanierung, Wartung (Bände 1 und 2), Köln 2009 (Bd 1.) / 2012 (Bd. 2).

Huse, Norbert (Hrsg.): Denkmalpflege. Deutsche Texte aus drei Jahrhunderten, München 2006.

Huse, Norbert: Unbequeme Baudenkmale. Entsorgen? Schützen? Pflegen?, München 1997.

Janßen-Schnabel, Elke (Bearb.): Denkmalbereiche im Rheinland (Arbeitsheft der rheinischen Denkmalpflege, Bd. 83), Petersberg 2016.

Kabat, Sylwester: Brandschutz in historischen Bauten. Maßnahmen – Denkmalschutz – Beispiele, Köln 2017.

Kemper, Till: Planen und Bauen im Bestand. Bau- und Architektenrecht. Denkmalschutz. Vergaberecht, München 2017.

Kiesow, Gottfried: Einführung in die Denkmalpflege, Darmstadt 1982.

Kiesow, Gottfried: Kulturgeschichte sehen lernen (Monumente Publ. der Dt. Stiftung Denkmalschutz®), Bonn 1998 (hier Band 1 von 5 Bänden).

Köhler, Manfred (Hrsg.): Handbuch Bauwerksbegrünung, Köln 2022 (2. Auflage).

Kohlbecker, Günter: Barrierefreiheit im Bestand, Stuttgart 2011.

Krause, Karl-Jürgen: Lexikon Denkmalschutz + Denkmalpflege, Essen 2011 (1. Auflage).

LAfD BaWü (Landesamt für Denkmalpflege im Regierungspräsidium Stuttgart in Verbindung mit den Fachreferaten für Denkmalpflege in den Regierungspräsidien): Am Anfang steht das Denkmal, Esslingen 2010. (Broschüre auch online abrufbar: https://www.denkmalpflege-bw.de/fileadmin/media/denkmalpflege-bw/publikationen_und_service/01_publikationen/05_online-publikationen/02_inventarisation/Broschuere_Inventarisation_in__B-W.pdf).

Lampugnani, Vittorio Magnago: Die Stadt im 20. Jahrhundert. Visionen, Entwürfe, Gebautes (Bd. 1), Berlin 2011.

Landesdenkmalamt Berlin (Hrsg.): Denkmalschutz & Barrierefreiheit. Leitfaden und Studienprojekt, Heft 43, Berlin 2015.

Landschaftsverband Westfalen-Lippe (LWL) (Hrsg.): Achtung vor dem Denkmal! Denkmalpflege in Westfalen-Lippe, Münster 2004.

Landschaftsverband Westfalen-Lippe (LWL) (Hrsg.): Denkmalpflege und Kommunikation. 8. Westfälischer Tag für Denkmalpflege am 3. und 4. Mai 2018 in Witten (19. Arbeitsheft der LWL-Denkmalpflege, Landschafts- und Baukultur in Westfalen), Münster 2019.

Lenze, Wolfgang: Fachwerkhäuser. Restaurieren – sanieren – modernisieren. Materialien und Verfahren für eine dauerhafte Instandsetzung, Stuttgart 2002.

Lukas-Krohm, Viktoria: Denkmalschutz und Denkmalpflege von 1975 bis 2005 mit Schwerpunkt Bayern (Schriften aus der Fakultät Geistes- und Kulturwissenschaften der Otto-Friedrich-Universität Bamberg 19), Bamberg 2014 (https://fis.uni-bamberg.de/handle/uniba/20834, zuletzt besucht am 13.03.2023)

LVR-Amt für Denkmalpflege im Rheinland (LVR-ADR) (Hrsg.): Denkmalpflege im Rheinland. Wie geht das?, Köln 2020.

Mainzer, Udo (Hrsg.): Denkmalbereich. Chancen und Perspektiven (Mitteilungen aus dem Rheinischen Amt für Denkmalpflege, Heft 12), Köln 2001.

Martin, Dieter/Krautzberger, Michael (Hrsg.): Handbuch Denkmalschutz und Denkmalpflege, München 2006 (2. Auflage).

Martin, Dieter J. / Mieth, Stefan/Spennemann, Jörg: Die Zumutbarkeit im Denkmalrecht. Eigentumsgrundrecht und Denkmalschutz in der Praxis, Stuttgart 2014.

Meier, Claus: Bauphysik des historischen Fensters. Notwendige Fragen und Antworten (Praxisratgeber zur Denkmalpflege Nr. 9. Informationsschriften der Deutschen Burgenvereinigung e. V., hrsg. von der Deutschen Burgenvereinigung, Beirat für Denkmalpflege), Braubach 2001.

Ministerium für Bauen und Verkehr des Landes Nordrhein-Westfalen (Hrsg., im Auftrag der Landesinitiative StadtBauKultur NRW): Modellvorhaben Kirchenumnutzungen. Ideen – Konzepte – Verfahren. Sechzehn Beispiele aus Nordrhein-Westfalen, Düsseldorf 2010.

Modrow, Bernd/Schelter, Alfred/Thimm, Günther: Historische Gärten in Deutschland. Denkmalgerechte Parkpflege (hrsg. vom Arbeitskreis Historische Gärten der Deutschen Gesellschaft für Gartenkunst und Landschaftskultur, DGGL), Neustadt 2000.

Möller, Hans Herbert (Hrsg.): Steinschäden – Steinkonservierung (Berichte zu Forschung und Praxis der Denkmalpflege in Deutschland 2), Hannover 1991.

Mönck, Willi: Fachwerkbauten und -konstruktionen in Aquarellen und Farbzeichnungen, Stuttgart 2005.

Nerdinger, Winfried/Blohm, Katharina (Hrsg.): Architekturschule München 1868–1993. 125 Jahre Technische Universität München, München 1993.

Noldt, Uwe/Michels, Hubertus (Hrsg.): Holzschädlinge im Fokus. Alternative Maßnahmen zur Erhaltung historischer Gebäude (Beiträge der internationalen Tagung im LWL-Freilichtmuseum Detmold/Westfälisches Landesmuseum für Volkskunde), Detmold 2007.

Ollenik, Walter/Heimeshoff, Jörg A. E.: Denkmalschutz und Denkmalpflege in der kommunalen Praxis. Grundlagen – Verfahren – Perspektiven, Berlin 2005.

Oswald, Rainer/Zöller, Matthias/Liebert, Geraldine/Sous, Silke: Energetisch optimierte Gründerzeithäuser. Baupraktische Detaillösungen für Innendämmungen unter besonderer Berücksichtigung der Anforderungen der Energieeinsparverordnung von April 2009, Stuttgart 2011.

Pasch, Eva/Kieburg, Holger: Auferstehung der Antike. Archäologische Stätten digital rekonstruiert, Darmstadt 2019.

Petzet, Michael/Mader, Gert: Praktische Denkmalpflege, Stuttgart – Berlin – Köln 1993.

Pufke, Andrea (Hrsg.): Orgeldenkmalpflege. Klangdenkmale für die Zukunft bewahren (Mitteilungen aus dem LVR-Amt für Denkmalpflege im Rheinland, Heft 21), Köln 2015.

Pufke, Andrea (Hrsg.): Restaurierung im Bauablauf: Beratung – Planung – Ausführung (Mitteilungen aus dem LVR-Amt für Denkmalpflege im Rheinland, Heft 26), Köln 2016.

Pufke, Andrea (Hrsg.): Instrumente und Werkzeuge der städtebaulichen Denkmalpflege (Mitteilungen aus dem LVR-Amt für Denkmalpflege im Rheinland, Heft 24), Köln 2016. (Pufke 2016a)

Pufke, Andrea (Hrsg.): Baudokumentation. Methoden – Chancen – Nutzen (Mitteilungen aus dem LVR-Amt für Denkmalpflege im Rheinland, Heft 30), Köln 2017.

Pufke, Andrea (Hrsg.): Fenster im Baudenkmal: Wert – Pflege – Reparatur (Mitteilungen aus dem LVR-Amt für Denkmalpflege im Rheinland, Heft 31), Köln 2018.

Pufke, Andrea (Hrsg.) (Pufke 2018a): Farbbefunde am Baudenkmal: Bedeutung – Methodik – Auswirkung (Mitteilungen aus dem LVR-Amt für Denkmalpflege im Rheinland, Heft 32), Köln 2018.

Pufke, Andrea (Hrsg.): Moderne Materialien und Konstruktionen (Mitteilungen aus dem LVR-Amt für Denkmalpflege im Rheinland, Heft 37), Köln 2020.

Pufke, Andrea (Hrsg.): Neubauten im historischen Kontext (Leitfaden des LVR-Amtes für Denkmalpflege im Rheinland), Pulheim-Brauweiler 2022.

Raabe, Christian: Denkmalpflege. Schnelleinstieg für Architekten und Bauingenieure, Wiesbaden 2015.

Raabe, Christian: Hochschulen als Schnittstelle von Theorie und Praxis, in: Denkmalpflege in Westfalen-Lippe, Heft 2022/1, S. 39–45.

Rabeler, Gerhard: Wiederaufbau und Expansion westdeutscher Städte 1945–1960 im Spannungsfeld von Reformideen und Wirklichkeit (DNK-Schriftenreihe Bd. 39, Bonn 1990.

Rabeling, Esther: Die Belange des Denkmalschutzes und der Denkmalpflege in administrativen Abwägungsentscheidungen, Wiesbaden 2012.

Reimers, Jakobus: Handbuch für die Denkmalpflege, Hannover 1911 (2. Auflage).

Rolka, Caroline/Volkmann, Thorsten (Hrsg.): Handbuch der Gartendenkmalpflege, Stuttgart 2022.

Schenk, Leonhard: Stadt entwerfen. Grundlagen, Prinzipien, Projekte, Basel 2018.

Schmidt, Leo: Einführung in die Denkmalpflege, Stuttgart 2008.

Schöndeling, Norbert: Das Fenster im Baudenkmal: Einige rechtliche Aspekte, in: Fenster im Baudenkmal: Wert – Pflege – Reparatur (Mitteilungen aus dem LVR-Amt für Denkmalpflege im Rheinland, Heft 31), Köln 2018, S. 31–56.

Schrader, Mila: Mauerziegel als historisches Baumaterial. Ein Materialleitfaden und Ratgeber, Suderburg-Hösseringen 2015 (2. unveränderte Auflage).

Schrader, Mila (Schrader 2015a): Fenster, Glas und Beschläge als historisches Baumaterial. Ein Materialleitfaden und Ratgeber, Suderburg-Hösseringen 2015 (2. unveränderte Auflage).

Schröteler-von Brandt, Hildegard: Stadtbau- und Stadtplanungsgeschichte. Eine Einführung, Wiesbaden 2014 (2. Auflage).

Schulte, Niklas: Baukultur und Klimaschutz. Zum Begriff der Baukultur und der baukulturellen Belange in der Sonderregelung des § 248 BauGB zur sparsamen und effizienten Nutzung von Energie (Schriften zum Umweltrecht Band 190), Berlin 2019.

Siebe, Sören: Volontariate in der Denkmalpflege, in: Denkmalpflege in Westfalen-Lippe, Heft 2022/1, S. 51–52.

Skudelny, Steffen: Vom Ringen um ein gutes Denkmalschutzgesetz, in: Burgen und Schlösser (Zeitschrift für Burgenforschung und Denkmalpflege, hrsg. von Europäisches Burgeninstitut, Braubach), 63. Jg., Ausgabe 4/2022, S. 235–237.

Spannowsky, Willy/Uechtritz, Michael (Hrsg.): Baugesetzbuch. Kommentar, München 2009.

Spital-Frenking, Oskar: Architektur und Denkmal. Entwicklungen – Positionen – Projekte, Leinfelden-Echterdingen 2000.

Stanzl, Günther: Denkmalpflege auf Burgen und Ruinen (Praxisratgeber zur Denkmalpflege Nr. 12. Informationsschriften der Deutschen Burgenvereinigung e. V., hrsg. von der Deutschen Burgenvereinigung, Beirat für Denkmalpflege), Braubach 2010.

Stellhorn, Holger: Umnutzung und Modernisierung von Baudenkmälern. Probleme des Verfassungs-, Bau- und Denkmalrechts, Wiesbaden 2016.

Strobl, Heinz/Sieche, Heinz/Kemper, Till/Rothemund, Peter: Denkmalschutzgesetz für Baden-Württemberg. Kommentar und Vorschriftensammlung, Stuttgart 2019.

Thomas, Horst (Hrsg.): Denkmalpflege für Architekten. Vom Grundwissen zur Gesamtleitung, Köln 1998.

Thüringisches Landesamt für Denkmalpflege (Hrsg.): Industriedenkmalpflege – Umnutzung, Wiedernutzung und Weiternutzung von Industriedenkmalen (Kolloquium), Erfurt 2003.

Vereinigung der Landesdenkmalpfleger (VdL; heute Vereinigung der Denkmalfachämter in den Ländern, Arbeitsgruppe Städtebauliche Denkmalpflege, mit der Stadt Regensburg und dem Bayerischen Landesamt für Denkmalpflege; Hrsg.): Instrumente der städtebaulichen Denkmalpflege, Bad Homburg 1995.

Vereinigung der Landesdenkmalpfleger (VdL; heute Vereinigung der Denkmalfachämter in den Ländern; Hrsg.) und Westfälisches Amt für Denkmalpflege: Fachwerk in der Denkmalpflege. Arbeitsunterlagen zur Instandsetzung und Wärmedämmung von Fachwerkbauten (Berichte zu Forschung und Praxis der Denkmalpflege in Deutschland 13), Münster 2004.

Vereinigung der Landesdenkmalpfleger (VdL; heute Vereinigung der Denkmalfachämter in den Ländern; Hrsg.): Neuer Nutzen in alten Industriebauten. Vierzig Jahre Industriedenkmalpflege in Deutschland, Wiesbaden 2008.

Vereinigung der Landesdenkmalpfleger (VdL; heute Vereinigung der Denkmalfachämter in den Ländern; Hrsg.): Leitbild Denkmalpflege. Zur Standortbestimmung der Denkmalpflege heute, Petersberg 2016.

Vereinigung der Landesdenkmalpfleger (VdL 2016a; heute Vereinigung der Denkmalfachämter in den Ländern; Hrsg.): Denkmale der Industrie und Technik in Deutschland, 2016.

Vereinigung der Landesdenkmalpfleger (VdL; heute Vereinigung der Denkmalfachämter in den Ländern; Hrsg.): Handbuch städtebauliche Denkmalpflege (hrsg. von Eidloth, Volker/Ongyert, Gerhard/Walgern, Heinrich), Petersberg 2019 (2. überarbeitete Auflage).

Viebrock, Jan Nikolaus/Davydov, Dimitrij (Hrsg.): Hessisches Denkmalschutzrecht, Stuttgart 2018.

von Faber du Faur, Julia: Der Begriff des öffentlichen Erhaltungsinteresses im Denkmalschutzrecht (Rechtswissenschaftliche Forschungsberichte, Dissertation an der Freie Universität Berlin 2002), Berlin 2004.

Wild, Moritz: Quellen zur Architektur- und Stadtbaugeschichte in rheinischen Archiven, in: Rheinische Heimatpflege, Ausgabe 3/2020, Köln 2020, S. 179–190.

Will, Thomas (Hrsg.): Kunst des Bewahrens. Denkmalpflege, Architektur und Stadt, Berlin 2020.

Wirth, Hermann: Denkmalpflegerische Grundbegriffe (Praxisratgeber zur Denkmalpflege Nr. 10. Informationsschriften der Deutschen Burgenvereinigung e.V., hrsg. von der Deutschen Burgenvereinigung, Beirat für Denkmalpflege), Braubach 2003.

Wirth, Hermann: Lexikon der Denkmalpflege, Altenburg 2016.